21世纪高等职业教育信息技术类规划教材
21 Shiji Gaodeng Zhiye Jiaoyu Xinxi Jishulei Guihua Jiaocai

综合布线系统的 设计 施工 测试 验收与维护

ZONGHEBUXIANXITONGDE SHEJI SHIGONG CESHI YANSHOUYUWEIHU

福禄克网络公司 策划　余明辉 尹岗 编著

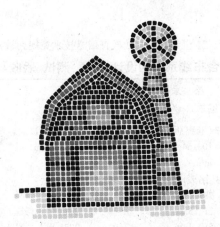

人民邮电出版社

北京

图书在版编目（CIP）数据

综合布线系统的设计、施工、测试、验收与维护 /
余明辉，尹岗编著. -- 北京：人民邮电出版社，2010.3（2021.1 重印）
21世纪高等职业教育信息技术类规划教材
ISBN 978-7-115-22003-5

Ⅰ．①综… Ⅱ．①余… ②尹… Ⅲ．①计算机网络－
布线－高等学校：技术学校－教材 Ⅳ．①TP393.03

中国版本图书馆CIP数据核字（2010）第012758号

内 容 提 要

　　本书以职业能力培训为目标，以设计、施工、测试、验收和维护综合布线系统的工作顺序为编写主线，以项目为载体，将职业岗位所需的知识和技能要求有机结合到具体的工作任务中，适合开展教学做一体化教学。

　　根据综合布线工作任务，全书共搭建了 10 个工作项目场景：构建综合布线系统、选择综合布线产品、设计综合布线系统、安装综合布线系统环境、安装铜缆布线系统、安装光缆布线系统、管理综合布线工程项目、测试综合布线系统、验收综合布线工程和维护综合布线系统。每个项目包括多个工作任务，工作任务由任务分析、相关知识和任务实施三部分组成。

　　本书可作为高职高专院校计算机网络技术、楼宇智能化工程技术、通信工程等专业的教材，对从事智能建筑、计算机信息系统集成、网络管理、综合布线行业的从业人员也具有参考价值。

21 世纪高等职业教育信息技术类规划教材

综合布线系统的设计 施工 测试 验收与维护

◆ 编　　著　余明辉　尹　岗
　　责任编辑　赵慧君

◆ 人民邮电出版社出版发行　　北京市丰台区成寿寺路 11 号
　邮编　100164　电子邮件　315@ptpress.com.cn
　网址　http://www.ptpress.com.cn
　固安县铭成印刷有限公司印刷

◆ 开本：787×1092　1/16
　印张：21.25　　　　　　　　2010 年 3 月第 1 版
　字数：550 千字　　　　　　2021 年 1 月河北第 21 次印刷

ISBN 978-7-115-22003-5

定价：36.00 元

读者服务热线：(010)81055256　印装质量热线：(010)81055316
反盗版热线：(010)81055315

前　言

　　校企合作、工学结合是职业教育发展的必由之路，为推进综合布线技术发展，培养更多优秀的综合布线技术人才，福禄克网络公司组织了行业知名的技术专家和综合布线国家精品课程负责人共同编写了本书。

　　本书面向智能建筑系统集成、计算机信息系统集成、网络管理领域项目经理、系统集成工程师、网络管理员等相关工作岗位需求，培养学生综合布线系统需求分析、方案设计、安装施工、工程项目管理、测试验收、维护与故障诊断的职业能力。

　　本书以工作任务为教学内容选择的参照点，以项目为载体组织教学内容并以项目活动为主要学习方式（包括实训指导）。按照工作顺序，综合布线系统包括设计、施工、测试验收、维护四个工作过程，根据工作任务界线，以十个项目组织覆盖四个工作过程的教学内容：构建综合布线系统、选择综合布线产品、设计综合布线系统、安装综合布线系统环境、安装铜缆布线系统、安装光缆布线系统、管理综合布线工程项目、测试综合布线系统、验收综合布线系统和维护综合布线系统。在十个项目中共纳入了构建校园网络综合布线系统、设计数据中心综合布线系统、安装大对数语音干线系统、查找并修复电缆和光纤链路故障等20多个工作任务。本书首次加入了数据中心布线系统等新技术，并包括从福禄克网络公司维护和诊断综合布线系统的经验中精选了查找并修复双绞线链路故障等多个案例。

　　本书的技能操作内容都有详细的操作步骤，每章都附有一定数量的实训项目和习题，供学生技能训练使用和帮助学生进一步巩固基础知识，书中还有知识小贴士和拓展学习路径方便学生拓展学习。本书配备了PPT课件以及福禄克网络公司开发的"综合布线工程纪事"flash动画等丰富的教学资源，任课教师可到人民邮电出版社教学服务与资源网（www.ptpedu.com.cn）和福禄克网络公司（http://www.flukenetworks.com.cn/fnet/zh-cn）免费下载使用。本书的参考学时为84学时，其中实践环节为48学时，各项目的参考学时参见下面的学时分配表。

单　　元	课程内容	学时分配	
		讲　　授	实　　训
项目一	构建综合布线系统	4	4
项目二	选择综合布线产品	4	3
项目三	设计综合布线系统	6	12
项目四	安装综合布线系统环境	2	4
项目五	安装铜缆布线系统	3	8
项目六	安装光缆布线系统	3	3

续表

单　元	课 程 内 容	学 时 分 配	
		讲　授	实　训
项目七	管理综合布线工程项目	4	2
项目八	测试综合布线系统	5	6
项目九	验收综合布线系统	2	2
项目十	维护综合布线系统	3	4
课时总计		36	48

本书由福禄克网络公司策划，由广州番禺职业技术学院余明辉和福禄克网络公司尹岗共同编写。

由于作者知识水平和认知程度有限，书中难免有错误和不足，敬请使用本书的师生和读者们批评指正。

编者

2010 年 1 月

目　录

项目一
构建综合布线系统

首先请看如图 1-1 和 1-2 所示的两幅图片，这是两个来自大楼现场的真实语音通信系统案例，如果是如图 1-1 所示的情况，它如何保障我们的通信质量？通信工程师或网络工程师又如何来管理我们的通信系统？

图 1-1　杂乱无章的 110 语音配线系统

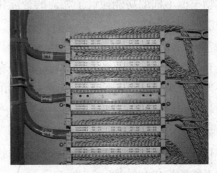

图 1-2　规范有序的 110 语音配线系统

看看信息时代我们生活所在的小区、办公楼、教学楼等场所，它们有多少信息系统需要传送；电话语音、计算机数据、视频监控信号、公共广播信息、门禁考勤数据、有线电视图像等，如果各信息系统各自为政，分别设计安装，我们的大楼将遍布各类通信电缆，既相互干扰、影响美观，又增加投资；如果各通信系统像图 1-1 所示一样设计和安装，情况将变得更糟。

能否以一套单一的配线系统，综合通信网络、信息网络及控制网络，使其相互间的信号实现互连互通？由此催生了综合布线系统的诞生。

通过学习本项目，应达到以下学习目标。

【知识目标】

（1）了解智能建筑的发展、功能和组成

（2）熟悉综合布线系统的定义和特点

（3）了解智能建筑与综合布线系统的关系

（4）熟悉综合布线系统的主要标准

（5）掌握综合布线系统的组成与结构

【技能目标】

（1）会分析网络通信链路的组成

（2）能构建合理的综合布线系统结构

（3）能用拓扑图表示综合布线系统结构

（4）能为综合布线系统选择合适的设计和验收标准

任务一 构建校园网综合布线系统

一、任务分析

随着高等职业教育的发展，旭东职业技术学院在短短的 5 年时间内由在校生 3 000 多人的规模，急增到现在的近万人规模，学校也从老校区搬入了拥有 1 000 多亩土地的新校区，办公大楼、教学大楼（二级学院都有独立的教学楼）、信息大楼、图书馆、体育馆、学生宿舍、学生活动中心、食堂等建筑物分布在校园之中。学校紧跟信息时代的发展步伐，将新校区建成了智能化的数字校园，办公自动化、网络教学、校园一卡通、安防监控、公共广播等信息化系统已在校园中应用，各建筑物根据不同的功能建设了相应的智能化信息系统，如学生宿舍的信息网络、电话、智能抄表、智能照明控制等系统。

数字校园建设的基础是校园网络，学校建立了以 10 吉比特以太网技术为核心，覆盖整个校园的网络系统，而校园网络的基础建设是综合布线系统。校园规划、设计和建设时，综合布线系统就充分考虑了未来信息系统的应用需求，弱电管路系统连接校园的每座建筑物并有充分的余量，各建筑物都预留了相应的信息插座，如教学楼各教室预留了应用信息网络、网络监控、门禁考勤、公共广播的信息插座。

本任务通过以旭东职业技术学院校园网络系统和综合布线系统为对象的解析和分析，介绍综合布线系统的组成和结构。

二、相关知识

（一）认识智能建筑

什么样的建筑是智能建筑？也许你听过"智能大厦"、"3A 建筑"、"5A 建筑"、甚至"7A 建筑"等名词，这些是在 20 世纪 90 年代房地产开发热潮中，房地产开发商在还没有完全弄清智能建筑要领的时候，发现了智能建筑这个标签的商业价值，于是上述名词频繁出现在他们的促销广告中。智能建筑的基本功能主要由三大部分构成，即建筑自动化或楼宇自动化（Building Automation，BA）、通信自动化（Communication Automation，CA）和办公自动化（Office Automation，OA），这 3 个自动化通常称为"3A"，它们是智能化建筑中最基本的，而且是必须具备的功能，从而形成"3A"智能建筑。某些房地产开发商为了突出某项功能，以提高建筑等级和工程造价，又提出防火自动化（FA）和信息管理自动化（MA），形成"5A"智能建筑。

1. 智能建筑的定义、功能与组成

2007 年 7 月 1 日起实施的国家标准《智能建筑设计标准》（GB/T 50314—2006）对智能建筑（Intelligent Building，IB）作了如下定义："以建筑物为平台，兼备信息设施系统、信息化应用系统、建筑设备管理系统、公共安全系统等，集结构、系统、服务、管理及其优化组合为一体，向人们提供安全、高效、便捷、节能、环保、健康的建筑环境"。在 2000 年版的国家标准《智能建筑设计标准》（GB/T 50314—2000）中对智能建筑是这样定义的："它是以建筑为平台，兼备建筑设备、办公自动化及通信系统，集结构、系统、服务、管理及它们之间的最优化组合，向人们提供一个安全、高效、舒适、便利的建筑环境"。

2000 版主要从系统的结构（建筑设备、办公自动化及通信网络系统）描述智能建筑，而 2006 版主要是从系统的功能（信息设施系统、信息化应用系统、建筑设备管理系统、公共安全系统等）来描述智能建筑的。2006 版标准中还加入了国家大力推广的"节能"、"环保"技术和努力创建的"绿色"建筑等元素。

根据《智能建筑设计标准》（GB/T 50314—2006），从设计的角度出发，智能建筑的智能化系统工程设计宜由智能化集成系统、信息设施系统、信息化应用系统、建筑设备管理系统、公共安全系统、机房工程和建筑环境等设计要素构成。智能化系统工程设计，应根据建筑物的规模和功能需求等实际情况，选择配置相关的系统。智能建筑智能化系统的定义、组成和功能如表 1-1 所示。

表 1–1　　　　　　　　智能建筑智能化系统定义、组成和功能一览表

子系统名称	定　义	功　能	组　成
智能化集成系统（IIS）	将不同功能的建筑智能化系统，通过统一的信息平台实现集成，以形成具有信息汇集、资源共享及优化管理等综合功能的系统	1. 应以满足建筑物的使用功能为目标，确保对各类系统信息资源的共享和优化管理 2. 应以建筑物的建设规模、业务性质和物业管理模式等为依据，建立实用、可靠和高效的信息化应用系统，以实施综合管理功能	智能化集成系统宜包括智能化系统信息共享平台建设和信息化应用功能实施
信息设施系统（ITSI）	为确保建筑物与外部信息通信网的互连及信息畅通，将对语音、数据、图像和多媒体等各类信息予以接收、交换、传输、存储、检索和显示等进行综合处理的多种类信息设备系统加以组合，提供实现建筑物业务及管理等应用功能的信息通信基础设施	1. 应为建筑物的使用者及管理者创造良好的信息应用环境 2. 应根据需要对建筑物内外的各类信息，予以接收、交换、传输、存储、检索和显示等综合处理，并提供符合信息化应用功能所需的各种类信息设备系统组合的设施条件	信息设施系统宜包括通信接入系统、电话交换系统、信息网络系统、综合布线系统、室内移动通信覆盖系统、卫星通信系统、有线电视及卫星电视接收系统、广播系统、会议系统、信息导引及发布系统、时钟系统和其他相关的信息通信系统
信息化应用系统（ITAS）	以建筑物信息设施系统和建筑设备管理系统等为基础，为满足建筑物各类业务和管理功能的多种类信息设备与应用软件而组合的系统	1. 应提供快捷、有效的业务信息运行的功能 2. 应具有完善的业务支持辅助的功能	信息化应用系统宜包括工作业务应用系统、物业运营管理系统、公共服务管理系统、公众信息服务系统、智能卡应用系统和信息网络安全管理系统等其他业务功能所需要的应用系统

子系统名称	定　义	功　能	组　成
建筑设备管理系统（BMS）	对建筑设备监控系统和公共安全系统等实施综合管理的系统	1. 应具有对建筑机电设备测量、监视和控制功能，确保各类设备系统运行稳定、安全和可靠，并达到节能和环保的管理要求 2. 应采用集散式控制系统 3. 应具有对建筑物环境参数的监测功能 4. 应满足对建筑物的物业管理需要，实现数据共享，以生成节能及优化管理所需的各种相关信息分析和统计报表 5. 应具有良好的人机交互界面及采用中文界面 6. 应共享所需的公共安全等相关系统的数据信息等资源	建筑设备管理系统宜包括压缩式制冷机系统和吸收式制冷系统、蓄冰制冷系统、热力系统、空调机组、变风量（VAV）系统、送排风系统、风机盘管机组、给水系统、供配电系统、公共场所照明系统、电梯及自动扶梯、热电联供系统等
公共安全系统（PSS）	为维护公共安全，综合运用现代科学技术，以应对危害社会安全的各类突发事件而构建的技术防范系统或保障体系	1. 具有应对火灾、非法侵入、自然灾害、重大安全事故和公共卫生事故等危害人们生命财产安全的各种突发事件，建立起应急及长效的技术防范保障体系 2. 应以人为本、平战结合、应急联动和安全可靠	公共安全系统宜包括火灾自动报警系统、安全技术防范系统和应急联动系统等
机房工程（EEEP）	为提供智能化系统的设备和装置等安装条件，以确保各系统安全、稳定和可靠地运行与维护的建筑环境而实施的综合工程	1. 不仅要为机房中的系统设备运营管理和数据信息安全提供保障环境，还要为工作人员创造健康适宜的工作环境 2. 机房工程涵盖了建筑装修、供电、照明、防雷接地、EPS 不间断电源、精密空调、环境监测、火灾报警及灭火、门禁、防盗、闭路监视、综合布线和系统集成等技术	机房工程宜包括机房配电及照明系统、机房空调、机房电源、防静电地板、防雷接地系统、机房环境监控系统和机房气体灭火系统等

智能建筑是信息时代的必然产物，是建筑业和电子信息业共同谋求发展的方向。它将建筑、通信、计算机网络和监控等各方面的先进技术相互融合、集成为最优化的整体。智能建筑的"智能化"，主要是指在建筑物内进行信息管理和对信息综合利用的能力，这个能力涵盖了信息的收集与综合、信息的分析与处理以及信息的交换与共享。

2. 智能化建筑的发展

智能化建筑的概念在 20 世纪 70 年代末诞生于美国。第一幢智能化大厦于 1984 年 1 月在美国康涅狄格州哈特福德（Hartford）市建成，定名为"都市大厦"，它是对一幢旧金融建筑实施改建的大楼，楼内主要增添了计算机、数字程控交换机等先进的办公设备以及高速通信线路等基础设施，大楼的客户不必购置设备便可进行语音通信、文字处理、电子邮件传递、市场行情查询、情报资料检索和科学计算等服务。此外，大楼内的供暖、给排水、消防、保安、供配电、照明和交通等系统均由计算机控制，实现了自动化综合管理，人们工作在大楼里感到非常舒适、方便和安全。这是第一次出现"智能建筑"这一名称，它的建成可以说是完成了传统建筑与新兴信息技术相结合的尝试。从此，智能建筑在美、日、欧及世界各地蓬勃发展。

我国智能化建筑起步于 20 世纪 80 年代末，一般认为"北京发展大厦"是我国的第一栋智能建筑，因为它从 1989 年建造开始就有了明确的智能化目的，且迅猛发展的势头令世人瞩目。

我国对智能建筑的最大贡献是开发智能小区。在住宅小区应用信息技术主要是为住户提供先进的管理手段、安全的居住环境和便捷的通信娱乐工具，这和以公共建筑如酒店、写字楼、医院、体育馆等为主的智能建筑有很大的不同。智能小区的提出正是信息社会促使人们改变生活方式的一个重要体现。

市场的发展促进了政府部门加强管理和指导的力度，各种规定标准相继出台，使智能建筑逐步步入规范化的道路。20 世纪 80 年代末国家标准《民用建筑电气设计规范》中，就已经提出了楼宇自动化和办公自动化，对智能建筑理念和各种系统有了比较全面的涉及。当时人们对建筑智能化理解主要是将电话、有线电视系统接到建筑物中来，同时利用计算机对建筑物中的机电设备进行控制和管理，各个系统是独立的、没有联系的，与建筑结合也不密切。1995 年，上海正式颁发了地方标准《智能建筑设计标准》（DBJ 08—47—95），它根据不同的需求，把智能建筑划分为三级，为智能建筑规划、设计和施工提供了依据，推动了智能建筑的发展。江苏、新疆、福建等地也相应编制了当地的《智能建筑设计标准》。1997 年建设部发布了 290 号文《建筑智能化系统工程设计管理暂行规定》，并与 2000 年，正式推出了国家标准《智能建筑设计标准》（GB/T 50314—2000）。而 2006 年 12 月 29 日颁布、2007 年 7 月 1 日实施的《智能建筑设计标准》（GB/T 50314—2006）国家标准，标志着我国智能建筑的发展进入了新的发展阶段。

建筑智能化技术决定了建筑物智能化的程度和发展方向，建筑智能化技术的发展大致经历了以下 4 个阶段。

第一阶段：20 世纪 90 年代初期，建筑智能化技术主要为单一功能专用系统，如出入口监控、闭路电视监控、空调设备监控、水电设备监控、消防设备监控、停车场管理、数据处理、统计报表、无线电话、对讲系统、卫星电视、共用天线、广播音响、有线电话等。

第二阶段：20 世纪 90 年代中期，建筑智能化技术发展为多功能系统，包括结构化综合布线、技术安全防范系统、楼宇自控系统、消防报警、通信及联动系统、停车场系统、文本数据处理系统、无线通讯系统、有线通信系统等。

第三阶段：20 世纪 90 年代后期，建筑智能化技术发展为集成系统，包括建筑设备管理系统（BMS）、办公自动化系统（OAS）、通信网络系统（CNS）。

第四阶段：21 世纪初期至今，建筑智能化技术发展为一体化集成管理系统，即智能建筑管理系统（IBMS）。其中，控制、信息两大部分可通过数据库实现数据的共享、分析及决策，并可使用互联网（Internet）用 Web 浏览器实现远程管理与监控。

（二）认识综合布线系统

1. 综合布线系统的起源

过去设计大楼内的语音及数据业务线路时，常使用各种不同的传输线、配线插座以及连接器件等。例如：用户电话交换机通常使用对绞电话线，而局域网络（LAN）则可能使用对绞线或同轴电缆，这些不同的设备使用不同的传输线来构成各自的网络，同时，连接这些不同布线的插头、插座及配线架均无法互相兼容，相互之间达不到共用的目的。而办公布局及环境改变的情况是经常发生的，当需要调整办公设备或随着新技术的发展需要更换设备时，就必须更换布线。这样因增加新线缆而留下不用的旧线缆，天长日久，导致了建筑物内线缆杂乱，造成很大的维护隐患，使得维护不便，要进行各种线缆的敷设改造也十分困难。

随着全球社会信息化与经济国际化的深入发展，人们对信息共享的需求日趋迫切，就需要一个适合信息时代的布线方案。美国电话电报（AT&T）公司贝尔实验室的专家们经过多年的研究，在办公楼和工厂试验成功的基础上，于 20 世纪 80 年代末期率先推出结构化综合布线系统

（Structured Cabling System，SCS）标准。从此，随着智能化建筑的兴起，随着信息化建设的蓬勃发展，综合布线系统逐步取代了传统的布线系统，我国综合布线国家标准中如 GB 50311—2000 和 GB 50312—2007 将综合布线系统（Generic Cabling System）简称为 GCS。

2. 综合布线系统的定义与功能

综合布线系统将所有语音、数据、图像及多媒体业务设备的布线网络组合在一套标准的布线系统上，它以一套由共用配件所组成的单一配线系统，将各个不同制造厂家的各类设备综合在一起，使各设备相互兼容，同时工作，实现综合通信网络、信息网络及控制网络间的信号互连互通。应用系统的各种设备终端插头插入综合布线系统的标准插座内，再在设备间和电信间对通信链路进行相应的跳接，就可运行各应用系统了。

综合布线系统其开放的结构可以作为各种不同工业产品标准的基准，使得配线系统将具有更大的适用性、灵活性，而且可以利用最低的成本在最小的干扰下对设于工作地点的终端设备重新安排与规划。当终端设备的位置需要变动或信息应用系统需要变更时，只需做一些简单的跳线，这项工作就完成了，而不需要再布放新的电缆以及安装新的插座。

综合布线是一种预布线，除满足目前的通信需求，还能满足未来一段时间内的需求。设计时信息点数量裕量的考虑，满足了未来信息应用系统数量、种类的增加，采用 5E 类和 6 类布线产品能满足未来 1Gbit/s 到桌面的应用需求，若采用 6A 则可以达到 10Gbit/s。在确定建筑物或建筑群的功能与需求以后，规划能适应智能化发展要求的相应的综合布线系统设施和预埋管线，可以防止今后增设或改造时造成工程的复杂性和费用的浪费。

综合布线系统实现了综合通信网络、信息网络及控制网络间信号的互连互通。智能建筑智能化建设中，楼控设备、监控、出入口控制等系统的设备在提供满足 TCP/IP 协议接口时，使用综合布线系统作为信息的传输介质，为大楼的集中监测、控制与管理打下了良好的基础。

3. 综合布线系统的特点

（1）兼容性

所谓兼容性是指其设备或程序可以用在多种系统中的特性。综合布线系统将语音信号、数据信号与监控设备图像信号的配线经过统一的规划和设计，采用相同的传输介质、信息插座、交连设备和适配器等，把这些性质不同的信号综合到一套标准的布线系统中。这样与传统布线系统相比，可节约大量的物质、时间和空间。在使用时，用户可不用定义某个工作区的信息插座的具体应用，只把某种终端设备接入这个信息插座，然后在管理间和设备间的交连设备上做相应的跳线操作，这个终端设备就被接入到自己的系统中。

（2）开放性

对于传统的布线方式，用户选定了某种设备，也就选定了与之相适应的布线方式和传输介质。如果更换另一种设备，原来的布线系统就要全部更换，这样做给用户增加了很多麻烦和投资。综合布线系统由于采用开放式的体系结构，符合多种国际上流行的标准，包括计算机设备、交换机设备和几乎所有的通信协议等。

（3）灵活性

在综合布线系统中，由于所有信息系统皆采用相同的传输介质和物理星型拓扑结构，因此所有的信息通道都是通用的。每条信息通道都可支持电话、数据和多用户终端。所有设备的开通和更改均不需改变系统布线，只需增减相应的网络设备以及进行必要的跳线管理即可。另外，系统组网也可以灵活多样，甚至在同一房间可有多用户终端，为用户组织信息提供了必要条件。

（4）可靠性

综合布线系统采用高品质的材料和组合压接方式构成了一套高标准的信息通道。所有器件均通过 UL、CSA 和 ISO 认证，每条信息通道都要采用物理星型拓扑结构，点到点端接，任何一条线路故障均不影响其他线路的运行，为线路的运行维护及故障检修提供了极大的方便，从而保障了系统的可靠运行。各系统采用相同传输介质，因而可互为备用，提高了备用冗余。

（5）先进性

综合布线系统通常采用光纤与双绞线混合布线方式，这种方式能够十分合理地构成一套完整的布线系统。所有布线采用最新通信标准，信息通道均按布线标准进行设计，按 8 芯双绞线进行配置，通过敷设超 5 类、6 类、6A 类的双绞线，数据最大传输速率可达到10Gbit/s，对于需求特殊的用户，可将光纤敷设到桌面（Fiber-to the Desk），通过主干通道可同时传输多路实时多媒体信息，同时，星型结构的物理布线方式为未来发展交换式网络奠定了基础。

（6）经济性

衡量一个建筑产品的经济性，应该从两个方面加以考虑，即初期投资和性能价格比。一般来说，用户总是希望建筑物所采用的设备在开始使用时应该具有良好的实用特性，而且还应有一定的技术储备，在今后的若干年内应保护最初的投资，即在不增加新的投资情况下，还能保持建筑物的先进性。与传统的布线方式相比，综合布线就是一种既具有良好的初期投资特性，又具有很高的性能价格比的高科技产品。

（三）综合布线与智能建筑

综合布线技术的引入，在建筑物内部为语音和数据的传输提供了一个开放的平台，加强了信息技术与建筑功能的结合，对智能建筑的发展和普及产生了巨大的作用。

在《智能建筑设计标准》（GB/T 50314—2000）中，综合布线系统与建筑设备自动化系统、通信网络系统、办公自动化系统和系统集成（Systems Integration，SI）组成智能建筑的 5 大组成部分，智能建筑所用的主要设备通常放置在智能化建筑内的系统集成中心（System Integrated Center，SIC）中。它通过建筑物综合布线系统（Generic Cabling System，GCS）与各种终端设备，如通信终端（电话机、传真机等）、传感器（如烟雾、压力、温度、湿度等传感器）的连接，"感知"建筑物内各个空间的"信息"，并通过计算机进行处理后给出相应的控制策略，再通过通信终端或控制终端（如步进电动机、各种阀门、电子锁、开关等）给出相应控制对象的动作反应，使大楼具有所谓的某种"智能"，从而形成"3A"系统。它们的关系如图 1-3 所示。

在 GB/T 50314—2006《智能建筑设计标准》中，虽然没有像 GB/T 50314—2000 一样，将综合布线系统列为智能建筑的 6 大组成部分之一，而是将其列入信息设施系统（ITSI）之中，但并没有消弱综合布线系统在智能建筑中的地位和作用。

智能建筑是建筑、通信、计算机网络和自动控制等多种技术的集成，综合布线系统作为

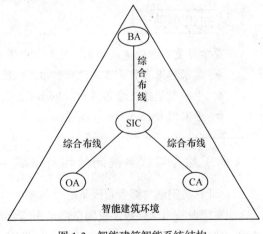

图 1-3　智能建筑智能系统结构

智能化建筑中的神经系统，是智能建筑的关键部分和基础设施之一。综合布线系统在建筑内和其他设施一样，都是附属于建筑物的基础设施，为智能化建筑的主人或用户服务。虽然综合布线系统和房屋建筑彼此结合形成不可分离的整体，但要看到它们是不同类型和工程性质的建设项目。它们在规划、设计、施工、测试验收及使用的全过程中，关系是极为密切的，具体表现有以下几点。

① 综合布线系统是智能化建筑中必备的基础设施。综合布线系统将智能建筑内的通信、计算机、监控等设备及设施，相互连接形成完整配套的整体，从而实现高度智能化的要求。综合布线系统能适应各种设施当前需要和今后发展，具有兼容性、可靠性、使用灵活性和管理科学性等特点，因此它是智能化建筑能够保证优质高效服务的基础设施之一。在智能建筑中如没有综合布线系统，各种设施和设备会因无信息传输媒质连接而无法相互联系、正常运行，智能化也难以实现，这时智能化建筑是一幢只有空壳躯体的、实用价值不高的土木建筑，也就不能称为智能化建筑。在建筑物中只有配备了综合布线系统，才有实现智能化的可能性，这是智能建筑工程中的关键内容。

② 综合布线系统是衡量智能化建筑智能化程度的重要标志。在衡量智能化建筑的智能化程度时，既不是看建筑物的体积是否高大巍峨和造型是否新型壮观，也不是看装修是否华丽和设备是否配备齐全，主要是看综合布线系统承载信息系统的种类和能力，看设备配置是否成套，各类信息点分布是否合理，工程质量是否优良，这些都是决定智能化建筑的智能化程度高低的重要因素。智能化建筑能否为用户更好地服务，综合布线系统具有决定性的作用。

③ 综合布线系统能适应今后智能建筑和各种科学技术的发展需要。房屋建筑的使用寿命较长，大都在几十年以上，甚至近百年。因此，目前在规划和设计新的建筑时，应考虑如何适应今后发展的需要。综合布线系统具有很高的适应性和灵活性，能在今后相当长的时期内满足客观发展需要，因此，在新建的高层或重要的智能化建筑时，应根据建筑物的使用性质和今后发展等各种因素，积极采用综合布线系统。对于近期不拟设置综合布线系统的建筑，应在工程中考虑今后设置综合布线系统的可能性，在主要部位、通道或路由等关键地方，适当预留房间（或空间）、洞孔和线槽，以便今后安装综合布线系统时，避免打洞穿孔或拆卸地板及吊顶等装置，有利于扩建和改建。

总之，综合布线系统分布于智能建筑中，必然会有相互融合的需要，同时又可能发生彼此矛盾的问题。因此，在综合布线系统的规划、设计、施工和使用等各个环节，都应与负责建筑工程的有关单位密切联系和配合协调，采取妥善合理的方式来处理，以满足各方面的要求。

 知识小贴士

要学习更多智能建筑知识，可阅读以下书籍或登录以下网站：
● 国家标准《智能建筑设计标准》（GB/T 50314—2006）；
● 中国智能建筑信息网 http://www.ib-china.com/；
● 千家网 http://www.qianjia.com/。

（四）综合布线系统的结构与组成

1. 计算机网络与综合布线系统

旭东职业技术学院数字校园全部采用综合布线系统设计，以计算机大楼为例，该大楼为6层结构，建筑面积6 000多平方米，有普通教室、多媒体教室、实训室、办公室、会议室、学生科技活动中心、图书阅览室等功能用房。一楼是办公区，二楼、三楼为教室，四楼、五楼为实训室，图 1-4 所示为三楼平面分布图。

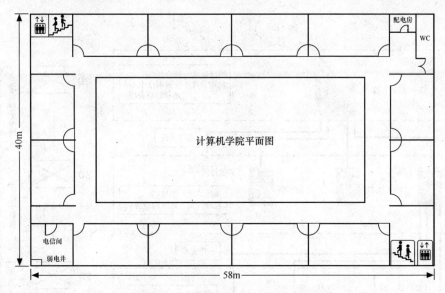

图 1-4　计算机学院三楼平面分布图

旭东职业技术学院校园网络和其他类型网络一样，是典型的树形三层结构：树根为核心层，由核心交换机连接；树干为汇聚层，由汇聚交换机上连核心层交换机，下接接入层交换机；树枝为接入层，由接入层交换机上连汇聚交换机，下接计算机，如图 1-5 所示。图中仅列出了计算机学院教学大楼（以下简称计算机大楼）完整的网络结构。

计算机大楼除通常的信息网络和语音电话通信系统外，在大楼出入口、楼梯口、走廊和实训室安装了网络监控点，每层楼安装两个连网考勤点，每个房间安装一个连网门禁，该大楼信息点种类与数量如表 1-2 所示。

表 1-2　　　　　　　　　　　　计算机大楼信息点分布图

序　号	楼　层	数　据				语音
		信息网络	网络监控	考勤	门禁	电话
1	一楼	96	6	2	24	24
2	二楼	104	4	2	12	3
3	三楼	106	4	2	12	3
4	四楼	390	16	2	12	6
5	五楼	396	16	2	12	6
合计		1092	46	10	72	42

综合布线系统为计算机网络系统提供传输通道，各级交换设备通过综合布线系统将计算机连在一起形成网络，网络结构决定了综合布线系统结构。图 1-6 是与图 1-5 所示网络系统结构对应的综合布线系统三级结构。

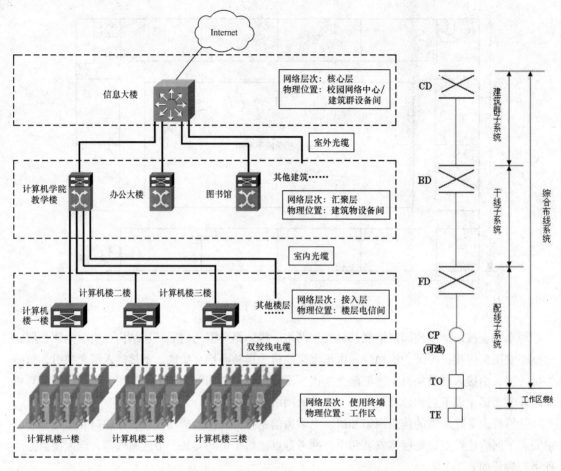

图 1-5 网络树形三层结构　　　　图 1-6 综合布线系统三级结构

2. 综合布线系统基本构成

综合布线是建筑物内或建筑群之间的一个模块化、灵活性极高的信息传输通道，是智能建筑的"信息高速公路"。综合布线系统应为开放式网络拓扑结构，应能支持语音、数据、图像、多媒体业务等信息的传递。

综合布线系统由不同系列和规格的部件组成，其中包括传输介质、相关连接硬件（如配线架、插座、插头和适配器）以及电气保护设备等。

综合布线系统一般采用分层星型拓扑结构。该结构下的每个分支子系统都是相对独立的单元，对每个分支子系统的改动都不影响其他子系统，只要改变节点连接方式就可使综合布线在星型、总线型、环型、树状等结构之间进行转换。

综合布线系统采用模块化的结构。按每个模块的作用，依照 2007 年 4 月 6 日颁布，2007 年 10 月 1 日起实施的国家标准《综合布线系统工程设计规范》（GB 50311—2007），计算机学院教学大楼综合布线系统按下列 7 个部分进行设计，如图 1-7 所示。

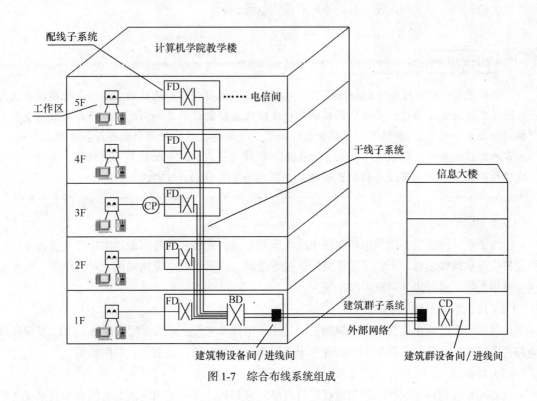

图 1-7 综合布线系统组成

（1）工作区

一个独立的需要设置终端设备（TE）的区域宜划分为一个工作区。一个工作区可能只有一台终端设备，也可能有多台终端设备，一般以房间为单位划分。终端设备包括计算机、电话机、传感器、网络摄像机/球等。工作区应由配线子系统的信息插座模块（TO）延伸到终端设备处的连接线缆及适配器组成。信息插座模块通常是 RJ45 接口。

知识小贴士

适配器：适配器（adapter）可以是一个独立的硬件接口转接设备，也可以是信息接口。综合布线系统工作区信息插座是标准的 JR45 接口模块，如果终端设备不是 RJ45 接口时，则需要另配一个接口转接设备（适配器）才能实现通信。

（2）配线子系统

就是通常所说的水平子系统。配线子系统应由工作区的信息插座模块、信息插座模块至电信间配线设备（FD）的配线电缆和光缆、电信间的配线设备及设备线缆和跳线等组成。电信间即通常所说的楼层配线间，由于计算机大楼信息点多、分布散、距离长，因此每层都设楼层电信间。计算机大楼配线子系统的电缆一般是 4 对双绞线电缆。

知识小贴士

配线设备：配线设备（distributor）是电缆或光缆进行端接和连接的装置。在配线设备上可进行互连或交接操作。交接采用接插软线或跳线连接配线设备和信息通信设备（数据交换机、语音交换机等）。互连不用接插软线或跳线，使用连接器件把两个配线设备连接在一起。通常的配线设备就是配线架（pantch pannel），规模大一点的还有配线箱和配线柜。电信间、建筑物设备间和建筑群设备的配线设备分别简称为 FD、BD 和 CD。

（3）干线子系统

干线子系统应由设备间至电信间的干线电缆和光缆。安装在设备间的建筑物配线设备（BD）及设备线缆和跳线组成。干线子系统使用干线电缆时，语音干线电缆通常用大对数电缆，数据干线一般用光缆，也可用 4 对双绞线电缆。

（4）建筑群子系统

建筑群子系统应由连接多个建筑物之间的主干电缆和光缆、建筑群配线设备（CD）及设备线缆和跳线组成。建筑群子系统中，语音主干电缆用大对数电缆，数据主干只用光缆。

（5）设备间

设备间是在每幢建筑物的适当地点进行网络管理和信息交换的场地。对于综合布线系统工程设计，设备间主要安装建筑物配线设备。电话交换机、计算机主机设备及入口设施也可与配线设备安装在一起。如果是园区综合布线系统，又分建筑群设备间和建筑物设备间。

（6）进线间

进线间是建筑物外部通信和信息管线的入口部位，也可作为入口设施和建筑群配线设备的安装场地。综合布线进线间的入口设施及引入线缆构成如图 1-8 所示。

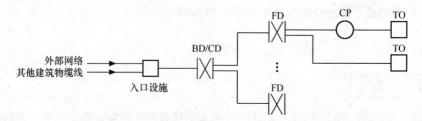

图 1-8　综合布线进线间的入口设施及引入线缆构成

（7）管理

管理对工作区、电信间、设备间、进线间的配线设备、线缆、信息插座模块等设施按一定的模式进行标识和记录。

3. 综合布线系统结构

从图 1-7 可知，从建筑群设备间的 CD 至工作区的终端设备（计算机、电话等），形成了一条完整的通信链路，主要布线部件包括建筑群配线设备（CD）、建筑群子系统电缆或光缆、建筑物配线设备（BD）、建筑物干线子系统电缆或光缆、电信间配线设备（FD）、配线子系统电缆或光缆、集合点（CP）（选用）、信息插座模块（TO）、工作区线缆和终端设备（TE）。

从系统结构上看，综合布线系统分为建筑群子系统、干线子系统、压线子系统三个层次。

（1）建筑群子系统

从建筑群配线架到各建筑物配线架的布线属于建筑群子系统。该布线子系统包括建筑群干线电缆、建筑群干线光缆及其在建筑群配线架和建筑物配线架上的机械终端及建筑群配线架上的接插线和跳线。

一般情况下，建筑群干线子系统宜采用光缆。建筑群干线电缆、建筑群干线光缆也可用来直接连接两个建筑物配线架。

（2）干线子系统

从建筑物配线架到各楼层电信间配线架的布线属于建筑物干线子系统（垂直子系统）。建筑物干线电缆、建筑物干线光缆应直接端接到有关的楼层配线架，中间不应有集合点或接头。

（3）配线子系统

从楼层配线架到各信息插座的布线属于配线子系统（水平子系统）。

水平电缆、水平光缆一般直接连接到信息插座。必要时，楼层电信间配线架和每个信息插座之间允许有一个集合点。进入与接出集合点的电缆线对或光纤应按1∶1连接，以保持对应关系。集合点处的所有电缆、光缆应作为机械终端。集合点处只包括无源连接件，应用设备不应在这里连接。用电缆进行转接时，所用的电缆应符合多单元电缆的附加串音要求。

集合点处宜为永久性连接，不应作为配线使用。对于包含多个工作区的较大区域，且工作区划分有可能调整时，允许在较大区域的适当部位设置非永久性连接的集合点。这种集合点最多为12个工作区配线。

建筑物配线设备至每个楼层配线设备的建筑物干线子系统的干线电缆或光缆一般采取分别独立供线给各个楼层的方式，在各个楼层之间无连接关系。这样当线路发生障碍时，影响范围较小，容易判断和检修，有利于安装施工。缺点是线路长度和条数增多，工程造价高，安装敷设和维护的工作量增加。

4. 综合布线系统结构变化

设备配置是综合布线系统设计的重要内容，关系到整个网络和通信系统的投资和性能，设备配置首先要确定综合布线系统的结构，然后再对配线架、布线子系统、传输介质、信息插座和交换机等设备作实际的配置。

综合布线系统的主干线路连接方式均采用树型网络拓扑结构，要求整个布线系统干线电缆或光缆的交接次数不超过两次，即从楼层配线设备到建筑群配线设备之间，只允许经过一次配线设备，即建筑物配线设备，成为FD-BD-CD的三级结构形式，这是园区建筑群综合布线系统的标准结构。由于计算机大楼每楼层面积较大，根据计算必须在每层楼设置一个电信间，因此计算机大楼综合布线系统就是这种结构。

综合布线系统结构的变化，主要体现在楼层电信间的设置。是否需要每层设置电信间，需要根据水平子系统双绞电缆有限传输距离的覆盖范围、管理的要求、设备间和楼层电信间的空间要求、信息点的分布等多种情况对建筑物综合布线系统进行灵活的设备配置，有以下两种结构变化。

知识小贴士

双绞线有效传输距离：速率为 1 000Mbit/s 以下时，双绞线数据传输的有效距离是100m，从计算机到接入交换机的传输链路中，有计算机到信息插座的跳线、信息插座到配线架配线子系统双绞线、配线架到交换机的跳线等，标准规定二端跳线的总长不超过 10m，因此，配线子系统双绞线布线距离不能超过90m。

（1）FD 和 BD 合一结构

这种结构是建筑物不设楼层电信间，FD 和 BD 全部设置在建筑物设备间，设备间一般放在建筑物中心位置，信息插座 TO 至 BD 之间电缆的最大长度不超过 90 m，这种结构既便于网络维护管理，又减少了对空间的占用。图 1-9 所示是旭东职业技术学院第一学生宿舍的综合布线系统结构。

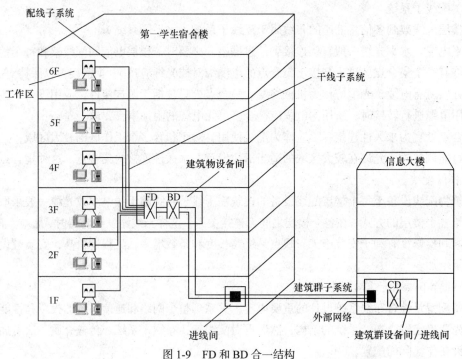

图 1-9　FD 和 BD 合一结构

（2）楼层共用 FD 结构

当智能建筑的楼层面积不大且用户信息点数量不多时，为了简化网络结构和减少接续设备，可以采取每相邻几个楼层共用一个楼层电信间，由某楼层的 FD 负责连接相邻楼层的信息插座 TO，但是要满足 TO 至 FD 之间的水平线缆的最大长度不应超过 90 m 标准传输通道的限制。图 1-10 是旭东职业技术学院办公大楼的综合布线系统结构，每两层设置一个电信间。

（五）综合布线常用术语与符号

以中华人民共和国国家标准《综合布线系统工程设计规范》（GB 50311—2007）为标准，表

1-3 列出了综合布线常用术语，表 1-4 列出了常用的符号和缩略语。这些术语、符号和缩略词有些已出现在本项目中，有些将在后续项目中出现。

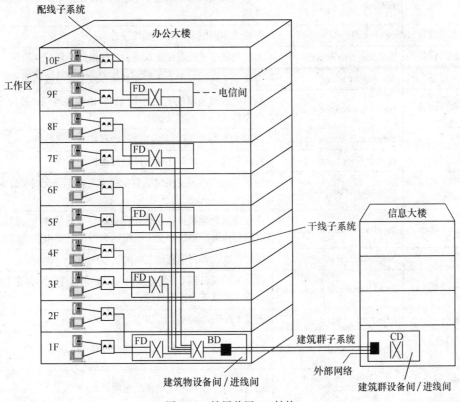

图 1-10　楼层共用 FD 结构

表 1-3　　　　　　　　　　　　　　　　　综合布线常用术语

术　语	英　文　名	解　释
布线/布缆	cabling	由能够支持信息电子设备相连的各种线缆、跳线、接插软线和连接器件组成的系统
建筑群子系统	campus subsystem	由配线设备、建筑物之间的干线电缆或光缆、设备线缆、跳线等组成的系统
电信间	telecommunications room	放置电信设备、电缆和光缆终端配线设备并进行线缆交接的专用空间
工作区	work area	需要设置终端设备的独立区域
信道/通道	channel	连接两个应用设备的端到端的传输通道。信道包括设备电缆、设备光缆、工作区电缆和工作区光缆
链路	link	一个 CP 链路或是一个永久链路，有时也泛指 Channel
永久链路	permanent link	信息点与楼层配线设备之间的传输线路。它不包括工作区线缆和连接楼层配线设备的设备线缆、跳线，但可以包括一个 CP 链路
集合点/汇聚点（CP）	consolidation point	楼层配线设备与工作区信息点之间水平线缆路由中的连接点

续表

术　语	英文名	解　释
CP 链路	CP link	楼层配线设备与 CP 之间，包括各端的连接器件在内的永久性的链路
建筑群配线设备	campus distributor	终接建筑群主干线缆的配线设备
建筑物配线设备	building distributor	为建筑物主干线缆或建筑群主干线缆终接的配线设备
楼层配线设备	floor distributor	终接水平电缆或水平光缆和其他布线子系统线缆的配线设备
建筑物入口设施	building entrance facility	提供符合相关规范机械与电气特性的连接器件，使得外部网络电缆和光缆引入建筑物内
连接器件	connecting hardware	用于连接电缆线对和光纤的一个器件或一组器件
光纤适配器	optical fiber connector	将两对或一对光纤连接器件进行连接的器件
建筑群主干电缆、建筑群主干光缆	campus backbone cable	用于在建筑群内连接建筑群配线架与建筑物配线架的电缆、光缆
建筑物主干线缆	building backbone cable	连接建筑物配线设备至楼层配线设备及建筑物内楼层配线设备之间的线缆。建筑物主干线缆可为主干电缆和主干光缆
水平线缆	horizontal cable	楼层配线设备到信息点之间的连接线缆
永久水平线缆	fixed horizontal cable	楼层配线设备到 CP 的连接线缆，如果链路中不存在 CP，为直接连至信息点的连接线缆
CP 线缆	CP cable	连接 CP 至工作区信息点的线缆
信息点（TO）/信息插座	telecommunications outlet	各类电缆或光缆终接的信息插座模块
设备电缆、设备光缆	equipment cable	通信设备连接到配线设备的电缆、光缆
跳接线	jumper	不带连接器件或带连接器件的电线缆对与带连接器件的光纤，用于配线设备之间进行连接
线缆（包括电缆、光缆）	cable	在一个总的护套里，由一个或多个同一类型的线缆线对组成，并可包括一个总的屏蔽物
光缆	optical cable	由单芯或多芯光纤构成的线缆
电缆、光缆单元	cable unit	型号和类别相同的电缆线对或光纤的组合。电缆线对可有屏蔽物
线对	pair	一个平衡传输线路的两个导体，一般指一个对绞线对
平衡电缆	balanced cable	由一个或多个金属导体线对组成的对称电缆
屏蔽平衡电缆	screened balanced cable	带有总屏蔽和/或每线对均有屏蔽物的平衡电缆
非屏蔽平衡电缆	unscreened balanced cable	不带有任何屏蔽物的平衡电缆
跳线/接插软线	patch cord	一端或两端带有连接器件的软电缆或软光缆
多用户信息插座	multi-user telecommunications outlet	在某一地点，若干信息插座模块的组合
交接（交叉连接）	cross-connect	配线设备和信息通信设备之间采用接插软线或跳线上的连接器件相连的一种连接方式
互连	interconnect	不用接插软线或跳线，使用连接器件把一端的电缆、光缆与另一端的电缆、光缆直接相连的一种连接方式

表 1-4　　　　　　　　　　　综合布线常用符号与缩略词

英文缩写	英 文 名 称	中文名称或解释
ACR	Attenuation to Crosstalk Ratio	衰减串音比/衰减串扰比
AACR	Alien ACR	外部衰减串音比/外部衰减串扰比
AACR-F	Alien ACR-F	外部衰减远端串音（串扰）比
ACR-F	ACR-FEXT（ELFEXT）	衰减远端串音比/衰减远端串扰比
ANEXT	Alien NEXT	外部近端串音/外部近端串扰
Atten	Attenuation（insertion loss）	衰减（插入损耗）
BD	Building Distributor	建筑物配线设备
CD	Campus Distributor	建筑群配线设备
CP	Consolidation Point	集合点/汇聚点
dB	dB	分贝（电信传输单位）
D.C.	Direct Current	直流
EIA	Electronic Industries Association	美国电子工业协会
ELFEXT	Equal Level Far End Crosstalk	等电平远端串音/等效远端串扰
FD	Floor Distributor	楼层配线设备
FEXT	Far End Crosstalk	远端串音（损耗）/远端串扰
IEC	International Electrotechnical Commission	国际电工技术委员会
IEEE	The Institute of Electrical and Electronics Engineers	美国电气及电子工程师学会
IL	Insertion Loss（attenuation）	插入损耗（衰减）
IP	Internet Protocol	因特网协议
ISDN	Integrated Services Digital Network	综合业务数字网
ISO	International Organization for Standardization	国际标准化组织
LCL	Longitudinal to Differential Conversion Loss	纵向对差分转换损耗
OF	Optical Fiber	光纤
PS AACR-F	Power Sum Alien ACR-F	综合外部衰减远端串音（串扰）比
PSACR	Power Sum ACR	ACR 功率和/综合衰减串扰比
PSACR-F	Power Sum ACR-F	综合衰减远端串音（串扰）比
PS ANEXT	Power Sum ANEXT	综合外部近端串音（串扰）
PS ELFEXT	Power Sum ELFEXT	ELFEXT 功率和
PSNEXT	Power Sum NEXT	近端串音功率和/综合近端串扰
RL	Return Loss	回波损耗
SC	Subscriber Connector（Optical Fiber Connector）	用户连接器（光纤连接器）
SFF	Small Form Factor Connector	小型连接器
TCL	Transverse Conversion Loss	横向转换损耗
TE	Terminal equipment	终端设备
TIA	Telecommunications Industry Association	美国电信工业协会
UL	Underwriters Laboratories	美国保险商实验所安全标准
Vr.m.s	V root mean square	电压有效值

三、任务实施

（一）分析网络通信链路

1. 示例：计算机学院综合布线实训室某台计算机网络通信链路分析

图 1-11 所示是旭东职业技术学院计算机学院综合布线实训室（位于计算机大楼的四楼）某台计算机到达校园网络中心核心交换机的物理链路。

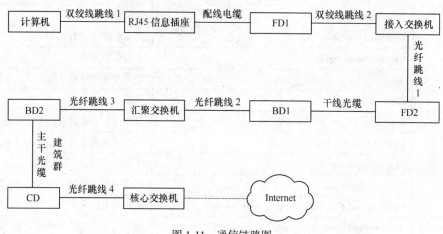

图 1-11　通信链路图

该物理链路用标准的综合布线系统实现。该链路是这样连接的：计算机用双绞线跳线连接到实训室（工作区）的 RJ45 信息插座上，该插座配线子系统的配线电缆（4 对双绞线）安装到四楼电信间的配线架（FD1）上，用双绞线跳线将此配线架连接到交换机，用光纤跳线将交换机连接到此处的光纤配线架（FD2）上，将与此光纤配线架相连的干线光缆连至计算机大楼设备间（位于一楼）的光纤配线架（BD1）上，用光纤跳线连接此配线架到汇聚交换机，用光纤跳线连此交换机到此处的光纤配线架（BD2），与此光纤配线架相连的建筑群主干光缆连至校园网络中心（信息大楼）的光纤配线架（CD）上，用光纤跳线连接此配线架到核心交换机，从而形成一条从综合布线实训室某计算机到校园网络中心核心交换机的物理通信链路。

2. 实施步骤

（1）现场考察你所在学校某大楼某房间内某台计算机到达校园网络中心核心交换机的物理链路，记录这条链路经过的缆线和设备。

（2）用如图 1-11 所示的流程框图将这条链路使用的通信缆线、经过的布线设备和网络设备表示出来，其中用连接线表示缆线，框图表示设备。

（3）将你所绘制的图和图 1-11 比较，看看两条通信链路有什么不同？

（二）绘制综合布线拓扑结构图

1. 示例：计算机大楼综合布线拓扑图

图 1-12 所示是用 Visio 2002 绘制的旭东职业技术学院计算机大楼综合布线的拓扑图。图 1-12 清晰地表现了计算机大楼综合布线系统的结构。

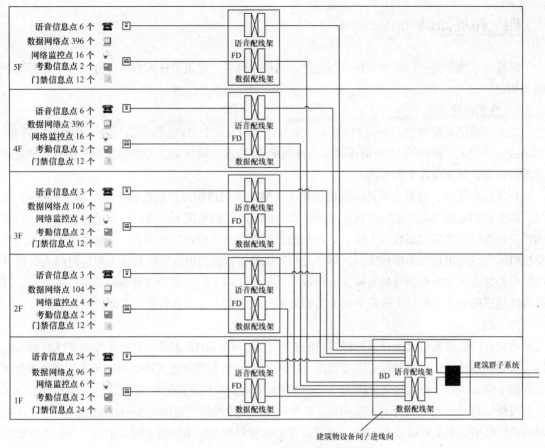

图 1-12 计算机大楼综合布线拓扑图

① 大楼为五层，建筑物设备间/BD 设在一楼，每层设楼层电信间/FD；

② 综合布线系统包括数据和语音两套系统，数据系统包括信息网络、网络监控、连网门禁和连网考勤 4 类信息系统。各类信息点的数量也清晰地标注在拓扑图中。

绘制综合布线拓扑图时，需要使用图标表示系统的结构和组成，常用的图标如图 1-13 所示。

图 1-13 常用综合布线设计图标

2. 实施步骤

（1）现场考察你所在学校某大楼网络系统和综合布线系统的结构，按表 1-2 所示类似的格式分楼层统计信息系统的种类和数量。

（2）在计算机机房用 Visio 2002 按如图 1-12 所示拓扑图，绘制该大楼的综合布线拓扑图。

四、拓展知识

综合布线技术是一门综合学科，与电子、通信、网络、建筑等技术密不可分，以下介绍几个相关知识。

1. 数据传输速率

在数字通信系统中，电信号把数据从一个节点送到另一个节点，数字信号是一系列的电脉冲，如用正电压表示二进制的 1，负电压表示二进制的 0。数据传输速率就是指每秒钟传送的二进制脉冲的信息量，其单位通常为 bit/s。

在实际应用中，经常会将传输通道的频率（MHz）与传输通道的数据传输速率（Mbit/s）混淆，其实它们是两个截然不同的概念。在信噪比确定不变的情况下，数据传输速率衡量单位时间内线路传输的二进制位的数量（bit/s），衡量的是线路传送信息比特的能力。传输通道的频率衡量单位时间内线路电信号的振荡次数。单位时间内线路传输的二进制位的数量由单位时间内线路中电信号的振荡次数与电信号每次振荡所携带二进制位（bit）的数量（信号编码效率）来决定。因此传输通道的频率与数据传输速率的关系类似于高速公路上行车道数量与车流量的关系。

2. 带宽

传输介质的带宽定义为介质所能容纳的频率容量，用 MHz 表示，是指介质所支持的频率范围。大多数铜质通信电缆的规定带宽范围可以从 1MHz 到介质所能支持的最高频率范围，例如 5 类和超 5 类双绞线支持的带宽范围为 1～100MHz，6 类双绞线支持的带宽范围为 1～250MHz，6A 类双绞线支持的带宽范围为 1～500MHz，7 类双绞线支持的带宽范围为 1～600MHz。对于光纤来说，光纤频率范围也被指定为 MHz，光纤的带宽指标根据光纤类型的不同而不同，一般认为单模光纤的带宽是无极限的，而多模光纤有非常确定的带宽极限，如长为 1km 的 62.5/125μm 的多模光纤在 850nm 波长下可支持 160MHz 的带宽范围，在 1 300nm 波长下可支持 500MHz 的带宽范围（注：这里的 MHz 不是正弦波周期，而是方波的周期）。

3. 特性阻抗与阻抗匹配

（1）特性阻抗

特性阻抗定义为通信电缆对电流的总抵抗力，用欧姆（Ω）作计量单位。所有的铜质通信电缆都有一个确定的特性阻抗指标。一种通信电缆的特性阻抗指标是该电缆的导线直径和覆盖在电缆导线外面的绝缘材料的电介质常数的复杂函数。

一种通信电缆的特性阻抗是电缆的电容、电缆的电感和电缆的电阻 3 个变量的复合体。在一条"均匀"电缆中，无论哪个部分，其特性阻抗都必须是一个一致的指标。电缆的阻抗指标与电缆的长度不相关。这意味着一条长为 10m 的通信电缆必须与一条长为 100m 的通信电缆具有相同的特性阻抗。每条通信电缆必须有统一一致的特性阻抗指标。另外，一条布线链路中的所有电缆和部件都必须有一致的特性阻抗指标。任何布线链路中的阻抗不连续性都会导致链路中的信号反射。电缆中的反射会导致信号损耗，并可能导致信号被破坏或与电缆链路中的其他信号冲突。

双绞线通信电缆有如下特性阻抗指标：

- UTP 电缆的特性阻抗指标为 100Ω±15%；
- ScTP 电缆的特性阻抗指标为 100Ω±15%；
- STP-A 电缆的特性阻抗指标为 150Ω±15%。

还有其他一些不常用的特性阻抗值的电缆。不同种类 UTP 和 ScTP 电缆在从 1MHz 起到规定的 16MHz、20MHz、100MHz 或 250MHz 的频率范围内，都有确定的特性阻抗。

同轴电缆与双绞线电缆有不同的阻抗指标。实际上有很多不同类型的同轴电缆，每种都有不同的特性阻抗指标。不同类型同轴电缆的特性阻抗指标包括以下几种：

- RG-58 电缆的特性阻抗指标为 $50\Omega \pm 1\%$；
- RG-59 电缆的特性阻抗指标为 $75\Omega \pm 1\%$；
- RG-62 电缆的特性阻抗指标为 $93\Omega \pm 1\%$。

通信电缆连接硬件（如插座）也有明确定义的特性阻抗指标。UTP 和 ScTP 的连接硬件、组合式连接器等的特性阻抗指标为也 $100\Omega \pm 15\%$。

（2）阻抗匹配

电子部件，如局域网网卡和网络交换机，在经过设计后，可以在一条与特定的阻抗指标相匹配的电缆上传输信号。因为不同的通信电缆有不同的阻抗指标，所以使用正确类型的通信电缆来连接特定类型的装置是很重要的。设备的特性阻抗必须与通信电缆的特性阻抗指标相匹配。通信电缆与通信设备的错误匹配会导致信号反射。

阻抗不匹配会导致电缆或局域网电路中的信号反射。信号反射会造成对传输信息信号的干扰和破坏。例如，以太网中的信号反射会造成数据帧的冲突。被破坏的数据帧必须在局域网中重传，这导致了网络吞吐量的下降和更高的流量负荷。

当不同类型的电缆连接到不同类型的电子部件上时，必须要记着考虑阻抗匹配，UTP、STP-A 和同轴电缆各有不同的阻抗指标。使用 UTP 电缆连接到局域网设备上时，若局域网设备只适用同轴电缆，这将会造成阻抗不匹配。如果一种电缆必须连接到一种电子设备上，而该设备有不同的特性阻抗，必须使用一种阻抗匹配部件，比如介质滤波器来消除信号反射。

4．平衡电缆和非平衡电缆

通信电缆分为平衡电缆和非平衡电缆。同轴电缆属于非平衡电缆，就是说中心导线和电缆屏蔽层的电气特性是不相等的。双绞线电缆属于平衡电缆，即电缆线对中的两根导体对地具有相同的电压。UTP 电缆、STP-A 电缆和 ScTP 电缆都是平衡电缆。

平衡电缆更适合于传输通信信号。平衡电缆支持差分信号。差分信号是应用在局域网上最典型的信号。在差分信号中，信号的正部在双绞线的一根中传输，而信号的负部在另一根中传输。有差分信号作为 UTP 电缆中的信号使传输更为健壮和可靠。任何加于 UTP 电缆上的噪音会同时出现在传输信号的正部和负部中，这就为接收者对信号进行抵偿和排除提供了一种方法。差分信号也为电缆的电磁能量自我消除提供了一种方法，这就意味着其他在通信电缆运作的范围内的电器设备不会受到信号的干扰。

5．电磁干扰与电磁兼容性

（1）电磁干扰

噪声也称为电磁干扰（EMI）。潜在的 EMI 大部分存在于大型的商业建筑中，在这些地方有很多电气和电子系统共用相同的空间。许多这样的系统会产生操作频率相同或者有部分频率重叠的信号，在相同频率范围内操作的系统之间，或者在类似频率范围内部分重叠的系统之间，将会互相干扰。

EMI 有许多种不同的干扰源。其中一些是人工干扰源，另一些是自然干扰源。EMI 的人工干扰源的包括电子电力电缆和设备、通信设备和系统、具有大型电动机的大型设备、加热器和荧光灯；EMI 的自然干扰源包括静电、闪电和电磁干扰。

大型工业电动机和设备能产生很强的电磁场。这些电磁场会在铜质通信电缆上产生电感应。另外，任何产生电火花或者辐射出其他类型的电能的事物都被视为噪声源。这些电磁场将会导致在 UTP 电缆中产生电磁感应信号，这些信号将会干扰正在相同电缆中传输的语音或者数据信号。设备产生的电磁场越强，电缆就应该离它越远，这样才可以保护电缆不会受到噪声的影响。

在铜质通信电缆中传输的信号很容易受噪声的影响。EMI 可以通过以下方式中的任何一种进入通信电缆：电感、传导和耦合。

铜质通信电缆必须防止 EMI 的影响，可以运用适当的安装技术，或者运用一种屏蔽电缆来阻挡有害的信号进入。如果 EMI 在一个建筑物的特定区域中严重，那么铜质通信电缆就必须放置在离这个特定区域足够远的地方，这样才能保证对传输信号的影响最小。如果电缆不能被放置到足够远，就必须用电缆屏蔽铠装来保护它不会受到 EMI 能量的影响。

光纤通信线缆不容易受到 EMI 噪声的影响。光缆以光脉冲的形式传输通信信号。这些信号不会受到电噪声能量的影响。如果噪声很严重以致找不到合理的解决方法，那么就可以选择用光缆来取代铜质通信电缆。

（2）电磁兼容性

电磁兼容性是指设备或者系统在正常情况下运行时，不会产生干扰或者扰乱其他在相同空间或者环境中的设备或者系统的信号的能力。

当所有设备可以共存并且能够在不会引入有害的磁干扰的情况下正常运行，那么一个设备被认为与另一个设备是电磁兼容的。

电磁兼容具有两个方面：放射和免疫。

为了让通信系统和电气设备被认为是电磁兼容的，应该选定这些设备并检验它们可以在相同的环境下运行，并且不会对其他系统产生 EMI。在系统装置时，必须选择那些不会产生干扰其他系统的放射系统，此外，必须选择那些对由其他设备产生的噪声和 EMI 最具免疫力的系统。

6. 分贝

分贝（deciBel，dB）是一种标准信号强度度量单位。它由 Alexander Graham Bell 提出。这就是为什么在 deciBel 这个词中 Bel 一直在很多文件中被大写的原因。

分贝确定信号的能量或强度。它也可以用来衡量两个信号之间的比例或差别，如输入信号和输出信号的间隔差别。大部分情况下，分贝用于描述建筑环境的声音等级或声音系统的等级。分贝值越高，声级越高。典型的环境和对应的噪声就是用分贝度量其等级的。人类的耳朵是种非常敏感的器官，它能够感受到的最小的分贝值变化是 1dB。人类习惯了周围时时刻刻都有噪音。一个相对安静的环境的噪声数为 55dB；吵闹的环境的噪声级数大概是 70dB；当噪声级数达到 90dB 或更高值时，就会对人的听力造成伤害。

分贝是一个对数形式度量标准。这意味着分贝的度量尺度不是线性的。一个 +3dB 的变化使噪声的功率等级加倍；–3dB 的变化将使噪声的功率等级减半。计算分贝的公式如下：

$$dB=10\log(P_1/P_2)$$

此处，P_1 为设备的输出功率，P_2 为设备的输入功率。

分贝的比例说明了分贝指标不同的信号的功率差别，如表 1-5 所示。

表 1–5　　　　　　　　　　　　　　dB 功率指标表

分　贝	功　率　值	分　贝	功　率　值
0dB	1.0	18dB	63.1
3dB	2.0	21dB	125.9
6dB	4.0	24dB	251.2
9dB	7.9	27dB	500
12dB	15.8	30dB	1000
15dB	31.6		

　　分贝功率指标表提供了关于实际声音在不同环境下的噪声等级的参考信息。例如，在餐馆和安静的办公室环境中有 15dB 的差别。这意味着餐馆的声音比安静的办公室环境的声音要大上 31.6 倍。飞机场跑道的声音与安静的办公室环境有 30dB 差别，说明它们两者声音要差别上 1 000 倍。

　　分贝是常用的度量通信电缆的单位。大部分电缆测试设备都提供以分贝为单位的测试结果。在测试通信电缆时，分贝数用来指出在通过电缆后，电压信号等级的变化。在综合布线测试验收中分贝用于衡量衰减、近端串音（NEXT）、近端串音功能和（PS NEXT）、等电平远端串音衰减（ELFEXT）、等电平远端串音衰减功能和（PS ELFEXT）、衰减串音比（ACR）和回波损耗（RL）等电气性能指标。

任务二　选用综合布线系统标准

一、任务分析

　　综合布线技术和网络技术一样，技术和标准相辅相成，相互促进发展，新技术的推广应用促使了新标准的推出，标准规范技术发展的同时又促进了新技术的推出。综合布线技术也一样，当技术发展到一定程度时，相关组织就会研制相应的技术标准来规范它的发展。

　　通过本任务的学习，你将了解国际上制订综合布线系统标准的 3 个主要国际组织（TIA/EIA、ISO/IEC 和 CENELEC）、2 个主要的综合布线国际标准（TIA/EIA 568 B 和 ISO/IEC 11801:2002），熟悉综合布线系统设计和验收的国家标准（GB 50311—2007 和 GB 50312—2007），达到能在综合布线设计和工程施工验收中正确选用综合布线系统标准的目的。

二、相关知识

（一）综合布线系统分级

　　在考察校园综合布线系统时，老师和网络中心管理人员可能向你介绍学校的综合布线系统是 5e 类（又称超 5 类、增强 5 类）或 6 类布线系统，这就是综合布线系统的分类。由于最早进入中国市场的是北美布线产品，人们习惯根据北美 TIA/EIA 布线标准将综合布线系统分为 1 类、2 类、3 类、4 类、5 类、5e 类、6 类、6A 类和 7 类布线系统。国际标准化组织 ISO/IEC 11801 将布线系统分为 A、B、C、D、E、EA、F 级。

综合布线系统是根据双绞线电缆支持的传输带宽分级和分类的。两个组织分级和分类所依据的带宽值不尽相同，但 2002 年以后分级和分类依据的带宽值已经一致，例如 E 级综合布线系统就是 6 类综合布线系统，支持的带宽为 250MHz。综合布线系统国家标准同时按上述两个国际标准进行分级和分类，实际工作中，可用类别也可用等级划分综合布线系统。表 1-6 列出了综合布线系统分级与分类对应表。

表 1-6　　　　　　　　综合布线系统分级与分类对应表（双绞线电缆）

系 统 分 级	系 统 分 类	支持带宽（Hz）	备　　注
A 级		100k	
B 级	1 类	750k	
	2 类	1M	
C 级	3 类	16M	语音大对数电缆
	4 类	20M	
D 级	5/5e 类	100M	5e 类为市场主流产品
E 级	6 类	250M	目前市场主流产品
EA 级	6A 类	500M	10 吉比特传输可达到 100m
F 级	7 类	600M	

（二）制定综合布线标准的国际组织与机构

1. 制定综合布线标准的主要国际组织

综合布线系统标准是于 1985 年从美国开始讨论的。随着信息技术的日益成熟，信息系统应用越来越多，但当时每个系统都需要自己独特的布线和连接器，当用户更改计算机平台的同时也不得不相应改变其布线方式。为赢得并保持市场的信任，TIA 和 EIA 联合开发建筑物布线标准。

在国际上，制定综合布线系统标准的主要国际组织有国际标准化委员会/国际电工委员会（ISO/IEC），北美的工业技术标准化委员会（TIA/EIA），欧洲电工标准化委员会（CENELEC）三家组织。

2. 与综合布线标准有关的国际组织与机构

- ANSI 美国国家标准协会 American National Standards Institute
- BICSI 国际建筑业咨询服务 Building Industry Consulting Service International
- CCITT 国际电报和电话协商委员会 Consultative Committee on International Telegraphy and Telephony（现在为 ITU-TSS）
- EIA 电子行业协会 Electronic Industries Association
- ICEA 绝缘电缆工程师协会 Insulated Cable Engineers Association
- IEC 国际电工委员会 International Electrotechnical Commission
- IEEE 美国电气与电子工程师协会 Institute of Electrical and Electronics Engineers
- ISO 国际标准化组织 International Standards Organization（formally，International Organization for Standardization）

- ITU-TSS 国际电信联盟-电信标准化分部 International Telecommunications Union - Telecommunications Standardization Section
- NEMA 国家电气制造商协会 National Electrical Manufacturers Association
- NFPA 国家防火协会 National Fire Protection Association
- TIA 电信行业协会 Telecommunications Industry Association
- UL 安全实验室 Underwriters Laboratories
- ETL 电子测试实验室 Electronic Testing Laboratories
- FCC 美国联邦电信委员会 Federal Communications Commission（U.S.）
- NEC 国家电气规范 National Electrical Code（issued by the NFPA in the U.S.）
- CSA 加拿大标准协会 Canadian Standards Association
- ISC 加拿大工业技术协会 Industry and Science Canada
- SCC 加拿大标准委员会 Standards Council of Canada
- CENELEC 欧洲电工标准化委员会

（三）综合布线系统国际标准

当前国际上主要的综合布线技术标准有北美标准 TIA/EIA 568 B、国际标准 ISO/IEC 11801:2002 和欧洲标准 CELENEC EN 50173:2002，这些标准都在 2002 年推出，7 年来，综合布线技术推陈出新，为了在标准中体现新技术的发展，新技术以增编的方式添加到标准中。如北美标准中，传输速率达到 10Gbit/s、传输距离可达到 100m、传输带宽为 500MHz 的 6A 类布线系统就定义在增编 TIA/EIA 568 B.2—10 中。每当综合布线技术更新换代时，国际组织总是先推出标准草案试行一段时间，再推出新版标准。

1. 北美标准

TIA/EIA 标准主要是 568（1991）商业建筑通信布线标准，包括 568 A、568 B、568 C。其他相关标准有 569（1990）商业建筑电信布线路径和空间标准、570（1991）居住和轻型商业建筑标准、606（1993）商业建筑电信布线基础设施管理标准和 607（1994）商业建筑中电信布线接地及连接要求。

（1）TIA/EIA 568（Commercial Building Telecommunications Cabling Standard）系列

① TIA/EIA 568。1991 年 7 月，美国电子工业协会/电信工业协会发布了 ANSI/TIA/EIA 568，即"商务大厦电信布线标准"，正式定义发布综合布线系统的线缆与相关组成部件的物理和电气指标。该标准规定了 100Ω UTP（非屏蔽双绞线）、150ΩSTP（屏蔽双绞线）、50Ω 同轴线缆和 62.5/125μm 光纤的参数指标。

② ANSI/TIA/EIA 568 A（1995）。1995 年 8 月，TSB36 和 TSB40 被包括到 ANSI/TIA/EIA 568 的修订版本中，同时还附加了 UTP 的信道（Channel）在较差情况下布线系统的电气性能参数。在这个标准后，根据技术的发展又有 5 个增编 A1、A2、A3、A4、A5，分别对传输延迟和延迟偏移、水平子系统采用 62.5/125 μm 光纤的集中光纤布线、TSB 67 作为现场测试方法、混合电缆的性能、非屏蔽双绞线布线模块化线缆的 NEXT 损耗测试方法进行了定义。特别是增编 5（A5）首次定义了 100Ω4 对增强 5 类（5e 类）布线传输性能规范，同时由于在测试中经常出现回波损耗失败的情况，所以在这个标准中就引入了 3dB 的原则。

③ TIA/EIA 568 B。自 TIA/EIA 568 A 发布以来，更高性能的产品和市场应用需要的改变，对

这个标准也提出了更高的要求。委员会也相继公布了很多的标准增编、临时标准以及技术公告（TSB）。为了简化下一代的 568 A 标准，TR42.1 委员会决定将新标准"一化三"，即该标准分 3 个部分，于 2002 年 6 月正式出台 TIA/EIA 568 B。

- TIA/EIA 568 B.1（第一部分：一般要求）。这个标准着重于水平和主干布线拓扑、距离、介质选择、工作区连接、开放办公布线、电信与设备间、安装方法以及现场测试等内容。它集合了 TIA/EIA TSB 67，TIA/EIA 568 A 等标准中的内容。这个标准最主要的变化是用永久链路（Permanent Link）定义取代了过去基本链路（Basic Link）的定义。

- TIA/EIA 568 B.2（第二部分：平衡双绞线布线系统）。这个标准着重于平衡双绞线电缆、跳线、连接硬件（包括 ScTP 和 150Ω 的 STP-A 器件）的电气和机械性能规范以及部件可靠性测试规范，现场测试仪性能规范，实验室与现场测试仪比对方法等内容。TIA/EIA 568 B.2—1 是 TIA/EIA 568 B.2 的增编，是第一个关于 6 类布线系统的标准。在增编的 TIA/EIA 568 B.2—10 中，定义了传输速率达到 10Gbit/s、传输带宽为 500MHz，其传输距离可达到 100m 的 6A 类布线系统。

- TIA/EIA 568 B.3（第三部分：光纤布线部件标准）。这个标准定义光纤布线系统的部件和传输性能指标，包括光缆、光跳线和连接硬件的电气与机械性能要求，器件可靠性测试规范和现场测试性能规范。

知识拓展

TIA/EIA 组织最新的综合布线标准是 TIA/EIA 568 C，它和 TIA/EIA 568B 相比结构有所调整，分为 4 个部分：

- TIA/EIA 568 C.0：用户建筑物通用布线标准。
- TIA/EIA 568 C.1：商业楼宇电信布线标准。
- TIA/EIA 568 C.2：平衡双绞线电信布线和连接硬件标准。
- TIA/EIA 568 C.3：光纤布线和连接硬件标准。

该标准各部分是陆续发布的，最后（2009 年 8 月）发布的是 TIA/EIA 568 C.2。在内容方面，TIA 568 C.2 与 568 B 最大的区别就是将原来在其附件中的许多定义列入正文（如 6A 和外部串扰参数），在新的标准中加入了一些先进技术，如将测试内容分离出去专门使用新标准来描述，拓展深入学习请参见 www.tiaonline.org/standards 。

（2）TIA/EIA 569 A 商业建筑电信通道和空间标准

该标准于 1990 年 10 月公布，是加拿大标准协会（CSA）和电子行业协会（EIA）共同努力的结果，由美国和加拿大分别发表。569 的目的是使支持电信介质和设备的建筑物内部和建筑物之间设计和施工标准化，尽可能地减少对厂商设备和介质的依赖性

（3）TIA/EIA 570 A 住宅电信布线标准（Residential Telecommunications Cabling Standard）

TIA/EIA 570 A 制定了新一代的家居电信布线标准，以适应现今及将来的电信服务。标准主要提出有关布线的新等级，并建立一个布线介质的基本规范及标准，主要应用支持话音、数据、影像、视频、多媒体、家居自动系统、环境管理、保安、音频、电视、探头、警报及对讲机等服务。

（4）TIA/EIA 606 商业建筑电信基础设施管理标准

TIA/EIA 606 标准用于对布线和硬件进行标识，目的是提供一套独立于系统应用之外的统一管理方案。

对于布线系统来说，标记管理是日渐突出的问题。这个问题会影响到布线系统能否有效地管理和运用。有效的布线管理对于布线系统和网络的有效运作与维护具有重要意义。

与布线系统一样，布线的管理系统必须独立于应用之外，这是因为在建筑物的使用寿命内，应用系统大多会有多次的变化。布线系统的标签与管理可以使系统移动、增添设备以及更改更加容易、快捷。

对于布线的标记系统来说，标签的材质是关键，标签除了要满足 TIA/EIA 606 标准要求的标识中的分类规定外，还要通过标准中要求的 UL969 认证，这样的标签可以保证长期不会脱落，而且防水、防撕、防腐、耐低温、高温，可适用于不同环境及特殊恶劣户外环境的应用。

TIA/EIA 606 涉及布线文档的 4 个类别：Clsaa1（用于单一电信间）、Clsaa2（用于建筑物内的多个电信间）、Class3（用于园区内多个建筑物）、Class4（用于多个地理位置）。

（5）TIA/EIA 607 商业建筑物接地和接线规范

制定这个标准的目的是规范建筑物内电信接地系统的规划、设计和安装。它支持多厂商多产品环境及可能安装在住宅的工作系统接地。

2．国际标准

综合布线国际标准主要是 ISO/IEC 11801 系列标准。

ISO/IEC 11801 Information Technology Generic Cabling for Customer Premises（信息技术——用户房屋的综合布线）是在 1995 年制定发布的。这个标准把有关元器件和测试方法归入国际标准。

目前该标准有 3 个版本：ISO/IEC 11801：1995、ISO/IEC 11801：2000 和 ISO/IEC 11801：2002。

（1）ISO/IEC 11801：1995

当时标准定义到 100MHz，定义了使用面积达 100 万平方米和 5 万个用户的建筑和建筑群的通信布线，包括平衡双绞电缆布线（屏蔽和非屏蔽）和光纤布线、布线部件和系统的分类计划，确立了评估指标"类（Categories）"，即 Cat3，Cat4，Cat5 等，并规定电缆或连接件等单一部件必须符合相应的类别。同时，为了定义由某一类别部件所组成的整个系统（链路、信道）的性能等级，国际标准化组织建立了"级（Classes）"，即 Class A，Class B，Class C，Class D 等级的概念。

（2）ISO/IEC 11801：2000

ISO/IEC 11801：2000 是对 ISO/IEC 11801：1995 的一次主要的更新，它增加了新的测量方法的条件，严格地说它不是一个版本。ISO/IEC 认为以往的链路定义应被永久链路和通道的定义所取代，同时将以往许多不确定的描述删除，而提供更多细节要求。ISO/IEC IS11801：2000 对链路的定义进行了修正。此外，还对永久链路和通道的等效远端串扰 ELFEXT、综合近端串扰和传输延迟进行了规定。而且修订稿还提高近端串扰等传统参数的指标。

（3）ISO/IEC 11801：2002

ISO/IEC 11801：2002 于 2002 年 8 月 13 日投票通过，2002 年 9 月印刷出版成为正式标准。这个新标准定义 6 类、7 类线缆的标准，给布线技术带来革命性的影响。第二版的 ISO/IEC 11801 规范把 Cat5/Class D 的系统按照 Cat5+重新定义，以确保所有的 Cat5/Class D 系统均可运行吉比特以太网。更为重要的是，这一版的规范定义了 Cat6/Class E 和 Cat7/Class F 类链路，并考虑了布线系统的电磁兼容性（EMC）问题。

3. 欧洲标准

欧洲标准 CELENEC EN50173（信息系统通用布线标准）与国际标准 ISO/IEC 11801 是一致的。但是 EN50173 比 ISO/IEC 11801 更为严格，它更强调电磁兼容性，提出通过线缆屏蔽层，使线缆内部的双绞线对在高带宽传输的条件下，具备更强的抗干扰能力和放辐射能力。该标准先后有 3 个版本，即 EN50173：1995、EN50173A1：2000 和 EN50173：2002。

相应的还有欧洲标准 CELENEC EN50174（信息系统布线安装标准）。

（四）综合布线系统中国标准

1. 综合布线系统标准在中国的发展

中国工程建设标准化协会在 1995 年颁布了《建筑与建筑群综合布线系统工程设计规范》（CECS 72：95），这是我国第一部关于综合布线系统的设计规范。该标准在很大程度上参考了北美的综合布线系统标准 EIA/TIA 568。经过几年的实践和经验总结，该协会在 1997 年颁布了新版《建筑与建筑群综合布线系统工程设计规范》（CECS 72：97）和《建筑与建筑群综合布线系统工程施工及验收规范》（CECS 89：97）。该标准积极采用国际先进经验，与国际标准 ISO/IEC 11801：1995（E）接轨，增加了抗干扰、防噪声污染、防火和防毒等方面的内容。

1997 年 9 月 9 日，我国通信行业标准 YD/T 926《大楼通信综合布线系统》正式发布，并于 1998 年 1 月 1 日起正式实施。2001 年 10 月 19 日，由原信息产业部发布了通信行业标准 YD/T 926—2001《大楼通信综合布线系统》第二版，并于 2001 年 11 月 1 日起正式实施。该标准包括三个部分 YD/T 926.1—2001《大楼通信综合布线系统第 1 部分：总规范》、YD/T 926.2—2001《大楼通信综合布线系统第 2 部分：综合布线用电缆、光缆技术要求》和 YD/T 926.3—2001《大楼通信综合布线系统第 3 部分：综合布线用连接硬件技术要求》。

综合布线国家标准《建筑与建筑群综合布线系统工程设计规范》（GB/T 50311—2000）、《建筑与建筑群综合布线系统工程验收规范》（GB/T 50312—2000）于 2000 年 2 月 28 日发布，2000 年 8 月 1 日开始执行。与 YD/T 926 相比，这两个标准确定了一些技术细节，但只是关于 100MHz 5 类布线系统的标准，不涉及超 5 类布线系统以上的布线系统。

最新综合布线国家标准《综合布线系统工程设计规范》（GB 50311—2007）、《综合布线工程验收规范》（GB 50312—2007）于 2007 年 4 月 6 日发布，2007 年 10 月 1 日开始执行。2000 版标准同时宣布废止。

2. 综合布线国家标准

《综合布线系统工程设计规范》（GB 50311—2007）、《综合布线工程验收规范》（GB 50312—2007）是目前执行的国家标准。新标准是在参考国际标准 ISO/IEC 11801：2002 和 TIA/EIA 568 B，依据综合布线技术的发展，总结 2000 版标准经验的基础上编写出来的。新标准与原标准相比更加实用，更具可操作性，注入了相当多的新内容，特别是设计内容 80% 都是新的内容，而验收标准在大框架不变的情况下也得到了很好的完善，更加符合目前行业的发展。

新标准的变动都遵循几个主导思想：一是和国际标准接轨，以国际标准的技术要求为主，避免造成厂商对标准的一些误导；二是符合国家的法规政策，新标准的编制体现了国家最新的法规政策；三是很多的数据、条款的内容更贴近工程的应用，使用方便，不抽象，更具实用性和可操作性。

国家标准 2007 版定义到了最新的 F 级/7 类综合布线系统，在设计和验收标准中分别增加了一条必须严格执行的强制性条文，分别是 GB 50311—2007 中的第 7.0.9 条和 GB 50312—2007 中的第 5.2.5 条，内容都是"当电缆从建筑物外部进入建筑物时，应选用适配的信号线路浪涌保护器，信号线路浪涌保护器应符合设计要求"。这主要是指通信电缆或园区内的大对数电缆引入建筑物时，入口设施或大楼的建筑物配线设备（BD）、建筑群配线设备（CD）外线侧的配线模块应该加装线路的浪涌保护器。在目前的综合布线系统产品中，具有保护功能的配线模快，只是指 8 或 10 回线连通型卡线模块。

知识小贴士

浪涌保护器：又称电涌保护器（Surge Protection Device，SPD），是电子设备雷电防护中不可缺少的一种装置，过去常称为"避雷器"或"过电压保护器"。电涌保护器的作用是把窜入电力线、信号传输线的瞬时过电压限制在设备或系统所能承受的电压范围内，或将强大的雷电流泄流入地，保护被保护的设备或系统不受冲击而损坏。

设计标准 GB 50311—2007 包括总则、术语和符号、系统设计、系统配置设计、系统指标、安装工艺要求、电气防护及接地、防火 8 个部分以及条文说明部分；验收标准 GB 50312—2007 包括总则、环境检查、器材及测试仪表工具检查、设备安装检验、缆线的敷设和保护方式检验、缆线终接、工程电气测试、管理系统验收和工程验收 9 个部分以及 5 个附录和条文说明部分。

知识小贴士

要详细学习综合布线国家标准，请阅读以下书籍：
● 国家标准《综合布线系统工程设计规范》（GB 50311—2007）统一书号：1580058·910 中国计划出版社
● 国家标准《综合布线系统工程验收规范》（GB 50311—2007）统一书号：1580058·909 中国计划出版社

3. 其他相关标准

综合布线是一个系统工程，在综合布线工程中，除符合布线方面的标准外，还必须符合机房、防火及防雷等相关的国家标准。

随着网络建设的成熟、信息化业务范围和业务量的扩大，数据中心的概念应运而生，将电子信息系统机房提到了更高的标准。日前最新的电子信息系统机房设计标准是 2008 年 11 月 12 日发布的，从 2009 年 6 月 1 日起实施的国家标准《电子信息系统机房设计规范》GB 50174—2008，该标准取代了之前的 93 版。

《电子信息系统机房设计规范》GB 50174—2008，主要定义了机房分级与性能要求、机房位置及设备布置、环境要求、建筑与结构、空气调节、电气技术、电磁屏蔽、机房布线、机房监控与安全防范、给水排水等方面的要求，并对防火、接地等作了强制要求。

其他相关标准还有：

《高层民用建筑设计防火规范》GB 50045—95（2005 年版）、《建筑设计防火规范》GB J16—87（2001 年版）、《建筑室内装修设计防火规范》GB 50222—95、《建筑物防雷设计规范》GB 50057—94、《建筑物电子信息系统防雷技术规范》GB 50343—2004、《计算机场地技术要求》GB 2887—2000 和《计算机场站安全要求》GB 9361—88。

三、任务实施

（一）实施背景

在 GB 50311—2007 和 GB 50312—2007 出台之前，综合布线系统中采用什么标准，国家并没有强制规定，因此在选择标准时主要考虑以下因素。

1. 国际标准与国家标准相结合

由于国家标准 GB/T 50311—2000、GB/T 50312—2000 只定义到 5 类布线系统，所以在综合布线工程中通常采用国际标准与国家标准相结合的做法：有关电气性能测试标准采用目前最新的国际标准 ISO/IEC 11801:2002 或北美标准 ANSI/TIA/EIA 568 B，管槽、线缆及设备的设计、安装标准采用国家标准 GB/T 50311—2000、GB/T 50312—2000 标准，防火、接地、机房等相关标准采用国家或行业标准。

2. 用户指定

如果用户对综合布线系统标准比较熟悉，可由用户指定，比如一些在华的欧洲公司更喜欢采用欧洲标准。

3. 根据综合布线的性质和功能由布线系统集成商推荐选定

当然，不管采用什么标准，在设计中必须严格执行标准中相应类别（如 5e 类/D 级或 6 类/E 级铜缆系统、光缆系统）的技术规范，并按此标准施工验收。

（二）实施要求

从 2007 年 10 月 1 日起，国家标准 GB 50311—2007 和 GB 50312—2007 实施后，该标准已定义到了最先进的 F 级 7 类综合布线系统，满足国内所有综合布线系统建设需求，且设计标准 GB 50311—2007 中的第 7.0.9 条、验收标准 GB 50312—2007 中的第 5.2.5 条为强制性条文，必须严格执行。因此，目前建设综合布线系统要按 GB 50311—2007 和 GB 50312—2007 进行设计、施工和验收。

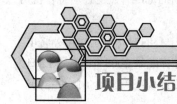

项目小结

本项目主要讲述了智能建筑的发展、功能和组成，综合布线系统的组成、结构、特点，综合布线与智能建筑的关系，综合布线与计算机网络的关系，综合布线系统 3 个主要标准：ISO/IEC 11801、TIA/EIA 568 B、GB 50311—2007 和 GB 50312—2007，绘制综合布线系统拓扑图等内容。

实训项目

实训 1 构想智能建筑的智能化蓝图

实训提示

召开班级研讨会，由学生构想智能建筑的智能化系统类别、功能、发展前景等。

实训 2 分析网络通信链路

实训提示

参照任务一中任务实施（一）。

实训 3 绘制综合布线结构图

实训提示

参照任务一中任务实施（二）。

实训 4 查询最新的综合布线系统标准

实训提示

网络技术日新月异，布线标准推陈出新，通过互联网查询或其他途径调查：当你学习本课程时，制定综合布线标准的国际组织 ISO/IEC、TIA/EIA、CENELEC 和我国相关部门是否又推出比本书中介绍的标准更新的内容，如增编、标准草案、新增附件或是更新的标准等。

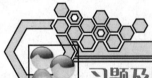

习题及思考题

一、选择题

1. 以下（ ）不属于智能建筑中的信息设施系统（ITSI）。

   A. 智能卡应用系统   B. 电话交换系统

   C. 信息网络系统   D. 综合布线系统

2. 以下（ ）不属于智能建筑中的信息化应用系统（ITAS）。

   A. 公共服务管理系统   B. 公众信息服务系统

   C. 信息导引及发布系统   D. 信息网络安全管理系统

3. 最新的智能建筑设计国家标准是（ ）。

   A. GB/T 50314—2000   B. GB/T 50314—2006

   C. GB 50311—2007   D. GB 50312—2007

4. 综合布线三级结构和网络树形三层结构的对应关系是（   ）。

    A. BD 对应核心层，CD 对应汇聚层   B. CD 对应核心层，BD 对应汇聚层

    C. BD 对应核心层，FD 对应接入层   D. CD 对应核心层，FD 对应汇聚层

5. 从建筑群设备间到工作区，综合布线系统正确的顺序是（   ）。

    A. CD—FD—BD—TO—CP—TE

    B. CD—BD—FD—CP—TO—TE

    C. BD—CD—FD—TO—CP—TE

    D. BD—CD—FD—CP—TO—TE

6. 下面关于综合布线组成叙述正确的是（   ）。

    A. 建筑群必须有一个建筑群设备间   B. 建筑物的每个楼层都需设置楼层电信间

    C. 建筑物设备间需与进线间分开   D. 每台计算机终端都需独立设置为工作区

7. 5e 类综合布线系统对应的综合布线分级是（   ）。

    A. C 级   B. D 级   C. E 级   D. F 级

8. E 级综合布线系统支持的频率带宽为（   ）。

    A. 100MHz   B. 250 MHz   C. 500 MHz   D. 600 MHz

9. 6A 类综合布线系统是在 TIA/EIA 568 的（   ）标准中定义的。

    A. TIA/EIA 568 B.1   B. TIA/EIA 568 B.3

    C. TIA/EIA 568 B.2—1   D. TIA/EIA 568 B.2—10

10. TIA/EIA 标准中（   ）标准是专门定义标识管理的。

    A. 568   B. 569   C. 570   D. 606   E. 607

11. 目前执行的综合布线系统设计国家标准是（   ）。

    A. ISO/IEC 11801:2002   B. GB 50312—2007

    C. GB 50311—2007   D. GB/T 50314—2006

12. 综合布线国家标准 GB 50311—2007 中有（   ）强制执行条文。

    A. 1 条   B. 2 条   C. 3 条   D. 4 条

二、简答题

1. 通过互联网搜索相关资料，总结智能建筑和综合布线的关系，探索智能建筑和综合布线的发展趋势。

2. 综合布线系统结构如何？实际工程中有哪些变化？

3. 通过本项目的学习和阅读，你是否对综合布线系统有了新的认识？思考如何学好本门课程。

项目二

选择综合布线产品

　　旭东职业技术学院在校园网络建设规划中，曾就采用 5e 类综合布线系统还是 6 类综合布线系统进行了充分的讨论，最终结合学校的应用需要和经济状况选用了 6 类综合布线系统。

　　在综合布线系统建设中，需要为配线子系统、干线子系统、电信间、设备间选用合适的综合布线产品，在选用产品中往往还需要做出多种选择，如采用非屏蔽系统还是屏蔽系统，采用光缆系统还是铜缆系统，采用多模光缆还是单模光缆，采用国外品牌产品还是国内品牌产品等。

　　通过学习本项目，应达到以下学习目标。

【知识目标】

（1）熟悉网络标准与综合布线产品的关系

（2）熟悉双绞线及连接件产品的种类与用途

（3）熟悉光缆及连接件产品的种类与用途

（4）了解国内综合布线产品市场

【技能目标】

（1）能够为综合布线系统正确选用双绞线及连接件产品

（2）能够为综合布线系统正确选用光缆及连接件产品

（3）能够通过互联网搜索综合布线产品信息

一、项目分析

　　网络建设都有传输速率要求，如高校校园网现在常见的建设标准是 10 吉比特核心层，1 吉比特汇聚层，百兆接入到桌面。同时由于园区中楼宇与楼宇之间，楼内设备间到电信间、电信间到工作区相距距离远近不一，而电缆和光缆在不同的传输速率下有效传输距离不一，因此要根据网络传输要求选择不同的传输介质，当然，还要考虑网络的性能、价格、使用原则、工程实施的难易程度、可扩展性及其他一些决定因素。

根据网络传输介质的不同，计算机网络通信分为有线通信系统和无线通信系统。有线通信利用电缆或光缆作为信号传输载体，通过连接器、配线设备及交换设备将计算机连接起来，形成通信网络；而无线通信系统则是利用卫星、微波、红外线作为信号传输载体，借助空气来进行信号的传输，通过相应的信号收发器将计算机连接起来，形成通信网络。

在有线通信系统中，线缆主要有铜缆和光纤两大类，铜缆又可分为同轴电缆和双绞线电缆两种。同轴电缆是 10Mbit/s 网络时代的数据传输介质，目前已退出计算机通信市场，现在主要应用于广播电视和模拟视频监控。随着视频监控进入网络视频监控时代，网络视频监控的网络通信介质以双绞线电缆为主。

目前，在实际网络建设中，计算机通信主要采用主干（建筑群子系统、干线子系统）用光缆、配线子系统用双绞线电缆，无线通信作补充的方式构建计算机网络传输系统。无线网络是近年来迅速发展起来的计算机网络系统，随着通信标准、通信速率、成本制约和环境干扰等问题的逐步解决，无线通信可能不仅仅是作为补充解决有线系统不易敷设、覆盖的问题，未来还很有可能与有线通信网络并驾齐驱，取长补短，相互融合，为传输数据服务。

表 2-1 列出了网络应用标准和有线传输介质及其有效传输距离的对应关系。

表 2-1　　　　　　　网络应用标准和有线传输介质及其有效传输距离的对应表

传输速率	网络标准	物理接口标准	传 输 介 质	传输距离/m	备　　注
10Mbit/s	802.3	10Base2	细同轴电缆	185	已退出市场
		10Base5	粗同轴电缆	500	已退出市场
	802.3i	10Base-T	3 类双绞线	100	
	802.3j	10 Base-F	光纤	2 000	
100Mbit/s	802.3u	100Base-T4	3 类双绞线	100	使用 4 个线对
		100Base-TX	5 类双绞线	100	用 12、36 线对
		100Base-FX	光纤	2 000	
1GMbit/s	802.3ab	1 000Base -T	5 类以上双绞线	100	每对线缆既接收又发送
	TIA/EIA 854	1 000Base-TX	6 类以上双绞线	100	2 对发送，2 对接收
	802.3z	1 000Base -SX	62.5μm 多模光纤 / 短波 850nm/带宽 160MHz·km	220	
		1 000Base -SX	62.5μm 多模光纤 / 短波 850nm/带宽 200MHz·km	275	
		1 000Base -SX	50μm 多模光纤 / 短波 850nm/带宽 400MHz·km	500	
		1 000Base -SX	50μm 多模光纤 / 短波 850nm/带宽 500MHz·km	550	
		1 000Base-LX	多模光纤/长波 1300 nm	550	
		1 000Base-LX	单模光纤	5 000	
		1 000Base-CX	150Ω 平衡屏蔽双绞线（STP）	25	适用于机房中短距离连接

传输速率	网络标准	物理接口标准	传 输 介 质	传输距离 m	备　　注
10GMbit/s	802.3ae	10Gbase-SR	62.5μm 多模光纤/850nm	26	
		10Gbase-SR	50μm 多模光纤/850nm	65	
		10Gbase-LR	9μm 单模光纤/1310 nm	10 000	
		10Gbase-ER	9μm 单模光纤/1550 nm	40 000	
		10Gbase-LX4	9μm 单模光纤/1310 nm	10 000	WDM 波分复用
		10Gbase-SW	62.5μm 多模光纤/850nm	26	物理层为 WAN
		10Gbase-SW	50μm 多模光纤/850nm	65	物理层为 WAN
		10Gbase-LW	9μm 单模光纤/1310 nm	10 000	物理层为 WAN
		10Gbase-EW	9μm 单模光纤/1550 nm	40 000	物理层为 WAN
	802.3ak	10Gbase-CX4	同轴铜缆	15	
	802.3an	10Gbase -T	6 类双绞线	55	使用 4 个线对
			6A 类以上双绞线	100	使用 4 个线对

在综合布线系统中，除传输介质外，传输介质的连接也非常重要。不同区域的传输介质要通过连接件连接从而形成通信链路。连接件主要是指那些用于端接电缆的电缆部件，包括连接器或者是其他布线设备。连接器既可以用于铜缆也可以用于光缆。在铜缆中，连接器设计成与铜缆中的导线有物理电气接触，这样连接器就可以与另一个配套连接器固定在一起，构成一个电气连接。

二、相关知识

（一）双绞线

1. 双绞线结构

双绞线（Twisted Pair，TP）由两根 22～26 号绝缘铜导线相互缠绕而成，如果把一对或多对双绞线放在一个绝缘套管中便构成了双绞线电缆。在双绞线电缆（也称双扭线电缆）内，不同线对具有不同的扭绞长度（Twist Length）。把两根绝缘的铜导线按一定密度互相绞合在一起，可降低信号干扰的程度，每一根导线在传输中辐射出来的电波会被另一根线上发出的电波抵消，一般扭线越密其抗外来电磁信号干扰的能力就越强。

与光缆相比，双绞线在传输距离、信道宽度和数据传输速度等方面均受一定限制，但价格较为低廉、布线成本较低、施工方便。但近年来，双绞线技术和生产工艺在不断发展，在传输距离、信道宽度和数据传输速率等方面都有较大的突破，支持 10 吉比特传输的 6A 类双绞线已推向市场。双绞线的标准频宽为 300～3400Hz。双绞线的抗干扰能力视其是否有良好的屏蔽和设置地点而定，如果干扰源的波长大于双绞线的扭绞长度，其抗干扰性大于同轴电缆（在 10～100kHz 以内，同轴电缆抗干扰性更好）。双绞线较适合于近距离、环境单纯（远离潮湿、电源磁场等）的局域网络系统。

按美国线缆标准（American Wire Gauge，AWG），双绞线的绝缘铜导线线芯大小有 22、23、24 和 26 等规格，规格数字越大，导线越细。常用 5e 类非屏蔽双绞线规格是 24AWG，铜导线线芯直径约为 0.51mm，加上绝缘层的铜导线直径约为 0.92mm，其中绝缘材料是 PE（高密度聚乙烯）。典型的加上塑料外部护套的 5e 类非屏蔽双绞线电缆直径约为 5.3mm。常用 6 类非屏蔽双绞线规格是 23AWG，铜导线线芯直径约为 0.58mm，6 类非屏蔽双绞线普遍比 5e 类粗，由于 6 类线缆结构较多，因此粗细不一，如直径有 5.8mm、5.9mm、6.5mm 等多种。

电缆护套外皮有非阻燃（CMR）、阻燃（CMP）和低烟无卤（Low Smoke Zero Halogen，LSZH）3 种材料。电缆的护套若含卤素，则不易燃烧（阻燃），但在燃烧过程中，释放的毒性大。电缆的护套若不含卤素，则易燃烧（非阻燃），但在燃烧过程中所释放的毒性小。因此，在设计综合布线时，应根据建筑物的防火等级，选择阻燃型线缆或非阻燃型线缆。

用于数据通信的双绞线为 4 对结构，为了便于安装与管理，每对双绞线有颜色标示，4 对 UTP 电缆的颜色分别为：蓝色、橙色、绿色和棕色。每对线中，其中一根的颜色为线对颜色加上白色条纹或斑点（纯色），另一根的颜色为白底色加线对颜色的条纹或斑点。具体的颜色编码如表 2-2 所示。

表 2–2 4 对 UTP 电缆颜色编码

线　对	颜色色标	缩　写
线对 1	白—蓝 蓝	W—BL BL
线对 2	白—橙 橙	W—O O
线对 3	白—绿 绿	W—G G
线对 4	白—棕 棕	W—BR BR

双绞线电缆的外部护套上每隔两英尺（1 英尺=0.3048 米）会印刷上一些标识。不同生产商的产品标识可能不同，但一般包括双绞线类型、NEC/UL 防火测试和级别、CSA 防火测试、长度标志、生产日期、双绞线的生产商和产品号码等信息。下面以 VCOM 的产品为例说明这些标识。

例 1：VCOM 公司的超 5 类双绞线标识为

"VCOM V2-073725-1 CABLE UTP ANSI TIA/EIA 568 A 24AWG（4PR）OR ISO/IEC 11801 VERIFIED CAT 5e 187711FT 20040821"，这些记号提供了这条双绞线的以下信息。

- VCOM：指的是该双绞线的生产商。
- V2-073725-1：指的是该双绞线的产品号。
- CABLE UTP：为非屏蔽双绞线。
- ANSI TIA/EIA 568 A 24AWG（4PR）OR ISO/IEC 11801 VERIFIED CAT 5E：是 4 对 24 AWG 的超 5 类产品，符合 TIA/EIA 568 A 和 ISO/IEC 11801 线缆标准。
- 187711FT：表示生产这条双绞线时的长度点。双绞线的长度通行做法是用英尺标示长度，也有用米标示长度的。这个标记使得使用双绞线时非常方便，方便计算双绞线使用长度和剩余长度。
- 20040821：产品生产日期。

2. 双绞线的种类与型号

按结构分类，双绞线电缆可分为非屏蔽双绞线电缆和屏蔽双绞线电缆两类。

按性能指标分类，双绞线电缆可分为 1 类、2 类、3 类、4 类、5 类、5e 类、6 类、6A 类、7 类双绞线电缆，或 A、B、C、D、E、EA、F 级双绞线电缆。

按特性阻抗划分，双绞线电缆则有 100Ω、120Ω 及 150Ω 等几种。常用的是 100Ω 的双绞线电缆。

按双绞线对数多少进行分类，有 1 对、2 对、4 对双绞线电缆和 25 对、50 对、100 对的大对数双绞线。

知识小贴士

其他双绞线产品：除标准产品外，还有在塑料外部护套内加上防水层的室外非阻燃型的双绞线电缆；有应用于恶劣环境网络传输的专用工业电缆，这种电缆采用防油、双层 PVC 外皮，抗阳光中的紫外线材料外皮设计；还有外型不是圆型的扁平双绞线电缆等。

（1）非屏蔽双绞线与屏蔽双绞线电缆

① 非屏蔽双绞线（UTP）。顾名思义，它没有用来屏蔽双绞线的金属屏蔽层，只在绝缘套管中封装了一对或一对以上的双绞线，每对双绞线按一定密度互相绞在一起，提高了抗系统本身电子噪声和电磁干扰的能力，但不能防止周围的电子干扰。UTP 中还有一条撕剥线，使套管更易剥脱，如图 2-1 所示。

图 2-1　5e 类 4 对 24 AWG-UTP

UTP 电缆是通信系统和综合布线系统中最流行使用的传输介质，常用的双绞线电缆封装 4 对双绞线，配上标准的 RJ45 插座，可应用于语音、数据、音频、呼叫系统以及楼宇自动控制系统，UTP 电缆可同时用于干线子系统和配线子系统的布线。封装 25 对、50 对和 100 对等大对数的双绞线电缆，可应用于语音通信的干线子系统中。

非屏蔽双绞线电缆的优点是无屏蔽外套，直径小，节省所占用的空间；质量小、易弯曲、易安装；将串扰减至最小或加以消除；具有阻燃性。

② 屏蔽双绞线。随着电气设备和电子设备的大量应用，通信链路受到越来越多电子干扰，这比电子干扰来自诸如动力线、发动机、大功率无线电和雷达信号之类的其他信号源，如果这些信号产生在附近，则可能带来称为噪声的破坏或干扰。另一方面，电缆导线中传输的信号能量的辐射，也会对临近的系统设备和电缆产生电磁干扰（EMI）。在双绞线电缆中增加屏蔽层就是为了提高电缆的物理性能和电气性能，减少电缆信号传输中的电磁干扰。该屏蔽层能将噪声转变成直流电。屏蔽层上的噪声电流与双绞线上的噪声电流相反，因而两者可相互抵消。屏蔽电缆可以保存电缆导线传输信号的能量，电缆导线正常的辐射能量碰到电缆屏蔽层时，由于电缆屏蔽层接地，屏蔽金属箔将会把电荷引入地下，从而防止信号对通信系统或其他对电子噪声比较敏感的电气设备的电磁干扰（EMI）。

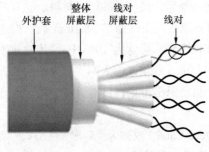
图 2-2　屏蔽双绞线电缆 STP

电缆屏蔽层的设计有如下几种形式：屏蔽整个电缆、屏蔽电缆中的线对和屏蔽电缆中的单根导线。

电缆屏蔽层由金属箔、金属丝或金属网几种材料构成。

屏蔽双绞线电缆有 STP 和 FTP 两类。STP 既屏蔽每个线对，又屏蔽整个电缆，如图 2-2 所示。另一类屏蔽双绞线电缆是金属箔屏蔽双绞线电缆（ScTP 或 FTP），它不再屏蔽各个线对，而只屏蔽整个电缆。电缆中所有线对被金属箔制成的屏蔽层所包围，在电缆护套下，有一根漏电线，这根漏电线与电缆屏蔽层相接，如图 2-3 所示。

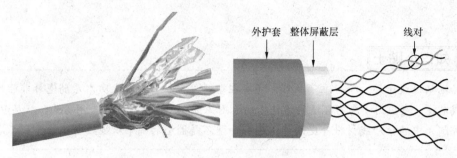

图 2-3　金属箔屏蔽双绞线电缆（ScTP 或 FTP）

通信线路仅仅采用屏蔽双绞线电缆不足以起到良好的屏蔽作用，还必须考虑接地和端接点屏蔽等问题。屏蔽双绞线中有一条接地线，当屏蔽双绞线电缆有良好的接地时，屏蔽层就像一根电线把接收到的噪声转化为屏蔽层里的电流，这股电流依次在双绞线里感应方向相反但大小相等的电流，这两股电流只要对称就会相互抵消，因而不会把网络噪声传输到接收端。但是屏蔽层里有断点（如端接点）或电流不对称时，双绞线里的电流则会产生干扰。因此，为了起到良好的屏蔽作用，屏蔽式布线系统中的每一个元件（双绞线、水晶头、信息模块、配线架等）必须全部是屏蔽结构，且接地良好，如图 2-4 所示。

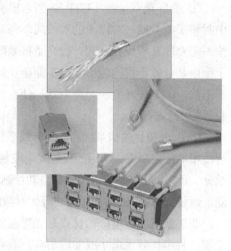

图 2-4　屏蔽系统元件

（2）双绞线电缆类型

① 1 类双绞线（Cat1）：缆线最高频率带宽是 750kHz，用于报警系统或语音系统。

② 2 类双绞线（Cat2）：缆线最高频率带宽是 1MHz，用于语音、EIA-232。

③ 3 类双绞线（Cat3）：3 类/C 级电缆的频率带宽最高为 16MHz，主要应用于语音、10Mbit/s 的以太网和 4Mbit/s 令牌环，最大网段长为 100m，采用 RJ 形式的连接器。目前，4 对 3 类双绞线已退出市场，市场上的 3 类双绞线产品只有用于语音主干布线的 3 类大对数电缆及相关配线设备。

④ 4 类双绞线（Cat4）：缆线最高频率带宽为 20MHz，最高数据传输速率为 20Mbit/s，主要应用于语音、10Mbit/s 的以太网和 16Mbit/s 令牌环，最大网段长为 100m，采用 RJ 形式的连接器，未被广泛采用。

⑤ 5 类双绞线（Cat5）：5 类/D 级电缆增加了绕线密度，外套为高质量的绝缘材料。在双绞线电缆内，不同线对具有不同的绞距长度。一般地说，4 对双绞线绞距周期在 38.1mm 内，按逆时针方向扭绞，一对线对的扭绞长度在 12.7mm 以内。线缆最高频率带宽为 100MHz，传输速率为 100Mbit/s（最高可达 1 000Mbit/s），主要应用于语音、100Mbit/s 的快速以太网，最大网段长为 100m，采用 RJ 形式的连接器。用于数据通信的 4 对 5 类产品已退出市场，目前只有应用于语音主干布线的 5 类大对数电缆及相关配线设备。

⑥ 超 5 类双绞线（Cat 5e）：超 5 类/D 级双绞线（Enhanced Cat 5）或称为"5 类增强型"、"增强型 5 类"，简称 5e 类，是目前市场的主流产品。超 5 类双绞线与普通的 5 类 UTP 比较，其衰减

更小，同时具有更高的衰减串扰比 ACR 和回波损耗 RL，更小的时延和衰减，因此性能得到提高。超 5 类 UTP 具有以下优点。

- 提供了坚实的网络基础，可以方便迁移到更新网络技术。
- 能够满足大多数应用，并用满足偏差和低串扰总和的要求。
- 为将来的网络应用提供了传输解决方案。
- 充足的性能余量，给安装和测试带来方便。
- 比起普通 5 类双绞线，超 5 类系统在 100 MHz 的频率下运行时，可提供 8dB 近端串扰的余量，用户的设备受到的干扰只有普通 5 类线系统的 1/4，系统具有更强的独立性和可靠性。近端串音、近端串音功能和、衰减和回波损耗这 4 个参数是超 5 类线缆非常重要的参数。

⑦ 6 类双绞线（Cat 6）：6 类/E 级双绞线是 1 000 Mbit/s 数据传输的最佳选择，自 TIA/EIA 在 2002 年正式颁布 6 类标准以来，6 类布线系统已成为市场的主流产品。

6 类双绞线性能超过 Cat 5e，标准规定线缆频率带宽为 250MHz，能够适应当前的语音、数据和视频以及 1 吉比特位应用。6 类电缆的绞距比超 5 类更密，线对间的相互影响更小，从而提高了串扰的性能。为了减少衰减，电缆绝缘材料和外套材料的损耗应达到最小。在电缆中通常使用聚乙烯（PE）和聚四氟乙烯两种材料。6 类电缆的线径比 5 类电缆要大，其结构有 3 种，第 1 种结构和 5 类产品类似，采用紧凑的圆形设计方式及中心平行隔离带技术，它可获得较好的电气性能，其结构如图 2-5（a）所示；第 2 种是一字隔离，将线对两两隔离，如图 2-5（b）所示；第 3 种结构采用中心钮十字技术，电缆采用十字分隔器，线对之间的分隔可阻止线对间串扰，其结构如图 2-5（c）所示。

6 类标准规定了铜缆布线系统应当能提供的最高性能，规定允许使用的线缆及连接类型为 UTP 或 FTP；整个系统（包括应用和接口类型）都要求具有向下兼容性，即新的 6 类布线系统上可以运行以前在 3 类或 5 类系统上运行的应用，用户接口也采用 8 位模块化插座。

同 5e 类标准一样，6 类布线标准也采用星形拓扑结构，要求的布线距离：永久链路的长度不能超过 90m，信道长度不能超过 100m。

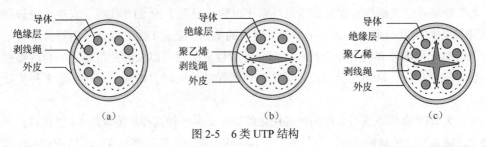

图 2-5　6 类 UTP 结构

⑧ 增强 6 类双绞线（Cat6A）：增强 6 类（俗称超 6 类）双绞线概念最早是由厂家提出的，由于 6 类双绞线标准规定线缆频率带宽为 250MHz。有的厂家的 6 类双绞线频率带宽超过了 250MHz，如为 300MHz 或 350MHz 时，就自定义了"超 6 类"、"Cat6A"、"Cat6E"等类别名称，表明自已的产品性能超过了 6 类双绞线，ISO/IEC 定义其为 EA 级。

IEEE 802.3 an 10Gbase-T 标准的发布，将 10 吉比特铜缆布线时代正式推到人们面前，布线标准组织正式提出了扩展六类（Cat6A）的概念。已颁发的 10Gbase-T 标准包含了传输要求等指标，而这对线缆的选择产生了一定的困扰。因为，10Gbase-T 标准中的传输要求超过了 Cat6/ClassE 的要求指标，10Gbase-T 在 Cat6/ClassE 线缆上仅能支持极为有限的距离。布线标准组织正在制定铜缆支持 10 吉比特以太网的更为详细的规则,包括降低邻近信道的串扰和提高高频性能。在 IEEE 802.3 an 标准中,综合布线系统 6 类布线系统在 10 吉比特以太网中所支持的长度应不大于 55m。在 6 类线上,当然还需要采用一下消除干扰的手段。

为突破距离的限制,在 TIA/EIA 568 B.2—10 标准中已规定了 6A 类(超 6 类)布线系统,支持的传输带宽为 500MHz,其传输距离为 100 米,线缆及连接类型也为 UTP 或 FTP。

图 2-6 所示是美国康普公司的一款 6A 类 UTP 双绞线产品(GigaSPEED® X10D 1091),该线缆采用内齿外圆的外皮结构,线对采用一字隔离,线缆规格为 23AWG,外径为 8mm,比 Cat5e 的外径(5.3mm)粗了很多。

⑨ 7 类双绞线(Cat 7):CAT 7 线缆频率带宽为 600Hz 以上。今日的

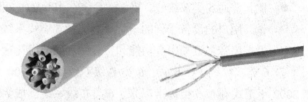

图 2-6 Cat 6A/Class EA 双绞线

网络正走向集中化,数据、语音和视频在单个媒质上的传输可节省巨大的花费。基于 7 类/F 级标准开发的 STP 布线系统,可以在一个连接器和单根电缆中,同时传送独立的视频、语音和数据信号。它甚至可以支持在单对电缆上传送全带宽的模拟视频(一般为 870MHz),并且在同一护套内的其他双绞线对上同时进行语音和数据的实时传送。

在安全防护方面,传统的安全系统已不能满足快速增长的需求。现在,大多数的安防系统要求一个更专门的网络,和数据网络分离。由于对安全性的更高要求,这些老系统操作起来耗费颇多,而且也不能满足新的需求。现在所需的是一个有可编址元件的动态系统,它能够传送高质量的影像、语音和数据,并且使用跟现在的数据系统一样的网络。为了满足这种需要,新的安全系统基于 IP 协议,每一个安保设备(如视网膜扫描器、X 射线设备等)都成为数据网络上可设地址的节点。这些新式的高级安保系统在同一个平台上集成语音、数据和视频。对 7 类布线产品和系统的需求目前正以一个不可预知的速度增长。显然,这个市场以及对于安全性的强调是驱动 10Gbit/s 这样的高带宽服务的因素之一。

7 类/F 级标准定义的传输媒质是线对屏蔽(也称全屏蔽)的 STP 线缆,它在传统护套内加裹金属屏蔽层/网的基础上又增加了每个双绞线对的单独屏蔽。7 类/F 级线缆的特殊屏蔽结构保证了它既能有效隔离外界的电磁干扰和内部向外的辐射,也可以大幅度削弱了护套内部相邻线对间的信号耦合串扰,从而在获得高带宽传输性能保障的同时,增加了并行传输多种类型信号的能力。

7 类/F 级 STP 布线系统可采用两种模块化接口方式,一种选择是传统的 RJ 类接口,其优点是机械上能够兼容低级别的设备,但是由于受其结构的制约很难达到标准要求的 600MHz 带宽;另一种选择是非 RJ 型接口,它的现场装配也很简单,能够提供高带宽的服务(如西蒙的 TERA 可以提供 1.2GHz 的带宽,是 7 类/F 级标准带宽的两倍),并且已经被 ISO/IEC 11801 认可并被批准为 7 类/F 级标准接口。

7 类/F 级双绞线目前还处于市场化的初期。

(3)大对数电缆

大对数电缆,即大对数干线电缆。大对数电缆为 25 线对、50 线对、100 线对等成束的电缆结构,在外观上看,为直径更大的单根电缆,如图 2-7 所示。图 2-7(a)为 25 对大对数电缆,图 2-7(b)为 100 对大对数电缆,每一门电话使用一对线芯。大对数只有 UTP 电缆。

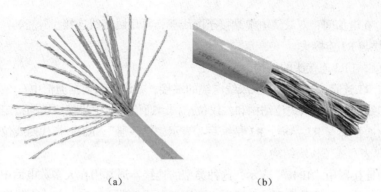

（a） （b）

图 2-7 大对数电缆外观

为方便安装和管理，大对数电缆它采用 25 对国际工业标准彩色编码进行管理，每个线对束都有不同的颜色编码，同一束内的每个线对又有不同的颜色编码。

它们的颜色顺序如图 2-8 所示。

01	02	03	04	05	06	07	08	09	10	11	12	13	14	15	16	17	18	19	20	21	22	23	24	25
白					红					黑					黄					紫				
蓝	橙	绿	棕	灰	蓝	橙	绿	棕	灰	蓝	橙	绿	棕	灰	蓝	橙	绿	棕	灰	蓝	橙	绿	棕	灰

图 2-8 大对数电缆颜色编码

主色：白、红、黑、黄、紫；辅色：蓝、橙、绿、棕、灰。

任何系统只要使用超过 1 对的线对，就应该在 25 个线对中按顺序分配，不要随意分配线对。

25 对非屏蔽软线导线彩色编码如表 2-3 所示。

表 2-3　　　　　　　25 对非屏蔽软线导线彩色编码表

线　对	色 彩 码	线　对	色 彩 码
1	白/蓝/ /蓝/白	14	黑/棕/ /棕/黑
2	白/橙/ /橙/白	15	黑/灰/ /灰/黑
3	白/绿/ /绿/白	16	黄/蓝/ /蓝/黄
4	白/棕/ /棕/白	17	黄/棕/ /棕/黄
5	白/灰/ /灰/白	18	黄/绿/ /绿/黄
6	红/蓝/ /蓝/红	19	黄/棕/ /棕/黄
7	红/橙/ /橙/红	20	黄/灰/ /灰/黄
8	红/绿/ /绿/红	21	紫/蓝/ /蓝/紫
9	红/棕/ /棕/红	22	紫/橙/ /橙/紫
10	红/灰/ /灰/红	23	紫/绿/ /绿/紫
11	黑/蓝/ /蓝/黑	24	紫/棕/ /棕/紫
12	黑/橙/ /橙/黑	25	紫/灰/ /灰/紫
13	黑/绿/ /绿/黑		

（二）双绞线连接器件

双绞线的主要连接件有配线架、信息插座和接插软线（跳接线）、信息插座采用信息模块和

RJ 连接头连接。在电信间，双绞线电缆端接至配线架，再用跳接线连接。

1．信息模块与 RJ 连接头

（1）信息模块与 RJ 连接头的结构

信息模块与 RJ 连接头一直用于双绞线电缆的端接，在语音和数据通信中有 3 种不同尺寸和类型的模块：四线位结构、六线位结构和八线位结构。通信行业中将模块结构指定为专用模块型号，这些模块上通常都有 RJ 字样，RJ 是缩写，表示"已注册"。RJ11 指代四线位或者六线位结构模块，RJ45 代表八线位模块结构。

四线位结构连接器用"4P4C"表示，这种类型的连接器通常用在大多数电话中。六线位结构连接器用"6P6C"表示，这种类型的连接器主要用于老式的数据连接，与小型机和大型主机相连的数据终端会用到这种连接器。八线位结构连接器用"8P8C"表示，这种结构是目前综合布线端接标准，用于 4 对 8 芯水平电缆（数据和语音）的端接。RJ 连接头俗称水晶头。

（2）信息模块与 RJ 连接头连接标准

信息模块/RJ 连接头与双绞线端接有 T568A 或 T568B 两种结构，它们都是 ANSI/TIA/EIA 568 A 和 ANSI/TIA/EIA 568 B 综合布线标准支持的结构。按照 T568B 标准布线的接线和按照 T568A 标准接线，信息模块/RJ 连接头的引针与线对的分配如图 2-9 所示。

从引针 1 至引针 8 对应的线序如下。

● T568A：白—绿、绿、白—橙、蓝、白—蓝、橙、白—棕、棕。

● T568B：白—橙、橙、白—绿、蓝、白—蓝、绿、白—棕、棕。

注意，在同一个工程中，只能采用一种连接标准。否则，就应标注清楚。

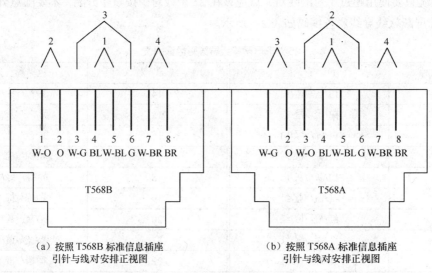

（a）按照 T568B 标准信息插座
引针与线对安排正视图

（b）按照 T568A 标准信息插座
引针与线对安排正视图

图 2-9　信息模块引针与线对分配

（3）RJ11 连接头

图 2-10 所示为"4P4C"类型的连接器，称为 RJ11 连接头，用于电话连接。在综合布线系统中，电话信息插座要求安装为"8P8C"结构的数据信息模块，用该信息模块适配 RJ11 连接头的跳线连接到电话机，那可进行语音通信。当然，随着网络应用的拓展，现在出现了直接连 RJ45 连接头的 VOIP 网络电话机。

（4）RJ45 连接头

根据端接的双绞线的类型，有不同类型的 RJ45 连接头，如 5 类/5e 类 RJ45 连接头、6 类 RJ45 连接头、非屏蔽 RJ45 连接头和屏蔽的 RJ45 连接头等。如图 2-11 所示，图 2-11（a）为非屏蔽连接头，图 2-11（b）为屏蔽连接头，图 2-11（c）为连接头。

（5）RJ11 信息模块

图 2-10　RJ11 连接头

在综合布线系统的水平布线系统中，为便于管理和满足通信类型变更的需要，语音、数据通信都采用相应的 4 对双绞线电缆，信息插座要求采用"8P8C"结构的 RJ45 信息模块连接，有些综合布线工程，为了节约成本，对于无需变更的语音通信链路的信息插座也有采用 RJ11 信息模块连接（"4P4C"结构）的，RJ11 信息模块如图 2-12 所示。

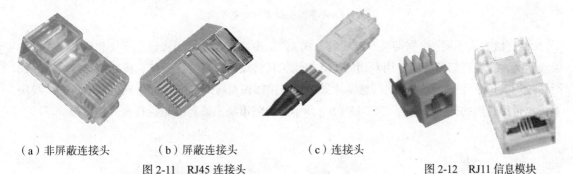

（a）非屏蔽连接头　　　（b）屏蔽连接头　　　（c）连接头

图 2-11　RJ45 连接头

图 2-12　RJ11 信息模块

（6）RJ45 信息模块

信息模块用于端接水平电缆，模块中有 8 个与电缆导线连接的接线。从前端看，这些触点从接线端开始用数字 1~8 标记。RJ45 连接头插入模块后，与那些触点物理连接在一起。信息模块与插头的 8 根针状金属片，具有弹性连接，且有锁定装置，一旦插入连接，很难直接拔出，必须解锁后才能顺利拔出。由于弹簧片的摩擦作用，电接触随插头的插入而得到进一步加强。最新国际标准提出信息模块应具有 45° 斜面，并具有防尘、防潮护板功能。

信息模块用绝缘位移式连接（IDC）技术设计而成。连接器上有与单根电缆导线相连的接线块（狭槽），通过打线工具或者特殊的连接器帽盖将双绞线导线压到接线块里。卡接端子可以穿过导线的绝缘层直接与连接器物理接触。双绞电缆与信息模块的接线块连接时，应按色标要求的顺序进行卡接。图 2-13 为信息模块结构图。

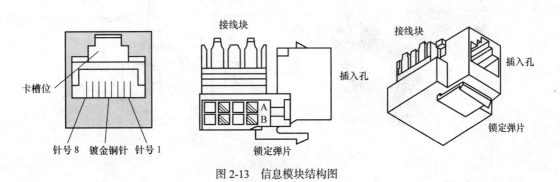

图 2-13　信息模块结构图

综合布线所用的信息模块多种多样，不同厂商的信息模块的接线结构和外观也不一致，不管怎样，信息模块都应在底盒内部做固定线连接。

① 接线部位不同。信息模块和双绞线端接位置一般有两种，一种是在信息模块的上部，另一种是在信息模块的尾部，图 2-14 所示是安普公司的信息模块产品。大多数产品采用上部端接方式。

（a）尾部端接　　　　　　　　　　（b）上部端接

图 2-14　不同端接位置的信息模块

② 打线方式不同。根据端接双绞线的方式，信息模块有 110 打线式信息模块和免打线式信息模块两类，打线式信息模块需用专用的 110 打线工具将双绞线导线压到信息模块的接线块里，如图 2-15（a）所示。而免打线式信息模块只需用连接器帽盖将双绞线导线压到信息模块的接线块里（也可用专用的打线工具），图 2-15（b）所示。目前市场上流行的是免打线式信息模块。

（a）打线式信息模块　　　　　　　（b）免打线式信息模块

图 2-15　不同打线方式的信息模块

除 UTP 信息模块外，还有屏蔽式信息模块，如图 2-16 所示。当安装屏蔽电缆系统时，整个链路都必须屏蔽，包括线缆和连接件。屏蔽双绞电缆的屏蔽层与连接硬件端接处屏蔽罩必须保持良好接触。线缆屏蔽层应与连接硬件屏蔽罩 360° 圆周接触，接触长度不宜小于 10mm。

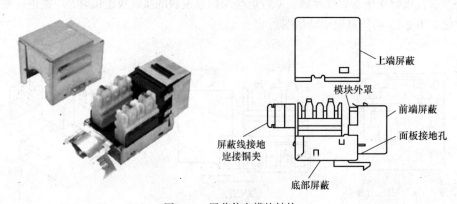

图 2-16　屏蔽信息模块结构

以上介绍信息模块适用于模块式结构的信息插座，模块化信息插座包括底盒、信息模块和面板三部分，另一种信息插座是固定结构的桌面型信息插座，该插座的底盒、信息模块和面板是固定在一起的。图 2-17 所示是桌面型信息插座的内部结构和外观。

图 2-17　桌面型两口信息插座的内部结构

2. 配线架

配线架是电缆或光缆进行端接和连接的装置。在配线架上可进行互连或交接操作。建筑群配线架是端接建筑群干线电缆、光缆的连接装置。建筑物配线架是端接建筑物干线电缆、干线光缆并可连接建筑群干线电缆、干线光缆的连接装置。楼层配线架是水平电缆、水平光缆与其他布线子系统或设备相连接的装置。

根据数据通信和语音通信的区别，配线架一般分为数据配线架和 110 语音配线架两种。

（1）数据配线架

数据配线架都是安装在 19 英寸标准机柜上的，主要有 24 口和 48 口两种规格，用于端接水平布线的 4 对双绞线电缆。如果是数据链路，则用 RJ45 跳线连接到网络设备上，如果是语音链路，则用 RJ45-110 跳线跳接到 110 语音配线架（连语音主干电缆）。

目前流行的是模块化配线架。模块化配线架分为两类，一种为空板配线架配通常的信息模块，如图 2-18 所示，是唯康公司的一款 24 口模块化配线架，满配为 24 个信息模块；另一种是空板配线架配专门的配线架信息模块（一般以 6 个信息接口为单位），如图 2-19 所示，是康普公司的一款 48 口的模块化配线架，满配为 8 个 6 口配线架信息模块。这些模块都可以向前翻转，从而在前面就可以进行线缆端接和维护。配线架内置的水平线缆理线环，既可以进行跳线管理，又可在施工时临时安放管理模块进行线对端接。这种独特的模块化技术和跳线管理方式，使用户可以自由组合各类铜缆信息端口和各类光纤端口，同时，在未来用户进行系统升级时，也可以很方便地将其中的铜缆模块更换成光纤模块，为用户的网络系统管理人员提供了灵活的铜缆和光纤混合管理方法。

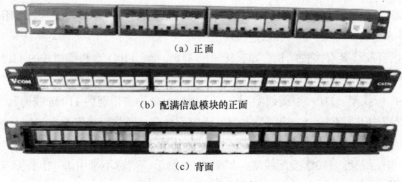

（a）正面

（b）配满信息模块的正面

（c）背面

图 2-18　模块化配线架

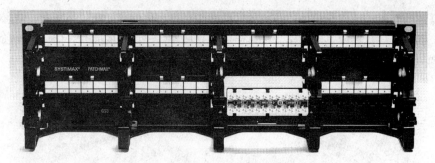

图 2-19　带理线环的模块化配线架

为了增加安装管理空间，方便跳线管理，康普、安普、泛达等公司开发了角形配线架，如图 2-20 所示。

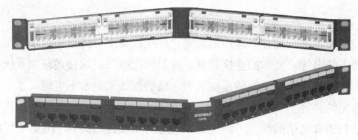

图 2-20　角形配线架

屏蔽系统要求整个系统上的产品都是屏蔽产品，图 2-21 是康普公司的一款 FTP 配线架产品。

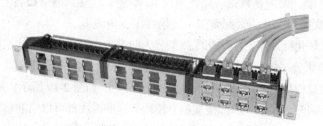

图 2-21　FTP 配线架

（2）110 语音配线架

110 型连接管理系统的基本部件是 110 语音配线架、连接块、跳线和标签。这种配线架有 25 对、50 对、100 对、300 对多种规格。110 语音配线架上装有若干齿形条，沿配线架正面从左到右均有色标，以区别各条输入线。这些线放入齿形条的槽缝里，再与连接块接合，利用 788J1 工具，就可将配线环的连线"冲压"到 110C 连接块上。

110 系列语音配线架有多种结构，如夹接式的 110A 型、110D 型和接插式的 110P 型等。下面介绍几种主要的类型。

① 110A 型配线架。110A 型配线架配有若干引脚，俗称"带腿的 110 配线架"，如图 2-22 所示，110A 可以应用于所有场合，特别是大型电话应用场合，通常直接安装在二级交接间、配线间或设备间的墙壁上。

② 110D 型配线架。110D 型配线架，如图 2-23 所示。俗称不带引脚 110 配线架，适用于标准布线机柜安装。

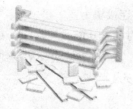

图 2-22 110A 型配线架

图 2-23 110D 型配线架

③ 110P 型配线架。110P 型配线架由 100 对 110D 配线架及相应的水平过线槽组成，安装在一个背板支架上，底部有一个半密闭的过线槽，110P 型配线架有 300 对和 900 对两种。图 2-24 所示为 300 对带 188 理线槽的 110P 型配线架，它的外观简洁，用简单易用的插拔快速跳线代替了跨接线，为管理带来了方便。110P 型配线架采用 188C3（900 对）和 188D3（300 对）理线槽。

110 配线系统中都用到了连接块（Connection Block），称为 110C，如图 2-25 所示。有 3 对线（110C-3）、4 对线（110C-4）和 5 对线（110C-5）3 种规格的连接块。连接块包括了一个单层、耐火、塑模密封器，内含熔锡快速接线柱，它们穿过 22-26AWG 线缆上的绝缘层，接在连接块的底座上，而且在配线架上电缆连接器和跳线或 110 型快接式跳线之间提供了电气紧密连接。

图 2-24 110P 型配线架

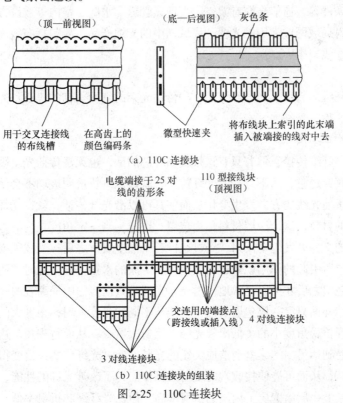

（顶—前视图） （底—后视图） 灰色条

用于交叉连接线　在高齿上的　　微型快速夹　　将布线块上索引的此末端
的布线槽　　　颜色编码条　　　　　　　　　插入被端接的线对中去

（a）110C 连接块

电缆端接于 25 对　　　110 型接线块
线的齿形条　　　　　　（顶视图）

交连用的端接点　4 对线连接块
（跨接线或插入线）

3 对线连接块

（b）110C 连接块的组装

图 2-25 110C 连接块

连接块上彩色标识顺序为蓝、橙、绿、棕、灰。3 对连接块为蓝、橙、绿；4 对连接块为蓝、橙、绿、棕；5 对连接块为蓝、橙、绿、棕、灰。在 25 对的 110 配线架基座上安装时，应选择 5 个 4 对连接块和 1 个 5 对连接块，或 7 个 3 对连接块和 1 个 4 对连接块。从左到右完成白区、红区、黑区、黄区和紫区的安装。这与 25 对大对数电缆的安装色序一致。

3．双绞线跳线

跳线用于配线设备与配线设备，配线设备和信息通信设备之间的连接，如信息插座连计算机、数据交换机连配线设备、配线子系统连干线子系统、干线子系统连建筑群子系统等。

相应的跳线有 RJ45-RJ45、RJ45-110、110-100 等不同接口的跳线。RJ45-RJ45 跳线用于配线设备和信息通信设备之间的连接，分屏蔽和非屏蔽两类。RJ45-110 跳线用于配线子系统（RJ45 接口配线架）与语音干线子系统（110 语音配线架）之间的连接，110-110 跳线用于语音干线子系统和建筑群语音子系统（两端都是 110 语音配线架）之间的连接。图 2-26 是 110 接口的跳线。

图 2-26　110 接口的跳线

（三）光缆

通信光缆自 20 世纪 70 年代开始应用以来，现在已经发展成为长途干线、市内电话中继、水底和海底通信以及局域网、专用网等有线传输的骨干，并且已开始向用户接入网发展，由光纤到路边（FTTC）、光纤到大楼（FTTB）等向光纤到户（FTTH）、光纤到桌面（FTTD）发展。针对各种应用和环境条件等，通信光缆有架空、直埋、管道、水底、室内等敷设方式。

在此主要讨讨局域网中常用的光缆。局域网中的光缆产品主要包括布线光缆、光纤跳线、光纤连接器、光纤配线架/箱/盒等。

1．光纤

光纤是光导纤维的简称，光导纤维是一种传输光束的细而柔韧的媒质。光导纤维线缆由一捆光导纤维组成，简称为光纤。

（1）光纤的物理结构

光能沿着光导纤维传播，但若只有这根玻璃纤芯的话，也无法传播光。因为不同角度的入射光会毫无阻挡地直穿过它，而不是沿着光纤传播，就好像一块透明玻璃不会使光线方向发生改变一样。因此，为了使光线的方向发生变化从而使其可以沿光纤传播，就在光纤芯外涂上折射率比光纤纤芯材料低的材料，这个涂层材料称为包层。这样，当一定角度之内的入射光射入光纤芯后会在纤芯与包层的交界处发生全反射，经过这样若干次全反射之后，光线就损耗极少地达到了光纤的另一端。包层所引起的作用就如透明玻璃背后所涂的水银一样，此时透明的玻璃就变成了镜子。而光纤加上包层之后才可以正常地传播光。光纤是数据传输中最高效的一种传输介质。

如果在光纤芯外面只涂一层包层的话，光线从不同的角度入射，角度大的（高次模光线）反射次数多从而行程长，角度小的（低次模光线）反射次数少，从而行程短。这样在一端同时发出的光线将不能同时到达另一端，就会造成尖锐的光脉冲经过光纤传播以后变得平缓（这种现象被称为"模态散射"），从而可能使接收端的设备误操作。为了改善光纤的性能，人们一般在光纤纤芯包层的外面再涂上一层涂覆层，内层的折射率高（但比光纤纤芯折射率低），外层的折射率低，形成折射率梯度。当光线在光纤内传播时，减少了入射角大的光线行程，使得不同角度入射的光纤可以同时到达端点，就好像利用包层聚焦了一样。

> 光的全反射：光在不同物质中的传播速度是不同的，所以光从一种物质射向另一种物质时，在两种物质的交界面处会产生折射和反射。而且，折射光的角度会随入射光的角度变化而变化。当入射光的角度达到或超过某一角度时，折射光会消失，入射光全部被反射回来，这就是光的全反射。

典型的光纤结构如图 2-27 所示，自内向外为纤芯、包层及涂覆层。

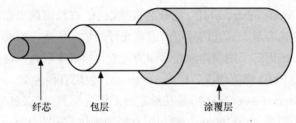

纤芯　　包层　　　　　涂覆层

图 2-27　光纤结构

包层的外径一般为 125μm（头发的直径平均为 100μm），在包层外面是 5～40μm 涂覆层，涂覆层的材料是环氧树脂或硅橡胶。常用的 62.5/125μm 多模光纤，指的是纤芯外径是 62.5μm，加上包层后外径是 125μm。50/125μm 规格的光纤，也就是光纤外径是 50μm，加上包层后的外径是 125μm。而单模光纤的纤芯是 4～10μm，被广泛使用的是 8～9μm 规格，外径也是 125μm。需要注意的是，纤芯和包层是不可分离的，纤芯与包层合起来组成裸光纤，光纤的光学及传输特性主要由它决定。用光纤工具剥去外皮（Jacket）和塑料层（Coating）后，暴露在外面的是涂有包层的纤芯。实际上，我们是很难看到真正的纤芯的。

光纤有以下几个优点。

● 光纤通信的频带很宽，理论可达到 3×10^9MHz。

● 电磁绝缘性能好。光缆中传输的是光束，而光束是不受外界电磁干扰影响的，并且本身也不向外辐射信号，因此它适用于长距离的信息传输以及要求高度安全的场合。当然，光纤的抽头困难是它固有的难题，因为割开光缆需要再生和重发信号。

● 衰减较小，在较大范围内基本上是一个常数值。

● 需要增设光中继器的间隔距离较大，因此整个通道中中继器的数目可以减少，降低了成本。根据贝尔实验室的测试，当数据传输速率为 420 Mbit/s，且距离为 119 km 无中继器时，其误码率为 10^{-8}，传输质量很好。而同轴电缆和双绞线在长距离使用时都需要续接中继器。

● 重量轻，体积小，适用的环境温度范围宽，使用寿命长。

● 光纤通信不带电，使用安全，可用于易燃、易爆场所。

● 抗化学腐蚀能力强，适用于一些特殊环境下的布线。

　　当然，光纤也存在着一些缺点，如质地脆，机械强度低；切断和连接中技术要求较高等，这些缺点也限制了目前光纤的普及。

　　（2）光纤的分类

　　光纤的种类很多，可从不同的角度对光纤进行分类，如可从构成光纤的材料成分、光纤的制造方法、光纤的传输点模数、光纤横截面上的折射率分布和工作波长等方面来分类。

　　① 按照材料成分不同，光纤一般可分为玻璃光纤、胶套硅光纤和塑料光纤 3 类。

- 玻璃光纤：纤芯与包层都是玻璃，损耗小，传输距离长，成本高。
- 胶套硅光纤：纤芯是玻璃，包层为塑料，特性同玻璃光纤差不多，成本较低。
- 塑料光纤：纤芯与包层都是塑料，损耗大，传输距离很短，价格很低。多用于家电、音响，以及短距的图像传输。

计算机通信中常用的是玻璃光纤。

　　② 按光在光纤中的传输模式不同，光纤可分为：单模光纤和多模光纤，如图 2-28 所示。

　　单模光纤（Single Mode Fiber，SMF）的纤芯直径很小，在给定的工作波长上只能以单一模式传输，传输频带宽且传输容量大。光信号可以沿着光纤的轴向传播，因此其损耗很小，离散也很小，传播的距离较远。但因其采用固体激光器作为光源，故成本较高，通常在建筑物之间或地域分散时使用。单模光纤 PMD 规范建议芯径为 8～10μm，包层直径为 125μm。

　　多模光纤（Multi Mode Fiber，MMF）是在给定的工作波长上，能以多个模式同时传输的光纤。多模光纤的纤芯直径一般为 50～200μm，而包层直径的变化范围为 125～230μm。国内计算机网络一般采用的纤芯直径为 62.5μm，包层为 125μm，也就是通常所说的 62.5μm。多模光纤允许多束光在光纤中同时传播，从而形成模分散，模分散技术限制了多模光纤的带宽和距离，因此，多模光纤的芯线粗、传输速度低、距离短、整体的传输性能差，但其成本比较低。一般用于建筑物内或地理位置相邻的环境。

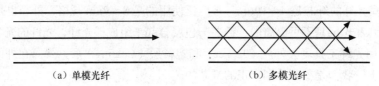

（a）单模光纤　　　　　　　　　　（b）多模光纤

图 2-28　单模光纤和多模光纤的示意图

单模光纤和多模光纤的特性比较如表 2-4 所示。

表 2-4　　　　　　　　　　　　　　单模光纤和多模光纤的特性比较

比 较 项 目	单 模 光 纤	多 模 光 纤
速度	高速度	低速度
距离	长距离	短距离
成本	成本高	成本低
其他性能	窄芯线，需要激光源，聚光好，耗散极小，高效	宽芯线，耗散大，低效

　　在使用光缆互连多个结点的应用中，必须考虑光纤的单向特性，如果要进行双向通信，就要使用双股光纤。由于要对不同频率的光进行多路传输和多路选择，因此又出现了光学多路转换器。

　　光纤的类型是由模材料（玻璃或塑料纤维）制成的芯和外层尺寸决定的，芯的尺寸大小决定光的传输质量。常用的由光纤制成的光缆有 8.3/125 μm 单模光缆、62.5/125 μm 多模光缆、50/125 μm 多模光缆。

③ 按光纤的工作波长分类，有短波长光纤、长波长光纤和超长波长光纤。多模光纤的工作波长为短波长 850nm 和长波长 1 300nm，单模光纤的工作波长为长波长 1 310nm 和超长波长 1 550 nm。今后可能在 PON 网络使用的是 1 490nm 和 1 625nm。

（3）光纤通信系统组成

光纤通信的核心是利用光在优质玻璃中传输时衰减很小，特别是在具有特定纤芯尺寸的优质光纤中，光的传输性能大大提高，从而可将信号进行远距离有效传输。另一方面，光是高频波，具有极高的传输速度和很大的频带宽度，可进行大容量实时信息传输。光纤虽然有着如此巨大的传输光信号的能力，却不能直接将信号送至常用终端设备（如计算机、电视机、电话等）使用，也不能直接从这些设备得到要传输的信号，因为这些设备内部只能收发电子信号，而且，两者调制方式也不同。电子信号可以按频率、幅度、相位或混合等多种调制方式，并可构成频分、时分等多路复用系统。光信号只能按光的强度进行调制，并依此组成时分、频分或波分复用系统。

光纤通信系统是以光波为载体、光导纤维为传输介质的通信方式。这种通信方式起主导作用的是光源、光纤、光发送机和光接收机。光源是光波产生的源泉；光纤是传输光波的导体；光发送机负责产生光束，将电信号转变成光信号，再把光信号导入光纤；光接收机负责接收从光纤上传输过来的光信号，并将它转变成电信号，经解码后再作相应的处理。

实际计算机网络通信时，光路多数是成对出现的，即双光纤通信系统，如图 2-29 所示。通常一根光缆由多根光纤组成，每根光纤称称为一芯。每个光纤端接设备都同时具有光发射机和光接收机的功能。光纤端接设备与光缆之间通过光跳接线相连。

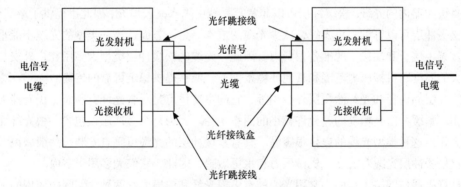

图 2-29　光纤通信系统基本结构图

2. 光缆

光纤传输系统中直接使用的是光缆而不是光纤。光纤最外面常有 100μm 厚的缓冲层或套塑层，套塑层的材料大都采用尼龙、聚乙烯或聚丙烯等塑料。套塑后的光纤（称为芯线）还不能在工程中使用，必须把若干根光纤疏松地置于特制的塑料绑带或铝皮内，再被涂覆塑料或用钢带铠装，加上外护套后才成光缆。一根光缆由一根直至多根光纤组成，外面再加上保护层。光缆中有 1 根光纤（单芯）、2 根光纤（双芯）、4 根光纤、6 根光纤、甚至更多光纤的（48 根光纤、1 000 根光纤），一般单芯光缆和双芯光缆用于光纤跳线，多芯光缆用于室内室外的综合布线。图 2-30 为光缆结构示意图。

缓冲层有松缓冲层（loose tube）和紧缓冲层两种。松缓冲层的内径比光纤的外层（涂覆层）直径大得多。这种设计有两个主要优点：对机械力的完好隔离（当然在一定范围内）和防止受潮。第一个优点来自于所谓的机械失效区，强加于缓冲层的外力并不影响光纤，直到这一外力足够大以至拉直缓冲器内的光纤。松缓冲层可以非常容易地由隔水凝胶填充，因此也提供了第二个优点。另外，松缓冲层可以容纳多根光纤，减少光缆的成本。另一方面，这一类型的光缆不能垂直安装而且连接端（接合和端接）的准备很费力。因此，光缆的松缓冲层类型大多用在户外安装，因为它在很大的温度、机械压力范围和其他环境条件下，能够提供稳定可靠的传输。

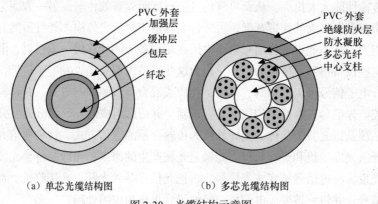

（a）单芯光缆结构图　　　　　（b）多芯光缆结构图

图 2-30　光缆结构示意图

缓冲层有松缓冲层（loose tube）和紧缓冲层两种。松缓冲层的内径比光纤的外层（涂覆层）直径大得多。这种设计有两个主要优点：对机械力的完好隔离（当然在一定范围内）和防止受潮。第一个优点来自于所谓的机械失效区，强加于缓冲层的外力并不影响光纤，直到这一外力足够大以至拉直缓冲器内的光纤。松缓冲层可以非常容易地由隔水凝胶填充，因此也提供了第二个优点。另外，松缓冲层可以容纳多根光纤，减少光缆的成本。另一方面，这一类型的光缆不能垂直安装而且连接端（接合和端接）的准备很费力。因此，光缆的松缓冲层类型大多用在户外安装，因为它在很大的温度、机械压力范围和其他环境条件下，能够提供稳定可靠的传输。

紧缓冲层的内径和光纤涂覆层外径相等，它的主要优点是尽管光纤有断裂，仍有能力保持光缆可操作。紧缓冲层是粗糙的，允许较小的曲率半径。因为每个缓冲层仅包含一根光纤而且没有凝胶要去除，这种类型光缆的连接很容易。具有紧缓冲层的光缆可垂直安装。一般来说，紧缓冲层光缆比松缓冲层光缆对温度、机械压力和水更敏感，因此，它们大多用于室内。

在计算机通信网络工程中，常用光缆的有多模光纤和单模光纤两种。实际中使用的光纤是含有多根纤芯、并经多层保护的光缆。国内常用光缆为 4 芯、6 芯、8 芯、12 芯等不同规格，且分为室内和室外两种。室外光缆具有室内光缆的所有性能并增强了保护层。中小企业网多选用价格低廉的 4 芯室外光缆作为楼宇之间的主干连接，选用 4 芯室内光缆作为楼内的主干连接。

（1）室内光缆

室内光缆由于建筑物结构等原因，要求易弯曲，同时要有防火阻燃的要求，有 PVC 阻燃（OFNR），Plenum 阻燃（OFNP）和 LSZH 低烟无卤防火外套，因此室内光缆的抗拉强度较小，保护层较差，但重量较轻，且价格较便宜。室内光缆一般采用紧护套型结构，各厂家结构大体一致，但各厂家的分类名称有所不同，以下介绍几种常见的室内光缆。

① 室内紧护套型光缆。室内紧套管型光缆有单芯单元结构和多芯单元结构二种，如图 2-31

所示。

② 室内/外铠装光缆。铠装光缆提供较高的保护，节省安装空间。可以在任何地方安装提供额外的保护和安全性。图 2-32 是康普公司的一款铠装光缆——联锁铠装光缆，该产品是在室内光缆外环绕螺旋形铝铠，铠装层外敷有护套。

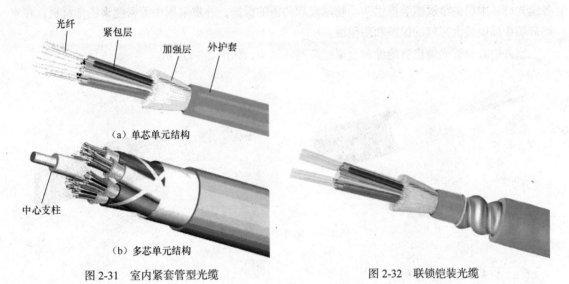

图 2-31 室内紧套管型光缆 　　　　　　　图 2-32 联锁铠装光缆

（2）室外光缆

与室内光缆相比，室外光缆的抗拉强度较大，保护层较厚重，并且通常为铠装（即金属皮包裹）。室外光缆主要适用于建筑物之间的布线。根据布线方式的不同，室外光缆有直埋、架空和管道 3 种安装方式。室外光缆一般采用松护套型和中心套管型结构，下面介绍几款室外光缆产品。

① 室外松护套全干式光缆。室外松护套全干式光缆保护层和绝缘层设计适于架空和直埋。内部干式阻水结构可以防止水渗透，较小直径构造可节省管道的空间，标准的外护套的材质是中密度聚乙烯（MDPE）或高密聚乙烯（HDPE）护套。该产品可减少光缆准备时间、提高工作环境的清洁度、提供全阻水保护、降低光缆重量和降低松套的直径提高光缆结构的利用率。

室外松护套全干式光缆有绝缘和铠装两种结构，如图 2-33 所示。

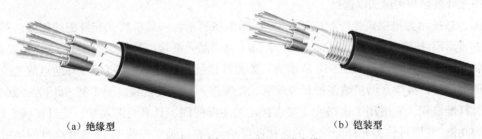

（a）绝缘型 　　　　　　　　　　　　　（b）铠装型

图 2-33 室外松护套全干式光缆

② 室外松套管充油式光缆（凝胶填充缓冲护套）。这种光缆可以为室外的端到端和中跨型的光纤数据传输应用提供高保护和高可靠性，光缆核心是防水的非充油材料，方便施工和使用。

该产品有绝缘和铠装两种结构，松套管绝缘充油光缆是采用工业标准的 3 mm 凝胶填充的缓冲护套全方位保护中心的光纤。松套管金属铠装充油光缆是采用波纹状结构的复合金属包层和工业标准的 3 mm 凝胶填充的缓冲护套全方位保护中心的光纤。

该产品的结构和松护套全干式光缆类似。

③ 室外中心套管光缆。室外中心套管光缆可以布放在地下的管槽中，也可以直接埋入地下或者架空布放。这种光缆是中等铠装外皮线缆的设计，采用凝胶填充的防水中心套管保护套管内的各组光纤，中层的金属铠装提供防动物啃咬和防雷的保护，外皮采用中等密度聚乙烯材料，在室外环境中提供最大限度的保护和防侵蚀。

室外中心套管光缆也有绝缘和金属铠装两种结构，如图 2-34 所示。

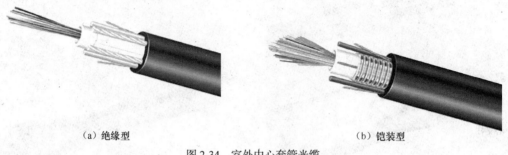

(a) 绝缘型   (b) 铠装型

图 2-34 室外中心套管光缆

（四）光纤连接器件

一条光纤链路，除了光纤外还需要各种不同的硬件部件，其中一些用于光纤连接，另一些用于光纤的整合和支撑。光纤的连接主要在设备间/电信间完成，它的连接是这样完成的：光缆敷设至设备间/电信间后连至光纤配线架（光纤终端盒），光缆与一条光纤尾纤熔接，尾纤的连接器插入光纤配线架上光纤耦合器的一端，耦合器的另一端用光纤跳线连接，跳线的另一端通过交换机的光纤接口或光纤收发器与交换机相连，从而形成一条通信链路。

1. 光纤配线设备

光纤配线设备是光缆与光通信设备之间的配线连接设备，用于光纤通信系统中光缆的成端和分配，可方便地实现光纤线路的熔接、跳线、分配和调度等功能。

光纤配线设备有机架式光纤配线架、挂墙式光纤配线盒、光纤接续盒和光纤配线箱等类型，可根据光纤数量和用途加以选择。

图 2-35 所示为机架式光纤配线架的外观。图 2-36 所示为一款机架式光纤配线架的内部结构。图 2-37 所示为挂墙式光纤配线盒，图 2-37（a）为产品光纤接口外置，图 2-37（b）是安普公司的一款光纤接口内置产品。图 2-38 所示为一款光纤接续盒，主要用于机柜以外地点的光缆接续，通过侧面端口，接续盒可接纳多种光缆外套，光缆进入端口被密封。图 2-39 所示为一款小型抽屉式光纤配线箱，它适用于多路光缆接入接出的主配线间，具有光缆端接、光纤配线、尾纤余长收容功能，它既可作为光纤配线架的熔接配线单元，亦可独立安装于 19 英寸标准网络机柜内。光纤可进行集中熔接；可卡装 FC、SC、LC 和 ST（另配附件）4 种适配器；适合各种结构光缆的成端、配线和调度，可上下左右进纤（缆），适用于带状和非带状光缆的成端；有清晰、完整的标识。

除小型光纤配线箱外，还有能容纳几百根光纤连接的大型光纤配线箱（柜），如图 2-40 所示。

图 2-35　机架式光纤配线架外观

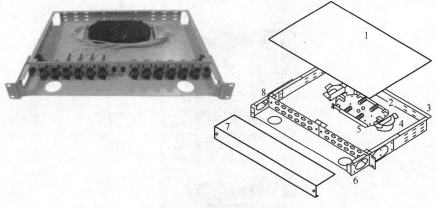

图 2-36　机架式光纤配线架内部结构

1—盖板　2—光缆加强件压板　3—铝合金箱体　4—光纤收容环　5—光纤熔接盘

6—24 口适配器安装板（可根据适配器类型选择）　7—前盖　8—耳板

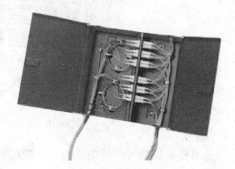

（a）光纤接口外置　　　　　　　　　　　（b）光纤接口内置

图 2-37　挂墙式光纤配线盒

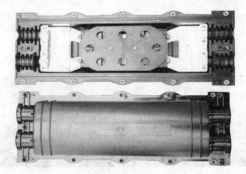

图 2-38　光纤接续盒

图 2-39 小型光纤配线箱

光缆固定方式

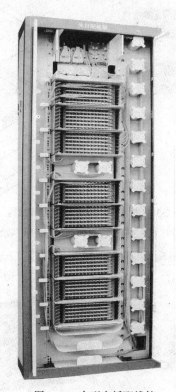

图 2-40 大型光纤配线箱

目前市场上有将双绞线与光纤集成到一个配线架的产品，图 2-41 所示为 3M 公司的光铜合一的配线架产品。

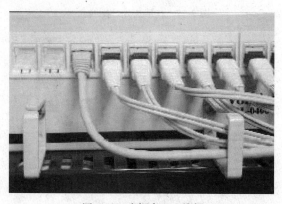

图 2-41 光铜合一配线架

2．光纤连接器

光纤连接器（Fiber Connector）是光纤系统中使用最多的光纤无源器件，是用来端接光纤的。光纤连接器的首要功能是把两条光纤的芯子对齐，提供低损耗的连接。光纤连接器按连接头结构可分为 SC、ST、FC、LC、D4、DIN、MU、MT 等型式；按光纤端面形状可分为 FC、PC（包括 SPC 或 UPC）和 APC 型；按光纤芯数还可分为单芯、多芯（如 MT-RJ）型。

传统主流的光纤连接器品种是 SC 型（直插式）、ST 型（卡扣式）和 FC 型（螺纹连接式）3 种，它们的共同特点是都有直径为 2.5mm 的陶瓷插针，这种插针可以以大批量地进行精密磨削加工，以确保光纤连接的精密准直。插针与光纤组装非常方便，经研磨抛光后，插入损耗一般小于 0.2dB。

随着光缆在综合布线工程的大量使用，光缆密度和光纤配线架上连接器密度的不断增加，目前使用的连接器已显示出体积过大、价格太贵的缺点。小型化（SFF）光纤连接器正是为了满足用户对连接器小型化、高密度连接的使用要求而开发出来的。它压缩了整个网络中面板、墙板及配线箱所需要的空间，使其占有的空间只相当传统 ST 和 SC 连接器的一半。在光纤通信中，SFF 光纤连接器在连接光缆时都是成对儿使用的，即一个输出（Output，也为光源），一个输入（Input，光检测器），而且不用考虑连接的方向，因而连接简捷方便，有助于网络连接。目前，SFF 光纤连接器已受到越来越受到用户的喜爱，大有取代传统主流光纤连接器 ST、SC 和 FC 的趋势。因此小型化是光纤连接器的发展方向。

目前最主要 SFF 光纤连接器有 4 种类型：美国朗讯公司开发的 LC 型连接器、日本 NTT 公司开发的 MU 型连接器、美国 Tyco Electronics 和 Siecor 公司联合开发的 MT-RJ 型连接器和 3M 公司开发的 Volition VF－45 型连接器。

下面介绍几种常用的光纤连接器。

（1）SC 型光纤连接器

SC 型光纤连接器外壳呈矩形，所采用的插针与耦合套筒的结构尺寸与 FC 型完全相同，其中插针的端面多采用 PC 或 APC 型研磨方式，紧固方式是采用插拔销闩式，不需旋转。此类连接器价格低廉，插拔操作方便，抗压强度较高，安装密度高。

（2）ST 型光纤连接器

ST 型光纤连接器外壳呈圆形，所采用的插针与耦合套筒的结构尺寸与 FC 型完全相同，其中插针的端面多采用 PC 或 APC 型研磨方式。紧固方式为螺丝扣。此类连接器适用于各种光纤网络，操作简便，且具有良好的互换性。

（3）FC 型光纤连接器

FC（Ferrule Connector）的外部加强采用金属套，紧固方式为螺丝扣。最早，FC 类型的连接器，采用的陶瓷插针的对接端面是平面接触方式。此类连接器结构简单，操作方便，制作容易，但光纤端面对微尘较为敏感。后来，该类型连接器有了改进，采用对接端面呈球面的插针（PC），而外部结构没有改变，使得插入损耗和回波损耗性能有了较大幅度的提高。

SC、ST、FC 连接器根据安装光纤方式有压接型免打磨光纤连接器、压接型光纤连接器和胶粘型光纤连接器等种类，安装方式不同结构有所区别，外观一致。图 2-42 所示为安普公司的压接型免打磨光纤连接器。

（4）LC 型光纤连接器

LC 型光纤连接器是为了满足客户对连接器小型化、高密度连接的使用要求而开发的一种新型连接器。它压缩了整个网络中面板、墙板及配线箱所需要的空间，使其占有的空间只相当传统

ST 和 SC 连接器的一半。陶瓷插芯仅为 1.25mm，有单芯、双芯两种结构可供选择，具有体积小、尺寸精度高，插入损耗低，回波损耗高等特点。图 2-43 所示为 LC 型光纤连接器。

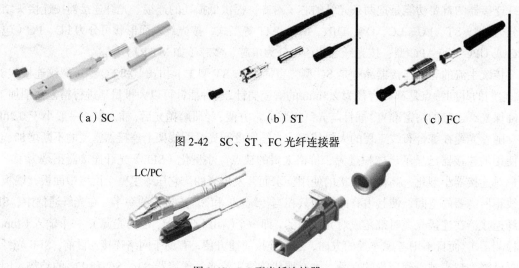

（a）SC　　　　　　　　　　（b）ST　　　　　　　　　（c）FC

图 2-42　SC、ST、FC 光纤连接器

图 2-43　LC 型光纤连接器

（5）MU 型光纤连接器

MU 型光纤连接器的陶瓷插芯仅为 1.25mm，它和 LC 型光纤连接器一样，压缩了整个网络中面板、墙板及配线箱所需要的空间，使其占有的空间只相当传统 ST 和 SC 连接器的一半。MU 型光纤连接器具有具有体积小，尺寸精度高，插入损耗低，回波损耗高等特点。图 2-44 所示为 MU 型光纤连接器。

（6）MT-RJ 型光纤连接器

MT-RJ 带有与 RJ45 型局域网连接器相同的闩锁机构，通过安装于小型套管两侧的导向销对准光纤。为便于与光收发信机相连，连接器端面光纤为双芯（间隔 0.75mm）排列设计，它是主要用于数据传输的高密度光连接器。MT-RJ 设计成与 UTP 插座同一尺寸，因此 MT-RJ 特别适用于安装在工作区的标准面板上。图 2-45 所示为 MT-RJ 型光纤连接器。

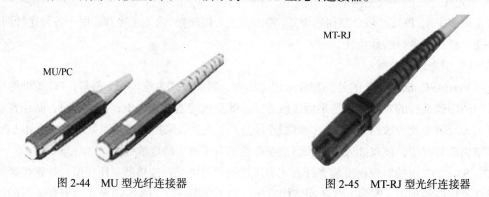

图 2-44　MU 型光纤连接器　　　　　　　　图 2-45　MT-RJ 型光纤连接器

（7）VF45 型光纤连接器

像插入 RJ45 一样容易，3M 公司的 VF45 插座和跳线是光纤到桌面网络的最新双工光纤互连，VF45 插头和插座像 8 芯模块插座一样工作，给光纤应用带来和 RJ45 接口一样的简便性。VF45 插座能被现场端接于电信间的配线板和楼宇水平布线，只需要不到 1 分钟，即可端接两芯光纤。

出厂前端接在跳线上的 VF45 插头实现插座到插座或插座到收发设备的互连。VF45 跳线有不同的长度能同 ST 和 SC 接口进行混合配置。全部 VF45 跳线都用 3M 公司创新的 GGP 高强度被覆光纤制造，具有台式设备应用的经久性和严格的弯曲半径。VF45 互连是提供经济的光纤楼宇布线解决方案的核心。3M VF45 型光纤连接器具有插接式插座设计（不需适配器）、高密度双工互连、V 型槽连接以及注模零部件、RJ45 式锁闩、4 个机械式安装组件紧扣等特点。图 2-46 所示为 3M VF45 型光纤连接器。

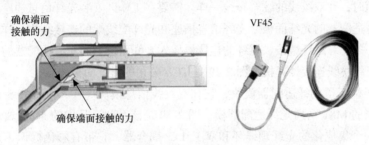

图 2-46　3M VF45 型光纤连接器

3. 光纤适配器

光纤适配器（Fiber Adapter）又称为光纤耦合器，是实现光纤活动连接的重要器件之一。它通过尺寸精密的开口套管在适配器内部实现了光纤连接器的精密对准连接，保证两个连接器之间有一个低的连接损耗。局域网中常用的是两个接口的适配器，它是实质上是带有两个光纤插座的连接件，同类型或不同类型的光纤连接器插入光纤耦合器，从而形成光纤的连接。它主要用于光纤配线设备和光纤面板。图 2-47 是 FC、SC、ST 类型的光纤适配器。

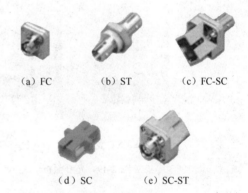

图 2-47　多种类型的光纤适配器

光纤适配器通常固定在面板上，叫做光纤适配器板，安装在光纤配线架上。图 2-48 为安普公司的各种接口类型的光纤适配器板产品。

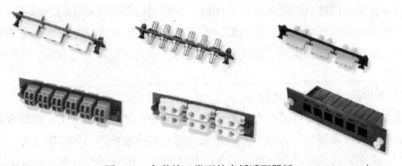

图 2-48　各种接口类型的光纤适配器板

4. 光纤跳线

除非有特殊要求，否则在综合布线工程中光纤与连接器的连接一般不在现场安装，而是购买厂商现成的光纤跳线。光纤跳线是两端带有光纤连接器的光纤软线，又称为互连光缆，有单芯和双芯、多模和单模之分。光纤跳线主要用于光纤配线架到交换设备或光纤信息插座到计算机的跳接。根据需要，跳线两端的连接器可以是同类型的，也可以是不同类型的，其长度在 5m 以内。

5．光纤尾纤

光纤尾纤一端是光纤，另一端连光纤连接器，用于与综合布线的主干光缆和水平光缆相接，有单芯和双芯两种。一条光纤跳线剪断后就形成两条光纤尾纤。

6．光纤适配器模块和光纤面板

光纤到桌面时，和双绞线的综合布线一样，需要在工作区安装光纤信息插座，光纤信息插座就是一个带光纤适配器的光纤面板。光纤信息插座和光纤配线架的连接结构一样，光缆敷设至底盒后，光缆与一条光纤尾纤熔接，尾纤的连接器插入光纤面板上的光纤适配器的一端，光纤适配器的另一端用光纤跳线连接计算机。图 2-49 是 TCL 公司的光纤面板。

一些公司还生产了光纤适配器模块，它和双绞线信息模块一样，可以安装在标准面板端口上，如康普公司的 M81 系列光纤适配器模。图 2-50 是该系列产品中的 M81LS 双工光纤适配器模块，它包括一个集成化的光纤理线环和双工 LC 耦合器，它带有彩色标识，并通过背后的理线环来保证光纤的弯曲半径。该双工适配器模块有 3 个双绞线 RJ45 模块安装在一个 4 口美式面板上。

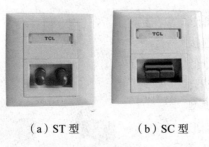

（a）ST 型　　（b）SC 型

图 2-49　光纤面板

图 2-50　M81LS 双工光纤适配器模块

（五）综合布线系统性能比较

统合布线系统选择包括电缆和光缆的选择，屏蔽与非屏蔽双绞线的选择，不同级别双绞线的选择。当建筑物在建或已建成但尚未投入使用时，为确定综合布线系统的选型，首先应做好需求分析，应测定建筑物周围环境的干扰场强度，对系统与其他干扰源之间的距离是否符合规范要求进行摸底，根据取得的数据和资料，用规范中规定的各项指标要求进行衡量，选择合适的器件和采取相应的措施。

1．屏蔽与非屏蔽双绞线系统比较

综合布线系统的产品有非屏蔽和有屏蔽两种，这两种系统产品的优劣，在综合布线系统中是否采用屏蔽结构的布线系统，一直有不同的意见。抛开两种系统产品的性能优劣、现场环境和数据安全等因素，采用屏蔽系统还是非屏蔽系统，很大程度上取决于综合布线市场的消费观念，在欧洲屏蔽系统是消费土流，而且已成为地区的法规，而以北美为代表的其他国家则更喜欢采用非屏蔽系统（UTP）。我国最早从美国引入综合布线系统，所以工程中使用最多的是 UTP，采用屏蔽系统的产品较少。我们必须熟悉不同系统的电气特性，以便在实际综合布线工程中根据用户需求和现场环境等条件，选择合适的非屏蔽或屏蔽布线系统产品。

（1）采用非屏蔽系统的原因

采用非屏蔽系统产品主要有以下原因。

① UTP 线缆结构设计可很好地抗干扰。由于 UTP 双绞线对称电缆中的线对采取完全对称的平衡传输技术，其结构本身安排科学合理，各线对双绞的结构使得电磁场耦合产生的互相干扰影响相等，从而彼此抵消和有效去除，可以将线对的干扰减少到最低限度，甚至忽略不计。国际标准化组织有关单位对非屏蔽系统进行抗电磁干扰测试，其测试结果表明非屏蔽双绞线对称电缆的抗干扰性能良好，系统稳定可靠，且容易安装和维护。

② 线缆传输数据速率要求不高。UTP 双绞线对称电缆主要用在综合布线系统中接入到桌面的水平布线子系统，网络接入层 90%左右是 10Mbit/s 以太网或 100Mbit/s 快速以太网，数据传输速率要求不高，网络的信息量经过网络设备的编码和调制后，对线缆和带宽的需求并没有过高的要求。在一般情况下，非屏蔽系统是完全可以胜任的，尤其是要求不高的一般办公性质的网络应用，UTP 双绞电缆更是适合。

③ 管槽系统的屏蔽作用。在水平布线子系统中，UTP 非屏蔽双绞电缆都是敷设在钢筋混凝土结构的房屋内，如果电缆是敷设在金属线槽、金属桥架或金属线管中的话，对于电缆来说形成多层屏蔽层。因此，水平布线子系统的电缆所受到的电磁干扰的影响必然会大大地降低。据有些工程进行的实际测试可知，在布线的环境中电磁干扰场强的指标值绝大部分是低于标准规定限值的。

④ 安装维护方便，整体造价低。由于非屏蔽系统还具有重量轻、体积小、弹性好、种类多、价格便宜、技术比较成熟和安装施工简便等很多优点，所以目前大部分综合布线系统大都采用非屏蔽系统，现在传输速率为 1 000Mbit/s 的链路也都采用非屏蔽双绞线系统。

⑤ 屏蔽系统安装困难、技术要求较高和工程造价较高。屏蔽布线系统整体造价比非屏蔽布线系统高，在安装施工中，因为屏蔽电缆只有在端到端的全程中保证完全屏蔽和正确接地后，才能较好地防止电磁向外辐射和受到外界干扰。为此，要求屏蔽系统的所有电缆和连接硬件的每一部分，都必须是完全屏蔽而无缺陷，才能取得理想的屏蔽效果。同时，除了完全屏蔽外，还要求有正确的接地系统。在屏蔽系统中如有一个不正确的接地系统，就有可能成为一个主要的向外辐射或受到干扰的来源，起不到屏蔽作用，安装甚至效果更坏。屏蔽系统必须采用一端接地或在两端都接地的方式，对于高频信号传输，屏蔽系统至少要在两端接地，有时需多处接地，因为只在一端接地的屏蔽系统对磁场的干扰会不起作用。在接地系统中采用的接地导体不能过长，否则就失去接地的作用。

（2）采用屏蔽系统的原因

随着通信技术和信息产业的高速发展，人们对信息的要求越来越高，最基本的要求是信息传输必须非常精确、迅速、安全及保密。尤其在政府机关、金融机构和军事、公安等重要部门更为突出。同时在有强电磁干扰源环境的综合布线工程中，非屏蔽系统是难以达到较好的抗干扰效果的。采用屏蔽系统产品主要有以下原因。

① 非屏蔽系统电缆结构有可能降低其技术性能。虽然 UTP 双绞电缆中的线对采取互相绞合方式和完全对称平衡传输技术，具有一定的防止电磁干扰作用，但双绞线的绞合长度有限，使其抗干扰效果受到限制。目前 UTP 的绞合长度更适合 30～40MHz 的数据传输。同时在安装施工线缆时，在牵引电缆时线对受到拉伸力或线缆弯曲半径过小等因素，会使非屏蔽双绞电缆的线对均衡绞合遭到破坏，其技术性能必然会有所降低。

② 非屏蔽系统容易对外辐射，保密性差。UTP 系统的近端串扰和衰减值的结果比屏蔽系统线缆低很多，约低 10dB，即非屏蔽系统线缆对外辐射是屏蔽系统的 10 倍，这就是说，使用非屏蔽系统的线缆很容易被外界窃取信息，其安全性和保密性显然较差。

③ 非屏蔽系统的高速数据传输性能较差。目前，大多数局域网以 10Mbit/s 和 100Mbit/s 快速以太网来传送数据，采用 UTP 较好。如果数据传输频率超过 100MHz，传输速率在 1Gbit/s 以上时，在这种高速数据传输时，非屏蔽系统的链路比屏蔽系统链路会出现更多的错误，如丢失的帧、节点混杂，记号出错，突发的错误等，整个网络传输效果不良甚至失败。

（3）选择非屏蔽系统与屏蔽系统的考虑因素

在综合布线系统工程中，应根据用户通信要求、现场环境条件等实际情况，分别选用屏蔽系统或非屏蔽系统，具体选用要求有以下几点。

① 当综合布线工程现场的电磁干扰场强度低于防护标准的规定，或采用非屏蔽布线系统能满足安装现场条件对线缆的间距要求时，综合布线系统宜采用非屏蔽系统产品。

② 当综合布线区域内存在的电磁干扰场强高于 3V/m 时，或建设单位（业主）对电磁兼容性有较高的要求（电磁干扰和防信息泄漏）时，或网络安全保密的需要，综合布线系统宜采用屏蔽系统产品。

③ 在综合布线系统工程中，选用的传输媒介和连接硬件时必须从综合布线系统的整体和全局考虑，要求保证系统工程的一致性和统一性。如决定选用屏蔽系统的产品时，则要求各种传输媒介和连接硬件都应具有屏蔽性能，不得混合采用屏蔽和非屏蔽的两种产品，以保证布线系统的整体性。

④ 当布线环境处在强电磁场附近需要对布线系统进行屏蔽时，可以根据环境电磁干扰的强弱，采取 3 个层次不同的屏蔽措施。在一般电磁干扰的情况下，可采用金属槽管屏蔽的办法，即把全部电缆都封闭在预先铺设好的金属桥架和管道中，并使金属桥架和管道保持良好的接地，这样就可以把干扰电流导入大地，取得较好的屏蔽效果。在存在较强电磁干扰源的情况下，可采用屏蔽双绞线和屏蔽连接件的屏蔽系统，再辅助以金属桥架和管道，可取得较好的屏蔽效果。在有极强电磁干扰的情况下，可以采用光缆布线。采用光缆布线成本较高，但屏蔽效果最好，而且可以得到极高的带宽和传输速率。

2. 超 5 类与 6 类布线系统的比较

综合布线系统自 20 世纪 90 年代引入中国以来，已经历了数次技术上的更新换代，从 3 类、5 类、5e 类到 6 类和 6A 类，代表了布线传输介质标准的不同演进过程。目前市面上也出现 7 类的布线产品。

据统计，每五年布线技术将使网络带宽获得 10 倍的提升，以满足相应的网络运用需求。当前综合布线主要介质已由 5 类发展为 5e 类，随着 1 000Mbit/s 网络的逐渐流行，6 类布线产品也逐渐为用户所接受，在国家的一些政府部委、校园网及重点工程中得到了广泛的应用，并得到认可。因此在综合布线工程中常常存在是选择 5e 类还是选择 6 类布线系统的问题。

（1）5e 类与 6 类布线系统的电气性能比较

在经过长达 5 年的酝酿和磋商之后，2002 年 6 月 5 日，美国电信工业协会（TIA）TR-42 委员会在会议上通过了 6 类布线标准，该标准被正式命名为 TIA/EIA 568 B.2—1，作为商业建筑综合布线系列标准 TIA/EIA 568 B 中的一个附录。该标准也被国际标准化组织（ISO）批准。在 TIA/EIA 568 B.2 标准中定义的 5e 类与 6 类布线系统的电气性能指标比较如表 2-5 所示。从表中可以看出，影响高速网络传输性能的近端串扰与综合近端串扰、等效远端串扰与综合等效远端串扰、回波损耗和衰减等电气性能指标，6 类布线系统都比 5e 类布线系统有了大大的改善，从而保证了 1000Mbit/s 网络的使用。

表 2-5 5e 类与 6 类布线测试标准比较

参数（Items）	CAT 5e	CAT 6
频率范围（Frequency Range）	1～100MHz	1～250MHz
传输时延（Delay）	与 TSB95 相同	与 TSB95 相同
时延差（Delay Skew）	与 TSB95 相同	与 TSB95 相同
衰减（Attenuation）	与 CAT 5 相同	比 CAT5 严格 43%
近端串扰（NEXT）	比 CAT5 严格 41%	比 CAT5 严格 337%
综合近端串扰（PSNEXT）	与 CAT 5 相同	比 CAT5 严格 216%
等效远端串扰（ELFEXT）	比 CAT5 严格 5%	比 CAT5 严格 104%
综合等效远端串扰（PSELFEXT）	与 TSB95 相同	比 CAT5 严格 95%
回波损耗（Return Loss）	比 CAT5 严格 26%	比 CAT5 严格 58%

（2）6 类布线系统的优势

与 5e 类布线系统相比，6 类布线系统的优势主要体现在对 1 000Mbit/s 以上网络的支持上。5e 类产品主要用于 100Mbit/s 的网络，能支持到 1000Mbit/s。与 5e 类相比，6 类布线系统具有更好的抗噪声性能，可提供更透明、更全能的传输信道，在高频率上尤其如此。如果采用 1 000Base-T 中的 PAM-5 编码技术，10Gbit/s 以太网需要至少 625/500MHz 的线性传输性能。大多数的 5e 类电缆只有 150MHz 或 250MHz，标准也只要求有 100MHz。6 类虽没有被强制其性能达到 625/500MHz，但对于高带宽传输是更好的媒质，许多制造商提供的电缆标称 600MHz，正是预计到有应用需要更高的性能。网络芯片和设备制造商需要某个确定性能级别以使他们能够生产出在铜缆上传送 10Gbit/s 的产品。6 类系统在 625MHz 上的平均抗噪能力比 5e 类高。

因此对于传输速率是 1000Mbit/s 以上的网络，就可以看到 6 类布线系统的优势。另外 6 类线缆的结构能承受更大的拉力，在技术上有着绝对的优势。

（3）5e 类和 6 类在千兆网络上应用的比较

用双绞线作为传输介质的 1Gbit/s 网络技术有 1000Base-T 和 1 000Base-TX。

1000Base-T 是 IEEE 802.3ab 定义标准，它最早的定义是工作在 5 类（100 米）双绞线上发送/接收数据，但由于有一些重要电气参数没有规定，还需要补充测试，只有 5e 类以上的布线系统可以满足 1Gbit/s 网络方案的要求。它使用全部 4 对线，4 对线都在全双工的模式运行，每对线支持 250Mbit/s 的数据速率（每个方向），如图 2-51 所示。为了满足 1Gbit/s 网络传输要求，应采用多级信号编码（PAM-5）、NEXT 消除技术和"回声"消除技术，需要在网络设备（如网卡）的接口处增加 DSP（数字信号处理）芯片，这样用 5e 类实现 1Gbit/s 网络方案就需要较高的成本。6 类布线系统也支持 1 000Base-T。

1000Base-TX 技术与 1000Base-T 技术工作原理不同，只有 6 类以上的双绞线才支持 1000Base-TX 技术。其传输带宽超过了 100MHz。该技术虽然也使用全部 4 对线，但是是两对线接收，两对线发送（类似于 100Base-Tx），如图 2-52 所示。由于 6 类布线性能简化了收发设备的设计，不必再使用回波抵消技术，网络设备无需串扰消除，使 6 类布线参数值余量可以更好地满足 1Gbit/s 方案的需求。

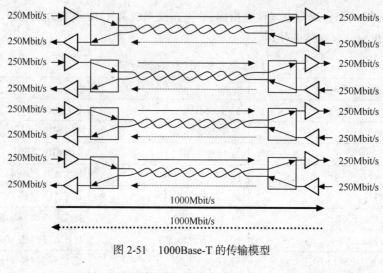

图 2-51 1000Base-T 的传输模型

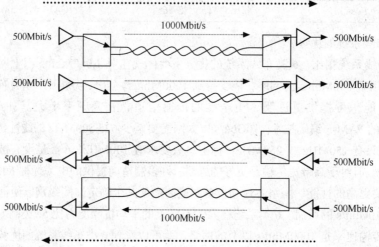

图 2-52 1000Base-TX 的传输模型

（4）制约 6 类系统发展的因素

① 价格因素。由于综合布线系统的类别越高，其工程建设投资也会相应增加。目前，6 类布线系统的产品价格比 5e 类产品高 20%～50%。如果在国内广泛选用 6 类布线系统产品，甚至 7 类更高类别的产品，虽然其技术性能较高，但不是实际工程所需要的配置方案，必然会使近期工程建设投资增加很多，在经济上显然是极不合理的。同时，有的业主对于综合布线 6 类、5e 类的一些技术参数并不了解，只是单纯从经济利益上考虑，尤其是当点数多时，更能体现出 6 类布线系统的成本要高于 5e 类。因此，价格是限制 6 类布线系统应用的主要因素之一。

② 光纤广泛应用的影响。由于先实现用 5 类线缆传输吉比特以太网，致使 6 类线缆的发展受到很大限制。尽管 6 类布线系统传输吉比特以太网性能优于 5e 类布线系统，但布线系统的费用却高得很多。因此，随着光纤及连接件产品价位的持续下降，众多用户为了古比特以太网接入桌上电脑的应用，要么宁愿选择光纤，要么选择比较实惠的 5e 类。5e 类传输吉比特以太网技术的发展，一方面为光纤到桌面创造了一个极好的过渡阶段，一方面限制了 6 类线缆的广泛运用，使得 5e 类得到保留相当长时间的机遇。这期间，如果整个 6 类系统价格降不下来，广大用户自然会

转而支持光纤方案。

③ 设计、施工质量。6 类布线系统工程在设计、施工和管理等各个方面的要求都比超 5 类布线系统高，目前在 6 类布线系统工程中还存在着一些需要注意的问题。例如，工程设计中技术方案和具体配置，因缺乏经验而存在一定的欠缺。大多数安装施工单位的工作人员采用落后的施工工艺和操作方法，工程管理和施工监理机制又不到位，造成工程竣工检测验收不合格、整改又无从下手、难以完善的被动局面等。这些因素造成了所谓 6 类系统的"高速传输网络，低速传输的应用"。

（5）6 类布线系统应用的注意事项

① 6 类布线系统产品必须按标准规定具有两个兼容性，即相互兼容性和向下兼容性。如果不具备上述兼容性，是不能称为具有开放性能的产品的，也就不是真正的 6 类布线产品。相互兼容性是指允许不同厂商的 6 类布线产品混合使用，且满足传输要求。虽然 6 类布线系统已经应用几年时间了，但各厂商的产品是按厂家的标准制造和测试的，而这些厂家标准比正式的 6 类布线标准要求更加严格，同时也可能存在一定的区别。为此，按 6 类布线标准要求，不同厂商的 6 类布线产品应互相匹配、彼此通用。这一要求极为严格，且要达到这一目的不是短时间的历程。

向下兼容性是指 6 类布线系统产品应具备向下兼容性的要求，能够兼容 3 类、5 类和 5e 类，确保所采取的低等级和 6 类布线系统的混合应用时，合成的布线系统可以安全可靠地满足较低等级性能的通信传输要求。

② 真正的 6 类布线系统产品应该是一个完整的解决方案，不应只是某些布线部件，只有在布线系统中每个布线部件（包括传输媒介和连接硬件等）都是真正 6 类布线产品，这才是真正的 6 类布线系统。

③ 由于 6 类电缆的外径要比一般的 5 类电缆粗，要使 6 类布线系统工程质量安装优良，对施工工艺提出了非常严格的要求。在 6 类布线系统施工时，必须按照标准要求去执行。不合理的管线设计、不规范的安装施工、不到位的管理体制，都会对 6 类布线系统工程质量产生巨大影响，甚至发生难以弥补的问题。

④ 综合布线系统是否选用 6 类布线系统产品，必须以紧密结合工程实际情况为出发点，要根据智能化建筑或智能化小区的不同类型、主体工程性质、所处环境地位、技术功能要求和工程建设规模等综合考虑。此外，要考虑不同的综合布线系统的服务对象，其信息需求是有显著差别的，例如国际商务中心区和一般商业区是大为不同的，所以在综合布线系统选用产品类别时应有区别，绝不能盲目攀比或超前追求高标准和新技术。应该说，在我国有不少地区或用户采用 5 类或 5e 类的综合布线系统，其传输频带带宽已达到 100MHz，可以满足一定时期的需要，不宜过早地追求过高的带宽，如都以 6 类布线系统考虑，在技术上是不可取的，在经济上不合理。

3. 双绞线与光缆系统的比较

近期有一种观点认为，铜质电缆在不久的将来会逐渐消亡，取而代之是光缆布线系统和无线网络系统。这种观点虽然偏激，但客观上也反映了目前计算机通信的一个发展方向，应该说这种看法虽有道理，但并不全面。替代铜质电缆的两种系统都有其优越之处，但细加分析，在目前和今后一段时期，它们也各有难以解决的缺点和课题。

光纤与非屏蔽双绞线相比具有以下优点：它具有更高的带宽；允许的距离更长；安全性更高；完全消除了 RFI 和 EMI，允许更靠近电力电缆，而且不会对人身健康产生辐射威胁。

（1）光纤布线是数据干线的首选

早在 5 类 UTP（非屏蔽双绞线）推出之前，计算机网络的桌面应用速率是 10Mbit/s 的时候，

100Mbit/s 的骨干网就采用了 FDDI（Fiber Distributed Data Interface，光纤分布数据接口）网，而 FDDI 是完全基于光纤构建的。因此可以说，综合布线的数据干线，绝大多数工程都采用光缆。这是因为以下几点：

● 干线用缆量不大；

● 用光缆不必为升级疑虑；

● 处于电磁干扰较严重的弱电井，光缆比较理想；

● 光缆在弱电井布放，安装难度较小。

（2）光纤到桌面的机遇

运用 RJ45 连接器的 5 类布线，最初的规范是 1995 年颁布的 TIA/EIA 标准，使用 2 对芯线即可以支持 100Mbit/s 的数据传输速率。到了 1999 年，开发者成功实现了使用 4 对芯线全双工传输时，5 类线缆也可以支持吉比特以太网，但不是所有的 5 类线缆都能支持，于是很快又出现了一种增强型 5 类线缆（Cat 5e），可以支持到 1Gbit/s 的数据传输速率，这种 1Gbit/s 级数据传输速率，对于 5 类铜缆来说，在物理性能上可以说是达到了极限。

早在 1997 年下半年，TIA/EIA 发布了 6 类布线规范（又称为 E 级布线规范），该规范也运用了 RJ45 连接器，可与 5 类系统兼容。6 类电缆最高频率可达到 250MHz，无疑使用 2 对 6 类芯线便可以支持吉比特以太网的传输速率。但是，基于下述的几个原因，人们在考虑吉比特以太网应用时，如果不选择 CAT 5e 线缆，则可能宁愿选择光缆。

① 由于 CAT 5e 电缆实现了支持吉比特以太网，并且其标准已正式公布，而 6 类布线规范直到 2002 年初才正式公布，使得 6 类线缆应用比预测的结果要差。

② 6 类系统部件的费用比 5e 类高得多，与光纤布线系统相比价格优势不大。

③ 6 类系统的施工要求也比 5e 类高，其难度近似于光缆，但其供应商往往不像光缆供应商那样能够提供专业水平的一条龙服务，竣工后系统不合格率较高。

④ 光纤布线长度可以比铜缆长，几层楼合用光纤集线器的范围大。

⑤ 对于光纤到桌面（Fiber To The Desk，FTTD）来说，光缆布线可以考虑省去 FD（Floor Distributor，楼层配线设备），直接从 BD（Building Distributor，建筑物配线设备）引至桌面。

⑥ 7 类铜缆与光缆相比，光纤具有较大的优势。7 类布线系统不使用 RJ45 连接器，与现今大部分网络适配卡不兼容。虽然 7 类电缆的频率范围比 5 类、6 类铜缆高，标准规定为 600MHz，但是仍然无法与光纤相比，难以达到支持 10 吉比特以太网的水平，即使传输速率上达到要求，传输距离上的差距也较大。由于 7 类电缆实际上是属于屏蔽类铜缆，全方位 360° 屏蔽，由此而引起的接地要求，给施工增加了难度，其费用比光缆还要贵。

正是由于 5e 类铜缆可以支持吉比特以太网，限制了 6 类、7 类铜缆的应用，因此给光纤到桌面的应用创造了极好的机遇。

（3）促进光纤在综合布线中应用的新技术

由于光纤制造技术的进步，光纤衰减特性得到改善，布线成本也得到了较大幅度的降低。下述几种光纤新技术的出现和发展，对于光纤在综合布线中以及光纤到桌面的应用有很大促进作用。

① 小型化（SFF）光纤连接器。和铜缆相比，光纤端接要更复杂。近几年以来，多家布线厂商开发出了先进的小型化（SFF）光纤连接器，它具有小巧、能密集安装、端接技术简化和价格不太高的特点。

局域网应用需要用双芯光纤（一芯用于发送，另一芯用于接收）连接器。过去双芯连接器的尺寸比用于 UTP 的 RJ45 插座的尺寸大得多，在一个 86 安装盒内，很难支持双信息点的实现。外型类似于 RJ45 插座的新型双芯连接器及其配套的耦合器免除现场打磨步骤，安装方便，解决了这个问题。

② 理想的 VCSEL（垂直腔表面发射激光）光源。LED（发光二极管）是短波长多模光纤最常用的光源，其造价较低，但是可支持的传输速率也较低，难于应用到高速数据传输的场合。Laser（激光器）是另一类用于光纤传输系统的光源，可以支持极高的数据传输速率，然而器件复杂，要保持稳定的工作，对电子和温度的控制要求很高，应用费用相当高。

与上述两种光源相比，VCSEL 则是理想的光源，它是一种半导体激光，可支持的数据传输速度高达 2Gbit/s。它的驱动电流小、输出光功率可达 1mW（0dBm），光谱宽度小于 0.5nm。更重要的是它对电路的要求较低，大大简化了电路设计，降低了器件造价。

③ 光电介质转换器。光纤到桌面，不仅要有光纤信息插座、光纤配线箱，还需要有光纤集线器和光纤网卡，致使系统造价上升。实用的实现光纤到桌面的过渡，则是使用光电介质转换器。光电介质转换器使局域网升级到光纤非常简单，可以保护原铜缆局域网设备的投资。

尽管在高速数据传输上光纤比铜缆具有上述优势，但也不是十全十美的。首先是价格问题，使用光纤会大幅度地增加成本，不但光纤布线系统（光缆和光纤配线架、光纤耦合器、光纤跳线等）本身价位比铜缆高，而且使用光纤传输的网络连接设备如带光纤端口的交换机、光电转发器、光纤网卡等价格也较高。其次光纤还有安装施工技术要求高以及安装难度大等缺点。此外，从目前和今后几年的网络应用水平来看，并不是所有的桌面都需要 1 000Mbit/s 的传输速率。因此，光缆在综合布线系统中有着重要的地位，但在目前和今后一定时期，它还不能完全取代铜线电缆。光缆主要应用在建筑物间和建筑物内的主干线路，而双绞线电缆将会在距离近、分布广和要求低的到工作区的水平布线系统广泛应用。只有当水平布线距离很远电缆无法达到、桌面应用有高带宽和高安全性等要求时，水平布线才需要采用光纤布线系统。

光纤的应用和发展是一个循序渐进的过程，从光纤到路边、光纤到楼、光纤到户发展到光纤到桌面，实现全光纤网，也许还有漫长的路要走，因此，光纤主干系统+双绞线水平系统还是相当长一段时间内综合布线系统的首选方案。

（六）综合布线产品市场现状

1．市场现状

综合布线最早是从美国引入我国的，因此市场上最早的综合布线产品主要是美国品牌，随着市场的发展，欧洲、澳洲等地的产品相继进入中国市场。近年来，国内综合布线市场呈现出百花齐放、百家争鸣的景象。国内一些厂商根据国际标准和国内通信行业标准，结合我国国情，吸取国外产品的先进经验，自行开发研制出了适合我国使用的产品，打破了国外厂商在综合布线产品领域的垄断，也使得其价格逐年下降。综合布线市场正面临着前所未有的繁荣。国外知名品牌多足鼎立，国内品牌所占市场份额也大幅攀升。

据统计，目前进入国内市场的国外布线厂家有 30 多家。北美地区主要有康普、西蒙、泛达、莫莱克斯（Molex）、AMP、IBDN、3M、百通等品牌，欧洲地区主要有耐克森、德特威勒、施耐德、科龙、罗森伯格、奔瑞等品牌，澳洲主要有奇胜等品牌。这些厂家以生产和销售具有高性能的高端产品所著称，在行业内有着很高的品牌知名度和行业认知度，因此价格也相对较高。同时，在内地还活跃着一些港台布线厂家，如万泰、鼎志等，他们所生产的产品具有良好的性价比，在产品性能上相对内地厂家要好一些，而在价格上要比其他国外品牌低一些，介于高端与低端之间。

2003 年，是国内布线厂家异军突起的一年，各布线厂家都加强了产品研发、市场拓展的能力，一些业主也开始变得更加理性，在综合布线产品的选择上开始由先进性向实用性转变。一些国内布线厂家，如普天、TCL、VCOM、大唐电信、鸿雁电器、宁波东方等在 2003 年以后不论新产品的推广还是具体的工程应用，都取得了不错的成绩。国内产品的最大优势在于价格较低，性价比高有竞争力，他们凭借这些优势迅速占领了中低端市场，并且有着良好的市场前景。

以下是千家综合布线网公布的 2009 年 1 月国内市场上综合布线产品千家品牌指数排位前 30 位的产品：康普、美国西蒙、施耐德电气、耐克森、南京普天、德特威勒、TCL-罗格朗、立维腾、MOLEX、大唐电信、罗森伯格、泰科安普 Belden、3M、Simon 电气、泛达、IBM、GCI、天诚、康宁、长飞、鼎志、一舟、VCOM、普利驰、兆龙、爱达讯、韩国 DEK、东莞万泰、岳丰。

从中可以看出国内综合布线产品市场已形成国际品牌、国内品牌竞争的局面。

2. 综合布线产品供货渠道

综合布线产品很少在电脑城销售，特别是知名综合布线产品，它主要靠代理商、经销商渠道出货，而不像电脑等产品，电脑城门店是主要销售方式之一。综合布线产品通常有厂商自己出货和通过代理商、经销商出货两种供货渠道。国际品牌厂商一般不自己供货，通常通过代理商、经销商供货，厂商在各地设立分公司（代表处、办事处），负责向代理商、经销商供货，对终端用户只提供技术支持、咨询等服务。国内厂商有的自己出货，有的也只通过代理商、经销商供货。

三、项目实施

（一）为综合布线系统选择综合布线产品

1. 示例：计算机大楼综合布线产品的选择

请同学们花几分钟时间重新审视图 1-5、图 1-6、图 1-7、图 1-11、图 1-12 这几幅图片，它们说明了以下 3 个问题：旭东职业技术学院网络结构；计算机大楼通信链路；计算机大楼综合布线系统结构、组成和拓扑结构。在项目一中我们确定了网络结构和综合布线系统结构，现在来为计算机大楼的综合布线系统选择综合布线产品。

（1）基本情况和要求

① 校园网骨干网络当前为 10Gbit/s，将来能扩展到 100Gbit/s，从信息大楼到计算机大楼是吉比特网络传输，两者设备间的物理距离为 650m，信息大楼既是校园网网络中心，也是学校电话交换中心，即校园数据设备间和语音设备间合二为一。目前计算机大楼电话为 42 门，并作好扩展 20 门电话的准备。

② 计算机大楼设备间在一楼，楼层电信间位于每层的同一位置，楼层高 3.5m，从设备间到各楼层电信间在网络结构中属于汇聚层，要求传输速率当前为 1Gbit/s，将来能扩展到 10Gbit/s。

③ 计算机大楼各房间/工作区到各楼层电信间的距离不超过 90m，网络交换到桌面速率当前要求为 100Mbit/s，将来能扩展到 1Gbit/s；各楼层电话数做好扩容一倍的准备。

（2）数据系统综合布线产品选择

① 建筑群设备间/信息大楼校园网络中心。由于从校园中各大楼汇聚到建筑群设备间的光缆很多，因此 CD（建筑群配线设备）选用抽屉式光纤配线箱或大型光纤配线柜。耦合器、跳线、

尾纤选用常用的小型化连接器 LC 或其他小型化连接器，以节约空间占用。当然，连交换机的跳线连接器要与交换机的光纤接口匹配。

② 建筑群子系统。从信息大楼建筑群设备间到计算机大楼设备间是建筑群子系统，要传输 10 吉比特网络，将来能扩展到 100 吉比特，其物理距离为 650m。从表 2-1 分析得出，需要使用 9μm 的单模光纤；光纤传输需要 2 芯光缆，由于备份和扩展需要，最少是 4 芯光缆，这里选用 12 芯 9μm 的单模光缆，它在 1310 nm 波长下可传输 10 000 m，在 1550 nm 波长下可传输 40 000 m。

③ 建筑物设备间/计算机大楼一楼设备间。建筑物设备间是建筑群子系统与建筑物干线子系统汇聚之处，有从信息大楼来的一根光缆和从计算机大楼 2 层以上楼层来的 5 根 6 芯光缆，因此 BD（建筑物配线设备）可选用多个机架式光纤配线架或抽屉式光纤配线箱，光纤配线架最少需要 12+5×6=42 个光纤接口，耦合器、跳线、尾纤可选用常用光纤连接器（ST、SC、FC），或小型化连接器。

④ 干线子系统。由于楼层高为 3.5m，加上到设备间机柜和电信间机柜的距离，FD 到 BD 的最远距离不超过 40m，根据要求，从表 2-1 分析，工作在 850nm 下的 50μm 多模光纤和 6 类以上双绞线都能满足要求，考虑到性能和扩展的要求，在此选用 6 芯 50μm 多模光缆。

⑤ 楼层电信间。楼层电信间是干线子系统和各工作区配线子系统汇聚之处，有来自计算机大楼设备间的一根光缆，来自工作区的多根双绞线电缆，因此，FD（楼层电信间配线设备）需要选用一个最少 6 个光纤接口的光纤配线架，选用常用光纤连接器（ST、SC、FC）即可；需要多个 24 口或 48 口的双绞线数据配线架（根据楼层信息点多少决定配线架数量），需要多条双绞线跳线。

⑥ 配线子系统。由于各工作区信息插座到楼层电信间机柜距离都不超过 90m，且大楼环境中没有强的电磁干扰，为了更好地传输吉比特网络，因此选择 6 类 UTP 布线系统。相应的电信间的双绞线配线架和跳线都选用 6 类 UTP 布线系统产品。

⑦ 工作区。各工作区都选用 6 类 UTP 信息模块和跳线，没电话处采用单口面板，有电话处采用双口面板。

（3）语音系统综合布线产品选择

① 建筑群设备间/信息大楼校园网络中心。由于从校园中各大楼汇聚到建筑群设备间的大对数电缆很多，因此 CD（建筑群配线设备）根据整个校园网电话门数，可选用 300 对或 900 对的 110P 语音配线架。配线架一端连接市话或集团电话交换机，另一端连接各大楼。

② 建筑群子系统。从信息大楼建筑群设备间到计算机大楼设备间是建筑群子系统，计算机大楼现有 42 门电话，可能再扩展，因此安装 100 对大对数电缆。

③ 建筑物设备间/计算机大楼一楼设备间。建筑物设备间是建筑群子系统与建筑物干线子系统汇聚之处，有从信息大楼来的一根 100 对大对数电缆和从计算机大楼 2 层以上楼层来的 5 根 25 对大对数电缆，因此 BD（建筑物配线设备）可选用 3 个 110D 型配线架。

④ 干线子系统。为了满足数据链路和语音链路通信互换的要求，数据系统和语音系统的综合布线系统结构一致，考虑到扩展的要求，到各楼层电信间的语音干线都采用 25 对大对数电缆。

⑤ 楼层电信间。楼层电信间是干线子系统和各工作区配线子系统汇聚之处，来自计算机大楼设备间的一根 25 对大对数电缆，端接到 100 对的 110D 型配线架上（安装在数据配线架所机柜中），为了满足数据链路和语音链路通信互换的要求，来自工作区的语音配线子系统与数据配线子系统完全一样，配线电缆端接到数据配线架上，再用 RJ45-110 跳线跳接干线子系统和配线子系统。因此楼层电信间需要 110D 型配线架、数据配线架和 RJ45-110 跳线。

⑥ 配线子系统。同数据系统，语音配线子系统选用 6 类 UTP 布线系统产品。

⑦ 工作区。同数据系统，各工作区都选用 6 类 UTP 信息模块和跳线，没数据插座处采用单口面板，有数据插座处采用双口面板。

2. 实施步骤

① 现场考察你所在学校的某大楼。

② 为该大楼的数据通信系统和语音系统选择综合布线产品。

（二）综合布线系统性能分析

1. 实施准备

通过课堂学习、图书馆查阅、网络探索、实地走访等方式，进一步分析比较屏蔽与非屏蔽双绞线系统、5e 类与 6 类布线系统、双绞线与光缆系统的性能，获得第一手资料。

2. 实施要求

① 就上述 3 个题目将班上同学分为正反两方，组织 3 场辩论赛。

② 通过辩论掌握屏蔽与非屏蔽双绞线系统、5e 类与 6 类布线系统、双绞线与光缆系统的优势、劣势和适用场合。

（三）到市场选购综合布线产品

1. 实施准备

通过课堂学习、图书馆查阅、电话联系、网络探索、实地走访等方式，深入了解 2～3 家综合布线产品厂商及其产品。

2. 实施要求

在老师指导下，以小组或班级为单位，试着和当地的 2～3 家综合布线产品厂商的分公司（代表处、办事处）联系，咨询一些技术问题，了解一些你们所关注的事情，索取一些产品手册。

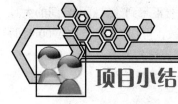

项目小结

　　本项目的主要内容包括网络应用标准与网络传输介质的对应关系，双绞线缆、双绞线连接器件，光缆、光纤连接器件，综合布线产品市场情况。

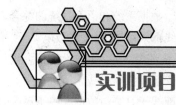

实训项目

实训 1　为综合布线系统选择综合布线产品

实训提示

参照项目实施（一）。

实训 2　综合布线系统性能分析

实训提示

参照项目实施（二）。

实训 3　到市场选购综合布线产品

实训提示

参照项目实施（三）。

实训 4　综合布线产品市场分析

实训提示

通过网络探寻和抽样调查（电话或现场调查用户、系统集成商、厂商等）方式分析日前国内综合布线产品市场情况：国际品牌和国产品牌占有率，5e 类、6 类、6A 类产品市场占有率，到千家综合布线网上看最新的综合布线产品千家品牌指数。

习题及思考题

一、选择题

1. 传输速率能达 1Gbit/s 的最低类别双绞线电缆产品是（　　　）？

　　A. 3 类　　　　　　　　　B. 5 类　　　　　　　　　C. 5e 类　　　　　　　　　D. 6 类

2. 传输速率能达 10Gbit/s 的最低类别的双绞线电缆产品是（　　　）？

　　A. 5e 类　　　　　　　　　B. 6 类　　　　　　　　　C. 6A 类　　　　　　　　　D. 7 类

3. 多模光纤传输 1Gbit/s 网络的最长传输距离是（　　　）？

　　A. 500m　　　　　　　　B. 550m　　　　　　　　C. 2000m　　　　　　　　D. 5000m

4. 6A 类综合布线系统频率带宽是（　　　）？

　　A. 250MHz　　　　　B. 300MHz　　　　　C. 500 MHz　　　　　D. 600MHz

5. 传统光纤连接器有（　　　）？

　　A. ST、SC、FC　　　　　　　　　　　　　　B. ST、SC、LC

　　C. ST、LC、MU　　　　　　　　　　　　　　D. LC、MU、MT-RJ

二、简答题

1. 试分析双绞线的铜导线按一定密度两两绞合在一起的原因？

2. 一条双绞线水平链路，需要哪些连接器件？

3. 一条光纤主干链路，需要哪些连接器件？

4. 实地考察你所在学校校园综合布线系统中光纤链路都采用了哪些种类的光纤连接器？

项目三

设计综合布线系统

案例 1：某学校进行数字化校园建设，决定对一座旧教学楼进行网络建设，使该教学楼各教室都连通校园网络，对教学楼进行网络视频监控，实现电子打卡考勤等。该教学楼为 5 层结构，每层 8 间教室，每间教室布置网络信息点 3 个，每间教室门口布置考勤信息点 1 个，每层设置网络监控信息点 1 个。该工程通过招投标程序后，共有 3 家公司投标，专家评标时，其中一家公司最早退出竞争，原因是该公司的综合布线系统结构不合理。该大楼面积不大，从一楼设备间到任何一个信息点的距离都不超过 90m，大楼只需设置一个总设备间即可，不用设置楼层电信间。而该公司的综合布线系统设计方案中机械地照搬标准综合布线系统结构，每层楼设置一个楼层电信间。

案例 2：某新建工厂厂区综合布线系统通过测试验收后，工厂生产开工后该系统投入使用，但其中一个生产车间的 3 台用于生产管理的计算机网络通信一直使用不正常，经过专家检测分析，发现是强电系统对网络通信产生干扰所致，该 3 台计算机的水平布线设计安装不合理，其水平布线的双绞线电缆（PVC 线槽安装保护）和 380V 电力电缆（PVC 线槽安装保护）并线距离达 32m，且两类线槽间没有间距距离。

从以上两个案例可以看出，综合布线系统设计是建设综合布线系统的关键，综合布线系统需要规划信息系统的种类、数量和分布，设计系统结构，设计各功能子系统，选择综合布线产品，预算设备和材料用量，绘制图纸，编制设计方案书和施工方案等。

通过学习本项目，应达到以下学习目标。

【知识目标】

（1）熟悉现场勘察和需求分析方法

（2）熟悉综合布线各子系统的设计规范

（3）熟悉材料预算方法

（4）熟悉 Visio 或 Autocad 绘图方法

（5）熟悉计算机房、数据中心布线系统设计规范

（6）了解建筑物防雷设计规范

（7）了解建筑设计防火规范

【技能目标】

（1）能通过现场勘察、需求分析正确分析用户信息应用系统的种类、数量和分布情况

（2）会根据需求分析结果进行综合布线系统各子系统设计

（3）能对系统进行材料预算

（4）能绘制网络拓扑结构图

（5）能绘制综合布线拓扑图

（6）能绘制综合布线信息点分布图

（7）能编制综合布线系统设计方案书

（8）能设计数据中心布线系统

任务一 用户需求分析

一、任务分析

综合布线系统是智能建筑和智能化小区的重要基础设施之一，为了使综合布线系统更好地满足客户需求，在综合布线系统工程规划和设计之前，必须对智能建筑和智能小区的用户信息需求进行分析。用户信息需求分析就是对信息点的数量、位置以及通信业务需要进行分析，分析结果是综合布线系统的基础数据，它的准确和完善程度将会直接影响综合布线系统的网络结构、线缆规格、设备配置、布线路由和工程投资等重大问题。

由于智能建筑和智能小区使用功能、业务范围、人员数量、组成成分以及对外联系的密切程度不同，每一个综合布线工程的建设规模、工程范围和性质都不一样，因此，要对用户信息需求进行详细的分析。设计方以建设方提供的数据为依据，充分理解建筑物近期和将来的通信需求后，最后分析得出信息点数量和信息分布图，分析结果必须得到建设方的确认。由于设计方和建设方在对工程的理解上肯定存在一定的偏差，因此对分析结果的确认是一个反复的过程，得到双方认可的分析结果才能作为设计的依据。

二、相关知识

（一）建筑物现场勘察

需求分析之前，综合布线的设计与施工人员必须熟悉建筑物的结构，主要通过两种方法来熟悉了解，首先是查阅建筑图纸，然后到现场勘察，勘察工作一般是在新建大楼主体结构完成、综合布线工程中标，并将布线工程项目移交到工程设计部门之后进行。勘察参与人包括工程负责人、布线系统设计人、施工督导人、项目经理及其他需要了解工程现场状况的人，当然还应包括建筑单位的技术负责人，以便现场研究决定一些事情。

有关人员到工地对照"平面图"查看建筑物，逐一确认以下任务。

① 查看各楼层、走廊、房间、电梯厅和大厅等吊顶的情况，包括吊顶是否可以打开，吊顶高

度和吊顶距梁的高度等。然后根据吊顶的情况确定水平主干线槽的敷设方法。对于新楼，要确定是走吊顶内线槽，还是走地面线槽；对于旧楼，改造工程需确定线槽的敷设路线。找到布线系统要用的电缆竖井，查看竖井有无楼板，询问同一竖井内有哪些其他线路（包括自控系统、空调、消防、闭路电视、保安监视和音响等系统的线路）。

② 计算机网络线路可与哪些线路共用槽道，特别注意不要与电话以外的其他线路共用槽道，如果需要共用，要有隔离设施。

③ 没有可用的电缆竖井，则要和甲方技术负责人商定垂直槽道的位置，并选择垂直槽道的种类是梯级式、托盘式、槽式桥架还是钢管等。

④ 在设备间和楼层配线间，要确定机柜的安放位置，确定到机柜的主干线槽的敷设方式，设备间和楼层配线间有无高架活动地板，并测量楼层高度数据。特别要注意的是，一般主楼和裙楼、一层和其他楼层的楼层高度有所不同。

⑤ 如果在竖井内墙上挂装楼层配线箱，要求竖井内有电灯，并且有楼板，而不是直通的。如果是在走廊墙壁上暗嵌配线箱，则要看墙壁是否贴大理石，是否有墙围要做特别处理，是否离电梯厅或房间门太近而影响美观。

⑥ 讨论大楼结构方面尚不清楚的问题。一般包括：哪些是承重墙，大楼外墙哪些部分有玻璃幕墙，设备层在哪层，大厅的地面材质，各墙面的处理方法（如喷涂、贴大理石、木墙围等），柱子表面的处理方法（如喷涂、贴大理石、不锈钢包面等）。

（二）用户需求分析的对象与范围

1. 需求分析对象

通常，综合布线系统建设对象分为智能建筑和智能小区两种类型。

（1）智能建筑

在项目一中已学习到，综合布线系统是随着智能建筑的兴起而发展起来的。智能建筑是指建筑物的系统集成中心通过综合布线系统将各种终端设备，如通信终端（计算机、电话机、传真机等）、传感器（如烟雾、压力、温度、湿度等传感器）的连接，实现楼宇自动化、通信自动化和办公自动化（3A）三大功能。

（2）智能小区

智能小区是继智能建筑后的又一个热点。随着智能建筑技术的发展，人们把智能建筑技术应用到一个区域内的多座建筑物中，将智能化的功能从一座大楼扩展到一个区域，实现统一管理和资源共享，这样的区域就称为智能小区。

从目前的发展情况看，智能小区可以分为以下几种。

① 住宅智能小区（有时称为居民智能小区）。它是城市中居民居住生活的聚集地，小区内除基本住宅外，还应有与居住人口规模相适应的公共建筑、辅助建筑及公共服务设施。

② 商住智能小区。它是由部分商业区和部分住宅区混合组成的，一般位于城市中的繁华街道附近，有一边或多边是城市中的骨干道路，其两侧都是商业和贸易等房屋建筑。小区的其他边界道路或小区内部不是商业区域，有大量城市居民的住宅建筑。

③ 校园智能小区。它通常由高等院校、科研院所、医疗机构等大型单位组成，在小区内除教学、科研、医疗等公共活动需要的大型智能化房屋建筑（如教学楼、科研楼和门诊住院楼）外，还有上述单位的大量集体宿舍和住宅楼，以及配套的公共建筑（如图书馆、体育

馆）等。

2. 用户信息需求分析的范围

综合布线系统工程设计的范围就是用户信息需求分析的范围，这个范围包括信息覆盖的区域和区域上有什么信息两层含义，因此要从工程地理区域和信息业务种类两方面来考虑这个范围。

（1）工程区域的大小

综合布线系统的工程区域有智能建筑和智能小区两种。前者的用户信息预测只是单幢建筑的内部需要，后者则包括由多幢大楼组成的智能小区的内部需要。显然后者用户信息调查预测的工作量要增加若干倍。

（2）信息业务种类的多少

从智能建筑的"3A"功能来说，综合布线系统应当满足以下几个子系统的信息传输要求。

① 语音、数据和图像通信系统。

② 保安监控系统（包括闭路监控系统、防盗报警系统、可视对讲、巡更系统和门禁系统）。

③ 楼宇自控系统（空调、通风、给排水、照明、变配电、换热站等设备的监控与自动调节）。

④ 卫星电视接收系统。

⑤ 消防监控系统。

也就是说建筑物内的所有信息流、数据流均可接入综合布线系统。

随着技术水平和经济水平的不断提高，建筑物的智能化程度将越来越高，加入到综合布线系统中的信息子系统也将越来越多。因此，在用户信息需求分析时，要根据建筑物的功能和智能化程度的实际水平，作综合布线系统中信息业务种类的需求分析。

（三）用户需求分析的基本要求

为准确分析用户信息需求，必须遵循以下基本要求。

① 确定工作区数量和性质。对用户的信息需求进行分析，确定建筑物中需要信息点的场所，也就是综合布线系统中工作区的数量，摸清各工作区的用途和使用对象，从而为准确预测信息点的位置和数量创造条件。

② 主要考虑近期需求，兼顾长远发展需要。智能建筑建成后其建筑结构已形成，并且其使用功能和用户性质一般变化不大，因此，一般情况下智能建筑物内设置满足近期需求的信息插座的数量和位置是固定的。建筑物内的综合布线系统主要是水平布线和主干布线。水平布线一般敷设在建筑物的天花板内或管道中，如果要更换或增加水平布线，不但损坏建筑结构，影响整体美观，且施工费比初始投资的材料费高；而主干布线大多数都敷设在建筑物的弱电井中，和水平布线相比，更换或扩充相对简单。综合布线系统也是随着新技术的发展和新产品的问世，逐步完善而趋向成熟。以"近期为主，兼顾长远"为需求预测方针是非常必要的。目前，国际上各种综合布线产品都只提出15年的质量保证，而并没有提出多少年投资保证。为了保护建筑物投资者的利益，应采取"总体规划，分步实施，水平布线尽量一步到位"的策略。因此，在用户信息需求分析中，信息插座的分布数量和位置要适当留有发展和应变的余地。

③ 多方征求意见。根据调查收集到的资料，参照其他已建智能建筑的综合布线系统的情况，初步分析出该综合布线系统所需的用户信息。将得到的用户信息分析结果与建设单位或有关部

门共同讨论分析，多方征求意见，进行必要的补充和修正，最后形成比较准确的用户信息需求报告。

三、任务实施

（一）实施要求

对某建筑物或园区进行需求分析，掌握以下一手资料。

① 实施综合布线系统建筑物或园区的概况（功能、结构、面积等）。

② 该建筑物或园区信息应用系统的种类，信息点数量和分布情况。

③ 设备间和楼层电信间位置。

④ 建筑群子系统、干线子系统和配线（水平布线）子系统管槽路由和距离等信息。

⑤ 估算管槽系统的工程量。

⑥ 画出结构和平面草图。

⑦ 初步确定综合布线系统结构。

⑧ 整理工程概况，综合布线系统结构，信息点类型、数量与分布等资料，与建设方进行沟通交流，得到建设方确认后，需求分析数据才能作为综合布线系统设计的依据。

（二）实施条件

① 需要建设方的建设方案或招标书文件（大型或复杂建筑需建筑平面图）。

② 需要现场勘察。

③ 需要与建设方相关人员的交流。

（三）实施步骤

① 阅读分析建设方的建设方案或招标书文件，查阅建筑平面图，初步获取实施要求中 1～4 条的信息，并作好记录。

②咨询建设方相关人员。

③ 对照建设方案或招标书和建筑平面图到现场勘察，解决阅读文件中遇到的问题。

④ 整理资料，与建设方进行沟通，看对建设需求理解是否正确，得到确认后，需求分析数据作为综合布线系统设计的依据。

任务二　设计楼宇/园区综合布线系统

一、任务分析

综合布线系统的对象是建筑物和建筑群，所以将综合布线系统具体化称为建筑物/建筑群综合布线系统，建筑物综合布线系统又称为楼宇综合布线系统，建筑群综合布线系统又称为园区综合布线系统，楼宇综合布线是园区综合布线的基础。

二、相关知识

（一）工作区子系统设计

在综合布线中，一个独立的、需要设置终端设备的区域称为一个工作区。工作区的终端包括电话、计算机等设备，工作区是指办公室、写字间、工作间、机房等需用电话、计算机等终端设施的区域。工作区应由配线子系统的信息插座模块（TO）延伸到终端设备处的连接线缆及适配器组成。

目前建筑物的功能类型较多，大体上可以分为商业、文化、媒体、体育、医院、学校、交通、住宅、通用工业等类型，因此，对工作区面积的划分应根据应用的场合做具体的分析后确定，工作区面积需求可参照表 3-1 执行。但对于应用场合，如终端设备的安装位置和数量无法确定时或使用彻底为大客户租用并考虑自行设置计算机网络时，工作区面积可按区域（租用场地）面积确定。对于 IDC 机房（为数据通信托管业务机房或数据中心机房）可按生产机房每个配线架的设置区域考虑工作区面积。对于此类项目，涉及数据通信设备的安装工程，应单独考虑实施方案。

表 3-1　　　　　　　　　　　　工作区面积划分表

建筑物类型及功能	工作区面积/m²
网管中心、呼叫中心、信息中心等终端设备较为密集的场地	3～5
办公区	5～10
会议、会展	10～60
商场、生产机房、娱乐场所	20～60
体育场馆、候机室、公共设施区	20～100
工业生产区	60～200

1. 信息插座的要求

① 每一个工作区信息插座模块（电、光）数量不宜少于 2 个，并满足各种业务的需求。

② 底盒数量应以插座盒面板设置的开口数来确定，每一个底盒支持安装的信息点数量不宜大于 2 个。

③ 光纤信息插座模块安装的底盒大小应充分考虑到水平光缆（2 芯或 4 芯）终接处的光缆盘留空间和满足光缆对弯曲半径的要求。

④ 工作区的信息插座模块应支持不同的终端设备接入，每一个 8 位模块通用插座应连接 1 根 4 对对绞电缆；对每一个双工或 2 个单工光纤连接器件及适配器连接 1 根 2 芯光缆。

⑤ 从电信间至每一个工作区水平光缆宜按 2 芯光缆配置。

⑥ 安装在地面上的信息插座应采用防水和抗压的接线盒。

⑦ 安装在墙面或柱子上的信息插座的底部离地面的高度宜为 300 mm。

⑧ 信息模块材料预算方式如下：

$$m = n + n \times 3\%$$

式中：m——信息模块的总需求量；

　　　n——信息点的总量；

$n \times 3\%$——富余量。

2. 跳接软线要求

① 工作区连接信息插座和计算机间的跳接软线应小于 5 m。

② 跳接软线可订购也可现场压接。一条链路需要两条跳线，一条从配线架跳接到交换设备，另一条从信息插座连到计算机。

③ 现场压接跳线 RJ45 所需的数量。RJ45 头材料预算方式如下：

$$m = n \times 4 + n \times 4 \times 5\%$$

式中：m——RJ45 的总需求量；

n——信息点的总量；

$n \times 4 \times 5\%$——留有的富余量。

当然，当语音链路需从水平数据配线架跳接到语音干线 110 配线架时，还需要 RJ45-110 跳接线。

3. 用电配置要求

在综合布线工程中设计工作区子系统时，要同时考虑终端设备的用电需求。每组信息插座附近宜配备 220 V 电源三孔插座为设备供电，暗装信息插座（RJ45）与其旁边的电源插座应保持 200 mm 的距离，工作区的电源插座应选用带保护接地的单相电源插座，保护接地与零线应严格分开，如图 3-1 所示。

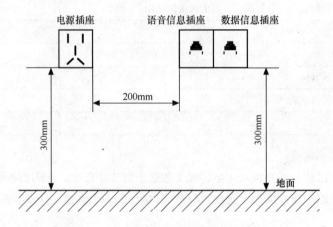

图 3-1　工作区信息插座与电源插座布局图

（二）配线子系统设计

配线子系统（水平子系统）应由工作区的信息插座模块、信息插座模块至电信间配线设备（FD）的配线电缆和光缆、电信间的配线设备及设备线缆和跳线等组成。它的布线路由遍及整个智能建筑，与每个房间和管槽系统密切相关，是综合布线工程中工程量最大、最难施工的一个子系统。配线子系统的设计涉及水平布线系统的网络拓扑结构、布线路由、管槽的设计、线缆类型的选择、线缆长度的确定、线缆布放和设备的配置等内容，它们既相对独立又密切相关，在设计中要考虑相互间的配合。

配线子系统通常采用星形网络拓扑结构，它以楼层配线架 FD 为主结点，各工作区信息插座为分结点，二者之间采用独立的线路相互连接，形成以 FD 为中心向工作区信息插座辐射的星形网络。通常用双绞线敷设水平布线系统，此时水平布线子系统的最大长度为90 m。这种结构的线路长度较短，工程造价低，维护方便，保障了通信质量。

1. 管槽布线路由设计

管槽系统是综合布线系统的基础设施之一，对于新建建筑物，要求与建筑设计和施工同步进行。所以在综合布线系统总体方案决定后，对于管槽系统需要预留管槽的位置和尺寸、洞孔的规格和数量以及其他特殊工艺要求（如防火要求或与其他管线的间距等）。这些资料要及早提供给建筑设计单位，以便在建筑设计中一并考虑，使管槽系统能满足综合布线系统线缆敷设和设备安装的需要。

管槽系统建成后，与房屋建筑成为一个整体，属于永久性设施，因此，它的使用年限应与建筑物的使用年限一致。这说明管槽系统的使用年限应大于综合布线系统线缆的使用年限。这样，管槽系统的规格尺寸和数量要依据建筑物的终期需要从整体和长远角度来考虑。

管槽系统由引入管路、电缆竖井和管道、楼层管路（包括槽道和工作区管路）、联络管路等组成。它们的走向、路由、位置、管径和槽道的规格以及与设备间、电信间等的连接，都要从整体和系统的角度来统一考虑。此外，对于引入管路和公用通信网的地下管路的连接，也要做到互相衔接，配合协调，不应产生脱节和矛盾等现象。

对于原有建筑改造成智能建筑而增设综合布线系统的管槽系统设计，应仔细了解建筑物的结构，设计出合理的垂直和水平的管槽系统。

由于水平布线路由遍及整座建筑物，因此水平布线路由是影响综合布线工程美观程度的关键。水平管槽系统有明敷设和暗敷设两种，通常暗敷设是沿楼层的地板、楼顶吊顶和墙体内预埋管槽布线，明敷设沿墙面和无吊顶走廊布线。新建的智能化建筑中，应采用暗敷设方式，对原有建筑改造成智能化建筑需增设综合布线系统时，可根据工程实际尽量创造条件采用暗敷管槽系统，只有在不得已时，才允许采用明敷管槽系统。

水平布线就是将线缆从楼层配线间连接到工作区的信息插座上。综合布线工程施工的对象有新建建筑、扩建（包括改建）建筑、已建建筑等多种情况；有不同用途的办公楼、写字楼、教学楼、住宅楼、学生宿舍等；有钢筋混凝土结构、砖混结构等不同的建筑结构。因此，设计水平布线子系统的路由时要根据建筑物的使用用途和结构特点，从布线规范、便于施工、路由最短、工程造价、隐蔽、美观、扩充方便等几个方面考虑。在设计中，往往会存在一些矛盾，考虑了布线规范却影响了建筑物的美观，考虑了路由长短却增加了施工难度，所以，设计水平子系统必须折中考虑，对于结构复杂的建筑物一般都设计多套路由方案，通过对比分析，选取一个较佳的水平布线方案。

（1）暗敷设布线方式

暗敷设通常沿楼层的地板、楼顶吊顶、墙体内预埋管布线，这种方式适合于建筑物设计与建设时已考虑综合布线系统的场合。

以下介绍常见的电缆槽道方式和高架地板布线方式。

① 电缆槽道方式。这是使用最多的天花板吊顶内敷设线缆方式。线槽可选用金属线槽，也可选用阻燃、高强度的PVC槽，通常安装在吊顶内或悬挂在天花板上，用在大型建筑物或布线比较复杂而需要有额外支持物的场合，用横梁式线槽将线缆引向所要布线的区域。由配线间出来的线缆先走吊顶内的线槽，到各房间的位置后，经分支线槽把横梁式线槽分叉后，将电缆穿过一段支管引向墙柱或墙壁，沿墙而下到本层的信息出口，或沿墙而上引到上一层墙上的暗装信息出口，

最后端接在用户的信息插座上，如图 3-2 所示。线槽的容量可按照线槽的外径来确定，即线槽的横截面积等于线缆截面积之和的 3 倍左右。在设计、安装线槽时应多方考虑，尽量将线槽放在走廊的吊顶内，并且去各房间的支管应适当集中至检修孔附近，便于维护。由于楼层内总是走廊最后吊顶，所以集中布线施工只要赶在走廊吊顶前即可，不仅减少了布线工时，还利于对已穿线缆的保护，不影响房内装修。一般走廊处于中间位置，布线的平均距离最短，可节约线缆费用，但电缆槽道法对线缆路由有一定限制，灵活性较差，安装施工费用较高，技术较复杂，有可能使天花板增加荷重。

如图 3-2 所示，由电信间出来的线缆先走吊顶内的线槽，到各房间后，经分支线槽从横梁式电缆管道分叉后将电缆穿过一段支管引向墙柱或墙壁，预埋暗管沿墙而下到本层的信息出口，或沿墙而上引到上一层墙上的暗装信息出口，最后端接在用户的信息插座上。

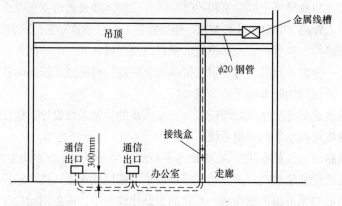

图 3-2　先走吊顶内的槽道再穿过支管至信息出口

② 高架地板布线方式。高架地板为活动地板，由许多方块面板组成，放置在钢制支架上的每块面板均能活动，如图 3-3 所示。高架地板布线方式具有安装和检修线缆方便、布线灵活、适应性强、不受限制、操作空间大、布放线缆容量大、隐蔽性好、安全和美观等特点，但初次工程投资大，降低了房间净高。

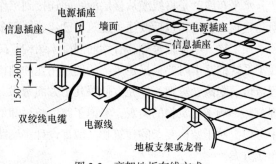

图 3-3　高架地板布线方式

（2）明敷设布线方式

明敷设布线方式主要用于既没有天花板吊顶又没有预埋管槽的建筑物的综合布线系统，通常采用走廊槽式桥架和墙面线槽相结合的方式来设计布线路由。通常水平布线路由从 FD 开始，经走廊槽式桥架，用支管到各房间，再经墙面线槽将线缆布放至信息插座（明装）。当布放的线缆较少时，从配线间到工作区信息插座布线时也可全部采用墙面线槽方式。

① 走廊槽式桥架方式。走廊槽式桥架是指将线槽用吊杆或托臂架设在走廊的上方，如图 3-4 所示。线槽可采用不锈钢、铝合金、镀锌或镀彩的铁质金属线槽，规格有 50 mm × 25 mm、100 mm × 50 mm、200 mm × 100 mm 等型号，厚度有 0.8 mm、1 mm、1.2 mm、1.5 mm、2 mm 等规格，槽径越大，要求厚度越厚。50 mm × 25 mm 的厚度要求一般为 0.8～1 mm，100 mm × 50 mm 厚度要求一般为 1～1.2 mm，200 mm × 100 mm 厚度要求一般为 1.2～1.5 mm，也可根据线缆数量向厂家

定做特型线槽。当线缆较少时也可采用高强度 PVC 线槽。槽式桥架方式设计施工方便，最大的缺陷是线槽明敷，影响建筑物的美观。

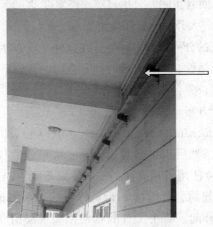

图 3-4　走廊槽式桥架方式

② 墙面线槽方式。墙面线槽方式适用于既没天花板吊顶又没有预埋管槽的已建建筑物的水平布线，如图 3-5 所示。墙面线槽的规格有 20 mm × 12 mm、39 mm × 19 mm、59 mm × 29 mm、100 mm × 30 mm 等型号，根据线缆的多少选择合适的线槽，主要用于房间内布线，当楼层信息点较少时也用于走廊布线，和走廊槽式桥架方式一样，墙面线槽设计施工方便，最大的缺陷是线槽明敷，影响建筑物的美观。

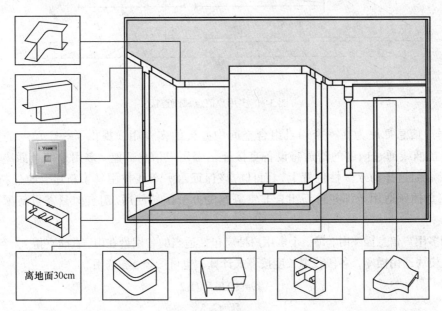

离地面30cm

图 3-5　墙面线槽方式

（3）管槽系统大小选择

线缆布放在管与线槽内的管径与截面利用率，应根据不同类型的缆线做不同的选择。管内穿放大对数电缆或 4 芯以上光缆时，直线管路的管径利用率应为 50%～60%，弯管路的管径利用率应为 40%～50%。管内穿放 4 对对绞电缆或 4 芯光缆时，截面利用率应为 25%～30%。布放缆线在线槽内的截面利用率应为30%～50%。

2. 开放型办公室布线系统

有些楼层房间面积较大，而且房间办公用具布局经常变动，墙（地）面又不易安装信息插座。为了解决这一问题，可以采用"大开间办公环境附加水平布线惯例"。大开间是指由办公用具或可移动的隔断代替建筑墙面构成的分隔式办公环境。在这种开放型办公室中，将线缆和相关的连接件配合使用，就会有很大的灵活性，节省安装时间和费用。开放型办公室布线系统设计方案有两种：多用户信息插座设计方案；集合点设计方案。

（1）多用户信息插座设计方案

多用户信息插座（Multiuser Information Outlet，MIO）设计方案就是将多个多种信息模块组合在一起，安装在吊顶内，然后用接插线沿隔断、墙壁或墙柱而下，接到终端设备上。混合电缆和多用户信息插座结合使用就是其中的一种，如美国AVAYA科技公司的M106SMB型就是6个信息模块组合在一起的，可连接6台工作终端。水平布线可用混合电缆，从配线间引出，走吊顶辐射到各个大开间。每个大开间再根据需求采用厚壁管或薄壁金属管，从房间的墙壁内或墙柱内将线缆引至接线盒，与组合式信息插座相连接。多用户信息插座连接方式如图3-6所示。

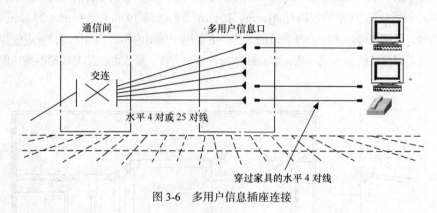

图3-6 多用户信息插座连接

多用户信息插座为在一个用具组合空间中办公的多个用户提供了一个单一的工作区插座集合。接插线通过内部的槽道将设备直接连至多用户信息插座。多用户信息插座应该放在像立柱或墙面这样的永久性位置上，而且应该保证水平布线在用具重新组合时保持完整性。多用户信息插座适用于那些重新组合非常频繁的办公区域使用。组合时只需重新配备接插线即可。

采用多用户信息插座时，每一个多用户插座包括适当的备用量在内，宜能支持12个工作区所需的8位模块通用插座，各段线缆长度按下式计算，也可按表3-2选用。

$$C=(102-H)/1.2$$
$$W=C-5$$

式中：$C=W+D$——工作区电缆、电信间跳线和设备电缆的长度之和；

D——电信间跳线和设备电缆的总长度，

W——工作区电缆的最大长度，且 $W \le 22$ m；

H——水平电缆的长度。

表 3-2　　　　　　　　　　　　　各段线缆长度限值

电缆总长度（m）	水平布线电缆 H/m	工作区电缆 W/m	电信间跳线和设备电缆 D/m
100	90	5	5
99	85	9	5
98	80	13	5
97	75	17	5
97	70	22	5

（2）集合点（CP）设计方案

集合点是水平布线中的一个互连点，它将水平布线延长至单独的工作区，是水平布线的一个逻辑集合点（从这里连接工作区终端电缆）。和多用户信息插座一样，集合点应安装在可接近的且永久的地点，如建筑物内的柱子上或固定的墙上，尽量紧靠办公用具。这样可使重组用具的时候能够保持水平布线的完整。在集合点和信息插座之间敷设很短的水平电缆，服务于专用区域。集合点可用模块化表面安装盒（6 口，12 口）、配线架（25 对，50 对）、区域布线盒（6 口）等。集合点设计方案如图 3-7 所示。集合点和多用户信息插座的相似之处，是它也位于建筑槽道（来自配线间）和开放办公区的集合点。这个集合点的设置使得在办公区重组时能够减少对建筑槽道内电缆的破坏。设置集合点的目的是针对那些偶尔进行重组的场合，不像多用户信息插座所针对的是重组非常频繁的办公区，集合点应该容纳尽量多的工作区。

比较图 3-6 和图 3-7 可以看出，图 3-6 中是直接用接插线将工作终端插入组合式插座的，图 3-7 中是将工作终端经一次接插线转接后插入组合式插座的。

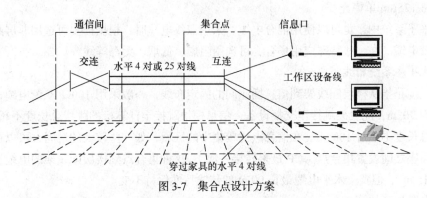

图 3-7　集合点设计方案

对于大厅的站点，可采用打地槽铺设厚壁镀锌管或薄壁电线管的方法将线缆引到地面接线盒。地面接线盒用钢面铝座制作，直径为 10～12 cm，高为 5～8 cm。地面接线盒用铜面铝座，高度可调节。在地面浇灌混凝土时预埋。大楼竣工后，可将信息插座安装在地面接线盒内，再把电缆从管内拉到地面接线盒，端接在信息插座上。需要使用信息插座时，只要把地面接线盒盖上的小窗口向上翻，用接插线把工作终端连接到信息插座即可。平常小窗口向下，与地面平齐，可保持地面平整。

注意，集合点和多用户信息插座水平布线部分的区别。

大开间附加水平布线把水平布线划分为永久和可调整两部分。永久部分是水平线缆先从配线间到集合点，再从集合点到信息插座。当集合点变动时，水平布线部分也随之改变。多用户信息插座可直接端接一根 25 对双绞电缆，也可端接 12 芯光纤。当有变动时，不要改变水平布线部分。

在吊顶内设置集合点的方法如图 3-8 所示。集中点可用大对数线缆，距楼层配线间应大于 15 m，集合点配线设备容量宜以满足 12 个工作区信息点需求设置。同一个水平电缆路由不允许超过一个集合点（CP），从集合点引出的 CP 线缆应终接于工作区的信息插座或多用户信息插座上，多用户信息插座和集合点的配线设备应安装于墙体或柱子等建筑物固定的位置。

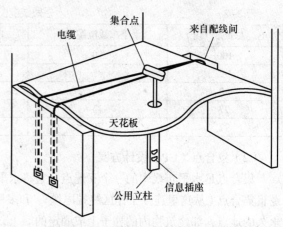

图 3-8 在吊顶内设置集合点的方法

3. 水平线缆系统

水平子系统的线缆要依据建筑物信息的类型、容量、带宽或传输速率来确定。双绞线电缆是水平布线的首选。但当传输带宽要求较高，管理间到工作区超过 90 m 时就会选择光纤作为传输介质。

（1）线缆类型选择

水平子系统中推荐采用的线缆型号如下。

● 100Ω 双绞电缆。
● 50/125μm 多模光纤。
● 62.5/125μm 多模光纤。
● 8.3/125μm 单模光纤。

在水平子系统中，也可以使用混合电缆。采用双绞电缆时，根据需要可选用非屏蔽双绞电缆或屏蔽双绞电缆。在一些特殊应用场合，可选用阻燃、低烟、无毒等线缆。

（2）水平子系统布线距离

水平线缆是指从楼层配线架到信息插座间的固定布线，一般采用 100Ω 双绞电缆，水平电缆最大长度为 90 m，配线架跳接至交换设备、信息模块跳接至计算机的跳线总长度不超过 10 m，通信通道总长度不超过 100 m。在信息点比较集中的区域，如一些较大的房间，可以在楼层配线架与信息插座之间设置集合点（CP 最多转接一次），这种集合点到楼层配线架的电缆长度不能过短（至少 15 m），但整个水平电缆最长 90 m 的传输特性保持不变。

（3）电缆长度估算

在估算电缆长度时做好以下几项工作。

● 确定布线方法和走向。
● 确立每个楼层配线间所要服务的区域。
● 确认离楼层配线间距离最远的信息插座位置。
● 确认离楼层配线间距离最近的信息插座位置。
● 用平均电缆长度估算每根电缆长度。

平均电缆长度 =（信息插座至配线间的最远距离+信息插座至配线间的最近距离）/2

总电缆长度 = 平均电缆长度 + 备用部分（平均电缆长度的 10%）+ 端接容余 6m

每个楼层用线量（m）的计算公式如下：

$$C = \left[0.55(L+S)+6 \right] \times n$$

式中：C——每个楼层的用线量；

L——服务区域内信息插座至配线间的最远距离；

S——服务区域内信息插座至配线间的最近距离；

n——每层楼的信息插座（IO）的数量。

整座楼的用线量：

$$W = \sum MC（M\text{为楼层数}）$$

● 电缆订购数。

按 4 对双绞电缆包装标准 1 箱线长=305 m，电缆订购数=W/305 箱（不够一箱时按一箱计）。

（三）干线子系统设计

干线子系统由建筑物设备间和楼层配线间之间的连接线缆组成，它是智能化建筑综合布线系统的中枢部分，与建筑设计密切相关，主要确定垂直路由的多少和位置、垂直部分的建筑方式（包括占用上升房间的面积大小）和干线系统的连接方式。

现代建筑物的通道有封闭型和开放型两大类型。封闭型通道是指一连串上下对齐的交接 间，每层楼都有一间，利用电缆竖井、电缆孔、管道电缆和电缆桥架等穿过这些房间的地板层，每个空间通常还有一些便于固定电缆的设施和消防装置。开放型通道是指从建筑物的地下室到楼顶的一个开放空间，中间没有任何楼板隔开，如通风通道或电梯通道，不能敷设干线子系统电缆。对于没有垂直通道的老式建筑物，一般采用敷设垂直墙面线槽的方式。

在综合布线中，干线子系统的线缆并非一定是垂直布置的，从概念上讲，它是建筑物内的干线通信线缆。在某些特定环境中，如低矮而又宽阔的单层平面大型厂房，干线子系统的线缆就是平面布置的，同样起着连接各配线间的作用。对于 FD/BD 一级布线结构来说，配线子系统和干线子系统是一体的。

1. 干线子系统基本要求

① 干线子系统所需要的电缆总对数和光纤总芯数，应满足工程的实际需求，并留有适当的备份容量。主干线缆宜设置电缆与光缆，并互相作为备份路由。

② 点对点端接是最简单、最直接的接合方法，干线电缆宜采用点对点端接，大楼与配线间的每根干线电缆直接延伸到指定的楼层配线间。也可采用分支递减端接，分支递减端接有一根大对数干线电缆足以支持若干楼层的通信容量，经过电缆接头保护箱分出若干根小电缆，它们分别延伸到每个楼层，并端接于目的地的连接硬件。

③ 如果电话交换机和计算机主机设置在建筑物内不同的设备间，宜采用不同的主干线缆来分别满足语音和数据的需要。

④ 为便于综合布线的路由管理，干线电缆、干线光缆布线的交接不应多于两次。从楼层配线架到建筑群配线架只能通过一个配线架，即建筑物配线架。当综合布线只用一级干线布线进行配线时，放置干线配线架的二级交接间可以并入楼层配线间。

⑤ 主干电缆和光缆所需的容量要求及配置应符合以下规定：

● 对语音业务，大对数主干电缆的对数应按每一个电话 8 位模块通用插座配置 1 对线，并在总需求线对的基础上至少预留约 10%的备用线对。

● 对于数据业务应以集线器（Hub）或交换机（SW）群（按 4 个 Hub 或 SW 组成 1 群）；或以每个 Hub 或 SW 设备设置 1 个主干端口配置。每 1 群网络设备或每 4 个网络设备宜考虑 1 个备份端口。主干端口为电端口时，应按 4 对线容量，为光端口时则按 2 芯光纤容量配置。

⑥ 在同一层若干电信间之间宜设置干线路由。

⑦ 主干路由应选在该管辖区域的中间，使楼层管路和水平布线的平均长度适中，有利于保证信息传输质量，宜选择带门的封闭型综合布线专用的通道敷设干线电缆，也可与弱电竖井合用。

⑧ 线缆不应布放在电梯、供水、供气、供暖、强电等竖井中。

⑨ 设备间连线设备的跳线应选用综合布线专用的插接软跳线，在语音应用时也可选用双芯跳线。

⑩ 干线子系统垂直通道有电缆孔、电缆竖井和管道等 3 种方式可供选择，宜采用电缆竖井方式。水平通道可选择预埋暗管或槽式桥架方式。

2. 干线子系统的布线路由

建筑物垂直干线布线通道可采用电缆孔、电缆竖井和管道 3 种方法，下面介绍前 2 种方法。

（1）电缆孔方法

干线通道中所用的电缆孔是很短的管道，通常是用一根或数根直径为 10 cm 的钢管做成。它们嵌在混凝土地板中，这是在浇注混凝土地板时嵌入的，比地板表面高出 2.5～10 cm。也可直接在地板中预留一个大小适当的孔洞。电缆往往捆在钢绳上，而钢绳又固定到墙上已铆好的金属条上。当楼层配线间上下都对齐时，一般采用电缆孔方法，如图 3-9 所示。

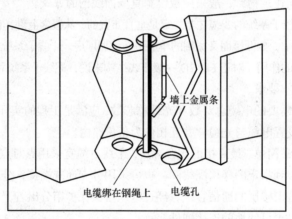

墙上金属条

电缆绑在钢绳上　电缆孔

图 3-9　电缆孔方法

（2）电缆井方法

电缆井方法常用于干线通道，也就是常说的竖井。电缆井是指在每层楼板上开出一些方孔，使电缆可以穿过这些电缆并从这层楼伸到相邻的楼层，上下应对齐，如图 3-10 所示。电缆井的大小依所用电缆的数量而定。与电缆孔方法一样，电缆也是捆在或箍在支撑用的钢绳上，钢绳由墙上的金属条或地板三角架固定。离电缆很近的墙上的立式金属架可以支撑很多电缆。电缆井可以让粗细不同的各种电缆以任何组合方式通过。电缆井虽然比电缆孔灵活，但在原有建筑物中采用电缆井安装电缆造价较高，它的另一个缺点是不使用的电缆井很难防火。如果在安装过程中没有采取措施去防止损坏楼板的支撑件，则楼板的结构完整性将受到破坏。

在多层楼房中，经常需要使用横向通道，干线电缆才能从设备间连接到干线通道或在各个楼层上从二级交接间连接到任何一个楼层配线间。横向走线需要寻找一条易于安装的方便通路，因而两个端点之间很少是一条直线。在水平干线和干线子系统布线时，可考虑数据线、语音线以及其他弱电系统共槽问题。

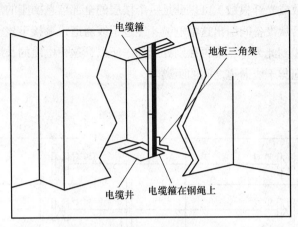

图 3-10　电缆井方法

3. 干线子系统线缆类型的选择

可根据建筑物的楼层面积、建筑物的高度、建筑物的用途和信息点数量来选择干线子系统的线缆类型。在干线子系统中可采用以下 4 种类型的线缆：100Ω双绞线电缆、62.5/125μm 多模光缆、50/125μm 多模光缆和 8.3/125μm 单模光缆。

无论是电缆还是光缆，综合布线干线子系统都受到最大布线距离的限制，即建筑群配线架（CD）到楼层配线架（FD）的距离不应超过 2 000 m，建筑物配线架（BD）到楼层配线架（FD）的距离不应超过 500 m。通常将设备间的主配线架放在建筑物的中部附近使线缆的距离最短。当超出上述距离限制，可以分成几个区域布线，使每个区域满足规定的距离要求。配线子系统和干线子系统布线的距离与信息传输速率、信息编码技术和选用的线缆及相关连接件有关。根据使用介质和传输速率要求，布线距离还有变化。

① 数据通信采用双绞线电缆时，布线距离不宜超过 90 m，否则宜选用单模或多模光缆。

② 在建筑群配线架和建筑物配线架上，接插线和跳线长度不宜超过 20 m，超过 20 m 的长度应从允许的干线线缆最大长度中扣除。

③ 100 Mbit/s 网的光纤应用距离为 2 000 m，1 吉比特以太网和 10 吉比特以太网的光纤应用距离见表 2-1。

④ 延伸业务（如通过天线接收）可能从远离配线架的地方进入建筑群或建筑物，这些延伸业务引入点到连接这些业务的配线架间的距离，应包括在干线布线的距离之内。如果有延伸业务接口，与延伸业务接口位置有关的特殊要求也会影响这个距离。应记录所用线缆的型号和长度，必要时还应提交给延伸业务提供者。

⑤ 把电信设备（如程控用户交换机）直接连接到建筑群配线架或建筑物配线架的设备电缆、设备光缆长度不宜超过 30 m。如果使用的设备电缆、设备光缆超过 30 m，干线电缆、干线光缆的长度宜相应减少。

4. 语音干线子系统的接合方法

在确定主干线路连接方法时，最要紧的是要根据建筑物结构和用户要求，确定采用哪些接合方法。通常有两种接合方法可供选择。

（1）点对点端接法

点对点端接是最简单、最直接的接合方法，如图 3-11 所示。首先要选择一根双绞线电缆或光缆，其数量（指电缆对数或光纤根数）可以满足一个楼层的全部信息插座的需要，而且这个楼层只需设一个配线间。然后从设备间引出这根电缆，经过干线通道，端接于该楼层的一个指定配线间内的连接件。这根电缆到此为止，不再往别处延伸。所以，这根电缆的长度取决于它要连往哪个楼层以及端接的配线间与干线通道之间的距离。

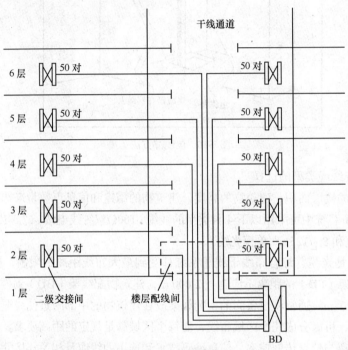

图 3-11 点对点端接法

选用点对点端接法，可能引起干线中每根电缆的长度各不相同（每根电缆的长度要足以延伸到指定的楼层和配线间），而且粗细也可能不同。在设计阶段，电缆的材料清单应反映出这一情况。此外，还要在施工图纸上详细说明哪根电缆接到哪一楼层的哪个配线间。

点对点端接法的主要优点是可以在干线中采用较小、较轻、较灵活的电缆，不必使用昂贵的绞接盒。缺点是电缆数目较多。

（2）分支接合法

顾名思义，分支接合就是干线中的一根多对电缆通过干线通道到达某个指定楼层，其容量足以支持该楼层所有配线间的信息插座的需要。接着安装人员用一个适当大小的绞接盒把这根主电缆与粗细合适的若干根小电缆连接起来，后者分别连往各个二级交接间。典型的分支接合如图 3-12 所示。

分支接合法的优点是干线中的主干电缆总数较少，可以节省一些空间。在某些情况下，分支接合法的成本低于点对点端接法。对一座建筑物来说，这两种接合方法中究竟哪一种更适宜，通常要根据电缆成本和所需的工程费通盘考虑。如果设备间与计算机机房处于不同的地点，而且需要把语音电缆连至设备间，把数据电缆连至计算机机房，则可以采取直接的连接方法。

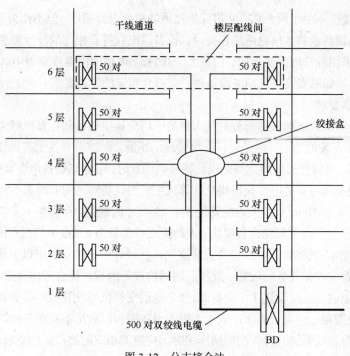

图 3-12 分支接合法

(四) 设备间子系统设计

设备间除一般意义上的建筑物设备间和建筑群设备间外，还包括楼层电信间（又称为楼层设备间、楼层配线间、弱电间）。

1. 电信间的基本要求

电信间主要为楼层安装配线设备（为机柜、机架、机箱等安装方式）和楼层计算机网络设备的场地，并可考虑在该场地设置线缆竖井、等电位接地体、电源插座、UPS 配电箱等设施。在场地面积满足的情况下，也可设置建筑物诸如安防、消防、建筑设备监控系统、无线信号覆盖等系统的安装。如果综合布线系统与弱电系统设备合设于同一场地，从建筑的角度出发，称为弱电间。

一般情况下，综合布线系统的配线设备和计算机网络设备采用 19 英寸标准机柜安装。机柜内可安装光纤配线架、RJ45（24 口）配线架、110 配线架、理线架、网络设备等。如果按建筑物每层电话和数据信息点各为 200 个考虑配置上述设备，大约需要有 2 个 19 英寸（42U）的机柜空间，以此测算电信间面积至少应为 5 m² （2.5 m × 2.0 m）。如果布线系统需设置内、外网或专用网时，19 英寸机柜应分别设置，并在保持一定间距的情况下预测电信间的面积。

电信间温、湿度按配线设备要求提出，如在机柜中安装计算机网络设备时的环境应满足设备提出的要求，温、湿度的保证措施由空调系统负责解决。

基本要求如下。

① 电信间的数量应按所服务的楼层范围及工作区面积来确定。如果该层信息点数量不大于 400 个，水平线缆长度在 90 m 范围以内，宜设置一个电信间；当超出这一范围时宜设两个或多个电信间；每层的信息点数量数较少，且水平线缆长度不大于 90 m 的情况下，宜几个楼层合设一个电信间。

② 电信间应与强电间分开设置，电信间内或其紧邻处应设置线缆竖井。

③ 电信间的使用面积不应小于 5 m²，也可根据工程中配线设备和网络设备的容量进行调整。

④ 电信间应提供不少于两个 220 V 带保护接地的单相电源插座，但不作为设备供电电源。电信间如果安装电信设备或其他信息网络设备时，设备供电应符合相应的设计要求。

⑤ 电信间应采用外开丙级防火门，门宽大于 0.7 m。电信间内温度应为 10℃～35℃，相对湿度宜为 20%～80%。如果安装信息网络设备时，应符合相应的设计要求。

2. 设备间基本要求

设备间是综合布线系统的关键部分，是大楼的电话交换机设备和计算机网络设备，以及建筑物配线设备（BD）安装的地点，也是进行网络管理的场所。对综合布线工程设计而言，设备间主要安装总配线设备。当信息通信设施与配线设备分别设置时，考虑到设备电缆有长度限制的要求，安装总配线架的设备间与安装电话交换机及计算机主机的设备间之间的距离不宜太远。

如果一个设备间以 10 m² 计，大约能安装 5 个 19 英寸的机柜。在机柜中安装电话大对数电缆110 配线设备，数据主干线缆配线设备模块，大约能支持总量为 6 000 个信息点所需（其中电话和数据信息点各占 50%）的建筑物配线设备安装空间。在设计中一般要考虑以下几点：

① 设备间位置应根据设备的数量、规模、网络构成等因素，综合考虑确定。

② 每幢建筑物内应至少设置 1 个设备间，如果电话交换机与计算机网络设备分别安装在不同的场地或根据安全需要，也可设置 2 个或 2 个以上设备间，以满足不同业务的设备安装需要。

③ 建筑物综合布线系统与外部配线网连接时，应遵循相应的接口标准要求。

④ 设备间的设计应符合下列规定。

● 设备间宜处于干线子系统的中间位置，并考虑主干线缆的传输距离与数量。

● 设备间宜尽可能靠近建筑物线缆竖井位置，有利于主干线缆的引入。

● 设备间的位置宜便于设备接地。

● 设备间应尽量远离高低压变配电、电机、X 射线、无线电发射等有干扰源存在的场地。

● 设备间室温度应为 10℃～35℃，相对湿度应为 20%～80%，并应有良好的通风。

● 设备间内应有足够的设备安装空间，其使用面积不应小于 10 m²，该面积不包括程控用户交换机、计算机网络设备等设施所需的面积在内。

● 设备间梁下净高不应小于 2.5 m，采用外开双扇门，门宽不应小于 1.5 m。

⑤ 设备间应防止有害气体（如氯、碳水化合物、硫化氢、氮氧化物、二氧化碳等）侵入，并应有良好的防尘措施，尘埃含量限值宜符合表 3-3 所示的规定。

表 3-3　　　　　　　　　　　　　　尘埃限值

尘埃颗粒的最大直径/μm	0.5	1	3	5
灰尘颗粒的最大浓度/粒子数/m³	1.4×10^4	7×10^5	2.4×10^5	1.3×10^5

注：灰尘粒子应是不导电的，非铁磁性和非腐蚀性的。

⑥ 设备间应按防火标准安装相应的防火报警装置，使用防火防盗门。墙壁不允许采用易燃材料，应有至少能耐火 1 h 的防火墙。地面、楼板和天花板均应涂刷防火涂料，所有穿放线缆的管材、洞孔和线槽都应采用防火材料堵严密封。

⑦ 在地震区的区域内，设备安装应按规定进行抗震加固。

⑧ 设备安装宜符合下列规定。

● 机架或机柜前面的净空不应小于 800 mm，后面的净空不应小于 600 mm。

● 壁挂式配线设备底部离地面的高度不宜小于 300 mm。

⑨ 设备间应提供不少于两个 220V 带保护接地的单相电源插座，但不作为设备供电电源。

⑩ 设备间如果安装电信设备或其他信息网络设备时，设备供电应符合相应的设计要求。

在设备间内应有可靠的 50 Hz、220 V 交流电源，必要时可设置备用电源和不间断电源。当设备间内装设计算机主机时，应根据需要配置电源设备。

3. 设备间线缆敷设

（1）活动地板

活动地板一般在建筑物建成后安装敷设。目前有以下两种敷设方法。

● 正常活动地板。高度为 300～500 mm，地板下面空间较大，除敷设各种线缆外还可兼作空调送风通道。

● 简易活动地板。高度为 60～200 mm，地板下面空间小，只作线缆敷设用，不能作为空调送风通道。

两种活动地板在新建建筑中均可使用，一般用于电话交换机房、计算机主机房和设备间。简易活动地板下空间较小，在层高不高的楼层尤为适用，可节省净高空间，也适用于已建成的原有建筑或地下管线和障碍物较复杂且断面位置受限制的区域。

其优点如下。

● 线缆敷设和拆除均简单方便，能适应线路增减变化，有较高的灵活性，便于维护管理。

● 地板下空间大，线缆容量和条数多，路由自由短捷，节省线缆费用。

● 不改变建筑结构。

其缺点如下。

● 造价较高。

● 会减少房屋的净高。

● 对地板表面材料在耐冲击性、耐火性和抗静电方面有一定的要求。

（2）地板或墙壁内沟槽

线缆在建筑的预先建成的墙壁或地板内的沟槽中敷设时，沟槽的大小根据线缆容量来设计，上面设置盖板保护，地板或墙壁内沟槽敷设方式只适用于新建建筑，在已建建筑中较难采用，因不易制成暗敷沟槽，沟槽敷设方式只能在局部段落中使用，不宜在面积较大的房间内全部采用。在今后有可能变化的建筑中不宜使用沟槽敷设方式，因为沟槽方式是在建筑中预先制成的，所以在使用时会受到限制，线缆路由不能自由选择和变动。

其优点如下。

● 沟槽内部尺寸较大（但受墙壁或地板的建筑要求限制），能容纳线缆条数较多。

● 便于施工和维护，也有利于扩建。

● 造价较活动地板低。

其缺点如下。

● 沟槽设计和施工必须与建筑设计和施工同时进行，在配合协调上较为复杂。

● 沟槽对建筑结构有所要求，技术较复杂。

● 沟槽上有盖板，在地面上的沟槽不易平整，会影响人员活动且不美观。

● 沟槽预制成，线缆路由不能变动，难以适应变化。

（3）预埋管路

在建筑的墙壁或楼板内预埋管路，其管径和根数根据线缆需要来设计，预埋管路只适用于新建建筑，管路敷设段落必须根据线缆分布方案要求设计，预埋管路必须在建筑施工中建成，所以使用会受到限制，必须精心设计和考虑。

其优点如下。

- 穿放线缆比较容易，对维护、检修和扩建均有利。
- 造价低廉，技术要求不高。
- 不会影响房屋建筑结构。

其缺点如下。

- 管路容纳线缆的条数少，设备密度较高的场所不宜采用。
- 线缆改建或增设有所限制。
- 线缆路由受管路限制，不能变动。

（4）机架

图 3-13 所示为在机架柜上安装桥架的敷设方式，桥架的尺寸根据线缆需要设计，在已建或新建的建筑中均可使用这种敷设方式（除楼层层高较低的建筑外），它的适应性较强，使用场合较多。

其优点如下。

- 不受建筑的设计和施工限制，可以在建成后安装。
- 便于施工和维护，也有利于扩建。
- 能适应今后变动的需要。

其缺点如下。

- 线缆敷设不隐蔽、不美观（除暗敷外）。
- 在设备（机架）上或沿墙安装走线架（或槽道）较复杂，增加施工操作程序。
- 机架上安装走线架或槽道在层高较低的建筑中不宜使用。

图 3-13　设备间桥架进线方式

（五）进线间子系统设计

进线间是建筑物外部通信和信息管线的入口部位，并可作为入口设施和建筑群配线设备的安装场地。进线间一个建筑物宜设置 1 个，一般位于地下层，外线宜从两个不同的路由引入进线间，有利于与外部管道沟通。进线间与建筑物红外线范围内的人孔或手孔采用管道或通道的方式互连。进线间因涉及因素较多，难以统一提出具体所需面积，可根据建筑物实际情况，并参照通信行业和国家的现行标准要求进行设计，其基本要求如下。

① 进线间应设置管道入口。

② 进线间应满足线缆的敷设路由、成端位置及数量、光缆的盘长空间和线缆的弯曲半径、充气维护设备、配线设备安装所需要的场地空间和面积。

③ 进线间的大小应按进线间的进楼管道最终容量及入口设施的最终容量设计。同时应考虑满足多家电信业务经营者安装入口设施等设备的面积。

④ 进线间宜靠近外墙和在地下设置，以便于线缆引入。进线间设计应符合下列规定。

● 进线间应防止渗水，宜设有抽排水装置。

● 进线间应与布线系统垂直竖井沟通。

● 进线间应采用相应防火级别的防火门，门向外开，宽度不小于 1 000 mm。

● 进线间应设置防有害气体措施和通风装置，排风量按每小时不小于 5 次容积计算。

⑤ 与进线间无关的管道不宜通过。

⑥ 进线间入口管道口所有布放线缆和空闲的管孔应采取防火材料封堵，做好防水处理。

⑦ 进线间如安装配线设备和信息通信设施时，应符合设备安装设计的要求。

（六）管理子系统设计

1. 管理子系统的基本要求

管理是对工作区、电信间、设备间、进线间的配线设备、线缆、信息插座模块等设施按一定的模式进行标识和记录。内容包括：管理方式、标识、色标、连接等。这些内容的实施，将给今后维护和管理带来很大的方便，有利于提高管理水平和工作效率。

① 对设备间、电信间、进线间和工作区的配线设备、线缆、信息点等设施应按一定的模式进行标识和记录，并宜符合下列规定。

● 综合布线系统工程宜采用计算机进行文档记录与保存，目前，市场上已有商用的管理软件可供选用。简单且规模较小的综合布线系统工程可按图纸资料等纸质文档进行管理，并做到记录准确、及时更新、便于查阅；文档资料应实现汉化。

● 综合布线的每一电缆、光缆、配线设备、端接点、接地装置、敷设管线等组成部分均应给定唯一的标识符，并设置标签。标识符应采用相同数量的字母和数字等标明。

● 电缆和光缆的两端均应标明相同的标识符。

● 设备间、电信间、进线间的配线设备宜采用统一的色标区别各类业务与用途的配线区，同时，还应采用标签表明端接区域、物理位置、编号、容量、规格等，便于维护人员在现场一目了然地加以识别。

② 在每个配线区实现线路管理的方式是在各色标区域之间按应用的要求，采用跳线连接。色标用来区分配线设备的性质，分别由按性质划分的配线模块组成，且按垂直或水平结构进行排列。

③ 所有标签应保持清晰、完整，并满足使用环境要求。

④ 对于规模较大的布线系统工程，为提高布线工程维护水平与网络安全，宜采用电子配线设备对信息点或配线设备进行管理，以显示与记录配线设备的连接、使用及变更状况。电子配线设

备目前应用的技术有多种，在工程设计中应考虑到电子配线设备的功能，在管理范围、组网方式、管理软件、工程投资等方面，合理地加以选用。

⑤ 综合布线系统相关设施的工作状态信息应包括：设备和线缆的用途、使用部门、组成局域网的拓扑结构、传输信息速率、终端设备配置状况、占用器件编号、色标、链路与信道的功能和各项主要指标参数及完好状况、故障记录等，还应包括设备位置、线缆走向等内容。

2. 连接管理结构

在电信间/设备间，综合布线系统主要有两类连接结构：一种是互相连接结构，简称互连结构，如图 3-14 所示；另一种是交叉连接结构，简称交连结构，如图 3-15 所示。

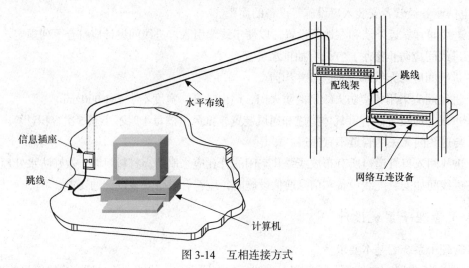

图 3-14　互相连接方式

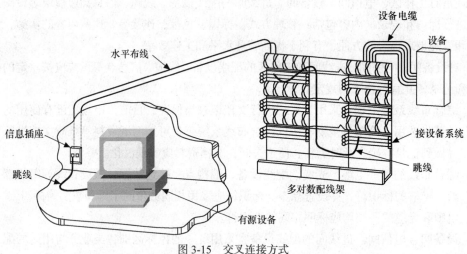

图 3-15　交叉连接方式

（1）互相连接方式

互相连接方式是一种结构简单的连接方式，这种结构主要应用于计算机通信的综合布线系统。它的连接安装主要有信息模块、RJ45 连接头、RJ45 插口的配线架。对于互连结构，信息点的线缆是通过数据配线架的面板进行管理，数据配线架有 12 口、24 口、48 口等规格，应根据信息点的多少配置配线架，并进行标准定位管理。

（2）交叉连接方式

交叉连接结构与互连结构的区别在于配线架上的连接方式不同，水平电缆和干线电缆连接在 110 配线架的不同区域，它们之间通过跳线或接插线有选择地连接在一起。这种交连结构主要应用于语音通信的综合布线系统。和互连结构相比，它的连接安装采用 110 配线架。110 配线架主要有 110A 和 110P 两种规格，它们的电气功能和管理的线路数据相同，但其规模和所占用的墙空间或面板面积有所不同。交连结构有不同的管理方式，通过跳线连接可安排或重新安排线路路由，管理整个用户终端，从而实现综合布线系统的灵活性。110A 型适用于用户不经常对楼层的线路进行修改、移动或重组的情况，110P 型适用于用户经常对楼层的线路进行修改、移动或重组的情况。

3．标识管理

在综合布线标准中，EIA/TIA 606 标准专门对布线标识系统作了规定和建议，该标准是为了提供一套独立于系统应用之外的统一管理方案。

标识管理是综合布线的一个重要组成部分。在综合布线中，应用系统的变化会导致连接点经常移动或增加。没有标识或使用不恰当的标识，都会给用户管理带来不便。所以引入标识管理，可以进一步完善和规范综合布线工程。

（1）标识信息

完整的标识应提供以下的信息：建筑物的名称、位置、区号和起始点。综合布线使用了 3 种标识：电缆标识、场标识和插入标识。

① 电缆标识。由背面有不干胶的材料制成，可以直接贴到各种电缆表面上，配线间安装和做标识之前利用这些电缆标识来辨别电缆的源发地和目的地，如图 3-16 所示

② 场标识。也是由背面为不干胶的材料制成，可贴在设备间、配线间、二级交接间、建筑物布线场的平整表面上。

③ 插入标识。它是硬纸片，通常由安装人员在需要时取下来使用。每个标识都用色标来指明电缆的源发地，这些电缆端接于设备间和配线间的管理场。对于 110 配线架，可以插在位于 110 型接线块上的两个水平齿条之间的透明塑料夹内。对于数据配线架，可插入插孔面板上/下部的插槽内，如图 3-17 所示。

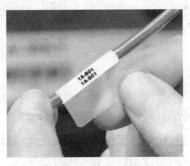

图 3-16　安装电缆标识

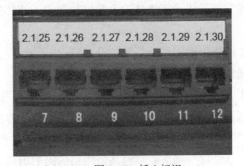

图 3-17　插入标识

（2）线缆标签种类与印刷

《商业建筑物电信基础设施管理标准》ANSI/TIA/EIA 606 中推荐了两类：一类是专用标签，另一类电缆标签是套管和热缩套管。

① 专用标签。专用标签可直接粘贴缠绕在线缆上。这类标签通常以耐用的化学材料作为基层而绝非纸质。

② 套管和热缩套管。套管类产品只能在布线工程完成前使用，因为需要从线缆的一端套入并

调整到适当位置。如果为热缩套管还要使用加热枪使其收缩固定。套管线标的优势在于紧贴线缆，提供最大的绝缘和永久性。

标签可通过几种方式印制而成：使用预先印制的标签；使用手写的标签；借助软件设计和打印标签；使用手持式标签打印机现场打印。

（3）标识管理要求

① 应该由施工方和用户方的管理人员共同确定标识管理方案的制定原则，所有的标识方案均应规定各种识别步骤，以便查清交连场的各种线路和设备端接点，为了有效地进行线路管理，方案必须作为技术文件存档。

② 需要标识的物理件有线缆、通道（线槽/管）、空间（设备间）、端接件和接地 5 个部分。五者的标识相互联系互为补充，而每种标识的方法及使用的材料又各有特点。像线缆的标识，要求在线缆的两端都进行标识，严格的话，每隔一定距离都要进行标识，在维修口、接合处、牵引盒处的电缆位置也要进行标识。空间的标识和接地的标识要求清晰、醒目，让人一眼就能注意到。

③ 标识除了清晰、简洁易懂外，还要整齐美观。

④ 标识材料要求。线缆的标识，尤其是跳线的标识要求使用带有透明保护膜（带白色打印区域和透明尾部）的耐磨损、抗拉的标签材料，像乙烯基这种适合于包裹和伸展性的材料最好。这样的话，线缆的弯曲变形以及经常的磨损才不会使标签脱落和字迹模糊不清。另外，套管和热缩套管也是线缆标签的很好选择。面板和配线架的标签要使用连续的标签，材料以聚酯的为好，可以满足外露的要求。由于各厂家的配线架规格不同，所留标识的宽度也不同，所以选择标签时，宽度和高度都要多加注意。

⑤ 标识编码。越是简单易识别的标识越易被用户接受，因此标识编码要简单明了，符合日常的命名习惯。比如信息点的编码可以按：信息点类别+楼栋号+楼层号+房间号+信息点位置号来编码。

⑥ 变更记录。随时做好移动或重组的各种记录。

（七）建筑群干线子系统设计

建筑群干线子系统是指由多幢相邻或不相邻的房屋建筑组成的小区或园区的建筑物间的布线系统。

1．建筑群干线子系统的设计特点

建筑群干线子系统的设计特点如下。

① 由于建筑群干线子系统的线路设施主要在户外，且工程范围大，易受外界条件的影响，较难控制施工，因此和其他子系统相比，更应注意协调各方关系，建设中更需加以重视。

② 由于综合布线系统较多采用有线通信方式，一般通过建筑群干线子系统与公用通信网连成整体，从全程全网来看，也是公用通信网的组成部分，它们的使用性质和技术性能基本一致，其技术要求也是相同的。因此，要从保证全程全网的通信质量来考虑。

③ 建筑群干线子系统的线缆是室外通信线路，通常建在城市市区道路两侧。其建设原则、网络分布、建筑方式、工艺要求以及与其他管线之间的配合协调均与市区内的其他通信管线要求相同，必须按照本地区通信线路的有关规定办理。

④ 当建筑群干线子系统的线缆在校园式小区或智能小区内敷设成为公用管线设施时，其建设计划应纳入该小区的规划，具体分布应符合智能小区的远期发展规划要求（包括总平面布置），且与近期需要和现状相结合，尽量不与城市建设和有关部门的规定发生矛盾，使传输线路建设后能

长期稳定、安全可靠地运行。

⑤ 在已建或正在建的智能小区内，如已有地下电缆管道或架空通信线路时，应尽量设法利用，以避免重复建设，节省工程投资，使小区内管线设施减少，有利于环境美观和小区布置。

2. 建筑群干线子系统的工程设计的步骤

建筑群干线子系统的设计步骤如下。

① 确定敷设现场的特点。

② 确定电缆系统的一般参数。

③ 确定建筑物的电缆入口。

④ 确定明显障碍物的位置。

⑤ 确定主电缆路由和备用电缆路由。

⑥ 选择所需电缆类型和规格。

⑦ 确定每种选择方案所需的劳务成本。

⑧ 确定每种选择方案的材料成本。

⑨ 选择最经济、最实用的设计方案。

3. 建筑群干线子系统管槽路由设计

建筑群干线子系统的线缆设计有架空和地下两种类型。架空方式又分为架空杆路和墙壁挂放2 种类型。地下方式分为地下电缆管道、电缆沟和直埋方式 3 种类型。

（1）地下方式

① 管道电缆。管道电缆如图 3-18 所示。管道电缆一般采用塑料护套电缆，不宜采用钢带铠装电缆。其优点为电缆有最佳的保护措施，比较安全，可延长电缆使用年限；产生障碍机会少，不易影响通信，有利于使用和维护；维护工作量小，费用少；线路隐蔽，环境美观，整齐有序，较好布置；敷设电缆方便，易于扩建或更换。缺点为因建筑管道和人孔等施工难度大，土方量多，技术要求复杂；初次工程投资较高；要有较好的建筑条件（如有定型的道路和管线）；与各种地下管线设施产生的矛盾较多，协调工作较复杂。管道电缆适用于较为定型的智能小区和道路基本不变的地段、要求环境美观的校园式小区或对外开放的示范性街区、广场或绿化地带的特殊地段和交通道路或其他建筑方式不适用时的场合。它不适用于小区或道路尚不定型，今后有可能变化的地段、地下有化学腐蚀或电气腐蚀的地段、地下管线和障碍物较复杂且断面位置受限制的地段、地质情况不稳定土质松软塌陷的地段和地面高程相差较大和地下水位较高的地段等场合。

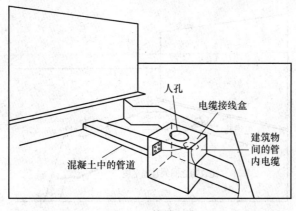

图 3-18　管道电缆

② 电缆沟。电缆沟如图 3-19 所示。有线路隐蔽、安全稳定，不受外界影响，施工简单，工作条件较直埋好，查修障碍和今后扩建均较方便和可与其他弱电线路合建综合性公用设施，可节省初次工程投资等优点。缺点是若作为专用电缆沟道等设施，初次工程投资较高；与其他弱电线路共建时，在施工和维护中要求配合和相互制约，有时会发生矛盾；如在公用设施中设有有害于通信的管线，需要增设保护措施，从而增加了维护费用和工作量。适用于在较为定型的小区和道路基本不变的地段、在特殊场合或重要场所，要求各种管线综合建设公共设施的地段和已有电缆沟道且可使用的地段的场合。不适用于附近有影响人身和电缆安全的地段和地面要求特别美观的广场等地段的场合。

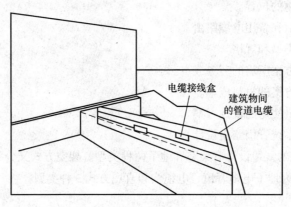

图 3-19　电缆沟

③ 直埋电缆。直埋电缆如图 3-20 所示。直埋电缆应按不同环境条件采用不同方式的铠装电缆，一般不用塑料护套电缆。其优点为较架空电缆安全，产生障碍机会少，有利于使用和维护；维护工作费用较少；线路隐蔽，环境美观；初次工程投资较管道电缆低，不需建人孔和管道，施工技术也较简单；受建筑条件限制，与其他地下管线发生矛盾时，易于躲让和处理。缺点为维护、更换和扩建都不方便，发生障碍后必须挖掘，修复时间长，影响通信；如果电缆与其他地下管线过于邻近，双方在维修时会增加机械损伤机会。适用于用户数量比较固定，电缆容量和条数不多的地段和今后不会扩建的场所；要求电缆隐蔽，但电缆条数不多，采用管道不经济或不能建设的场合；敷设电缆条数虽少，但却是特殊或重要的地段；不宜采用架空电缆的校园式小区，要求敷设直埋电缆等场合。不适用今后需要翻建的道路或广场、规划用地或今后发展用地、地下有化学

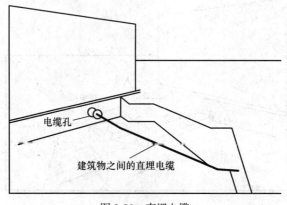

图 3-20　直埋电缆

腐蚀或电气腐蚀以及土质不好的地段、地下管线和建筑物比较复杂，常有可能挖掘的地段、已建成高级路面的地段等场合。

（2）架空方式

① 架空电缆。架空电缆（立杆架设）如图 3-21 所示。架空电缆宜采用塑料电缆，不宜采用钢带铠装电缆。

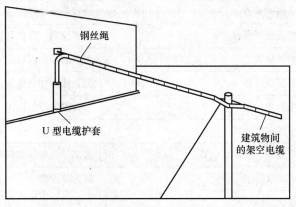

图 3-21 架空电缆

其优点为施工建筑技术较简单，建设速度较快；能适应今后变动，易于拆除、迁移、更换或调整，便于扩建增容；初次工程投资较低。缺点为产生障碍的机会较多，对通信安全有所影响；易受外界腐蚀和机械损伤，影响电缆使用寿命；维护工作量和费用较多，对周围环境的美观有影响。适用于不定型的街坊或刚刚建设的小区以及道路有可能变化的地段；有其他架空杆路可利用，可采取合杆的地段；因客观条件限制无法采用地下方式，需采用架空方式的地段等场合。不适用于附近有空气腐蚀或高压电力线、环境要求美观的街坊或校园式小区、特别重要的地段如广场等场合。

② 墙壁电缆。其优点为初次工程投资费用较低，施工和维护较方便；较架空电缆美观。缺点为产生障碍的机会较多，对通信安全有所影响，安全性不如地下方式；对房屋建筑的立面美观有影响；今后扩建、拆换时不太方便。适用于建筑较坚固整齐的小区，且墙面较为平坦齐直的地段；相邻的办公楼等建筑和内外沿墙可以敷设的地段；不宜采用其他建筑方式的地段；已建成的房屋建筑采用地下引入有困难的地段等。不适用于要求房屋建筑立面极为美观的场合；排列不整齐的、不坚固或临时性的房屋建筑；今后可能拆除或变化的房屋建筑；房屋建筑布置分散，相距较远；电缆跨距太大的段落等场合。

（八）防护系统设计

1. 电气防护设计

为向建筑物中人们提供舒适的工作与生活环境，建筑物除需安装综合布线系统外、还有供电系统、供水系统、供暖系统、煤气系统，以及高电平电磁干扰的电动机、电力变压器、射频应用设备等电器设备。射频应用设备又称为 ISM 设备，我国目前常用的 ISM 设备大致有 15 种。表 3-4 列出了国际无线电干扰特别委员会（CISPR）推荐设备及我国常见的 ISM 设备。

表 3-4　　　　　　　　　CISPR 推荐设备及我国常见 ISM 设备一览表

序　号	CISPR 推荐设备	我国常见 ISM 设备
1	塑料缝焊机	介质加热设备，如热合机等
2	微波加热器	微波炉
3	超声波焊接与洗涤设备	超声波焊接与洗涤设备
4	非金属干燥器	计算机及数控设备
5	木材胶合干燥器	电子仪器，如信号发生器
6	塑料预热器	超声波探测仪器
7	微波烹饪设备	高频感应加热设备，如高频熔炼炉等
8	医用射频设备	射频溅射设备、医用射频设备
9	超声波医疗器械	超声波医疗器械，如超声波诊断仪等
10	电灼器械、透热疗设备	透热疗设备，如超短波理疗机等
11	电火花设备	电火花设备
12	射频引弧弧焊机	射频引弧弧焊机
13	火花透热疗法设备	高频手术刀
14	摄谱仪	摄谱仪用等离子电源
15	塑料表面腐蚀设备	高频电火花真空检漏仪

　　这些系统都对综合布线系统的通信产生严重的影响，为了保障通信质量，布线系统与其他系统之间应保持必要的间距。

　　① 综合布线系统与电力电缆的间距应符合表 3-5 所列要求。

表 3-5　　　　　　　　　综合布线电缆与电力电缆的间距

类　别	与综合布线接近状况	最小净距（mm）
380 V 电力电缆 <2 kVA	与线缆平行敷设	130
	有一方在接地的金属线槽或钢管中	70
	双方都在接地的金属线槽或钢管中①	10①
380 V 电力电缆 2~5 kVA	与线缆平行敷设	300
	有一方在接地的金属线槽或钢管中	150
	双方都在接地的金属线槽或钢管中②	80
380 V 电力电缆 >5 kVA	与线缆平行敷设	600
	有一方在接地的金属线槽或钢管中	300
	双方都在接地的金属线槽钢管中②	150

注：① 当 380 V 电力电缆<2 kVA，双方都在接地的线槽中，且平行长度≤10 m 时，最小间距可以是 10 mm。
　　② 双方都在接地的线槽中，可用两个不同的线槽，也可在同一线槽中用金属板隔开。

　　② 综合布线系统线缆与配电箱、变电室、电梯机房、空调机房之间的最小净距宜符合表 3-6 所列规定。

表 3-6　　　　　　　　　　　综合布线线缆与电气设备的最小净距

名　　称	最小净距/m	名　　称	最小净距/m
配电箱	1	电梯机房	2
变电室	2	空调机房	2

③ 综合布线电缆、光缆及管线与其他管线的间距应符合表 3-7 所列规定。

表 3-7　　　　　　　　墙上敷设的综合布线电缆、光缆及管线与其他管线的间距

其 他 管 线	最小平行净距/mm	最小交叉净距/mm
	电缆、光缆或管线	电缆、光缆或管线
避雷引下线	1 000	300
保护地线	50	20
给水管	150	20
压缩空气管	150	20
热力管（不包封）	500	500
热力管（包封）	300	300
煤气管	300	20

注：如墙壁电缆敷设高度超过 6 000 mm 时，与避雷引下线的交叉净距应按下式计算确定。

$$S \geqslant 0.05L$$

式中：S——交叉净距（mm）；

　　　L——交叉处避雷引下线距地面的高度（mm）。

④ 综合布线系统应根据环境条件选用相应的线缆和配线设备，或采取防护措施，并应符合下列规定。

● 当综合布线区域内存在的电磁干扰场强低于 3 V/m 时，宜采用非屏蔽电缆和非屏蔽配线设备。

● 当综合布线区域内存在的电磁干扰场强高于 3 V/m 时，或用户对电磁兼容性有较高要求时，可采用屏蔽布线系统和光缆布线系统。

● 当综合布线路由上存在干扰源，且不能满足最小净距要求时，宜采用金属管线进行屏蔽，或采用屏蔽布线系统及光缆布线系统。

2. 接地设计

综合布线系统接地系统的好坏将直接影响到综合布线系统的运行质量，接地设计要求如下。

① 在电信间、设备间及进线间应设置楼层或局部等电位接地端子板。

② 综合布线系统应采用共用接地的接地系统，如单独设置接地体时，接地电阻不应大于 4Ω。如布线系统的接地系统中存在两个不同的接地体时，其接地电位差不应大于 1 Vr.m.s（Vr.m.s，电压有效值）。

③ 楼层安装的各个配线柜（架、箱）应采用适当截面的绝缘铜导线单独布线至就近的等电位接地装置，也可采用竖井内等电位接地铜排引到建筑物共用接地装置，铜导线的截面应符合设计要求。

④ 线缆在雷电防护区交界处，屏蔽电缆屏蔽层的两端应做等电位连接并接地。

⑤ 综合布线的电缆采用金属线槽或钢管敷设时，线槽或钢管应保持连续的电气连接，并应有不少于两点的良好接地。

⑥ 安装机柜、机架、配线设备屏蔽层及金属管、线槽、桥架使用的接地体应符合设计要求，就近接地，并应保持良好的电气连接。当线缆从建筑物外面进入建筑物时，电缆和光缆的金属护套或金属件应在入口处就近与等电位接地端子板连接。

⑦ 当电缆从建筑物外面进入建筑物时，应选用适配的信号线路浪涌保护器，信号线路浪涌保护器应符合设计要求。

⑧ 综合布线系统接地导线截面积可参考表3-8确定。

表 3-8　　　　　　　　　　　　　　接地导线选择表

名　　称	楼层配线设备至大楼总接地体的距离	
	30 m	100 m
信息点的数量/个	75	>75，450
选用绝缘铜导线的截面/mm²	6～16	16～50

⑨ 对于屏蔽布线系统的接地做法，一般在配线设备（FD，BD，CD）的安装机柜（机架）内设有接地端子，接地端子与屏蔽模块的屏蔽罩相连通，机柜（机架）接地端子则经过接地导体连至大楼等电位接地体。

3. 防火设计

防火安全保护是指在发生火灾时，系统能够有一定程度的屏障作用，防止火与烟的扩散。防火安全保护设计包括线缆穿越楼板及墙体的防火措施、选用阻燃防毒线缆材料两个方面。

① 在智能化建筑中，线缆穿越墙体及电缆竖井内楼板时，综合布线系统所有的电缆或光缆都要采用阻燃护套。如果这些线缆是穿放在不可燃的管道内，或在每个楼层均采取了切实有效的防火措施（如用防火堵料或防火板材堵封严密）时，可以不设阻燃护套。

② 在电缆竖井或易燃区域中，所有敷设的电缆或光缆宜选用防火、防毒的产品。这样万一发生火灾，因电缆或光缆具有防火、低烟、阻燃或非燃等性能，不会或很少散发有害气体，对于救火人员和疏散人流都有较好作用。目前，采用的有低烟无卤阻燃型（LSHF-FR）、低烟无卤型（LSOH）、低烟非燃型（LSNC）、低烟阻燃型（LSLC）等多种产品。此外，配套的接续设备也应采用阻燃型的材料和结构。如果电缆和光缆穿放在钢管等非燃烧的管材中，且不是主要段落时，可考虑采用普通外护层。在重要布线段落且是主干线缆时，考虑到火灾发生后钢管受到烧烤，管材内部形成高温空间会使线缆护层发生变化或损伤，也应选用带有防火、阻燃护层的电缆或光缆，以保证通信线路安全。

③ 对于防火线缆的应用分级，北美、欧盟、国际（IEC）的相应标准中主要以线缆受火的燃烧程度及着火以后，火焰在线缆上蔓延的距离、燃烧的时间、热量与烟雾的释放、释放气体的毒性等指标，并通过实验室模拟线缆燃烧的现场状况实测取得。表3-9所示为通信线缆北美测试标准及分级。

表 3-9　　　　　　　　通信线缆北美测试标准及分级表（参考现行 NEC 2002 版）

测 试 标 准	NEC 标准（自高向低排列）	
	电缆分级	光缆分级
UL910（NFPA262）	CMP（阻燃级）	OFNP 或 OFCP
UL1666	CMR（主干级）	OFNR 或 OFCR
UL1581	CM、CMG（通用级）	OFN（G）或 OFC（G）
VW-1	CMX（住宅级）	

对照北美线缆测试标准，建筑物的线缆在不同的场合以及采用不同的安装敷设方式时，建议选用符合相应防火等级的线缆，并按以下几种情况分别列出。

① 在通风空间内（如吊顶内及高架地板下等）采用敞开方式敷设线缆时，可选用 CMP 级（光缆为 OFNP 或 OFCP）。

② 在线缆竖井内的主干线缆采用敞开的方式敷设时，可选用 CMR 级（光缆为 OFNR 或 OFCR）。

③ 在使用密封的金属管槽做防火保护的敷设条件下，线缆可选用 CM 级（光缆为 OFN 或 OFC）。

（九）绘制图纸

综合布线工程图在综合布线工程中起很关键的作用，设计人员首先通过建筑图纸来了解和熟悉建筑物结构并设计综合布线工程图，施工人员根据设计图纸组织施工，验收阶段将相关技术图纸移交给建设方。图纸简单清晰直观地反映了网络和布线系统的结构、管线路由和信息点分布等情况。因此，识图、绘图能力是综合布线工程设计与施工组织人员必备的基本功。综合布线工程中主要采用两种绘图软件：AutoCAD 和 Visio，也可以采用专门的综合布线设计/管理软件，如 VisualNet、netviz 等。

1. 综合布线工程图

综合布线工程图一般包括以下 5 类图纸。

① 网络拓扑结构图（见项目一），通常用 Visio 绘制。

② 综合布线系统拓扑图（见项目一），通常用 Visio 绘制。

③ 综合布线管线路由图（见图 3-22），通常用 AutoCAD 绘制。

④ 楼层信息点平面分布图，楼层管线路由图可与信息点平面分布图合二为一（见图 3-22），通常用 AutoCAD 绘制。

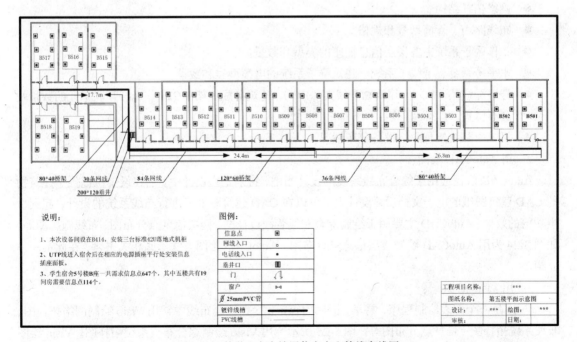

图 3-22　某学生宿舍楼层信息点和管线布线图

⑤ 机柜配线架信息点布局图（见图 3-23），通常用 AutoCAD 绘制。

⑥ 机柜设备布局图（见任务二：设计数据中心布线系统），通常用 Visio 绘制。

图 3-23 机柜配线架信息点布局图（含配线架序号、端口序号、信息点编号）

其中楼层综合布线管线路由图和楼层信息点平面分布图可在一张图纸上绘出。通过以上工程图，反映以下信息。

● 网络拓扑结构。

● 布线路由、管槽型号和规格。

● 工作区子系统中各楼层信息插座的类型和数量。

● 水平子系统、干线子系统、建筑群子系统的电缆型号和数量。

● 楼层配线架（FD）、建筑物配线架（BD）、建筑群配线架（CD）、光纤互联单元的数量及分布位置。

● 机柜内配线架及网络设备分布情况。

2. 用 AutoCAD 绘图

AutoCAD 广泛应用于综合布线系统的设计当中，特别是在设计中，当建设单位提供了建筑物的 CAD 建筑图纸的电子文档后，设计人员可以在 CAD 建筑图纸上进行布线系统的设计，起到事半功倍的效果。AutoCAD 主要用于绘制综合布线管线设计图、楼层信息点分布图、布线施工图等。如图 3-24 为用 AutoCAD 绘制楼层信息点分布图。AutoCAD 绘图方法参阅相关书籍，在此不一一介绍。

3. 用 Visio 绘图

Visio 是一个图表绘制程序，易学，图库内容丰富。在综合布线中常用 Visio 绘制网络拓扑图、布线系统拓扑图、信息点分布图等。图 3-25 所示为用 Visio 绘制综合布线系统拓扑图。Visio 绘图方法参阅相关书籍，在此不一一介绍。

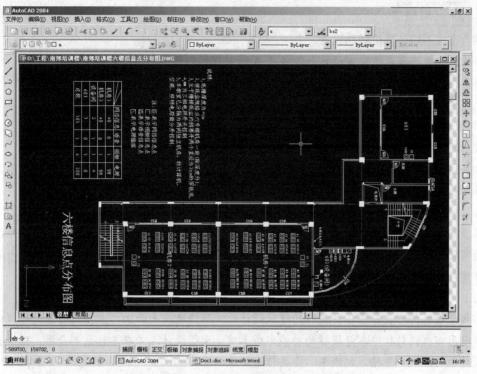

图 3-24 用 AutoCAD 绘制楼层信息点分布图

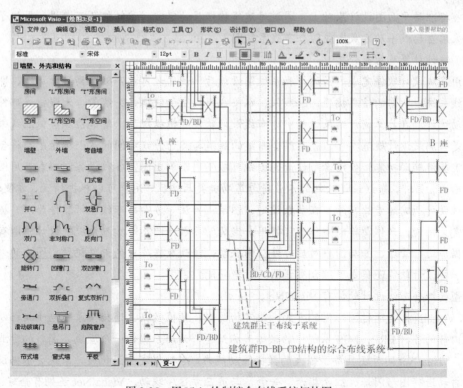

图 3-25 用 Visio 绘制综合布线系统拓扑图

知识拓展

综合布线系统计算机辅助设计

传统的综合布线系统方案设计一般涉及 4 种常规的软件：用 Word 编制设计文档，用 Excel 制作计算材料和工程费用的预算表，用 Visio 绘制拓扑结构图，用 AutoCAD 绘制布线系统平面图。

上述传统的综合布线系统设计方法最大的缺陷如下。

① 设计的图形与材料数据分离，文件数量多，没有层次的概念。

② 设计人员难以根据方案路由图做出工程预算。

③ 不能给甲方提供一个管理综合布线以及网络的电子化平台，最终用户难以以此方案图作为日后维护管理的依据。

④ 方案计算工作量大、软件工具多、难度大，需要专业人士完成。

综合布线系统计算机辅助设计软件是综合布线系统设计中用的一种辅助软件工具，布线设计软件能实现的功能包括平面设计、系统图设计、统计计算及智能分析、其他辅助功能。一套设计软件可能包含以上功能中的一种或几种。

（1）平面设计

布线设计软件可在目前各种流行的建筑设计软件所绘建筑平面上，直接进行综合布线设计，也可以利用布线设计软件本身提供的功能完成土建平面图设计。并在工作区划分后，完成在综合布线设计中的线缆、管槽、配线架、各类信息插座以及其他设备、家具的布置。

（2）系统图设计

在各标准层平面图设计基础上，通过对建筑物楼层的定义，该软件还可以进行干线子系统等设计，采用自动或手动方式生成综合布线系统图。

（3）统计计算及智能分析

利用布线设计软件完成平面设计和系统图设计后，使用者可以不必脱离设计环境，即对整个综合布线系统中所需的信息插座、配线架、水平线缆、主干线缆、穿线管、走线槽等部件自动计算、自动统计。在计算统计结果过程中，布线设计软件可根据规范，智能检测各级配线架间的连线长度是否满足设计规范要求，查看综合布线的线缆与其它管线之间的最小净距是否符合规定。

（4）其他辅助功能：使用者所设计的图纸可按不同比例出图，各种设备材料表可用图形和文本方式输出。另外，布线设计软件的专业符号库功能灵活便捷，用户可以根据情况，方便的分类，添加各种设计所需的专业符号。在参数设定、图示、标注等方面，布线设计软件为用户提供了简便的自定义功能，只作简单的操作就可将用户定义的参数、图示等加入系统。设计中所有的数据均用数据库进行管理，并与图中对应部件双向联动，修改数据库中的部件记录，图中的部件同时修改。一些设计软件还集成了综合布线系统管理功能。

典型的综合布线设计软件有 VisualNet、Netviz。

① VisualNet 是通过图形化的方式，把实物图形、属性数据、连接关系、电子文档以及分布在企业内部的各种 ERP、MIS 系统中的数据库相结合，为用户提供一个直观、高效的专业设计管理平台。VisualNet 同时还具备了强大的数据驱动能力，当数据发生变化时，系统会根据设定的范围值，自动进行图形闪烁、红色指示、告警、与第三方程序联动。VisualNet 还拥有全球 1 200 多家知名企业的 10 万多个设备模板图库，涵盖了计算机网络、语音通信、有线电视、监控、智能照明、电力、化工、市政管网的方方面面，为用户在项目决策、设计、建设、运营、维护和安全保

障方面提供一个虚拟现实的应用环境。

② Netviz 提供一种可制作网络图形、系统及流程文件的有效方案。软件将绘图及动态数据管理集合在一起。它能轻松地建立图形文件。对大规模系统的文件设计了独特的多层次图表，并可方便地在各层间浏览。

VisualNet、netviz 具体的使用方法请参考相关书籍和网站提供的使用手册。

三、任务实施——设计建筑物或建筑群综合布线系统方案书

以你所在学校某大楼（在项目一和项目二中现场考察过的大楼）为对象，设计其综合布线系统。

（一）实施准备

综合布线系统设计方案是综合布线系统的指导性技术文件，设计方案首先确定系统的拓扑结构，然后说明设计依据的标准和技术规范，确定信息类型和数量，选择布线产品，设计各子系统的内容、预算材料和工程费用。工程开工后，工程施工、工程监理和工程验收测试都以设计方案为依据，因此，设计方案在综合布线系统中占有举足轻重的地位。综合布线厂商和综合布线系统集成商都有自己的方案设计模板，虽然综合布线系统的规模和性质不同，但设计方案的主要内容大体相同。

（二）综合布线系统方案设计书格式示例

××综合布线系统设计方案

1. 概述
1.1 工程概况

包括如下内容：建筑物的楼层数；各层房间的功能概况；楼宇平面的形状和尺寸；层高，各层的层高有可能不同，要列清楚，这关系到电缆长度的计算；竖井的位置，竖井中有哪些其他线路，例如消防报警、有线电视、音响和自控等，如果没有专用竖井则要说明垂直电缆管道的位置；甲方选定的设备间位置；电话外线的端接点；如果有建筑群干线子系统，则要说明室外光缆入口；楼宇的典型平面图，图中标明主机房和竖井的位置。

1.2 布线系统总体结构

包括该布线系统的系统图和系统结构的文字描述。

1.3 设计目标

阐述综合布线系统要达到的目标。

1.4 设计原则

列出设计所依据的原则，如先进性、经济性、扩展性、可靠性等。

1.5 设计标准

包括综合布线设计标准、测试标准和参考的其他标准。

1.6 布线系统产品选型

探讨下列选择：Cat 5e、Cat 6、Cat6A 类布线系统的选择，布线产品品牌的选择，屏蔽与非屏蔽的选择和双绞线与光纤的选择。

2．综合布线系统设计

2.1　工作区子系统设计

描述工作区的器件选配和用量统计。

2.2　配线子系统设计

配线子系统设计应包括信息点需求、信息插座设计和水平电缆设计三部分。

2.3　干线子系统设计

描述垂直主干的器件选配和用量统计以及主干编号规则。

2.4　设备间子系统设计

包括设备间、设备间机柜、电源、跳线、接地系统等内容。

2.5　管理子系统设计

描述该布线系统中每个配线架的位置、用途、器件选配、数量统计和各配线架的电缆卡接位置图。描述宜采用文字和表格相结合的形式。

2.6　建筑群子系统设计

建筑物间布线系统设计。

2.7　进线间设计

包括进线间的位置及具体要求。

2.8　防护系统设计

包括电气防护、防火、接地等设计。

3．综合布线系统施工方案

详细内容见项目七。包括管理构架、人员安排、施工工具、技术管理、材料管理、进度管理、质量管理、安全管理等。

4．验收测试

在综合布线系统中有永久链路和通道两种测试，应对测试链路模型、所选用的测试标准和电缆类型、测试指标和测试仪作简略介绍。

5．综合布线系统的维护管理

此节内容包括布线系统竣工交付使用后，移交给甲方的技术资料，包括：信息点编号规则、配线架编号规则、布线系统管理文档、合同、布线系统详细设计和布线系统竣工文档（包括配线架电缆卡接位置图、配线架电缆卡接色序、房间信息点位置表、竣工图纸、线路测试报告）。

6．培训、售后服务与保证期

包括对用户的培训计划，售后服务的方式以及质量保证期。

7．综合布线系统材料总清单

包括综合布线系统材料预算和工程费用清单，其中工程费有两种结算方式，第一种按安装信息点数量、测试信息点数量、熔接光纤芯数、安装光缆长度数量计算工程费用，如按安装一个信息点 40 元、测试一个信息点 2 元、每熔接 1 芯光纤 10 元、每敷设 1m 室外光缆 3 元计算工程费。第二种按材料设备费用的百分比计算工程费用，一般根据工程量大小和复杂程度以材料设备费的 10%～20%计算工程费。

8．图纸

包括图纸目录、图纸说明、网络系统图、布线拓扑图、管线路由图、楼层信息点平面图、机柜信息点分布图等。

（三）实施步骤

（1）需求分析

（2）绘制图纸

网络拓扑图、综合布线系统拓扑图、楼层管线路由及信息点分布图。

（3）编制方案书

任务三 设计数据中心综合布线系统

一、任务分析

随着网络建设的成熟、信息化业务范围和业务量的扩大，数据中心的概念应运而生，数据中心作为企业内部支撑平台以及对外运营的业务平台，不再是原有的"机房"或"设备间"的概念，而是成为了软硬件支持以及运营维护为一体的基础平台。数据中心已成为近几年网络建设的热点，相应的数据中心综合布线也成为楼宇综合布线和园区综合布线后的又一发展方向。

数据中心概念推出后，国际标准化组织制定了相应的标准，分别有：ANSI/TIA 942 2005，《数据中心电信设施标准》；ISO/IEC 24764，《信息技术—数据中心通用布线标准》；CENELEC EN 50173-5，《信息技术—通用布线标准—数据中心》；TIA/EIA 606 A.1，《数据中心计算机房的管理标准》；ANSI-BICSI-002，《数据中心设计和实施指南（草）》（2009.12）。我国也于 2008 年 11 月 12 日发布了从 2009 年 6 月 1 日起实施的国家标准：《电子信息系统机房设计规范》GB 50174—2008，同时由中国工程建设标准化协会信息通信专业委员会综合布线工作组于 2008 年 7 月颁布了《数据中心布线系统的设计与施工技术白皮书》。

二、相关知识

（一）有关数据中心

1. 数据中心系统组成

数据中心可以是一个建筑物或建筑物的一个部分，主要用于容纳计算机房及其支持空间。数据中心内放置核心的数据处理设备，是企业的"大脑"，数据中心的建立是为了全面、集中、主动并有效地管理和优化 IT 基础架构，实现信息系统的高可管理性、高可用性、高可靠性和高可扩展性，保障业务的顺畅运行和服务的及时传递。数据中心主要有以下功能。

① 一个需要进行本地的数据计算、数据存储和安全地联网所有设备的地方。

② 为所有设备运转提供所需的电力。

③ 在设备参数下，为设备运转提供一个温度受控环境。

④ 为所有数据中心内部和外部的设备提供安全可靠的网络连接。

数据中心从功能上可以分为核心计算机房和其他支持空间，支持空间包括办公室、进线室、电源室、操作中心、内部电信间和储藏及装载室。其组成如图 3-26 所示。

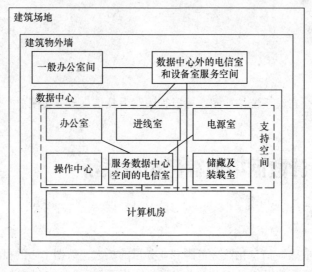

图 3-26 数据中心组成

2. 机房等级

（1）GB 50174—2008 分级

按照 GB 50174—2008《电子信息系统机房设计规范》，数据中心可根据使用性质、管理要求及由于场地设备故障导致电子信息系统运行中断在经济和社会上造成的损失或影响程度，分为 A、B、C 三级。

A 级为容错型。在系统需要运行期间，其场地设备不应因操作失误、设备故障、外电源中断、维护和检修而导致电子信息系统运行中断。

B 级为冗余型。在系统需要运行期间，其场地设备在冗余能力范围内，不应因设备故障而导致电子信息系统运行中断。

C 级为基本型。在场地设备正常运行情况下，应保证电子信息系统运行不中断。

GB 50174—2008 中已对 A、B、C 级机房从机房位置选择、环境要求、建筑与结构、空气调节、电气技术、供电电源质量、机房布线、环境和设备监控系统、安全防范、给水排水和消防共 11 个方面进行了详细的规定。表 3-10 所列为其中对机房布线的规定，其他请参阅 GB 50174—2008。

表 3-10　　　　　　　　各级电子信息系统机房"机房布线"技术要求

项　　目	技 术 要 求			备　　注
	A 级	B 级	C 级	
承担信息业务的传输介质	光缆或 6 类及以上对绞电缆，采用 1+1 冗余	光缆或 6 类及以上对绞电缆，采用 3+1 冗余		
主机房信息点配置	不少于 12 个信息点，其中冗余信息点为总信息点的 1/2	不少于 8 个信息点，其中冗余信息点为总信息点的 1/4	不少于 6 个信息点	表中所列为一个工作区的信息点
支持区信息点配置	不少于 4 个信息点		不少于 2 个信息点	表中所列为一个工作区的信息点

续表

项 目	技 术 要 求			备 注
	A 级	B 级	C 级	
采用实时智能管理系统	宜	可		
线缆标识系统	应在线缆两端打上标签			配电电缆也应采用线缆标识系统
通信线缆防火等级	应采用 CMP 级电缆，OFNP 或 OFCP 级光缆	宜采用 CMP 级电缆，OFNP 或 OFCP 级光缆		也可采用同等级的其他电缆或光缆
公用电信配线网络接口	2 个以上	2 个	1 个	

（2）国际正常运行时间协会分级

按照数据中心支持的正常运行时间，国际正常运行时间协会将数据中心分为 4 个等级。按照不同的等级，对数据中心内的设施要求也将不同，越高级别要求越严格，一级为最基本配置没有冗余，四级则提供了最高等级的故障容错率。在 4 个不同等级的定义中，包含了对建筑结构、电信基础设施、安全性、电气、接地、机械及防火保护等的不同要求。表 3-11 列出了数据中心的可用性指标，表 3-12 列出了数据中心针对布线系统的分级指标。

表 3-11　　　　　　　　　　　　数据中心可用性指标一览表

项目	一级	二级	三级	四级
可用性	99.671%	99.749%	99.982%	99.995%
年宕机时间	28.8 小时	22.0 小时	1.6 小时	0.4 小时

表 3-12　　　　　　　　　　　　数据中心布线系统分级指标一览表

项 目	一级	二级	三级	四级
布线、机架、机柜和通道满足 TIA 标准	是	是	是	是
接入运营商的不同入口路由和入口孔间隔 20m 以上	否	是	是	是
冗余接入运营商服务	否	否	是	是
次进线室	否	否	是	是
次配线区	否	否	否	可选
冗余主干路由	否	否	是	是
冗余水平布线	否	否	否	可选
路由器和交换机有冗余电源和处理器	否	是	是	是
多个路由器和交换机用于冗余	否	否	是	是
对配线架、插座和线缆按照 ANSI/TIA/EIA 606 A 和 ANSI/TIA 942 附录 B 的相关条款进行标注。机柜和机架前后方均标注	是	是	是	是
以线缆两端的连接名称来标注跳线的两端	否	否	是	是
对配线架和跳线按照 ANSI/TIA/EIA 606 A 和 ANSI/TIA 942 附录 B 的相关条款编制文档	否	否	是	是

（二）数据中心布线设计

1. 数据中心布线空间组成

数据中心布线包括核心计算机房内布线和计算机房外布线，如图 3-27 所示。

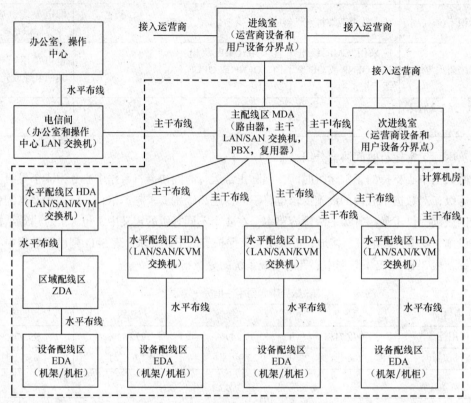

图 3-27 数据中心布线组成

（1）计算机房的布线

数据中心计算机房的布线空间包括主配线区、水平配线区、区域配线区和设备配线区。

① 主配线区（MDA）。主配线区包括主交叉连接（MC），它是数据中心结构化布线分配系统的中心点。当设备直接连接到主配线区时，主配线区可以包括水平交叉连接（HC）。主配线区配备为数据中心网络服务的核心路由器、核心交换机、核心存储区域网络交换设备和 PBX 设备。有时接入运营商的设备（如 MUX 多路复用器）也被放置在主干区域，以避免因线缆超出额定传输距离而建立第二个进线设备间。主配线区位于计算机房内部，为提高其安全性主配线区也可以设置在计算机房的一个专属空间内。每一个数据中心应该有至少一个主配线区。

主配线区可以服务一个或多个数据中心内部的水平配线区或设备配线区，以及一个或多个数据中心外部的电信间，为办公区域、操作中心和其他一些外部支持区域提供服务和支持。

② 水平配线区（HDA）。HDA 类似于 GB 50311—2007 中定义的楼层电信间，水平配线区用来服务不直接连接到主配线区 HC 的设备。水平配线区主要包括水平配线架，为终端设备服务的局域网交换机、存储区域网交换机和 KVM 交换机。小型的数据中心可以不设水平配线区，而由主配线区来支持。但是，一个标准的数据中心必须有若干个水平配线区。一个数据中心可以有放

置于各个楼层的计算机房，每一层至少有一个水平配线区，如果设备距离超过水平线缆长度限制，可以要求附加的水平配线区。

在数据中心中，水平配线区为位于设备配线区的终端设备提供网络连接，连接数量取决于连接的设备端口数量和线槽通道的空间容量，应该为日后的发展预留空间。

③ 区域配线区（ZDA）。在大型计算机房中，为了获得在水平配线区与终端设备之间更高的配置灵活性，水平布线系统中可以包含一个可选择的对接点，叫做区域配线区。区域配线区位于设备经常移动或变化的区域，可以采用机柜或机架，也可以是集合点（CP）箱。

区域配线区不可使用交叉连接，在同一个水平线缆布放中不得超过一个区域配线区。区域配线区中不可使用有源设备。

④ 设备配线区（EDA）。设备配线区是分配给终端设备的空间，可以包括计算机系统和通信设备，刀片服务器和服务器外围设备。设备配线区的水平线缆端接在固定于机柜或机架的连接硬件上。需为每个设备配线区的机柜和机架提供充足的电源插座和连接硬件，使跳线和电源线长度最小化。标准建议 EDA 区至少两个出口，为一些应用（如无线接入点，IP 摄像机、自动控制系统等）考虑的线缆也要规划并在此端接好。

（2）计算机房外布线

数据中心计算机房外布线空间包括进线室、电信间和数据中心支持空间。

① 进线室。进线室是数据中心结构化布线系统和外部网络之间的接口，摆放用于分界的硬件。基于安全目的，进线室宜设置在机房之外。根据冗余级别或层次要求的不同，进线室可能需要多个，以连接第二个外部网络服务提供者。如果数据中心非常的大，次进线室就显得非常必要，这是为了让进线室尽量与机房设备靠近，以使它们之间的连接不超过线路的最大传输距离。

进线室的设置主要用于电信线缆的接入和运营商的有源设备的放置。在进线室内电信线缆经过交叉转接，接入数据中心内。如果进线室设置在计算机房内部，则与总配线（MDA）区合并。

② 电信间。电信间是数据中心内支持计算机房以外的布线的空间。电信间用于安置为数据中心的正常办公及操作提供本地数据、视频和语音通信服务的各种设备。电信间一般位于计算机房外部，但是如果有需要，它也可以和主配线区或水平配线区合并。

数据中心电信间与建筑物电信间属于功能相同但服务对象不同的空间，建筑物电信间主要服务楼层配线设施。

③ 数据中心支持空间。数据中心支持空间是计算机房外部专用于支持数据中心运行的设施空间。其中包括操作中心、办公室、监控室、电源室、储藏室、设备测试室、装载室等。

2. 数据中心网络布线规划与拓扑结构

（1）数据中心网络布线规划

在数据中心建设规划和设计时，要求对数据中心建设有一个整体的了解，需要较早、较全面地考虑与建筑物之间的关联与作用。综合考虑和解决场地规划布局中，有关建筑、电气、机电、通信、安全等多方面协调的问题。

在新建和扩建一个数据中心时，电信布线结构、设备平面规划、电气规划、建筑规划、供暖通风及空调、环境安全、消防措施、照明等方面需要协调设计。在数据中心规划与设计时的六步建议过程如下

① 评估电信设备、空间、通电和数据中心满负荷的冷却要求，并预估将来的冷却趋势。

② 提供场地、电源、空调、安全、底板载重、接地、漏电保护和其他的建筑和工程上的要求，

为操作中心、载荷区、储藏区、活动区域和其他区域提出要求。

③ 针对建筑工程方面，给出在数据中心空间上的初步规划。

④ 创建一个设备建筑平面图，包括进线间、主配线区、水平配线区、设备配线区的布置，为工程师提供预期的供电、冷却和设备的底板载重要求。为电信布线路径提出要求。

⑤ 将电信路径、供电设备和机械设备添加到数据中心的平面图内。

⑥ 在数据中心内各配线区域布置的基础上设计电信布线系统。

（2）数据中心网络布线拓扑结构

连接数据中心空间的布线系统组成了数据中心布线系统的基本星形拓扑结构元素，以及这些元素间的关系，如图 3-28 所示。

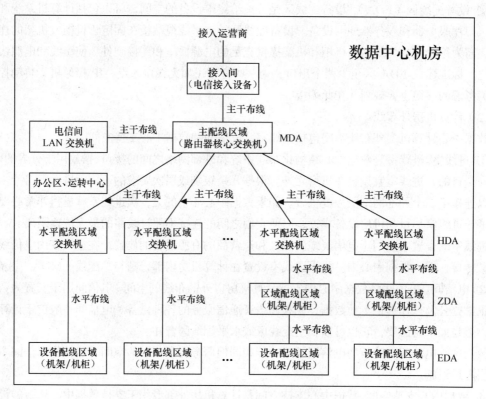

图 3-28　数据中心网络布线拓扑结构

数据中心布线系统包括以下基本元素。

- 水平布线。
- 主干布线。
- 设备布线。
- 主配线区的主交叉连接。
- 电信间，水平配线区或主配线区的水平交叉连接。
- 区域配线区内的区域信息插座或集合点。
- 设备配线区内的信息插座。

① 水平布线系统。水平布线采用星形拓扑结构，每个设备配线区的端接应通过水平线缆连接到水平配线区或主配线区的水平交叉连接。水平布线包含水平线缆、端接、跳线、以及区域配线

区的区域插座或集合点。在设备配线区的端接和水平配线区的水平交叉连接之间的水平布线，不能含有多于一个的区域配线区的集合点。如图 3-29 所示，图（a）为 HDA 直连到 EDA，图（b）为 HDA 经 1 个 ZDA 连至 EDA。

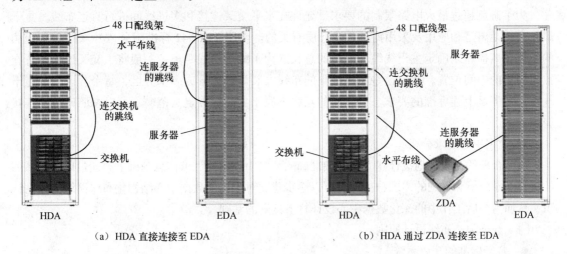

（a）HDA 直接连接至 EDA　　　　　　　（b）HDA 通过 ZDA 连接至 EDA

图 3-29　HDA 连接至 EDA 方式

为了适应目前的电信需求，水平布线系统的规划设计应尽量避免以后的维护和重新安装，同时也应该适应未来的设备和服务变更。不管采用何种传输介质，水平链路的最大距离不超过 90m，水平信道的最大距离不超过 100 m。若数据中心没有水平配线区，包含设备线的光纤布线的最大距离不超过 300 m，不包含设备线的铜缆布线的最大距离不超过 90 m，包含设备线的铜缆布线的最大距离不超过 100 m。

如果在配线区使用过长的跳线和设备线，则水平线缆的最大距离应适当减小。参照 TIA 942 标准附录 A 中关于基于应用的布线距离描述来确定水平线缆和跳线的总长能满距离和传输的要求。

基于补偿插入损耗的考虑，区域配线区线缆的最大长度由以下公式得出：

$$C=(102-H)/(1+D)$$

$Z=C-T\leqslant 22$ m（对于 24 AWG UTP/ScTP）或 $\leqslant 17$ m（对于 26 AWG ScTP）

式中：C——区域配线区线缆、设备电缆和跳线的长度总和；

H——水平线缆的长度（$H+C\leqslant 100$ m）；

D——跳线类型的降级因子，对于 24 AWG UTP/24 AWG ScTP 取 0.2，对于 26 AWG ScTP 取 0.5；

Z——区域配线区线缆的最长距离；

T——跳线和设备电缆的长度总和。

对于设备配线区内相邻或同一排的机架和机柜内的设备之间，允许点对点布线，长度不大于 15 m。

② 主干布线系统。主干布线采用一级星形拓扑结构，连接主配线区、水平配线区和进线室。主干布线包含主干线缆、主交叉连接、水平交叉连接、端接以及跳线。主干布线可以支持数据中心在不同阶段的使用者。在每段使用期内，主干布线设计应考虑无须增加新的布线就能适应服务要求的增长及变更。每个水平配线区的水平交叉连接直接与主配线区的主交叉连接相连，不允许

有多层交叉连接。

为了达到充分的冗余，标准允许水平分配区 HDA 间的直连，这种直连是非星形结构，用于支持常规布线距离超过应用要求距离的情况。

为了避免超过最大电路限制的要求，允许在水平交叉连接和多进线间进行直连布线。主干最长支持距离是和应用及采用何种传输介质有关的。参照 TIA 942 标准附录 A 中关于基于应用的布线距离描述来确定主干线缆和跳线的总长。为了缩短布线距离，一般将主交叉连接设置在数据中心的中间位置。超出这些距离极限的布线安装可以拆分成多个分区，每个分区内的主干长度都能满足上述标准的要求。分区间的互联不属于上述标准定义范畴，可以参照广域网连接应用。

3. 数据中心需求分析

科学合理的布线规划设计建立在详细准确的数据中心用户需求信息基础上，通过以下一系列的设计考虑分析和详细的需求分析表，可以逐步建立对于构建数据中心结构化布线网络的感性认识，从而为今后工作中的深化数据中心设计打下良好的基础。

（1）数据中心布线设计原则

● 基于标准的开放系统。
● 综合考虑扩容需求的高性能和高带宽，预留充分的扩展备用空间。
● 支持 10 吉比特或更高速率的技术。
● 支持新型存储设备。
● 支持充分考虑扩容需求的聚合点。
● 高质量，可用性和可量测性。
● 冗余性。
● 高容量和高密度。
● 易于移动增加和改动的灵活性和可扩展性。
● 交叉连接空间的管理。
● 采用交叉连接方式，只需通过跳线完成移动、增加和变更，降低管理维护时间。

（2）需求设计规划表

基于以上布线设计考虑，我们可以整理出一份数据中心结构化布线用户设计规划表如表 3-13 所示。

表 3-13 数据中心结构化布线用户设计规划表

项目	内 容	规 划	备 注
一、数据中心可用性分级			
1	分级选择		
二、接入运营商及进线室			
1	是否有多个运营商		
2	接入线路是否有冗余		
3	是否有多个进线室		
4	进线室是否设在计算机房内		
	……		

续表

项目	内　容	规　划	备　注
三、电信空间			
1	数据中心有几个分区（层）		
2	分区之间的连接数量		
3	主配线区位置		
4	主配线区连接数量		
5	水平配线区位置		
6	水平配线区连接数量		
7	设备配线区位置		
8	设备配线连接数量		
9	电信间位置		
10	电信间连接数量		
11	各支持空间位置		
12	各支持空间连接数量		
	……		
四、建筑和结构			
1	防静电地板网格尺寸		
2	防静电地板高度		
3	防静电地板至楼顶高度		
4	天花板吊顶高度		
5	机柜顶部空间		
	……		
五、机架和机柜			
1	进线间使用机架/机柜		
2	进线间机架/机柜内设备类型		
3	主配线区使用机架/机柜		
4	主配线区内设备类型		
5	水平配线区使用机架/机柜		
6	水平配线区内设备类型		
7	设备配线区机架/机柜		
8	设备配线区内设备类型		
9	机架规格		
10	机柜规格		
11	机架/机柜是否满足空气流通要求		
12	机架/机柜接地要求		
13	机架/机柜抗震要求		
	……		

续表

项目	内　容	规　划	备　注
六、布 线 通 道			
1	走线方式		
2	冷热通道考虑		
3	通道选型		
4	通道间隔		
5	通道走向		
	……		
七、布 线 系 统			
1	是否有主干		
2	主干线缆类型（一）		
3	主干线缆类型（二）		
4	主交叉连接类型（铜）		
5	主交叉连接类型（光）		
6	水平交叉连接类型（铜）		
7	水平交叉连接类型（光一）		
8	水平交叉连接类型（光二）		
9	是否有水平		
10	水平线缆类型（一）		
11	水平线缆类型（二）		
12	是否有区域布线		
13	是否有双线路冗余		
14	水平交叉连接间是否有互连		
15	设备之间是否有点到点互连		
	……		
八、布 线 测 试			
1	测试方法/设备（铜）		
2	测试依据（铜）		
3	测试方法/设备（光）		
4	测试依据（光）		
	……		
九、布 线 管 理			
1	ID 编码方式		
2	线缆/跳线标注方式		
3	连接硬件标注方法		
4	是否彩色编码		
5	文档如何管理		

项 目	内 容	规 划	备 注
	九、布 线 管 理		
6	是否使用电子智能管理		
	……		
	十、其 他		
	……		

4. 产品选择、机房设备与布置（典型）

（1）线缆

布线标准认可多种介质类型以支持广泛的应用，但是建议新安装的数据中心采用高容量的布线介质以使其适应能力最大化，并保持基础布线的使用寿命。

推荐使用的布线传输介质有以下几种。

① 100Ω 平衡双绞线，建议 6 类、6A 类或 7 类。

② 多模光缆：62.5/125μm 或 50/125μm，建议选用 50/125μm，850μm 工作波长的激光优化多模光缆。

③ 单模光缆。

除以上介质外，认可的同轴介质为 75Ω（型号是 734 和 735）同轴电缆（符合 TelcordiaGR-139-CORE）及同轴连接头（ANSI T1.404）。这些电缆和连接头被建议用于支持 E-1 及 E-3 电路。

在数据中心机房设计时，应根据机房的等级、线缆的敷设场地和敷设方式等因素选用相应的线缆，使其灵活支持所对应的服务；具有长久的使用寿命；尽量少地占用空间；具有更好的布线信道容量；满足设备制造商的推荐。

（2）机架/机柜

机架为开放式结构，一般用于安装配线设备，有 2 柱式和 4 柱式两种。机柜为封闭式结构，一般用于安装网络设备、服务器和存储设备等，也可以安装配线设备，有 600×600、600×800、600×900、600×1 000、600×1 200、800×800、800×1 000、800×1 200（单位为 mm×mm）等规格。机架和机柜最大高度为 2.4m，推荐的机架和机柜最好不高于 2.1m，以便于放置设备或在顶部安装连接硬件。推荐使用标准 19 英寸宽的机架/机柜。

机柜深度要求足够安放计划好的设备，包括在设备前面和后面预留足够的布线空间，装有方便走线的线缆管理器、电源插座和电源线。为确保充足的气流，机柜深度至少比设备最深部位多150 mm（6 in）。机柜要求有可前后调整的轨道。轨道要求提供 42U 或更大的安装空间。

（3）配线架

为满足企业的成本效益要求，数据中心要求更高密度的设备以及应用空间。因此，在数据中心中使用的配线架布线产品应能满足高密度，方便端口的维护或更换和能清楚方便地进行端口识别等要求。

模块化的配线架可以灵活配置机架/机柜单元空间内的端接数量，既减少端口浪费又便于日后的维护变更。常用的配线架通常在 1U 或 2U 的空间可以提供 24 个或 48 个标准的 RJ45 接口，而使用高密度配线架可以在同样的机架空间内获得高达 48 个或 72 个标准的 RJ45 接口，从而大大提高了机柜的使用密度，节省了空间。

角型配线架允许线缆直接从水平方向进入垂直的线缆管理器，而不需要水平线缆管理器，从而增加了机柜的密度，可以容纳更多的信息点数量。凹型配线架（见图 3-30）主要应用在需要在服务器机柜背部进行配线的情况下，配线架向下凹陷，因此，即使关闭服务器机柜的背板，也不会压迫到任何的跳线，且方便维护操作人员快捷的接入整个配线界面。

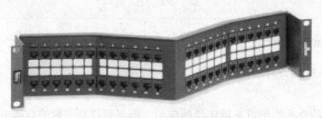

图 3-30　凹型配线架

高密度的光纤配线架，配合高密度的小型化光纤接口，可以在 1U 空间内容纳至少 48 芯光纤，并具备人性化的抽屉式托盘管理和全方位的裸纤固定及保护功能，更可配合光纤预连接系统，做到即插即用，节省现场施工时间。

（4）线缆管理器（理线器）

在数据中心中，通过水平线缆管理器和垂直线缆管理器来实现对机柜或机架内空间的整合，以提升线缆管理效率，使系统中杂乱无章的跳线管理得到很大的改善，如图 3-31 所示。水平线缆管理器主要用于容纳内部设备之间的跳线，有 1U 和 2U，单面和双面，有盖和无盖等不同结构组合，线缆可以从左右上下出入，有些还具备前后出入能力。垂直线缆管理器分机柜内和机柜外两种。机柜内的垂直线缆管理

图 3-31　数据中心线缆管理器

器主要用于管理机柜内部设备之间的跳线，一般配备滑槽式盖板；机柜外的垂直线缆管理器主要用于管理相邻机柜之间的跳线，一般配备可左右开启的铰链门。

（5）跳线

在数据中心中，通过跳线来实现端口的连接。跳线可分为铜缆跳线和光纤跳线。它们的性能指标应满足相应标准的要求。光跳线应与光缆的等级保持一致，光跳线接口应与网络设备、配线设备保持一致。

（6）预端接系统

在建筑物/建筑群综合布线系统的传统安装中，铜缆和光缆链路在施工现场装配。如光缆安装时，将光缆从轴装光缆中抽出，按需要剪切长度，连接至配线架上的配线面板，并在每端现场端接连接器，然后将光缆两端装入配线架上的适配器。最后测试整个链路的连接性和衰减性。相较于传统方法而言，另一种安装方式是采用LJ预端接方案。那些安装中诸如光缆外护套剥除、光缆分支、连接器安装和硬件组装等耗时的步骤都可以在工厂内完成，再将整个产品运送到工地现场，接下来就是快捷的安装。

预端接系统是一套高密度，由工厂端接、测试的，符合标准的模块式连接解决方案。预端接

系统包括配线架、模块插盒和经过预端接的铜缆和光缆组件。预端接系统的特点如下。

① 经过工厂端接和测试的铜缆、光缆可以提供可靠的质量和性能。

② 基于模块化设计的系统允许安装者快速便捷地连接系统部件,实现了铜缆和光缆的即插即用,降低了系统安装的成本。

③ 当移动大数量的线缆时,预端接系统可以减少移动所带来的风险。

④ 预连接系统在接口、外径尺寸等方面具有的高密度优点节省了大量的空间,在网络连接上具有很大的灵活性,使系统的管理和操作都非常方便。

图 3-32 所示为光缆传统安装与预端接系统对应图,图 3-33 所示为康普公司的一款预端接光缆。

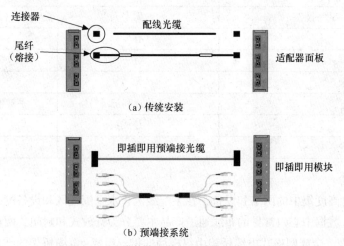

图 3-32 光缆传统安装与预端接系统对应图

（7）管理

① 标签标识。数据中心内的每一电缆、光缆、配线设备、端接点、接地装置、敷设管线等组成部分均应给定唯一的标识符。标识符应采用相同数量的字母和数字等标明,按照一定的模式和规则来进行。具体要求与建筑物/建筑群综合布线系统标签管理相同。

图 3-33 康普公司的一款预端接光缆

完成标识和标签之后,要对所有的管理设施建立文档。文档应用计算机进行记录与保存。简单且规模较小的布线工程可按图纸资料等纸质文档进行管理,并做到记录准确、更新及时、便于查阅、文档资料应实现汉化。

② 布线管理系统。可采用纯软件的布线管理系统或软硬件集成的智能电子布线管理系统来对布线系统进行管理。表3-14所示为两种布线管理系统功能的比较。

表3-14　　　　　　　　　　　　布线管理系统比较

项　目	布线管理系统（软件）	智能电子布线管理系统
系统组成	软件	软件+硬件
系统数据建立	手工录入	手工录入
配线连接变更记录	事后手工记录	手工录入
故障识别	无	有
系统故障恢复后数据同步	无	自动
生成包含设备在内的链路报告	无	有
设备查询功能	有	有
查询和报表功能	有	有
网络及终端设备管理	无	有
工作单流程	手工生成和记录	手工生成，自动确认
图形化界面	是	是
关联楼层平面图	是	是

（8）走线通道

数据中心包含高度集中的网络和设备，在主配线区、水平配线区和设备配线区之间高度整合大量的通信线缆。数据中心内常见的布线通道产品主要分为开放式和封闭式两种。

① 开放式桥架。金属网格式电缆桥架由纵横两向钢丝组成，电缆桥架的结构为网格式的镂空结构。这种开放式桥架具有结构轻便、坚固稳定、散热好、安装简便和线缆维护升级方便等优点，更提高了安装线缆的可视性，使辨别容易，可以选择在地板下或天花板上安装。

② 封闭式线槽。主干是封闭式的不锈钢、铝合金、电镀锌桥架，支线是薄壁镀锌钢管。

（9）接地体与接地网

数据中心内的接地系统为机架和设备提供了一条全铜的、低阻抗的接地路径，保证浪涌电流、感应电流、静电电流等的及时释放，从而最大限度地保护人员和设备的安全，确保网络系统的高性能以及延长设备正常运行时间。接地系统应当考虑以下几点。

● 当建筑物钢结构和金属水管与建筑物接地系统相连时，可以充当电信连接主干（TBB）。

● 数据中心内的机架和机柜应当保持电气连续性。由于机柜和机架带有绝缘喷漆，因此用于连接机架的固定件不可作为接地连接用途，必须使用专用接地连接固定件。

● 数据中心内所有金属元器件都必须与机房内的接地系统连接，其中包括设备、机架、机柜、爬梯、箱体、线缆托架等。

接地系统的设计在满足高可靠性的同时，还必须符合以下标准。

● 满足国家建筑物接地标准及规范。

● 接地系统应当是全铜系统。

● 接地铜舌、压接装置、接地条和接地母线排建议使用镀锡电解铜材质，这样在保证低阻抗的同时，可以避免表面腐蚀。在进行连接之前，应使用抗氧化剂涂抹于连接处。

● 接地铜舌必须是双孔结构，以加强其紧固性，避免其因震动或受力而脱落。

● 接地线缆或跳线应当为绿色或黄绿相间，易于辨识。外护套应为防火材料。

① 主接地。电信主接地母线排（TMGB）应当位于进线室或进线区域。其他区域和房间应当设立电信接地排（TGB）。电信接地排应当回连至电信主接地母线排。TMGB 应当与建筑物钢结构以及建筑物电气接地系统连接。TGB 也应当与各自区域内的建筑物钢结构以及电气接地面板连接。用于连接 TMGB 以及 TGB 的电信接地连接主干（TBB）线缆所应具备的线规如表 3-15 所示。

表 3-15　　　　　　　　　　电信接地连接主干（TBB）线缆线规一览表

TBB 线缆长度/m	TBB 线规（AWG）	TBB 线径/mm
< 4	6	4.11
4～6	4	5.19
6～8	3	5.83
8～10	2	6.54
10～13	1	7.35
13～16	1/0	8.25
16～20	2/0	9.27
> 20	3/0	10.4

TBB 在敷设时，应当尽可能伸直。当在建筑物内使用超过一条 TBB 时，除了需在顶层将所有 TGB 相连外，必须每隔三层使用一个接地均衡器导线。

② 数据中心内接地系统结构。数据中心内的接地连接导线应避免敷设在金属管槽内。如果必须采用金属线槽敷设，接地导线的两端必须同金属管槽连接。

对于小型数据中心，只包括少量的机架或机柜，可以采用接地跳线直接将机柜或机架与 TGB 连接。而大型数据中心，则必须建立共用等电位接地网络（CBN）。不同应用所对应的线缆尺寸可参见表 3-16。

表 3-16　　　　　　　　　　接地导线线缆尺寸一览表

用　途	线 缆 尺 寸
共同等电位接地网络（上方或架空地板下）	#2 AWG（6.54mm）
PDU 或电气面板的连接导线	电气标准或按照制造厂商要求
建筑物钢结构	#6 AWG（4.11mm）
线缆爬梯和托架	#4 AWG（5.19mm）
线槽、水管和其他管路	#6 AWG（4.11mm）

5. 布线安装设计

（1）机柜/机架安装设计

以交替模式排列设备排，即机柜/机架面对面排列以形成热通道和冷通道。冷通道是机架/机柜的前面区域，如果有防静电地板，电力电缆最好分布在地板下面，并通过防静电地板上的开孔从前面的冷通道进入机柜。热通道位于机架/机柜的后部，包含电信布线的线槽。在设备上方，要采用从前到后的冷却配置。针对线缆布局，电子设备在冷通道两侧相对排列，冷气从钻孔的架空地板吹出。热通道两侧电子设备则背靠背，热通道下的地板无孔，其布置如图 3-34 所示，天花板上的风扇则排出热气。

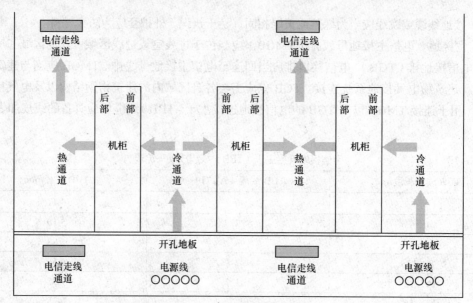

图 3-34 机架/机柜散热布置

地板上用于走线的开口不宜大于需要。减震器或毛刷可安装在开口处阻塞气流。为更好地利用现有的制冷、排风系统，在数据中心设计和施工的时候，应避免造成迂回气流，造成热空气没有直接排出计算机机房；避免空地板下空间线缆杂乱堆放，阻碍气流的流动；避免机柜内部线缆堆放太多，影响热空气的排放。在没有满载的机柜中，建议采用空白挡板以防止"热通道"气流进入"冷通道"，造成迂回气流。

对于适中的热负荷，机柜可以采用以下任何通风措施。

① 通过前后门上的开口或孔通风，提供 50% 以上开放空间。增大通风开放尺寸和面积能提高通风效果。

② 采用风扇，利用门上通风口和设备与机架门间的充足空间推动气流通风。

对于高的热负荷，自然气流效率不高，要求强迫气流为机柜内所有设备提供足够的冷却。强迫气流系统采用冷热通道系统附加通风口的方式。

安装机柜风扇时，要求不仅不能破坏冷热通道性能，而且要能增加其性能。来自风扇的气流要足够驱散机柜发出的热量。

在数据中心热效率最高的地方，风扇要求从单独的电路接线，避免风扇损坏时中断电信设备和计算机设备。

（2）机柜/机架摆放

机柜和机架放置时要求前面或后面边缘沿地板边缘排列，以便于机柜和机架前面和后面的地板取出。

用于机柜走线的地板开口位置应该置于机柜下方或其他不致于造成阻塞的位置；用于机架走线的地板开口位置应该位于机柜间的垂直线缆管理器的下方，或位于机柜下方的底部拐角处。通常，在垂直线缆管理器下安置开口更可取。地板上用于走线的开口不宜大于需要，任何的情况下，地板开口处都应该沿地板边缘排列。机柜和机架的摆放位置应与照明设施相协调。

主机房内通道与设备间的距离应符合下列规定。

● 用于运输设备的通道净宽不应小于 1.5m。

- 面对面布置的机柜或机架正面之间的距离不宜小于 1.2m。
- 背对背布置的机柜或机架背面之间的距离不宜小于 1m。
- 当需要在机柜侧面维修测试时，机柜与机柜、机柜与墙之间的距离不宜小于 1.2m。
- 成行排列的机柜，其长度超过 6m 时，两端应设有走道；当两个走道之间的距离超过 15m 时，其间还应增加走道；走道的宽度不宜小于 1m，局部可为 0.8m。

（3）机柜轨道调整

机柜要求有可前后调整的轨道。轨道要求提供 42U 或更大的安装空间。每 U 单元都应标记以简化设备布置。设备和连接硬件要求固定在机架的轨道上，便于最有效地利用机柜空间。

如果配线架安装在机柜前面，为了给配线架和门之间的线缆管理提供空间，前面轨道应至少缩进 100 mm。同样，如果配线架安装在机柜背面，背面轨道应至少缩进 100 mm。

为防止触及配线架背面，配线架不能同时安装在同一个机柜或机架前后轨道上。

如果电源板安装在机柜的前面或后面轨道，要为电源板和电源线提供足够的净空间。

（4）机柜抗震设计

抗震机架/机柜应用螺栓拴紧到抗震底座上或直接安装到混凝土楼板上。

6．配线设备安装设计

（1）预连接系统安装设计

预连接系统可以用于水平配线区—设备配线区，也可以用于主配线区—水平配线区。预连接系统的设计关键是准确定位预连接系统两端的安装位置，包括配线架在机柜内的单元高度位置和端接模块在配线架上的端口位置，以定制合适的线缆长度。

（2）线缆管理安装设计

在进线间、主配线区和水平配线区，在每对机架之间和每排机架两端应安装垂直线缆管理器，垂直线缆管理器宽度应至少为 83 mm（3.25 in）。在单个机架摆放处，垂直线缆管理器宽度至少为 150 mm（6 in）宽。两个或多个机架一排时，在机架间考虑安装宽度为 250mm（10 in）的垂直线缆管理器，如图 3-35 所示；在一排的两端安装宽度为 150 mm（6 in）的垂直线缆管理器。线缆管理器要求从地板延伸到机架顶部。

在进线间、主配线区和水平配线区，水平线缆管理器要安装在每个配线架上方或下方，水平线缆管理器和配线架的首选比例为 1∶1。

线缆管理器的尺寸和线缆容量应按照 50%的填充度来设计。

管理 6A 类及以上级别线缆的水平管理器宜采用 2U 结构，以满足其最小弯曲半径要求。在放置光纤配线单元的机柜或机架中，线缆管理器不仅要满足线缆管理的容量要求，还必须满足光纤的最小弯曲半径要求。

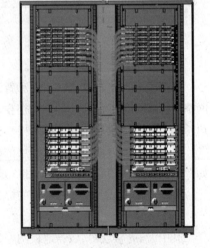

图 3-35　安装垂直线缆管理器的
两台并排机柜

7．标识设计

数据中心中，布线的系统化及管理是相当必要的。数千米的线缆在数据中心的机架和机柜间穿行，必须精确地记录和标注每段线缆、每个设备和每个机柜/机架。

在布线系统设计、实施、验收、管理等几个方面，定位和标识是提高布线系统管理效率，避免系统混乱所必须考虑的因素，所以有必要将布线系统的标识当作管理的一个基础组成部分，从布线系统设计阶段就予以统筹考虑，并在接下去的施工、测试和完成文档环节按规划统一实施，让标识信息有效地向下一个环节传递。

（1）机柜/机架标识

数据中心中，机柜和机架的摆放和分布位置可根据架空地板的分格来布置和标识，依照 ANSI/TIA/EIA 606 A 标准，在数据机房中必须使用两个字母或两个阿拉伯数字来标识每一块 600mm×600mm 的架空地板。在数据中心计算机房平面上建立一个 xy 坐标系网格图，以字母标注 x 轴，数字标注 y 轴，确立坐标原点。机架与机柜的位置以其正面在网格图上的坐标标注如图 3-36 所示。

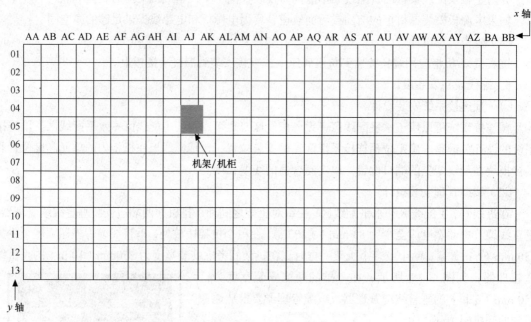

图 3-36 机架/机柜坐标图

所有机架和机柜应当在正面和背面粘贴标签。每一个机架和机柜应当有一个唯一的基于地板网格坐标编号的标识符。如果机柜在不止一个地板网格上摆放，则通过在每一个机柜上相同的拐角（如右前角）所对应的地板网格坐标编号来识别。

在有多层的数据中心里，楼层的标志数应当作为一个前缀增加到机架和机柜的编号中去。例如，上述在数据中心第 3 层的 AJ05 地板网格的机柜标为 3AJ05。

在一般情况下，机架和机柜的标识符可以为以下格式：

$$nnxxyy$$

其中，nn=楼层号，xx=地板网格列号，yy=地板网格行号

在没有架空地板的机房里，也可以使用行数字和列数字来识别每一机架和机柜。在有些数据中心里，机房被细分到房间中，编号则应对应房间名字和房间里面机架和机柜的序号。

（2）配线架标识

① 配线架的标识。配线架的编号方法应当包含机架和机柜的编号和该配线架在机架和机柜中

的位置。在决定配线架的位置时，水平线缆管理器不计算在内。配线架在机架和机柜中的位置可以自上而下用英文字母表示，如果一个机架或机柜有不止 26 个配线架，需要两个特征来识别。

② 配线架端口的标识。用两个或 3 个特征来指示配线架上的端口号。比如，在机柜 3AJ05 中的第 2 个配线架的第 4 个端口可以被命名为 3AJ05-B04。

在一般情况下，配线架端口的标识符可以为以下格式：

$$nnxxyy\text{-A-}mmm$$

其中，nn=楼层号，xx=地板网格列号，yy=地板网格行号，A=配线架号（A~Z，从上至下），mmm=线对/芯纤/端口号。

③ 配线架连通性的标识。配线架连通性管理标识为

$$p1 \text{ to } p2$$

其中，p1=近端机架或机柜、配线架次序和端口数字，p2=远端机架或机柜、配线架次序和端口数字。

为了简化标识和方便维护，考虑补充使用 ANSI/TIA/EIA 606 A 用序号或者其他标识符表示。例如，连接 24 根从主配线区到水平配线区 1 的 6 类线缆的 24 口配线架应当包含标签"MDA to HDA1 Cat 6 UTP 1 24"。图 3-37 所示为用于有 24 根 6 类线缆从 AJ05 机柜连接到 AQ03 机柜（见图 3-38）的 24 位配线架的标签。

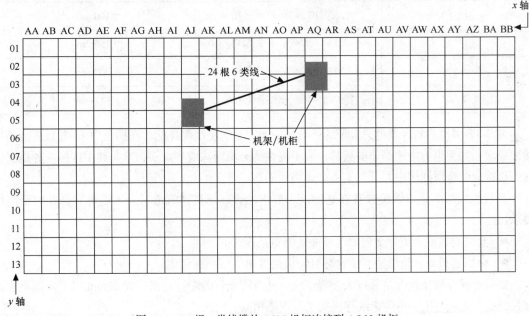

图 3-37 24 根 6 类线缆从 AJ05 机柜连接到 AQ03 机柜

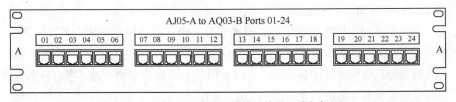

图 3-38 图 3-37 中机柜线缆连接的配线架标识

④ 线缆和跳线标识。连接的线缆上需要在两端都贴上标签，标注其远端和近端的地址。

线缆和跳线的管理标识为

$$p1n/p2n$$

其中，p1n=近端机架或机柜、配线架次序和指定的端口，p2n=远端机架或机柜、配线架次序和指定的端口。

例如，图 3-37 所示的连接到配线架第一个位置的线缆可以包含下列标签：AJ05-A01/AQ03-B01，并且在柜子 AQ03 里的相同的线缆将包含下列标签：AQ03-B01/AJ05-A01

8. 强弱电间隔设计

为了最小化电力电缆对双绞铜缆影响，应当在施工时保证这两种电缆之间的分离距离。在数据中心中强电可以有一个屏蔽层。表 3-17 列出了带屏蔽层的强电电缆和双绞线之间应该保持的最小距离。

表 3–17　　　　　　　　　　数据中心屏蔽电力电缆和双绞线缆间离距离表

电源线数量	电源线类型	间　　距
1～15	20A 110/240V 屏蔽单相	参照 TIA/EIA 569 B 附录 C
16～30	20A 110/240V 屏蔽单相	50mm
31～60	20A 110/240V 屏蔽单相	100mm
61～90	20A 110/240V 屏蔽单相	150mm
> 90	20A 110/240V 屏蔽单相	300mm
1 条以上	100A 415V 三相屏蔽馈电线	300 mm

表 3-17 中描述的屏蔽电力电缆的屏蔽层应当完全包裹线缆（除非在插座中），并且应当满足接地要求。如果电力电缆是非屏蔽的，表中提供的分离距离应当加倍，除非其中任何一种是安装在焊接接地的金属线槽中并且有实心金属挡板隔离。

当数据线缆或强电线缆放置在达到以下要求的金属通道或管道时，不需要对分开的距离作要求：

● 金属通道或管道完全包围线缆并且通道是连续的。

● 金属通道或者管道适当结合并且与应用强电线缆一起接地。

如果非屏蔽数据线缆是通过天花板走线，其与荧光灯的距离要保持在 50mm 以上。如果非屏蔽数据线缆走线与电力电缆走线存在交叉，应采用垂直交叉。

9. 走线通道设计

走线通道敷设应遵循以下规范。

● 走线通道安装时应做到安装牢固，横平竖直，沿走线通道水平走向的支吊架左右偏差应不大于 10mm，其高低偏差应不大于 5mm。

● 走线通道与其他管道共架安装时，走线通道应布置在管架的一侧，当有易燃气体管道时，走线通道应设置在危险程度较低的供电一侧。

● 走线通道应在具有腐蚀性液体管道上方。

● 走线通道应在热力管道下方。

- 易燃易爆气体比空气重时，走线通道应在管道上方。
- 易燃易爆气体比空气轻时，走线通道应在管道下方。

（1）架空地板走线通道

架空地板系统，也被称作活动地板系统，它被应用在支持下走线的数据中心内。在下走线的机房中，线缆不能在架空地板下面随便摆放。

架空地板下线缆敷设在走线通道内，通道可以分开进行多层安装，最大深度不能超过 150mm。金属通道应当被接到数据中心的接地系统上。在计划建筑阶段，安装于地板下的走线通道应当与其他地下系统相协调。

架空地板下空间只作为电信布线使用时，地板高度不宜小于 200mm。当架空地板下的空间既作为电信布线，又作为空调静压箱时，地板高度不宜小于 350mm。

国外 BISCI 的数据中心设计和实施（草案）中定义架空地板高度至少满足 450mm，推荐 900mm。地板底面到地板下通道顶的距离至少保持 20mm，如果有线缆束或内套管的出口则增至 50mm。

（2）天花板走线通道

常用的机柜高度一般为 1.9～2.0m，气流组织所需机柜顶面至天花板的距离一般为 500～700mm，故机房净高不宜小于 2.6m。

如果使用天花板走线通道敷设数据线缆，为了方便管理，最好铜缆线路和光纤线路分开敷设，这样做还可以避免损坏线缆直径较小的光纤线缆。如果有可能的话，光纤线缆最好可以敷设在铜缆的上方。

天花板走线通道可以分开进行多层安装，最大深度不能超过 150mm，通道顶部距楼板或其他障碍物不应小于 0.3m，通道宽度不宜小于 0.1m，通道内横断面的填充率不应超过 50%。

照明器材和洒水装置的喷头应当放在走线通道之间，不能直接放在通道的上面。在多用户共享类型的数据中心，天花板走线通道的底部必须采用实心材料，或者走线通道安装在 2.7m 以上的空间。

天花板走线通道分为槽式、托盘式和梯架式等结构，由支架、托臂和安装附件等组成。架空线缆盘一般由天花板悬挂安装，如果所有的架子和柜子是统一标准高度的，电缆桥架可以附在架子和柜子的顶部，但是这并不是一个规范操作，因为由天花板悬挂安装的线缆盘可以支持各种高度的架子和柜子，并且对于架子和柜子的增加和移动有更大的灵活性。走线通道内线缆垂直敷设时，在线缆的上端和每间隔 1.5m 处应固定在通道的支架上，水平敷设时，在缆线的首、尾、转弯及每间隔 3～5m 处进行固定。

三、任务实施——数据中心结构化布线配置方案

（一）布线拓扑结构

本数据中心采用 TIA 942 标准数据中心基本拓扑结构，设置一个接入室、一个监控和通信室、一个主配线区、多个水平配线区和多个设备配线区。设备配线区的设置是为了满足设备与水平配线区的灵活配置，其拓扑结构如图 3-39 所示。

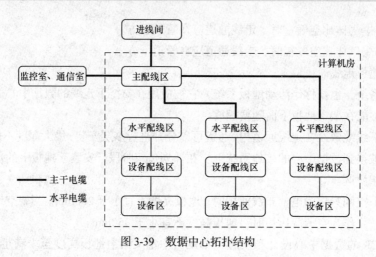

图 3-39 数据中心拓扑结构

（二）布线连接

如图 3-40 所示，用主干电缆（OM310 吉比特光纤为主，6 类双绞线为辅）连接主配线区和水平配线区的列头柜，再由水平配线区的列头柜通过水平电缆（6 类双绞线为主，光纤为辅）连接至设备。在设备与布置不明确的情况下，可以先完成主干电缆至列头柜的安装和布线工程，其设备区的工程可以根据以后的需要进行动态的调整和布局。在设备布置明确但初期建设时设备没有完全布放到位的情况下，可以先将从列头柜至设备配线区的线缆安装到位。

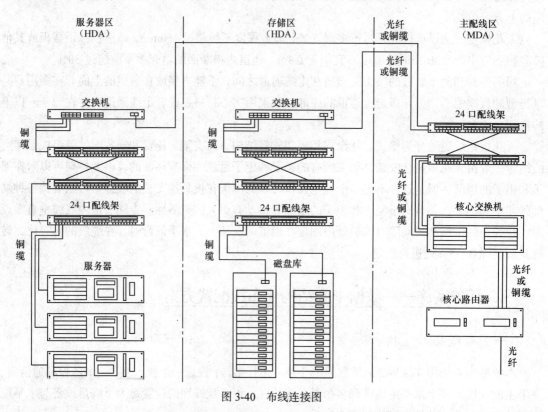

图 3-40 布线连接图

如图 3-41 所示，对于每台服务器机柜，在柜顶安装一个 24 口配线架，组成一个配置灵活、布线施工方便的设备配线区域，机柜内设备端口与配线架端口采用 RJ45 跳线相连。

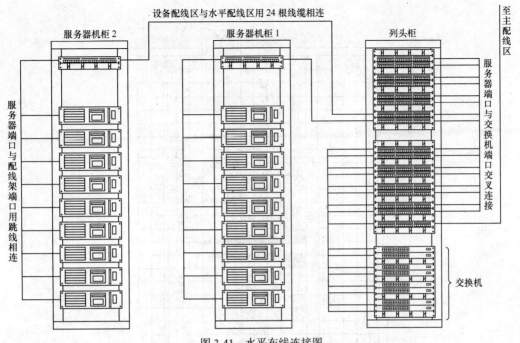

图 3-41 水平布线连接图

对于一列机柜,将每个机柜顶端配线架的背面与列头柜内对应的配线架的背面用线缆直接端接,形成固定的布线连接。列头柜内与服务器机柜相连的配线架数量应与服务器机柜数量相对应。

在列头柜中每一台交换机与 24 口配线架之间形成一个相对固定的连接,每一台交换机的端口对应一个 24 口配线架。

与服务器设备对应连接的配线架和与网络交换设备对应连接的配线架之间采用 RJ45 跳线实现灵活的交叉连接。这两个配线架也可以采用电子配线架。

(三)机柜布局

如图 3-42 所示,机柜的排列与地板下面的机房空调产生的气流平行,机柜采用面对面和背对背排列来形成交互的"冷"和"热"过道,以有效提高设备使用寿命,降低能源损耗。供电电缆与信息电缆成正反"F"型布局而不交叉。

根据机房安装设备的规格尺寸,设计的设备安装柜标准为 2 200mm × 1 100mm × 600mm,并应结合楼层平面建筑立柱的分布情况、楼层能达到的载荷情况,合理安排设备排列距离,使之不仅能达到最大的装机能力,又能保证机房的安全运行,维护方便。

本工程共设置设备安装柜 54 个,UPS 电源分配头柜 6 个。

(四)桥架布置与进线设计

如图 3-43 所示,根据机房楼层平面的特点,设备排列按南北方向成列、面对面排列,南面设计一列 600mm 宽的电源主走线架,北面设计两列 600mm 宽的信号主走线架。机房采用上走线方式,所有设备光、电缆均通过主走线架、列走线架和垂直走线架连接。列走线架距防静电地板面 2 300mm,主走线架距防静电地板面 2 600mm。走线架应有良好的承重能力,以保证设备电缆和电力电缆的安全布放。

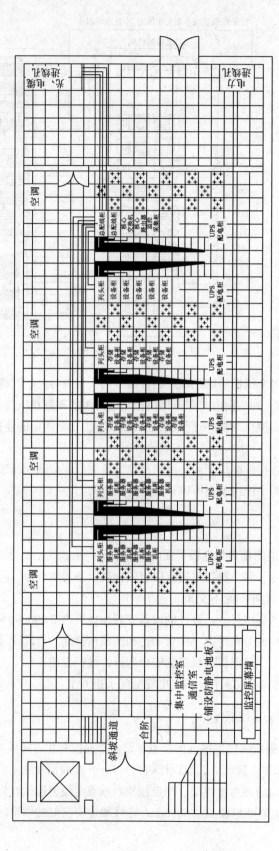

图 3-42　机柜布置图

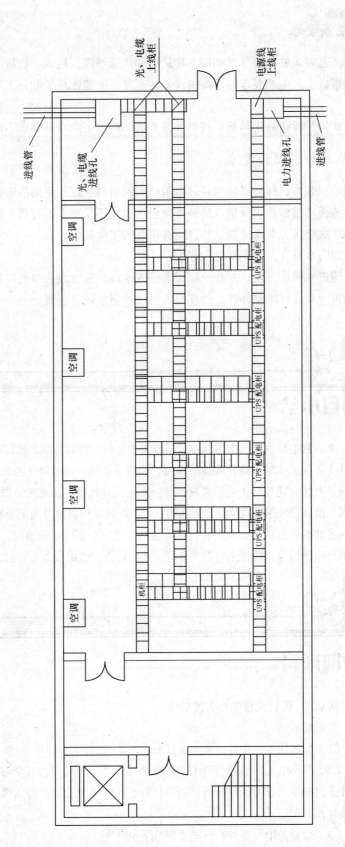

图 3-43 桥架布置及进线图

（五）机房层高要求

机房的层高由工艺要求的净高、结构层、建筑层和风管等高度构成。机房的净高是指地面至梁下或风管下的高度。工艺生产要求的净高由设备的高度、电缆走线架和施工维护所的空间高度等因素确定。

本工程的每层机房均设防静电地板，按照规范要求，机房室内净高要求不低于3.3m。

（六）机房地面、顶棚面要求

如果机房采用吊顶装饰，材料必须为经过降阻处理的材料，以达到防静电要求。机房均设置防静电活动地板，地面均需做防水处理。防静电地板表面应不反光、不打滑、耐腐蚀、不起尘、不吸尘、易于清扫。底座应为金属支架，并且应有可靠的接地。

屋顶层地面需做防水处理，避免有渗水产生。

光缆和电力电缆进入机房一层，并在一层设置进线地沟，在管线入口处应加强进线管道的防水措施，其围护结构应有良好的整体性，并在地沟内设置漏水报警装置。

项目小结

本项目主要内容包括综合布线系统需求分析内容和方法，园区/楼宇综合布线系统设计（包括工作区系统、配线子系统、干线子系统、设备间子系统、进线间子系统、管理子系统、建筑群干线子系统、防护系统设计规范；网络拓扑图、综合布线系统拓扑图、楼层管线路由及信息点分布图、机柜配线架信息点分布图绘制要求），设计方案书内容和编制方法，数据中心设计（包括数据中心布线空间组成，数据中心网络布线规划与拓扑结构，数据中心需求分析，产品选择、机房设备与布置，布线安装设计）。

实训项目

实训1 设计大楼综合布线系统

实训提示

（1）参照任务一中的任务实施要求。

（2）以小组（2~3人）为单位组织教学，指导老师可以在学习本项目时布置本实训任务，学生边学习后续项目，边进行综合布线系统设计，待本课程结束时学生再提交设计方案书。

（3）指导老师可多搜索一些案例给学生参考。

实训 2　绘制数据中心结构化布线图

实训提示

参照任务二中的任务实施中图纸格式，用 AutoCAD 或 Visio 绘制布线连接图、水平布线连接图、机柜布置图、桥架布置及进线图，通过图纸绘制掌握数据中心结构化布线的设计。

习题及思考题

一、选择题

1. 墙面信息插座离地面的高度一般为（　　）？

    A. 10cm　　　　B. 20cm　　　　C. 30cm　　　　D. 40cm

2. 用双绞线敷设水平布线系统，此时水平布线子系统的最大长度为（　　）？

    A. 55m　　　　B. 90m　　　　C. 100m　　　　D. 110m

3. 有关配线子系统中集合点（CP）正确的叙述是（　　）。

    A. 根据现场情况决定是否设置集合点

    B. 必须设置集合点

    C. 同一条配线电缆路由可以设置多个集合点

    D. 集合点到楼层配线架的电缆长度不限

4. 综合布线系统设计中，大对数主干电缆的对数应在总需求线对的基础上至少预留（　　）备用线对（总需求的百分比）？

    A. 5%　　　　B. 10%　　　　C. 20%　　　　D. 50%

5. 与双绞线缆平行敷设的同一路由上有 10 kVA 的 380V 电力电缆，两种电缆间的最少间距应为（　　）？

    A. 13cm　　　　B. 30cm　　　　C. 60cm　　　　D. 100cm

6. GB 50174—2008：《电子信息系统机房设计规范》将机房分为 A、B、C 三级，其中 B 级机房要求铜缆传输介质类别最少为（　　）？

    A. 5e 类　　　　B. 6 类　　　　C. 6A 类　　　　D. 7 类

二、简答题

1. 综合布线系统中如何核算水平布线中双绞线的数量？

2. 简述综合布线系统中标识的种类和用途。

3. 简述综合布线系统接地系统要求。

4. 试述数据中心的空间组成，并画草图表示。

4. 数据中心设计中如何解决机柜/机架散热问题？

5. 简述数据中心中预端接系统的功能。

项目四

安装综合布线系统环境

到已实施综合布线系统的大楼或园区现场，我们能直接看到的只是综合布线系统的外观，如管槽系统、设备间、机柜和信息插座等，我们把它归纳为综合布线系统环境。环境安装属于综合布线工程中的"粗活"部分，在工程实施中，系统集成公司可能外包给施工队施工，但作为项目经理和系统集成工程师，即便不用亲自动手操作，也需担当工程管理之责，以保障整个综合布线系统的质量，使工程顺利通过工程验收。因此，无论是项目经理和系统集成工程师都必须掌握其安装规范和技能。

通过学习本项目应达到以下学习目标。

【知识目标】

（1）熟悉综合布线系统环境安装的各类材料和设备

（2）熟悉综合布线系统环境安装的各型工具

（3）熟悉管槽系统、设备间、机柜和信息插座安装规范

【技能目标】

（1）会安装管槽系统

（2）会安装设备间机柜

（3）会安装信息插座

任务一 安装管槽系统

一、任务分析

无论是室内还是室外，综合布线的通信线缆必须由管槽系统来支撑和保护，室外建筑群子系统有管道、架空等形式，室内有管道、线槽等形式。管槽系统除支撑和保护功

能外，同时要考虑屏蔽、接地和美观等要求。

二、相关知识

安装管槽系统必须按照垂直和水平子系统的路由设计方案进行，首先准备好施工材料和施工工具，然后组织施工安装。

（一）材料准备

1. 线管

综合布线工程中首先要设计布线路由，安装好管槽系统。管槽系统中使用的材料包括线管材料、槽道（桥架）材料和防火材料。线管材料有钢管、塑料管、室外用的混凝土管以及高密度乙烯材料（HDPE）制成的双壁波纹管等。

（1）钢管

综合布线系统中采用的钢管主要是焊接钢管。钢管按壁厚不同分为普通钢管（水压实验压力为 2.5MPa）、加厚钢管（水压实验压力为 3MPa）和薄壁钢管（水压实验压力为 2MPa）。普通钢管和加厚钢管统称为水管，有时简称为厚管，它有管壁较厚、机械强度高和承压能力较大等特点，在综合布线系统中主要用在垂直干线上升管路和房屋底层。薄壁钢管简称为薄管或电管，因为管壁较薄，承受压力不能太大，所以常用于建筑物天花板内外部受力较小的暗敷管路。

钢管的规格有多种，以外径 mm 为单位，工程施工中常用的钢管有 D16、D20、D25、D32、D40、D50 和 D63 等规格。在钢管内穿线比线槽布线难度更大一些，在选择钢管时要注意选择稍大管径的钢管，一般管内填充物占 30% 左右，以便于穿线。在钢管中还有一种是软管（俗称蛇皮管），在弯曲的地方使用。钢管具有屏蔽电磁干扰能力强，机械强度高，密封性能好，抗弯、抗压和抗拉性能好，管材可任意切割、弯曲以符合不同的管线路由结构等特点。在机房的综合布线系统中，常常在同一金属线槽中安装双绞线和电源线，这时将电源线安装在钢管中，再与双绞线一起敷设在线槽中，从而起到良好的电磁屏蔽作用。和市场上许多金属产品被塑料产品代替一样，由于钢管存在管材重、价格高和易锈蚀等缺点，随着塑料管的机械强度、密封性、抗弯、抗压和抗拉等性能的提高，且因它具有阻燃防火等特性，目前在综合布线工程中电磁干扰较小的场合常常用塑料管来代替钢管。

（2）塑料管

塑料管是由树脂、稳定剂、润滑剂及填加剂配制挤塑成型的。目前用于电信线缆护套管的主要有以下产品：聚氯乙烯管材（PVC-U 管）、高密度聚乙烯管材（HDPE 管）、双壁波纹管、子管、铝塑复合管、硅芯管和混凝土管等。

① 聚氯乙烯管材(PVC-U 管)。它是综合布线工程中使用最多的一种塑料管，管长通常为 4 m、5.5 m 或 6 m。PVC 管具有较深的耐酸性、耐碱性和耐腐蚀性，耐外压强度和耐冲击强度等都非常高，具有优异的电气绝缘性能，适用于各种条件下的电线、电缆的保护套管配管工程。图 4-1 所示为 PVC-U 管及管件。图 4-2 所示为方便检修的连接管件。

② 双壁波纹管。塑料双壁波纹管结构先进，除具有普通塑料管的优点外，还具有刚性大、耐压强度高于同等规格的普通光身塑料管，重量轻、方便施工，密封好，波纹结构能加强管道对土壤负荷的抵抗力、便于连续敷设在凹凸不平的地面上，工程造价比使用普通塑料管的工程造价低等优势。

（a）带检曲尺

（b）带检双叉

（c）带检三叉　　　　　（d）带检四叉

图 4-1　PVC-U 管及管件　　　　　　　　　图 4-2　方便检修的连接管件

图 4-3 所示为双壁波纹电缆套管，图 4-4 所示为双壁波纹电缆套管在工程中的应用。

图 4-3　双壁波纹电缆套管

图 4-4　双壁波纹电缆套管在工程中的应用

③ 铝塑复合管。铝塑复合管是近年来广泛使用的一种新型的塑料材料，如图 4-5 所示。它的内外层均为聚乙烯，中间层为薄铝管，用高分子热熔胶将聚乙烯与薄铝管粘合，经高温、高压、拉拔形成 5 层结构。铝塑复合管具有较好的耐压、耐冲击、抗破裂能力；具有较强的塑性变形能力，不用加热，不反弹；重量轻，相同口径的铝塑复合管重量是钢管的 1/3；具有良好的耐燃性能；可用金属探测器测出管的埋藏位置。铝合金管的线膨胀系数远小于塑

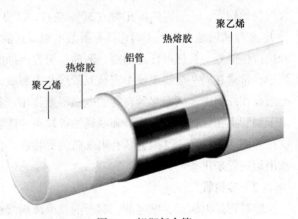

图 4-5　铝塑复合管

料，保证了管道的稳定性。铝合金具有良好的导电性，因此解决了塑料的静电积聚问题。铝合金是非磁材料，具有良好的隔磁能力，抗电磁场音频干扰能力强，是良好的屏蔽材料。因此铝塑复合管常用作综合布线、通信线路的屏蔽管道。

④ 硅芯管。如图 4-6 所示，硅芯管可作为直埋光缆套管，内壁预置永久润滑内衬，具有较小的摩擦系数，采用气吹法布放光缆，敷管快速，一次性穿缆长度可达 500～2 000 m，沿线接头、人孔、手孔可相应减少。

2．线槽

线槽分为金属线槽和 PVC 塑料线槽，金属线槽又称为槽式桥架。PVC 塑料线槽是综合布线

工程明敷管槽时广泛使用的一种材料，它是一种带盖板封闭式的管槽材料，盖板和槽体通过卡槽合紧。它的品种规格很多，从型号上分有 PVC-20 系列、PVC-25 系列、PVC-30 系列、PVC-40 系列和 PVC-60 系列等，从规格上分有 20mm×12mm、24mm×14mm、25mm×12.5mm、39mm×19mm、59mm×22mm 和 100mm×30mm 等。与 PVC 槽配套的连接件有阳角、阴角、直转角、平三通、左三通、右三通、连接头和终端头等。PVC 线槽和配件如图 4-7 和图 4-8 所示。

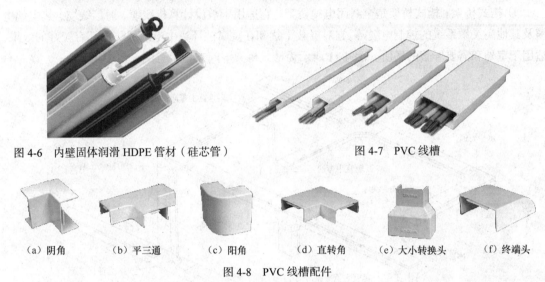

图 4-6　内壁固体润滑 HDPE 管材（硅芯管）　　　　　图 4-7　PVC 线槽

　　（a）阴角　　　　（b）平三通　　　　（c）阳角　　　　（d）直转角　　　（e）大小转换头　　　（f）终端头

图 4-8　PVC 线槽配件

随着应用的发展，PVC 线槽又出现许多新的品种，如适合于地面布线的弧形线槽，如图 4-9 所示；有从意大利引进的拨开式线槽，如图 4-10 所示，该种线槽又称为柔性线槽，其材质为高品质的聚丙烯，具有无毒、阻燃、自熄灭特性，同时具有非常好的柔韧性和弹性，安装容易方便。

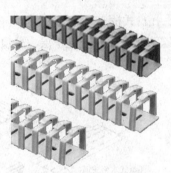

图 4-9　弧形线槽　　　　　　　　　图 4-10　拨开式线槽

3. 桥架

在综合布线工程中，线缆桥架因具有结构简单，造价低，施工方便，配线灵活，安全可靠，安装标准，整齐美观，防尘防火，延长线缆使用寿命，方便扩充电缆和维护检修等特点，且同时能克服埋地静电爆炸和介质腐蚀等问题，而广泛应用于建筑群主干管线和建筑物内主干管线的安装施工。

（1）桥架的分类

① 按结构分类。桥架按结构分为梯级式、托盘式和槽式 3 种类型。

② 按材质分类。桥架按材质分为不锈钢、铝合金和铁质桥架 3 种类型。不锈钢桥架美观、结实、档次高，铝合金桥架质轻、美观、档次高，铁质桥架经济实惠。

铁质桥架按表面工艺处理可分为几种。

- 电镀彩（白）锌，适合在一般的常规环境下使用。
- 电镀后再粉末静电喷涂，适合在有酸、碱及其他强腐蚀气体的环境中使用。
- 热浸镀锌，适合在潮湿、日晒、尘多的环境中使用。

（2）桥架产品

① 槽式桥架。槽式桥架是全封闭电缆桥架，它适用于敷设计算机线缆、通信线缆、热电偶电缆及其他高灵敏系统的控制电缆等。它对屏蔽干扰和在重腐蚀环境中电缆的防护都有较好的效果，适用于室外和需要屏蔽的场所。图 4-11 所示为槽式桥架空间布置示意图。

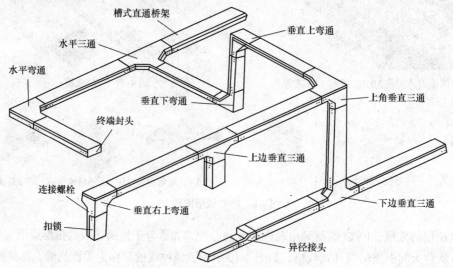

图 4-11　槽式桥架空间布置示意图

② 托盘式桥架。托盘式桥架具有重量轻、载荷大、造型美观、结构简单、安装方便和散热透气性好等优点，适用于地下层、吊顶内等场所。图 4-12 所示为托盘式桥架空间布置示意图。

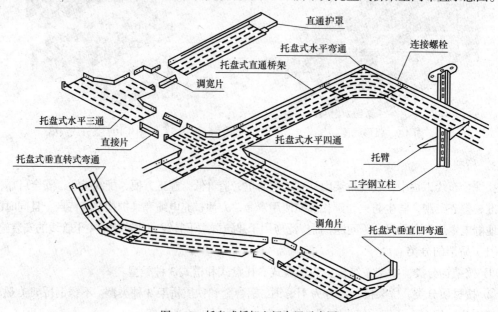

图 4-12　托盘式桥架空间布置示意图

③ 梯级式桥架。梯级式桥架具有重量轻、成本低、造型别致、通风散热好等特点。它适用于直径较大的电缆的敷设，适用于地下层、垂井、活动地板下和设备间的线缆敷设。图 4-13 所示为梯级式桥架空间布置示意图。

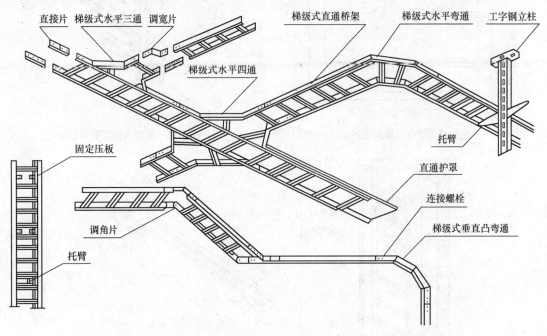

图 4-13　梯级式桥架空间布置示意图

④ 支架。支架是支撑电缆桥架的主要部件，它由立柱、立柱底座和托臂等组成。可根据不同环境条件（如工艺管道架、楼板下、墙壁上和电缆沟内等）安装不同形式（如悬吊式、直立式、单边、双边和多层等）的桥架，安装时还需连接螺栓和安装螺栓（指膨胀螺栓）。图 4-14 所示为 2 种配线桥架吊装示意图，图 4-15 所示为电缆桥架支架在电缆沟内的安装示意图，图 4-16 所示为托臂水平安装示意图，图 4-17 所示为托臂垂直安装示意图。

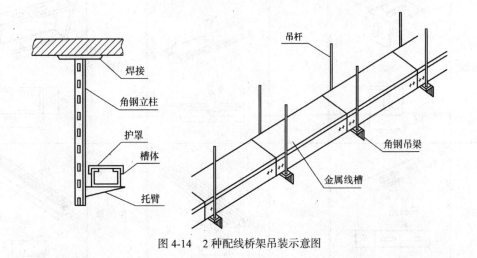

图 4-14　2 种配线桥架吊装示意图

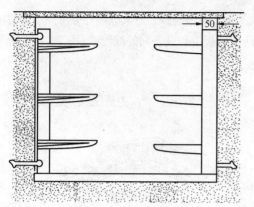

图 4-15 电缆桥架支架在电缆沟内的安装示意图

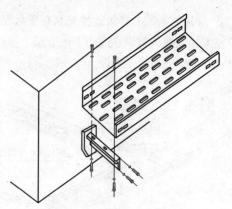

图 4-16 托臂水平安装示意图

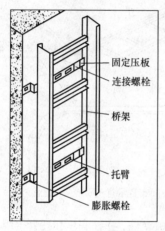

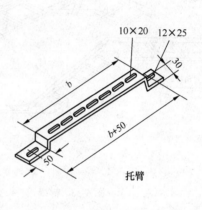

托臂

图 4-17 托臂垂直安装示意图

表 4-1 列出了常见的管、槽、桥架的安装配件。

表 4-1　　　　　　　　　管、槽、桥架的安装配件

名 称	图 形	名 称	图 形	名 称	图 形
角铁吊板	9×20 50 40	吊夹		吊框	h b
直板吊板	2×7×14 30 50	槽板	23 20 48	异型槽板	L 23 30 48

续表

名　称	图　形	名　称	图　形	名　称	图　形
花盘角铁	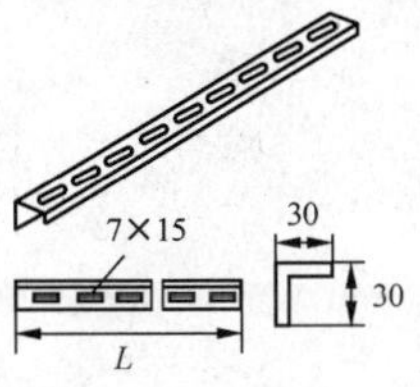 7×15　30　30　L	单边电缆卡	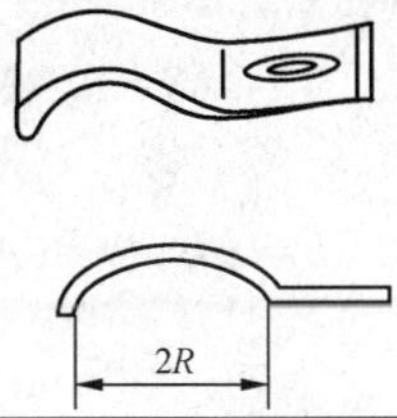 2R	双边单根电缆卡	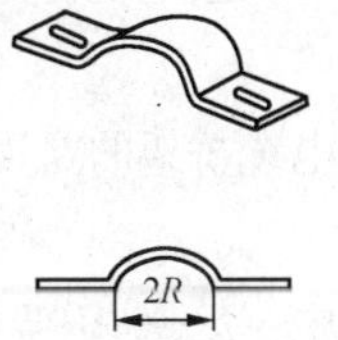 2R
双根电缆卡	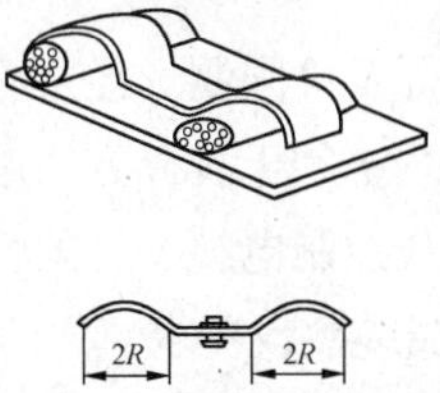 2R　2R	电缆管卡	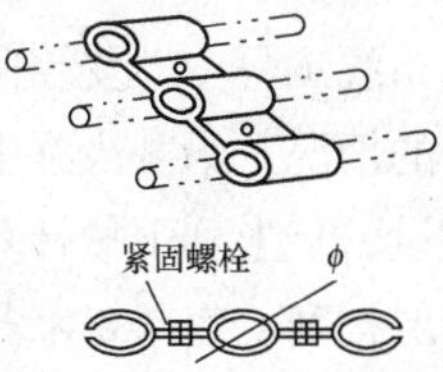 紧固螺栓　φ	电缆卡子	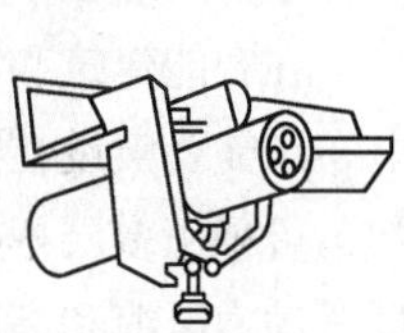
电缆卡	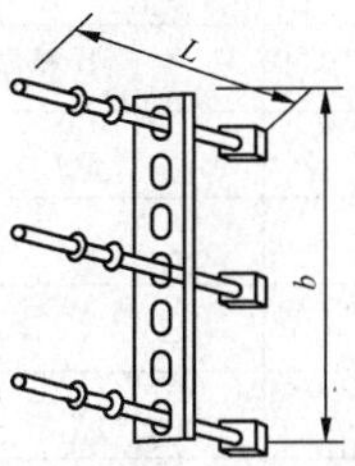 L　b	方颈连接螺栓	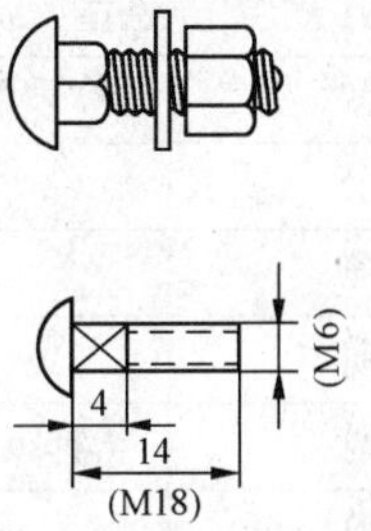 (M6)　4　14　(M18)	半圆连接螺栓	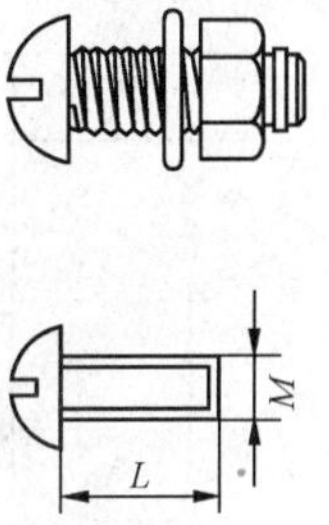 M　L
六角连接螺栓	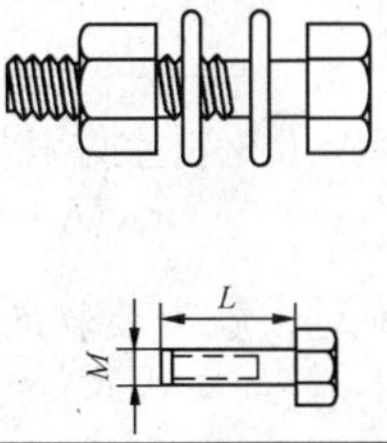 L　M	T形螺栓（1）	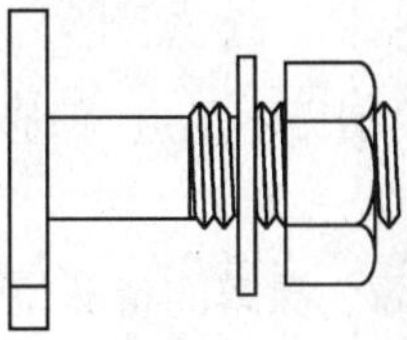	T形螺栓（2）	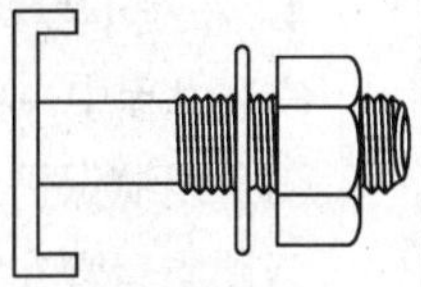

（3）桥架安装范围与特点

桥架的安装可因地制宜，可以水平或垂直敷设，可以采用转角、T字形或十字形分支，可以调宽、调高或变径，可以安装成悬吊式、直立式、侧壁式、单边、双边和多层等形式。大型多层桥架吊装或立装时，应尽量采用工字钢立柱两侧对称敷设，避免偏载过大，造成安全隐患。桥架安装的范围为工艺管道上架空敷设，楼板和梁下吊装，室内外墙壁、柱壁、露天立柱和支墩、隧道、电缆沟壁上侧装。

（4）桥架尺寸选择与计算

电缆桥架的宽和高之比一般为 2∶1，常见型号有 50×25、80×40、100×50、150×75、200×100、400×200 等（单位为 mm）。各型桥架标准长度为 2m/根。标准桥架板厚度在 1.5～2.5mm 之间，实际还有 0.8mm、1.0mm、1.2mm 的产品。从电缆桥架载荷情况考虑，桥架越大，装载的电缆就越多，因此要求桥架截面积越大，桥架板越厚。有特殊需求时，还可向厂家订购特型桥架。

订购桥架时，应根据在桥架中敷设线缆的种类和数量来计算桥架的大小。

电缆桥架宽度 b 的计算如下。

电缆的总面积 $S_0 = n_1 \times \pi \times (d_1/2)^2 + n_2 \times \pi \times (d_2/2)^2 + \cdots$

式中：d_1，d_2…——各电缆的直径；

　　　n_1，n_2，n_3…——相应电缆的根数。

一般电缆桥架的填充率取 40%左右，故需要的桥架横截面积为

$$S = S_0/40\%$$

则电缆桥架的宽度为

$$b = S/h = S_0 / （40\% \times h）$$

式中：h——桥架的净高。

（5）线缆在多层桥架上敷设

在智能建筑和智能小区综合布线工程中，受空间场地和投资等条件限制，经常存在强电和弱电布线需要敷设在同一管线路由的情况，为减少强电系统对弱电系统的干扰、方便电力电缆的冷却，可采用多层桥架的方式来敷设，从上到下按计算机线缆、屏蔽控制电缆、一般性控制电缆、低压动力电缆和高压动力电缆分层排列。表 4-2 为多层桥架各型线缆敷设要求。

表 4-2　　　　　　　　　　　　多层桥架各型线缆敷设要求表

层　　次	电缆用途	采用桥架型式及型号	距上层桥架距离
上 ↓ 下	计算机线缆	带屏蔽罩槽式	
	屏蔽控制电缆	带屏蔽罩槽式	
	一般控制电缆	托盘式、槽式	≥250mm
	低压动力电缆	梯级式、托盘式、槽式	≥350mm
	高压动力电缆	带护罩梯级式	≥400mm

4. 布线小材料

安装过程中一些小材料虽然看似微不足道，但必不可少，要配合施工材料主件和安装方法采购。

（1）线缆保护产品

当硬质套管在线缆转弯、穿墙、裸露的特殊位置不能提供保护时，就需要软质的线缆保护产品，主要有螺旋套管、蛇皮套管、防蜡管和金属边护套。

（2）线管固定和连接部件

线管固定和连接部件包括管卡、管箍、弯管接头、软管接头、接线盒、地气轧头、线缆固定部件、钢钉线卡、钉、螺钉、膨胀螺栓等。

（二）施工工具准备

在安装综合布线系统环境中，需要使用很多施工工具，下面介绍一些常用的电动工具和设备，对简单的电工和五金工具只列出名称。

1. 五金工具

（1）线槽剪

线槽剪是 PVC 线槽专用剪，剪出的端口整齐美观，如图 4-18 所示。

（2）梯子

安装管槽和进行布线拉线工序时，常常需要登高作业。常用的梯子有直梯和人字梯两种。直梯多用于户外登高作业，如搭在电杆上和墙上安装室外光缆；人字梯通常用于户内登高作业，如安装管槽、布线拉线等。直梯和人字梯在使用之前，宜将梯脚绑缚橡皮之类的防滑材料，人字梯

还应在两页梯之间绑扎一道防自动滑开的安全绳。

（3）台虎钳

台虎钳是中小工件锯割、凿削或锉削时的常用夹持工具之一，如图 4-19 所示。顺时针摇动手柄，钳口就会将工件（如钢管）夹紧；逆时针摇动手柄，就会松开工件。

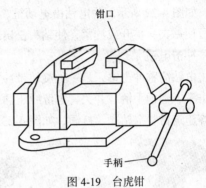

图 4-18　线槽剪

图 4-19　台虎钳

其他还有用于钢管施工的管子台虎钳、管子切割器、管子钳、螺纹铰板、简易弯管器、扳曲器等工具。

直径稍大的（大于 25 mm）电线管或小于 25 mm 的厚壁钢管，可采用扳曲器来弯管。

2．电工和电动工具

（1）电工工具箱

电工工具箱是布线施工中必备的工具，它一般应包括以下工具：钢丝钳、尖嘴钳、斜口钳、剥线钳、一字旋具、十字旋具、测电笔、电工刀、电工胶带、活络扳手、呆扳手、卷尺、铁锤、凿子、斜口凿、钢锉、钢锯、直角曲尺、电工皮带和工作手套等。工具箱中还应常备诸如水泥钉、木螺钉、自攻螺钉、塑料膨胀管、金属膨胀栓等小材料，如图 4-20 所示。

图 4-20　电工工具箱及工具

（2）电源线盘

在施工现场特别是室外施工现场，由于施工范围广，不可能随地都有电源，因此要用长距离的电源线盘接电，线盘长度有 20 m、30 m 和 50 m 等型号。

（3）充电旋具

充电旋具是工程安装中经常使用的一种电动工具，如图 4-21 所示。它既可以充当旋具又可以用作电钻，特别是可以使用充电电池，不用电线，在任何场合都能工作。充电旋具可单手操作，有正反转快速变换按钮，使用灵活方便；强大的扭力再配合各式通用的六角工具头可以拆卸锁入螺钉和钻洞等；取代传统的旋具，拆卸锁入螺钉完全不费力，大大提高了工作效率。

（4）手电钻

手电钻既能在金属型材上钻孔，也适合在木材和塑料上钻孔，在布线系统安装中是经常用到的工具，如图 4-22 所示。手电钻由电动机、电源开关、电缆和钻孔头等组成。用钻头钥匙开启钻头锁，可使钻夹头扩开或拧紧，使钻头松出或固牢。

（5）冲击电钻

冲击电钻简称冲击钻，是一种旋转带冲击的特殊用途的手提式电动工具。它由电动机、减速箱、冲击头、辅助手柄、开关、电源线、插头和钻头夹等组成，适合在混凝土、预制板、瓷面砖和砖墙等建筑材料上钻孔、打洞，如图 4-23 所示。

图 4-21　充电旋具　　　　　图 4-22　手电钻　　　　　图 4-23　冲击电钻

（6）电锤

电锤以单相串激电动机为动力，适用于在混凝土、岩石、砖石砌体等脆性材料上钻孔、开槽、凿毛等作业。电锤钻孔速度快而且成孔精度高，它与冲击电钻从功能看有相似的地方，但从外形与结构上看是有很多区别的。

（7）角磨机

角磨机如图 4-24 所示。金属槽、管切割后会留下锯齿形的毛边，容易刺穿线缆的外套，用角磨机可以将切割口磨平以保护线缆。同时，角磨机也能作为切割机使用。

（8）拉钉枪

拉钉枪用于用铆钉连接金属线槽，如图 4-25 所示。

（9）型材切割机

在布线管槽的安装中，常常需要加工角铁横担、割断管材，使用型材切割机切割速度快，而且省力，这是钢锯无法比拟的。型材切割机的外形如图 4-26 所示，它由砂轮锯片、护罩、操纵手把、电动机、工件夹、工件夹调节手轮、底座和胶轮等组装而成。电动机一般是三相交流电动机。

图 4-24　角磨机　　　　　图 4-25　拉钉枪　　　　　图 4-26　型材切割机

（10）台钻

在桥架等材料切割后，会使用台钻钻上新的孔，再与其他桥架连接安装。

3．其他工具

（1）数字万用表

数字万用表主要用于综合布线系统中设备间、楼层配线间和工作区电源系统的测量，有时也用于测量双绞线的连通性。

（2）接地电阻测量仪

接地系统用于保障通信设备的正常运行，它的作用包括提供电源回路、保护人体免受电击、使免受屏蔽设备内部电路外界电磁干扰或防止干扰其他设备。设备接地的方式通常是埋设金属接地桩、金属网等导体，导体再通过电缆与设备内的地线排或机壳相连。当多个设备连接于同一接地导体时，通常需安装接地排，接地排的位置应尽可能靠近接地桩，不同设备的地线分开接在地线排上，以减小相互影响。

新安装的接地装置在使用前必须先进行接地电阻的测量，测量合格后才可以使用，单独设置接地体时，不应大于4Ω，采用接地体时，不应大于1Ω。接地系统的接地电阻每年应定期测量，始终保持接地电阻符合指标要求，如果不合格应及时进行检修。

常用的接地电阻测量仪主要有手摇式接地电阻测量仪和钳形接地电阻测量仪。手摇式接地电阻测量仪是一种较为传统的测量仪，它的基本原理是采用三点式电压落差法。钳形接地

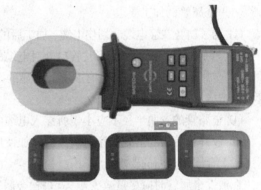

图 4-27　钳形接地电阻测量仪

电阻测量仪是一种新颖的测量工具，它方便、快捷，外形酷似钳形电流表，测试时不需辅助测试桩，只需往被测地线上一夹，几秒钟即可获得测量结果，极大地方便了接地电阻的测量工作。钳形接地电阻测量仪还有一个很大的优点是可以对正在使用的设备的接地电阻进行在线测量，而不需切断设备电源或断开地线。图 4-27 所示为一款钳形接地电阻测量仪。

三、任务实施

管槽系统安装包括室外管井和室内管槽系统，本任务主要实施室内管槽系统的安装。

（一）管槽系统安装基本要求

管槽系统是综合布线系统工程中必不可少的辅助设施，它为敷设线缆服务。管槽系统安装方式已在系统设计作过讨论，由于主干路由的线缆较多，一般使用大口径的金属线槽或桥架。线缆进入各房间时，线缆较少，采用暗埋的线管，或采用明敷设管槽。明敷时，先用线管引入房间，再用 PVC 线槽明敷设至信息插座。不管管槽系统采用什么敷设方式，都必须按技术规范施工，管槽安装基本要求如下。

① 走最短距离的路由。管槽是敷设线缆的通道，它决定了线缆的布线路由。走距离最短的路由，不仅节约了管槽和线缆的成本，更重要的是链路越短，衰减等电气性能指标越好。

② 管槽路由与建筑物基线保持一致。设计布线路由时同时也要考虑便于施工和便于操作。但综合布线中很可能无法使用直线管路，在直线路由中可能会有许多障碍物，比较合适的走线方式是与建筑物基线保持一致，以保持建筑物的整体美观度。

③ "横平竖直"，弹线定位。为使安装的管槽系统"横平竖直"，施工中可考虑弹线定位。根据施工图确定的安装位置，从始端到终端（先垂直干线定位再水平干线定位）找好水平或垂直线，用墨线袋沿线路中心位置弹线。

（二）金属管的安装

1. 金属管的加工要求

在现场施工中，施工人员十分关心的就是不同材质的管槽切割、成形问题。综合布线工程使用的金属管应符合设计文件的规定，表面不应有穿孔、裂缝和明显的凹凸不平，内壁应光滑，不允许有锈蚀。在易受机械损伤的地方和在受力较大处直埋时，应采用厚管。

（1）金属管的加工要求

① 为了防止在穿电缆时划伤电缆，加工后的管口必须用钢锉或角磨机磨去毛刺和尖锐 棱角。

② 为了减小直埋管在沉陷时管口处对电缆的剪切力，金属管口宜做成喇叭形。

③ 金属管在弯制后，不应有裂缝和明显的凹瘪现象。若弯曲程度过大，将减小金属管的有效管径，造成穿设电缆困难。

④ 金属管的弯曲半径不应小于所穿入电缆的最小允许弯曲半径。

⑤ 镀锌管锌层剥落处应涂防腐漆来增加使用寿命。

（2）金属管弯曲的要求

在敷设金属管时应尽量减少弯头。每根金属管的弯头不应超过 3 个，直角弯头不应超过 2 个，并且不应有 S 弯出现。当在实际施工中金属管路超过下列长度并弯曲过多时，可采用内径较大的管子或在适当部位设置拉线盒或接线盒，以利线缆的穿设。

- 管子无弯曲时，长度可达 45 m。
- 管子有 1 个弯时，直线长度可达 30 m。
- 管子有 2 个弯时，直线长度可达 20 m。
- 管子有 3 个弯时，直线长度可达 12 m。

金属管的弯曲一般都使用弯管器。先将管子需要弯曲部位的前段放在弯管器内，焊缝放在弯曲方向背面或侧面，以防管子弯扁，然后用脚踩住管子，手扳弯管器进行弯曲，并逐步移动弯管器，得到所需要的弯度，弯曲半径应符合下列要求。

① 明配时，一般不小于管外径的 6 倍。只有一个弯时，可不小于管外径的 4 倍。

② 暗配时，不应小于管外径的 6 倍，敷设于地下或混凝土楼板内时，不应小于管外径的 10 倍。

（3）金属管的连接要求

金属管的连接应牢固，密封应良好，两管口应对准。套接的短套管或带螺纹的管接头的长度不应小于金属管外径的 2.2 倍。金属管的连接采用短套接时，施工简单方便；采用管接头螺纹连接则较为美观，可以保证金属管连接后的强度。无论采用哪一种方式均应保证牢固、密封。金属管进入信息插座的接线盒后，暗埋管可用焊接固定，管口进入盒的露出长度应小于 5mm。明设管应用锁紧螺母或管帽固定，露出锁紧螺母的丝扣为 2～4 扣。引至配线间的金属管管口位置，应便于与线缆连接。并列敷设的金属管管口应排列有序，便于识别。

2. 金属管敷设要求

① 预埋在墙体中间暗管的最大管外径不宜超过 50mm，楼板中暗管的最大管外径不宜超过 25mm，室外管道进入建筑物的最大管外径不宜超过 100mm。

② 直线布管每 30m 处应设置过线盒装置。

③ 暗管的转弯角度应大于 90°，在路径上每根暗管的转弯角不得多于 2 个，并不应有 S 弯出现。有转弯的管段长度超过 20m 时，应设置管线过线盒装置；有 2 个弯时，不超过 15m 应设置过线盒。

④ 暗管管口应光滑，并加有护口保护，管口伸出部位宜为 25～50mm。

⑤ 至楼层电信间暗管的管口应排列有序，便于识别与布放线缆。

⑥ 暗管内应安置牵引线或拉线。

⑦ 金属管明敷时，在距接线盒 300mm 处，弯头处的两端，每隔 3m 处应采用管卡固定。

⑧ 管路转弯的曲半径不应小于所穿入线缆的最小允许弯曲半径，并且不应小于该管外径的 6 倍，如暗管外径大于 50mm 时，不应小于 10 倍。

⑨ 光缆与电缆同管敷设时，应在暗管内预置塑料子管。将光缆敷设在子管内，使光缆和电缆分开布放。子管的内径应为光缆外径的 2.5 倍。

PVC 管的安装时的连接、弯曲要求与金属管大体相同。

（三）金属线槽/槽式桥架的安装

1. 金属线槽安装要求

① 线槽的规格尺寸、组装方式和安装位置均应按设计规定和施工图的要求。线缆桥架底部应高于地面 2.2m 及以上，顶部距建筑物楼板不宜小于 300mm，与梁及其他障碍物交叉处间的距离不宜小于 50 mm。

② 线缆桥架水平敷设时，支撑间距宜为 1.5～3m。垂直敷设时固定在建筑物结构体上的间距宜小于 2m，距地 1.8m 以下部分应加金属盖板保护，或采用金属走线柜包封，门应可开启。

③ 直线段线缆桥架每超过 15～30m 或跨越建筑物变形缝时，应设置伸缩补偿装置。

④ 金属线槽敷设时，在下列情况下应设置支架或吊架：线槽接头处；每间距 3m 处；离开线槽两端出口 0.5m 处；转弯处。吊架和支架安装应保持垂直，整齐牢固，无歪斜现象。

⑤ 线缆桥架和线缆线槽转弯半径不应小于槽内线缆的最小允许弯曲半径，线槽直角弯处最小弯曲半径不应小于槽内最粗线缆外径的 10 倍。

⑥ 桥架和线槽穿过防火墙体或楼板时，线缆布放完成后应采取防火封堵措施。

⑦ 线槽安装位置应符合施工图规定，左右偏差不应超过 50mm，线槽水平度每米偏差不应超过 2 mm，垂直线槽应与地面保持垂直，应无倾斜现象，垂直度偏差不应超过 3mm。

⑧ 线槽之间用接头连接板拼接，螺钉应拧紧。两线槽拼接处水平偏差不应超过 2mm。

⑨ 盖板应紧固，并且要错位盖槽板。

⑩ 线槽截断处及两线槽拼接处应平滑、无毛刺。

⑪ 金属桥架、线槽及金属管各段之间应保持连接良好，安装牢固。

⑫ 采用吊顶支撑柱布放线缆时，支撑点宜避开地面沟槽和线槽位置，支撑应牢固。

⑬ 为了防止电磁干扰，宜用辫式铜带把线槽连接到其经过的设备间或楼层配线间的接地装置上，并保持良好的电气连接，电缆桥架装置应可靠接地。如利用桥架作为接地干线，应将每层桥

架的端部用 16 mm² 软铜线或与之相当的铜片连接（并联）起来，与接地干线相通。长距离的电缆桥架应每隔 30～50m 接地一次。

⑭ 吊顶支撑柱中电力线和综合布线线缆合一布放时，中间应用金属板隔开，间距应符合设计要求。

⑮ 当综合布线线缆与大楼弱电系统线缆采用同一线槽或桥架敷设时，子系统之间应采用金属板隔开，间距应符合设计要求。

⑯ 电缆桥架在室外安装时应在其顶层加装保护罩，防止日晒雨淋。当需要焊接安装时，焊件四周的焊缝厚度不得小于桥架的厚度，焊口必须做防腐处理。

图 4-28　槽式桥架安装效果图

槽式桥架安装效果图如图 4-28 所示。

2. 预埋金属线槽安装要求

① 在建筑物中预埋线槽，宜按单层设置，每一路由进出同一过路盒的预埋线槽均不应超过 3 根，线槽截面高度不宜超过 25mm，总宽度不宜超过 300mm。线槽路由中若包括过线盒和出线盒，截面高度宜在 70～100mm 范围内。

② 线槽直埋长度超过 30m 或在线槽路由交叉、转弯时，宜设置过线盒，以便于布放线缆和维修。

③ 过线盒盖能开启，并与地面齐平，盒盖处应具有防灰与防水功能。

④ 过线盒和接线盒盒盖应能抗压。

⑤ 金属线槽至信息插座模块接线盒间或金属线槽与金属钢管之间相连接时的线缆宜采用金属软管敷设。

3. 网络地板下线槽安装要求

① 线槽之间应沟通。

② 线槽盖板应可开启。

③ 主线槽的宽度宜在 200～400mm，支线槽宽度不宜小于 70mm。

④ 可开启的线槽盖板与明装插座底盒间应采用金属软管连接。

⑤ 地板块与线槽盖板应抗压、抗冲击和阻燃。

⑥ 当网络地板具有防静电功能时，地板整体应接地。

⑦ 网络地板板块间的金属线槽段与段之间应保持良好导通并接地。

⑧ 在架空活动地板下敷设线缆时，地板内净空应为 150～300mm。若空调采用下送风方式则地板内净高应为 300～500mm。

任务二　安装机柜与信息插座

一、任务分析

综合布线系统中，主干线缆、水平线缆必须在设备间和电信间交连、互连，机柜就是线缆连接的物理场所，它在综合布线系统中处于极为重要的位置。同时，在工作区与水平线缆连接的信息模块需要一个安装位置，这就是信息插座。

二、相关知识

（一）机柜材料准备

机柜具有电磁屏蔽性能好、削弱设备工作噪音、占地面积少、便于管理维护、整齐美观等优点，广泛用于安放综合布线配线设备、计算机网络设备、通信设备、系统控制设备等。由于上述设备的面板大都采用 19 英寸的宽度，所以一般将 19 英寸宽的机柜称为标准机柜。

标准机柜的结构简单，主要包括基本框架、内部支撑系统、布线系统和通风系统。19 英寸标准机柜外形有宽度、高度和深度 3 个常规指标。虽然对于 19 英寸面板设备安装宽度为 465.1mm，但机柜的物理宽度通常为 600mm 和 800mm 两种。高度一般为 0.7～2.4m，常见的成品 19 英寸机柜高度为 1.0m、1.2m、1.6m、1.8m、2.0m 和 2.2m。机柜的深度一般在 400～960mm 之间，根据柜内设备的尺寸而定，常见的 19 英寸机柜深度为 600mm、800mm 和 960mm。通常厂商也可以根据用户的需求定制特殊宽度、深度和高度的产品。

1. 机柜的分类

从不同的角度可以对机柜进行不同的划分。

（1）根据外形划分

根据外形可将机柜分为立式机柜、挂墙式机柜和开放式机架 3 种，分别如图 4-29、图 4-30 和图 4-31 所示。

图 4-29 立式机柜　　　　图 4-30 挂墙式机柜　　　　图 4-31 开放式机架

立式机柜主要用于设备间。挂墙式机柜主要用于没有独立房间的楼层配线间。与机柜相比，开放式机架具有价格便宜、管理操作方便、搬动简单的优点。机架一般为敞开式结构，不像机柜采用全封闭或半封闭结构，所以自然不具备增强电磁屏蔽和削弱设备工作噪音等特性，同时在空气洁净程度较差的环境中，设备表面更容易积灰。开放式机架主要适合空气洁净程度高，经常对设备进行操作管理的场所，用它来叠放设备以减少占地面积。

（2）根据应用对象划分

从应用对象来看，机柜可分为布线型机柜（又称为网络型机柜）和服务器型机柜两种类型。

布线型机柜就是 19 英寸的标准机柜，它的宽度为 600mm，深度为 600mm。服务器型机柜由于要摆放服务器主机、显示器和存储设备等，与布线型机柜相比要求空间更大，要求通风散热性能更好，所以它的前门、门条和后门一般都有透气孔，风扇也较多。根据设备大小和数量多少，宽度和深度一般要选择 600mm×800mm、600mm×960mm、800mm×800mm 或 800mm×960mm 的机柜，甚至要选购更大尺寸的产品。图 4-32 所示为网状服务器机柜。

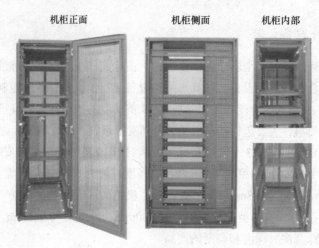

机柜正面　　　　　机柜侧面　　　　机柜内部

图 4-32　网状服务器机柜

2．机柜的性能

机柜的性能与机柜的材料密切相关，机柜的制造材料主要有铝型材料和冷轧钢板两种。由铝型材料制造的机柜比较轻便，价格相对便宜，适合安放重量较轻的设备，而冷轧钢板制造的机柜具有机械强度高、承重量大的特点。通常优质的机柜不但稳重，符合主流的安全规范，而且设备装入平稳、固定稳固，机柜前后门和两边侧板密闭性好，柜内设备受力均匀，配件丰富，能适合各种应用的需要。劣质产品往往采用较薄的板材，拼装困难，接口部位粗糙，密封性差，移位明显。

机柜的性能除与机柜的材料密切相关外，还与机柜的制作工艺以及内部隔板、导轨、滑轨、走线槽、插座等附件的质量有关。

3．机柜的配置

在 19 英寸标准机柜内，设备安装所占高度用一个特殊单位"U"表示，1U=44.45mm。使用 19 英寸标准机柜的设备面板一般都是按 nU 的规格制造的。n 个 U 的机柜表示能容纳 n 个 U 的配线设备和网络设备，24 口配线架高度为 1U，普通型 24 口交换机的高度一般也为 1U，例如，思科 Cisco Catalyst 2950C-24 交换机和锐捷 RG-S2126S 千兆智能交换机高度就为 1U。对于一些非标准设备，大多可以通过附加适配挡板装入 19 英寸机柜并固定。表 4-3 为 19 英寸标准机柜部分产品一览表，从中可看出高度与容量的对照关系以及机柜配件的配置情况。

表 4-3　　　　　　　　　　　　19 英寸标准机柜部分产品一览表

容量/U	高度/m	（宽度/mm）×（深度/mm）	风扇数	配件配置参考
47	2.2	600×600	2	
		600×800	4	
		800×800	4	
42	2.0	600×600	2	
		600×800	4	
		800×600	2	
		800×800	4	

续表

容量/U	高度/m	（宽度/mm）×（深度/mm）	风扇数	配件配置参考
37	1.8	600×600	2	电源排插 1 套 固定板 3 块 重载脚轮 4 只 支撑地脚 4 只 方螺母螺钉 40 套
		600×800	4	
		800×600	2	
		800×800	4	
32	1.6	600×600	2	电源排插 1 套 固定板 1 块 重载脚轮 4 只 支撑地脚 4 只 方螺母螺钉 20 套
		600×800	4	
27	1.4	600×600	2	
		600×800	4	
22	1.2	600×600	2	
		600×800	4	
18	1.0	600×600	2	

订购机柜时，要注意机柜包含哪些标准配件，当标准配置不能满足设备安装要求时，还需选购必要的配件。常见的配件有以下几种。

① 固定托盘。它用于安装各种设备，尺寸繁多，用途广泛，有 19 英寸标准托盘和非标准固定托盘等。常规配置的固定托盘深度有 440mm、480mm、580mm 等规格。固定托盘的承重不小于 50kg。

② 键盘托架。键盘托架用于安装标准计算机键盘，可配合市面上所有规格的计算机键盘，可翻折 90°。键盘托架必须配合滑动托盘使用。

③ 理线架。布线机柜使用的理线架的安装和拆卸非常方便，使用的数量和位置可以任意调整。

④ 安装螺母。它又称为方螺母，适用于任意 19 英寸标准机柜内的大部分配件和所有设备的安装。通常标准机柜会配备足够的螺钉、笼型螺母、垫圈等安装五金件，安装时最好使用专用的笼型螺母安装工具和六角扳手，但一个普通的一字旋具也可以完成机柜和设备的安装。

如图 4-33 所示为机柜部分配件和内部结构。

(a) 130°门铰链　　(b) 接地线　　(c) 顶部进线孔　　(d) 机柜底部

(e) 机柜门锁　　(f) 键盘抽屉　　(g) 固定层板　　(h) 埋线槽及扎线板

图 4-33　机柜部分配件和内部结构

4. 机柜产品的选购

为了选购质优价廉满足需求的机柜产品，在订货之前，要做好详细的市场调查，要求供货厂家的产品至少有以下保证。

- 质量保证，确保发货质量稳定。
- 承重保证，确保柜内仪器的安全性。
- 机柜内部有良好的温度控制系统，以免仪器过热或过冷，确保仪器高效运转。有全通风系列机柜供选择，可加配风扇（风扇有寿命保证）。条件许可时，在炎热的环境下可安装独立空调系统，在严寒环境下可安装独立加热保温系统。
- 机柜尺寸符合国际仪器安装标准。
- 提供各类门锁及其他功能，例如防尘、防水或电子屏蔽 EMC 等高度抗扰性能。
- 提供适合附件及安装配件支持，令布线更为方便，易于管理，省时省力。
- 产品种类齐全。

（二）信息插座

信息插座面板用于在信息出口位置安装固定信息模块，插座面板有英式、美式和欧式 3 种。国内普遍采用的是英式面板，为 86 mm×86 mm 规格的正方形，常见有单口、双口型号，也有三口、四口型号。面板一般为平面插口，也有设计成斜口插口的。图 4-34 所示为英式面板，图 4-35 所示为斜口双口插座面板，图 4-36 所示为美式双口面板。

图 4-34　英式面板

图 4-35　斜口双口插座面板

图 4-36　美式双口面板

英式信息插座面板分为扣式防尘盖和弹簧防尘盖两大系列，有 1 位、2 位、4 位和斜口等品种。工作区信息插座面板有 3 种安装方式。

① 安装在地面上，要求安装在地面上的金属底盒应当是密封的、防水、防尘，可带有升降的功能，此方法对于设计安装造价较高，并且由于事先无法预知工作人员的办公位置，也不知分隔板的确切位置，因此灵活性不是很好。

② 安装在分隔板上，此方法适用于分隔板位置确定后的情况，安装造价较为便宜。

③ 安装在墙上。

面板又分为固定式面板和模块化面板，固定式面板的信息模块与面板合为一体，无法去掉某个信息模块或更换为其他类型的信息模块。固定式面板的优点是价格便宜，便于安装，缺点是结构不能改变，在局域网中应用较少。图 4-37 所示为桌上型固定式插座。模块化面板使用预留了多个插孔位置的通用面板，面板与信息模块可以分开购买。由于存在结构上的差异，不同厂商的面板和信息模块可能不配套，除非有配套安装产品

图 4-37　桌上型固定式插座

说明，否则面板和信息模块要求购买同一厂商的产品。

在地板上进行模块化面板安装时，需要选用专门的地面插座。铜质地板插座有旋盖式、翻扣式和弹启式3种，铜面又分圆、方两款。其中弹启式地面插座如图4-38所示，应用最广，它采用铜合金或铝合金材料制造而成，安装于厅、室内任意位置的地板平面上，适用于大理石、木地板、地毯、架空地板等各种地面。使用时，面盖与地面相平，不影响通行及清扫，而且在闭合的面盖上行走时，即使踩上了面盖也不容易弹出，地面插座的防渗结构可保证水滴等在插座盒上的流体不易渗入。还有几类面板应用在一些特殊场合，如表面安装盒、多媒体信息端口、区域接线盒、多媒体面板和家具式模块化面板。

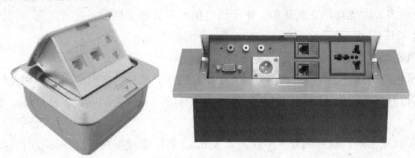

图4-38 弹启式地面插座

当信息插座安装在墙上时，面板安装在接线底盒上。接线底盒与面板大小配套，如86×86面板配同样大小的接线底盒。接线底盒有明装和暗装两种，明装盒安装在墙面上，用于对旧楼改造时很难或不能在墙壁内布线、只能用PVC线槽明敷在墙壁上的情况，这种方式安装灵活，但不美观。暗装盒预埋在墙体内，布线也是走预埋的线管。底盒一般是塑料材质，预埋在墙体里的底盒也有金属材料的。底盒一般有单底盒和双底盒两种，一个底盒安装一个面板，且底盒大小必须与面板制式匹配。接线底盒内有供固定面板用的螺纹孔，随面板配有将面板固定在接线底盒上的螺钉。底盒都预留了穿线孔，有的底盒穿线孔是通的，有的底盒在多个方向预留有穿线位，安装时凿穿与线管对接的穿线位即可。图4-39所示为单双接线底盒。

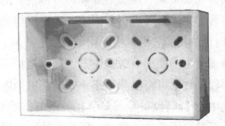

图4-39 单底盒和双底盒

三、任务实施

（一）为旭东职业技术学院计算机大楼5楼电信间安装机柜

1. 确定机柜型号和数量

（1）配线架容量

5楼共有数据信息点426个，语音信息点6个，需安装1U的24口数据配线架18个，需安装

1U 的 100 对 110 语音配线架 1 个（端接语音主干和语音信息点），需安装 1U 光纤配线架 1 个（接数据主干），根据一个配线架配一个理线架的理线要求，共需（18+1+1）*2=40U 的容量。

（2）网络设备容量

5 楼共有数据信息点 426 个，需要配置 1U 的 48 个接入端口的锐捷 RG-S2652G 智能型增强安全交换机 9 台，共需 9U 的容量。

（3）总的空间容量

总的空间容量为 49U。

（4）机柜选择

由于信息点多，因此选用立式机柜，由于该电信间只放置交换设备，考虑冗余和扩充需要，因此选用 2 台 32U（1.6m 高）600mm×600mm 大小的机柜。

2. 安装机柜基本要求

① 方便机柜门的开关，特别是前门开关。在确定机柜的摆放位置时要对开门和关门的动作进行试验，观察打开和关闭机柜时柜门打开的角度。所有的门和侧板都应很容易打开，以便于安装和维护。

② 机柜安装完工后，垂直偏差度不应大于 3 mm。若厂家规定高于这个标准时，其水平度和垂直度都必须符合生产厂家的规定。

③ 为便于施工和维护人员操作，机柜和设备前应预留 1 500 mm 的空间，其背面距离墙面应大于 800 mm，以便人员施工、维护和通行。相邻机柜设备应靠近，同列机柜和设备的机面应排列平齐。

④ 机柜内设备的摆放位置。要根据设备的大小和多少来确定机柜的高度，通过标准高度单位 U 来计算，并使机柜保持一定的冗余空间和扩展空间。在综合布线工程中，机柜内安装的设备主要有网络设备和配线设备，必须合理地安排网络设备和配线设备的摆放位置，主要是要考虑网络设备的散热性和配线设备的线缆接入的方便性。一般机柜内设备摆放方式有上层网络设备、下层配线设备，上层配线设备、下层网络设备和网络设备与配线设备交错摆放等方式。同时也要注意线缆的走线空间，在设备最后定位后要确保外部进入的电信线缆、双绞线、光缆、各种电源线和连接线都用扎带和专用固定环进行了固定，确保机柜的整洁美观和管理方便。

⑤ 机柜中电源的配置。当机柜中用电设备较少时，使用机柜标准配置的电源即可，当机柜中用电设备越来越多时，可使用电源插座条。如果机柜有冗余空间可配置 1 U 支架模型的电源插座条，当机柜空间较小时，可将电源插座条安装在机柜内壁的任一角落，以给其他设备让出空间。

⑥ 接地线。由于网络设备全部安装在机柜中，要保障网络安全地运行，必须有规范的接地系统，因此机柜底部必须焊有接地螺柱，机柜中的所有设备都要与机柜金属框架有效连接，网络系统通过机柜经接地线接地。

⑦ 机柜与大地绝缘。机柜通过固定机柜螺栓与大地绝缘，绝缘电阻在 5MΩ 以上。检测方式是调节万用表至兆欧挡，测量水泥地面和机柜间阻值。若测量电阻大于 5Ω，则说明呈现断路状态，机柜与大地绝缘，结束安装。否则说明机柜与大地没有绝缘，此时应拆去所有安装件，检查是否漏装绝缘垫圈，或绝缘垫圈是否有损坏，重新固定机柜，重复进行绝缘测试，直到符合绝缘要求为止。

3. 机柜安装步骤

机柜安装环境有水泥地板和防静电地板两种，其安装流程如图 4-40 所示。

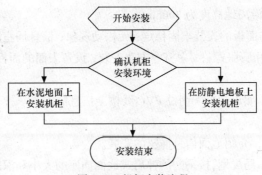

图4-40 机柜安装流程

水泥地面上安装机柜的流程如图4-41所示。

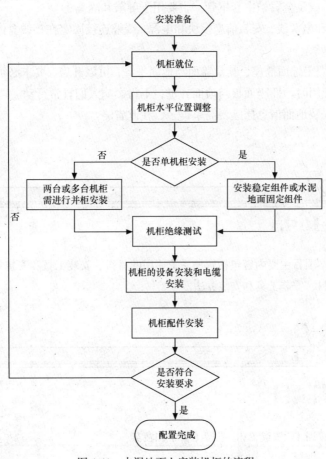

图4-41 水泥地面上安装机柜的流程

（二）为旭东职业技术学院计算机大楼安装信息插座

根据计算机大楼各工作区功能和布局，信息插座分两种安装方式：墙面信息插座和地面弹启式信息插座。由于大楼没有预埋到信息插座的暗管线，所以墙面信息插座全部采用明布线。地面弹启式信息插座主要安装在讲台等位置。

1. 墙面信息插座

① 按工作区信息点布局规划，将86mm×86mm底盒明装在墙面上，单信息点用单底盒，双

157

信息点用双底盒，底盒下沿离地高度为300mm。

② 底座、接线模块与面板的安装牢固稳定，无松动现象；信息插座底座的固定方法应以现场施工的具体条件来定，可用膨胀螺钉，射钉等方法安装；设备表面的面板应保持在一个水平面上，做到美观整齐。

③ 从楼层主干线槽（如走廊处）铺设PVC线槽至信息插座。

2. 地面信息插座

下面以水泥地面为例，介绍地面信息插座的安装。

① 按工作区信息点布局规划,按采购的弹启式地面插座的大小和深度开挖相应大小和深度的孔洞，孔洞比地面插座略大一点、略深一点。该弹启式地面插座既有网络信息插座也有电源。

② 从接线处挖地槽至信息插座，预埋2根D20的钢管，一根通双绞线、一根通电源线（或是带隔板的金属槽，或是金属槽中套钢管，主要用于屏蔽和隔离）。

③ 铺设双绞线和电源线，安装信息模块和电源，线缆连接固定在接线盒体内的装置上，接线盒体均埋在地面下。

④ 回填水泥，固定地面插座，其盒盖面与地面平齐，可以开启，要求必须有严密防水、防尘和抗压功能。在不使用时，插座面板与地面齐平，不得影响人们日常行动。

防静电地板上安装地面信息插座要简单得多，在此省略。

项目小结

本项目主要内容包括管槽系统使用的材料、安装工具和安装方法，机柜、信息插座材料、安装工具和安装方法。

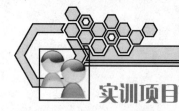

实训项目

实训1　安装PVC线槽（管）和桥架

实训提示

（1）实训内容参照任务一内容。

（2）实训环境要求。广州市唯康通信技术公司等企业研发的综合布线实训室，可在实训室的砖混结构模拟楼或钢结构工程项目实训模拟楼（见图4-42）上完成本实训任务。

（3）实施本实训项目前，需要进行如下准备工作。

① 以模拟楼为对象,进行简单的综合布线系统设计,确定信息点类型（语音和数据）和数量（每个学生最少安装一个信息点），工作区布局和数量，设备间和电信间的位置和数量，管槽大小、路由、长度。本项目的实训成果管槽、机柜、信息插座底盒将是

后续安装铜缆系统、安装光缆系统、测试综合布线系统、验收综合布线系统实训项目的基础。

② 进行安全施工教育（用电、登高作业等）。

③ 常用电动工具（充电旋具、手电钻、冲击电钻、角磨机、型材切割机等）使用方法学习。

④ 管、槽材料认识。

⑤ PVC 线槽成型训练（水平弯角、阴角、阳角），如图 4-43 所示。

⑥ 安装方法还可参阅实训室提供的相关实训手册。

⑦ 在本项目以及后续项目以模拟楼为对象的安装施工中，成立项目经理部管理模拟楼工程项目。

图 4-42　VCOM 钢结构工程项目实训模拟楼　　　图 4-43　PVC 成型（左上水平弯角，右上阴角，下阳角）

实训 2　安装机柜

实训提示

参照任务二中的任务实施（一），实训环境要求同上。

实训 3　安装信息插座

实训提示

参照任务二中的任务实施（二），实训环境要求同上。

实训 4　数据中心、设备间、电信间环境安装要求

实训提示

（1）现场参观数据中心、设备间、电信间机房。

（2）回顾项目三设计综合布线系统中，数据中心、设备间、电信间机房环境（墙面、门、地板、承重、照明、温控、防尘、防火、接地等）安装要求。

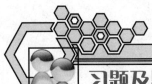

习题及思考题

1. 观察槽式桥架的连接件，发现所有转弯的连接件都不是直角转弯的，试分析其原因。

2. 标准机柜的宽度是多少？机柜容量单位 "U" 的高度是多少？某建筑物的一个楼层，共有 230 个网络信息点，从设备间敷设一条 12 芯多模光缆到该层的电信间，若网络设备（24 口）与配线设备都安装在同一机柜中，最少需要多大的机柜才能容纳下这些设备？

3. 简述面板与底盒的种类，常用面板的大小为多少？

4. 充电旋具是综合布线工程中必不可少的电动工具吗？它的作用是什么？

5. 叙述手电钻与冲击电钻功能的区别，并在布线工程中使用。

项目五

安装铜缆布线系统

　　不管你是项目经理、系统集成工程师还是综合布线工程师，当你负责或参与一项综合布线工程时，熟练安装铜缆布线系统是必备的基本功。安装铜缆布线系统的工作任务包括两个过程，一是敷设铜缆，二是端接铜缆，通过完成这两项子任务，应使之成为一条畅通的通信链路。

　　通过学习本项目，应达到以下学习目标。

【知识目标】

（1）理解 GB 50312—2007 国标中铜缆系统的安装规范

（2）熟悉安装铜缆系统的各型工具

（3）了解 4 对双绞线电气性能指标

【技能目标】

（1）会敷设铜缆系统

（2）会端接信息模块

（3）会端接数据配线架和 110 语音配线架

（4）能整洁规范地理线、扎线

（5）能规范地标识铜缆系统

任务一　安装水平双绞线布线系统

一、任务分析

　　安装水平双绞线布线系统包括敷设双绞线缆和端接双绞线缆两项工作任务。

　　水平管槽系统安装完毕后，先对管槽系统进行检查，确保有平滑畅通的管道，然后开始敷设线缆。同一楼层中，应从离楼层电信间最远处的工作区信息插座处开始布放线缆，一直布放到楼层电信间机柜中。然后在工作区端接信息模块，在楼层电信间端接数据配线架、整理机柜，做好标识，这样水平双绞线布线系统就安装完毕了，最后进入测试验收阶段。

二、相关知识

（一）工具准备

1. 线缆敷设工具

铜缆、光缆在室内外管道中敷设时，可能需要借助穿线器等工具来穿越。

当在建筑物室内外的管道中布线时，如果管道较长、弯头较多且空间紧张，则要使用穿线器牵引线、绳。图 5-1 所示为一种小型穿线器，适合管道较短的情况。图 5-2 所示为一种玻璃纤维穿线器，适用于室外管道较长的线缆敷设。

图 5-1　小型穿线器

图 5-2　玻璃纤维穿线器

2. 双绞线缆端接工具

（1）剥线钳

工程技术人员往往直接用压线工具上的刀片来剥除双绞线的外套，他们凭经验来控制切割深度，这就留下了隐患，切割线缆外套时一不小心就会伤及导线的绝缘层。由于双绞线的表面是不规则的，而且线径存在差别，所以采用剥线钳剥去双绞线的外护套更安全可靠。剥线钳使用高度可调的刀片或利用弹簧张力来控制合适的切割深度，保证切割时不会伤及导线的绝缘层。剥线钳有多种外观，图 5-3 所示是其中的两种。

（2）压线工具

用来压接 8 位的 RJ45 插头和 4 位、6 位的 RJ11、RJ-12 插头，它可同时提供切和剥的功能。其设计可保证模具齿和插头的角点精确地对齐，通常的压线工具都是固定插头的，有 RJ45 或 RJ11 单用的，也有双用的，如图 5-4 所示。市场上还有手持式模块化插头压接工具，它有可替换的 8 位 RJ45 和 4 位、6 位 RJ11、RJ-12 压模。除手持式压线工具外，还有工业应用级的模式化插头自动压接仪。

（3）110 打线工具

打线工具如图 5-5 所示，它用于将双绞线压接到信息模块和配线架上。信息模块和配线架是采用绝缘置换连接器（IDC）与双绞线连接的。IDC 实际上是 V 型豁口的小刀片，当把导线压入豁口时，刀片割开导线的绝缘层，与其中的导体接触。打线工具由手柄和刀具组成，它是两端式的，一端具有打接和裁线功能，裁剪掉多余的线头，另一端不具有裁线功能，工具的一面显示清晰的"CUT"字样，使用户可以在安装的过程中容易识别正确的打线方向。手柄握把具有压力旋转钮，可进行压力大小的选择。

图 5-3　剥线钳　　　　　　　　　　　　　　　图 5-4　压线工具

3. 标识工具

综合布线工程中为方便现场标识管理，专业厂商生产了专门的标签打印机。图 5-6 所示为美国泛达公司生产的 LS7 型热传送标签打印机，用于铜缆和光缆的布线系统中。

图 5-5　110 打线工具　　　　　　　　　　　图 5-6　LS7 型热传送标签打印机

（二）线缆整理材料准备

线缆整理包括线槽和机柜中的整理，当大量线缆从机柜端接到配线架上后，如果不整理线缆，可能会导致以下问题：双绞线本身具有一定的重量，几十根甚至上百根的线缆会给连接器施加拉力，有些连接点会因受力时间过长而造成接触不良；不便于管理；影响美观。因此应采用理线架和扎带捆扎的方式来管理机柜内的线缆。

1. 扎带

扎带分为尼龙扎带与金属扎带两类。在综合布线工程中使用的是尼龙扎带。尼龙扎带如图 5-7 所示，它采用 UL 认可的尼龙 66 材料制成，防火、耐酸、耐蚀、绝缘性良好、耐久性好、不易老化。使用时，只要将带身轻轻穿过带孔一拉，即可牢牢扣住。尼龙扎带按固定方式可分为 4 种：可松式扎带、插销式扎带、固定式扎带和双扣式扎带。在综合布线系统中，它有几种使用方式：使用不同颜色的尼龙扎带，可对繁多的线路加以区分；使用带有标签的尼龙扎带，在整理线缆的同时可以加以标记；使用带有卡头的尼龙扎带，可以将线缆轻松地固定在面板上。带有标签的尼龙扎带如图 5-7 所示。

扎带使用时也可用专门工具，这些工具使得扎带的安装使用极为简单省力。还可使用线扣将扎带和线缆等进行固定，它分为粘贴型和非粘贴型两种。

图 5-7 尼龙扎带

2．理线架（环）

理线架为电缆提供了平行进入 RJ45 模块的通路，使电缆在压入模块之前不再多次直角转弯，减少了自身的信号辐射损耗，同时也减少了对周围电缆的辐射干扰。由于理线架使水平双绞线有规律地、平行地进入模块，因此在今后线路扩充时，将不会因改变一根电缆而引起大量电缆的变动，使整体可靠性得到了保证，又提高了系统的可扩充性。在机柜中理线架能安装在 3 种位置。

① 垂直理线架可安装于机架的上下两端或中部，完成线缆的前后双向垂直管理。

② 水平理线架安装于机柜或机架的前面，与机架式配线架搭配使用，提供配线架或设备跳线水平方向的线缆管理。

③ 机架顶部理线槽可安装在机架顶部，线缆从机柜顶部进入机柜，为进出的线缆提供一个安全可靠的路径。

图 5-8 所示为 molex 理线产品。

图 5-8 molex 的理线产品

（三）标签材料准备

1．线缆标签

常见的线缆标签有以下几种。

（1）普通不干胶标签

该标签成本低，安装简便，不易长久保留。

（2）覆盖保护膜线缆标签

该标签标识内容清晰。标签完全缠绕在线缆上并有一层透明的薄膜缠绕在打印内容上，这样可以有效地保护打印内容，防止刮伤或腐蚀。这种标签具有良好的防水、防油性能。其安装步骤如图 5-9 所示。

 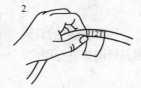 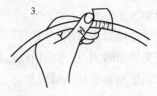

（a）将打印区域缠在线缆上 （b）将透明区域缠在线缆上覆盖打印区域 （c）覆盖后的标签确保打印内容经久耐用

图 5-9 覆盖保护膜线缆标签安装步骤

（3）套管标签

套管标签只能在端子连接之前使用，通过电线的开口端套在电线上。它有普通套管和热缩套管之分。热缩套管在热缩之前可以随便更换标识，具有灵活性，经过热缩后，套管就成为能耐恶劣环境的永久标识。热缩套管的安装步骤如下。

① 折叠底纸，露出热缩套管的开口部分，如图 5-10（a）所示。

② 将线缆插入套管，然后撕下底纸（也可以先取下套管再套上线缆），如图 5-10（b）所示。

③ 在线缆引出后，将套管调整到最佳标识位置。特定类型的套管也可用热封枪进行热缩，永久固定，如图 5-10（c）所示。

（a）　　　　　　（b）　　　　　　（c）

图 5-10　热缩套管安装步骤

2．场标签

场标签由背面为不干胶的材料制成，可贴在设备间、配线间、二级交接间、建筑物布线场的平整表面上。

3．配线架标签

配线架标签一般为插入标签，它是硬纸片，通常由安装人员在需要时取下来使用。每个标识都用色标来指明电缆的源发地，这些电缆端接于设备间和配线间的管理场。对于 110 配线架，可以插在位于 110 型接线块上的两个水平齿条之间的透明塑料夹内。对于数据配线架，可插入插孔面板上/下部的插槽内，如图 5-11 所示。

4．信息插座面板标签

信息插座面板标签有插入式和平面式两种，图 5-12 所示为平面式面板标签。

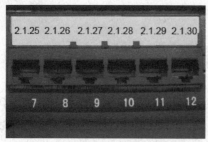 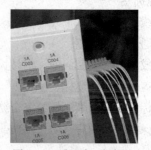

图 5-11　配线架插入标签　　　　　图 5-12　平面式面板标签

三、任务实施

（一）敷设双绞线缆

1. 敷设双绞线缆的基本要求

（1）槽道检查

在布放线缆之前，对线缆经过的所有路由进行检查，清除槽道连接处的毛刺和突出尖锐物，清洁掉槽道里的铁屑、小石块、水泥碴等物品，保障一条平滑畅通的槽道。

（2）文明施工

在槽道中敷设线缆应采用人工牵引，牵引速度要慢，不宜猛拉紧拽，以防止线缆外护套发生被磨、刮、蹭、拖等损伤。不要在布满杂物的地面大力抛摔和拖放电缆；禁止踩踏电缆；布线路由较长时，要多人配合平缓地移动，特别在转角处，应安排人值守理线；线缆的布放应自然平直，不得产生扭绞、打圈、接头等现象，不应受外力的挤压和损伤。

（3）放线记录

为了准确核算线缆用量，充分利用线缆，对每箱线从第一次放线起，做一个放线记录表。线缆上每隔两英尺有一个长度计录，标准包装每箱线长1000英尺（305m）。每个信息点放线时记录开始处和结束处的长度，这样对本次放线的长度和线箱中剩余线缆的长度一目了然，并将线箱中剩余线缆布放至合适的信息点。放线记录表如表5-1所示。放线记录表规范的做法是采用专用的记录纸张，简单的做法是写在包装箱上。

表5-1　　　　　　　　　　　　　　　放线记录表

线箱号码		起始长度		线缆总长度	
序号	信息点名称	起始长度	结束长度	使用长度	线箱剩余长度
	......				

（4）线缆应有余量以适应终接、检测和变更

对绞电缆预留长度：在工作区宜为3～6cm，电信间宜为0.5～2m，设备间宜为3～5m；有特殊要求的应按设计要求预留长度。

（5）桥架及线槽内线缆绑扎要求

① 槽内线缆布放应平齐顺直、排列有序，尽量不交叉，在线缆进出线槽部位、转弯处应绑扎固定。

② 线缆在桥架内垂直敷设时，在线缆的上端和每间隔1.5m处应固定在桥架的支架上；水平敷设时，在线缆的首、尾、转弯及每间隔5～10m处进行固定。

③ 在水平、垂直桥架中敷设线缆时，应对线缆进行绑扎。对绞电缆、光缆及其他信号电缆应根据线缆的类别、数量、缆径、线缆芯数分束绑扎。绑扎间距不宜大于1.5m，间距应均匀，不宜绑扎过紧或使线缆受到挤压。

图5-13（a）所示为在垂直桥架中对线缆进行绑扎，垂直桥架中需有绑扎固定点。图5-13（b）所示为在水平桥架中对线缆进行绑扎。

图 5-14 所示为开放式桥架中叠压式固定线缆方式。

（a）垂直线槽中对线缆进行绑扎　　　　　　（b）水平桥架中对线缆进行绑扎

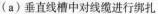

图 5-13　在不同的桥架中对线缆进行绑扎

图 5-14　开放式桥架中叠压式固定线缆方式

（6）电缆转弯时弯曲半径应符合的规定

① 非屏蔽 4 对对绞电缆的弯曲半径应至少为电缆外径的 4 倍。

② 屏蔽 4 对对绞电缆的弯曲半径应至少为电缆外径的 8 倍。

③ 主干对绞电缆的弯曲半径应至少为电缆外径的 10 倍。

（7）电缆与其他管线距离

电缆尽量远离其他管线，与电力及其他管线的距离要符合 GB 50311—2007 中的规定。

（8）预埋线槽和暗管敷设线缆应符合的规定

① 敷设线槽和暗管的两端宜用标志表示出编号等内容。

② 预埋线槽宜采用金属线槽，预埋或密封线槽的截面利用率应为 30%～50%。

③ 敷设暗管宜采用钢管或阻燃聚氯乙烯硬质管。布放大对数主干电缆及 4 芯以上光缆时，直线管道的管径利用率应为 50%～60%，弯管道应为 40%～50%。暗管布放 4 对对绞电缆或 4 芯及以下光缆时，管道的截面利用率应为 25%～30%。

（9）拉绳速度和拉力

拉绳缆的速度从理论上讲，线的直径越小，则拉的速度越快。但是，有经验的安装者采取慢速而又平稳的拉绳，而不是快速的拉绳。原因是快速拉绳会造成线缆的缠绕或被绊住。拉力过大，线缆变形，会引起线缆传输性能下降。线缆最大允许拉力如下。

① 1 根 4 对双绞线电缆，拉力为 100N（10kg）。

② 2 根 4 对双绞线电缆，拉力为 150N（15kg）。

③ 3 根 4 对双绞线电缆，拉力为 200N（20kg）。

④ n 根 4 对双绞线电缆，拉力为（$n \times 50+50$）N。

⑤ 25 对 5 类 UTP 电缆，最大拉力不能超过 40kg，速度不宜超过 15m/min。

（10）双绞线牵引

当同时布放的线缆数量较多时，就要采用线缆牵引，线缆牵引就是用一条拉绳（通常是一条绳）或一条软钢丝绳将线缆牵引穿过墙壁管路、天花板和地板管路。牵引时拉绳与线缆的连接点应尽量平滑，所以要采用电工胶带紧紧地缠绕在连接点外面，以保证平滑和牢固。

拉绳在电缆上固定的方法有拉环、牵引夹和直接将拉绳系在电缆上 3 种方式。拉环是将电缆的导线弯成一个环，导线通过带子束在一起然后束在电缆护套上，拉环可以使所有电缆线对和电缆护套均匀受力。牵引夹是一个灵活的网夹设备，可以套在电缆护套上，网夹系在拉绳上然后用带子束住，牵引夹的另一端固定在电缆护套上，当在拉绳上加力时，牵引夹可以将力传到电缆护套上。在牵引大型电缆时，还有一种旋转拉环的方式，旋转拉环是一种在用拉绳牵引时可以旋转的设备，在将干线电缆安装在电缆通道内时，旋转拉环可防止拉绳和干线电缆的扭绞，干线电缆的线对在受力时会导致电缆性能下降，干线电线如果扭绞，电缆线对可能会断裂。

尽可能保持电缆的结构是敷设双绞线时的基本原则，如果是少量电缆，可以在很长的距离上保持线对的几何结构；如果是大量捆扎在一起的电缆，可能会产生挤压变形。图 5-15 所示是 6 类电缆挤压变形后的情况。

　　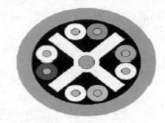

（a）正常　　　　　　　　　　　（b）被挤压

图 5-15　电缆被挤压造成的影响

这种挤压缩短了棕色和橙色的距离，虽然双绞的结构可以减小由此带来的影响，但是如果变形超出承受度，则会对测试结果造成影响，这时只能用 HDTDX 技术来诊断。如果只是一点的挤压，比如我们经常会在某处打结，一般影响很小。如果整根线被粗暴使用，就可能在近端串扰和回波损耗上测试失败。所以在拖放、捆扎电缆时要特别小心，要保护好电缆的结构。

2. 敷设水平双绞线

（1）暗道布线

暗道布线是在浇筑混凝土时已把管道预埋在地板管道或墙体管道，管道内有牵引电缆线的钢丝或铁丝，如果没有，就用小型穿线器牵引。安装人员只需索取管道图纸来了解布线管道系统，确定布线路由。管道一般从配线间或走廊水平主干槽道埋到信息插座安装孔，安装人员只要将 4

对线电缆线固定在信息插座的拉线端，从管道的另一端将线缆牵引拉出。

（2）天花板内布线

水平布线最常用的方法是在天花板内布线，其具体施工步骤如下。

① 确定布线路由。

② 沿着所设计的路由，打开天花板，用双手推开每块镶板，如图 5-16 所示。多条 4 对线很重，为了减轻压在吊顶上的压力，可使用 J 形钩、吊索及其他支撑物来支撑。

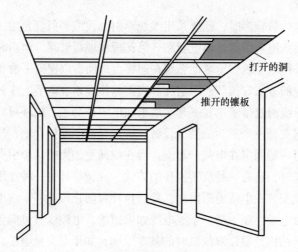

图 5-16　移动天花板镶板

③ 以同一工作区信息点为一组，每组布放 6 根双绞线缆为宜。

④ 加标签。在箱上或放线记录表上写标识编号，在线缆的末端注上标识编号。

⑤ 从离电信间最远的一端开始布线，拉到电信间。如图 5-17 所示。

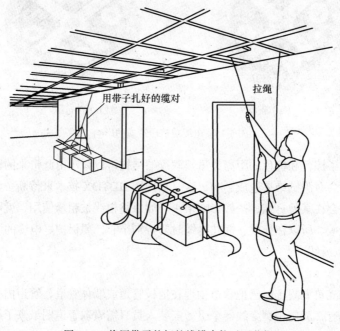

图 5-17　将用带子扎好的线缆束拉过天花板

⑥ 将线缆整理进机柜。

（3）墙壁线槽布线

墙面线槽布线是一种明铺方式，均为短距离段落。如已建成的建筑物中没有暗敷管槽时，只能采用明敷线槽或将线缆直接敷设，在施工中应尽量把线缆固定在隐蔽的装饰线下或不易被碰触的地方，以保证线缆安全。在墙壁上布线槽一般遵循下列步骤。

① 确定布线路由。

② 沿着路由方向放线（讲究直线美观）。

③ 线槽每隔 1 m 要安装固定螺钉。

④ 布线时线槽容量为 70%。

⑤ 盖塑料槽盖。槽盖应错位盖。

3. 机柜进线及理线

线缆敷设至电信间后，以楼层、房间、工作区的顺序，依序将线缆整理进机柜。机柜里线缆根据端接位置、盘缆要求应预留 3～6 米长度线缆。以下是常见的几种进线方式。

（1）机柜顶部进线

图 5-18 所示为开放式桥架机柜顶部进线方式。

图 5-18　开放式桥架机柜顶部进线方式

（2）活动地板机柜底部进线

图 5-19 所示为活动地板下槽式桥架机柜底部进线方式。

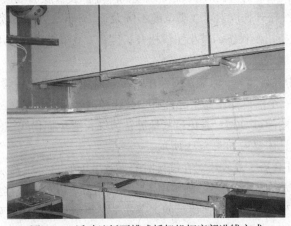

图 5-19　活动地板下槽式桥架机柜底部进线方式

（3）水泥地板机柜底部进线

图 5-20 所示为机柜内线缆理线效果图。

图 5-20 机柜内线缆理线效果图

（二）端接双绞线缆

1. 端接双绞线缆的基本要求

双绞线端接是综合布线系统工程中最为关键的步骤，它包括配线接续设备（设备间、配线间）和通信引出端（工作区）处的安装施工。综合布线系统的故障绝大部分出现在链路的连接之处，故障会导致线路不通和衰减、串扰、回波损耗等电气指标不合格。故障不仅出现在某个连接点，也包含连接安装时不规范作业如弯曲半径过小、开绞距离过长等引起的故障。所以，安装和维护综合布线的人员，必须先进行严格培训，掌握安装技能。

① 端接双绞线缆前，必须核对线缆标识内容是否正确。

② 线缆中间不能有接头。

③ 线缆终接处必须牢固、接触良好。

④ 双绞电缆与连接器件连接应认准线号、线位色标，不得颠倒和错接。

⑤ 端接时，每对对绞线应保持扭绞状态，线缆剥除外护套长度够端接即可。最大暴露双绞线长度为 40～50mm。扭绞松开长度对于 3 类电缆不应大于 75mm；对于 5 类电缆不应大于 13mm；对于 6 类电缆应尽量保持扭绞状态，减小扭绞松开长度；7 类布线系统采用非 RJ45 方式连接时，连接图应符合相关标准规定。

⑥ 虽然线缆路由中允许转弯，但端接安装中要尽量避免不必要的转弯，绝大多数的安装要求少于 3 个 90° 转弯，在一个信息插座盒中允许有少数线缆的转弯及短的（30cm）盘圈。安装时要避免下列情况：避免弯曲超过 90°；避免过紧地缠绕线缆；避免损伤线缆的外皮；剥去外皮时避免伤及双绞线绝缘层。具体要求如图 5-21 所示。

⑦ 线缆剥掉塑料外套后，双绞线对在端接时的注意事项如图 5-22 所示。

⑧ 线缆终端方法应采用卡接方式，施工中不宜用力过猛，以免造成接续模块受损。连接顺序应按线缆的统一色标排列，在模块中连接后的多余线头必须清除干净，以免留有后患。

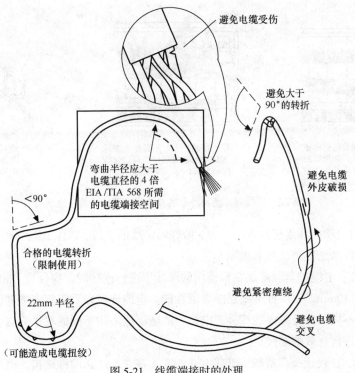

图 5-21 线缆端接时的处理

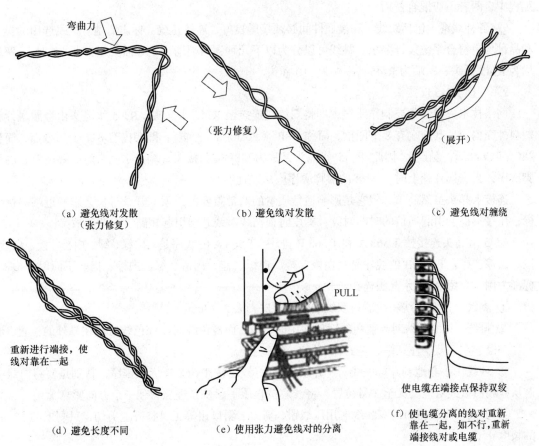

（a）避免线对发散 （张力修复）

（b）避免线对发散

（c）避免线对缠绕

（d）避免长度不同

（e）使用张力避免线对的分离

（f）使电缆分离的线对重新靠在一起，如不行，重新端接线对或电缆

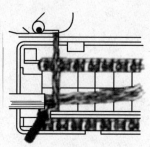  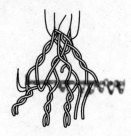

（g）在进行电缆端接时应尽量
避免线对缠绕，如果线对
的走线必须缠绕其他线对，
避免出现（c）所示的情况

（h）在连接硬件上，不要在太靠近
连接块的地方端接线对，保持
6mm（1/4in）左右的最小空间

（i）线对的交叉应在电缆外皮
之外进行，避免线对在电
缆外皮内出现交叉

图 5-22　线缆剥掉塑料外套后双绞线对端接时的注意事项

⑨ 对通信引出端内部连接件进行检查，做好固定线的连接，以保证电气连接的完整牢靠。如连接不当，有可能增加链路衰减和近端串扰。

⑩ 线对屏蔽和电缆护套屏蔽层在和模块的屏蔽罩进行连接时，应保证 360° 的接触，而且接触长度不应小于 10mm，以保证屏蔽层的导通性能。电缆连接以后应将电缆进行整理，并核对接线是否正确，对不同的屏蔽对绞线或屏蔽电缆，屏蔽层应采用不同的端接方法。应对编织层或金属箔与汇流导线进行有效的端接。

⑪ 信息模块/RJ 连接头与双绞线端接有 T 568 A 或 T 568 B 两种结构，但在同一个综合布线工程中，两者不应混合使用。

⑫ 各种线缆（包括跳线）和接插件间必须接触良好、连接正确、标志清楚。跳线选用的类型和品种均应符合系统设计要求。跳线可以分为以下几种：两端均为 110 插头（4 对或 5 对）；两端均为 RJ45 插头；一端为 RJ45，一端为 110 插头。

2. 端接 RJ45 连接头

网络技术人员经常要制作跳线，即将双绞线连接至 RJ45 水晶头。RJ45 水晶头由金属触片和塑料外壳构成，其前端有 8 个凹槽，简称"8P"（Position，位置），凹槽内有 8 个金属触点，简称"8C"（Contact，触点），因此 RJ45 水晶头又称为"8P8C"接头。端接水晶头时，要注意它的引脚次序，当金属片朝上时，1～8 的引脚次序应从左往右数。

连接水晶头虽然简单，但它是影响通信质量的非常重要的因素：开绞过长会影响近端串扰指标；压接不稳会引起通信的时断时续；剥皮时损伤线对线芯会引起短路、断路等故障。

RJ45 水晶头连接按 T 568 A 和 T 568 B 排序。T 568 A 的线序是：白绿、绿、白橙、蓝、白蓝、橙、白棕、棕。T 568 B 的线序是：白橙、橙、白绿、蓝、白蓝、绿、白棕、棕。下面以 T 568 B 标准为例，介绍 RJ45 水晶头连接步骤。

① 剥线。用双绞线剥线器将双绞线塑料外皮剥去 2～3cm。

② 排线。将绿色线对与蓝色线对放在中间位置，而橙色线对与棕色线对放在靠外的位置，形成左一橙、左二蓝、左三绿、左四棕的线对次序。

③ 理线。小心地剥开每一线对（开绞），并将线芯按 T 568 B 标准排序，特别是要将白绿线芯从蓝和白蓝线对上交叉至 3 号位置，将线芯拉直压平、挤紧理顺（朝一个方向紧靠）。

④ 剪切。将裸露出的双绞线芯用压线钳、剪刀、斜口钳等工具整齐地剪切，只剩下约 13mm 的长度。

⑤ 插入。一手以拇指和中指捏住水晶头，并用食指抵住，水晶头的方向是金属引脚朝上、弹片朝下。另一只手捏住双绞线，用力缓缓将双绞线 8 条导线依序插入水晶头，并一直插到 8 个凹槽顶端。

⑥ 检查。检查水晶头正面，查看线序是否正确；检查水晶头顶部，查看 8 根线芯是否都顶到顶部。

⑦ 压接。确认无误后，将 RJ45 水晶头推入压线钳夹槽后，用力握紧压线钳，将突出在外面的针脚全部压入 RJ45 水晶头内，RJ45 水晶头连接完成。

RJ45 水晶头的保护胶套可防止跳线拉扯时造成接触不良，如果水晶头要使用这种胶套，需在连接 RJ45 水晶头之前将胶套插在双绞线电缆上，连接完成后再将胶套套上。用同一标准安装另一侧水晶头，完成直通网线的制作。另一侧用 T 568 A 标准，则完成一条交叉网线的制作。最后用线序测试仪进行接线检查。

3. 安装信息插座

（1）信息插座安装步骤

信息插座由面板、信息模块和盒体底座几部分组成，其中信息模块端接是信息插座安装的关键。信息插座的安装步骤如下。

① 将双绞线从线槽或线管中通过进线孔拉入信息插座底盒中。

② 为便于端接、维修和变更，线缆从底盒拉出后预留 15cm 左右后将多余部分剪去。

③ 端接信息模块。

④ 将见余线缆盘于底盒中。

⑤ 将信息模块插入面板中。

⑥ 合上面板，紧固螺钉，插入标识，完成安装。

（2）信息模块的端接

信息模块分打线模块（又称冲压型模块）和免打线模块（又称扣锁端接帽模块）两种，打线模块需要用打线工具将每个电缆线对的线芯端接在信息模块上，扣锁端接帽模块使用一个塑料端接帽把每根导线端接在模块上，也有一些类型的模块既可用打线工具也可用塑料端接帽压接线芯。所有模块的每个端接槽都有 T 568 A 和 T 568 B 接线标准的颜色编码，通过这些编码可以确定双绞线电缆每根线芯的确切位置。下面以打线模块端接（采用 568 B 接线标）为例，介绍信息模块的端接步骤。

① 用剥线钳剥去 4 对双绞线的外皮约 3cm，如图 5-23 所示。

② 用剪刀剪去撕剥线，如图 5-24 所示。

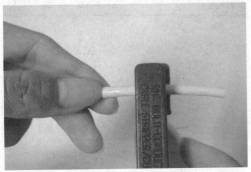

图 5-23　剥去外皮

图 5-24　剪去撕剥线

③ 按照模块上标示的 568B 标线序，将线对整理至对应的位置，如图 5-25 所示。

④ 将线芯卡接到对应的槽位上，有两种方法：方法 1 是从线头处打开绞对并卡接到槽位上（开绞长度为刚好能卡入槽位），方法 2 不用开绞，从线头处挤开线对，将两个线芯同时卡入相邻槽位，如图 5-26 所示。

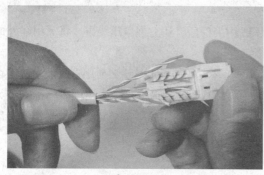
图 5-25　理线

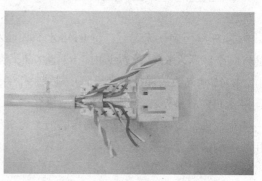
图 5-26　卡线

⑤ 当线对都卡入相应的槽位后，再一次检查各线对线序是否正确，如图 5-27 所示。

⑥ 用单用打线刀（刀要与模块垂直，刀口向外）逐条压入线芯，并打断多余的线头，如图 5-28 所示。

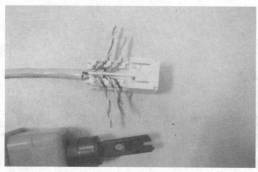
图 5-27　检查

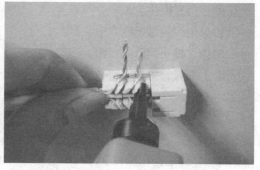
图 5-28　压线

⑦ 压接后的信息模块如图 5-29 所示。

⑧ 给模块安装上保护帽，如图 5-30 所示，模块安装完毕。

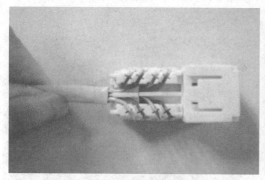
图 5-29　压接后的信息模块

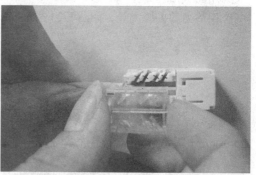
图 5-30　给模块安装上保护帽

4. 安装数据配线架

配线架是配线子系统关键的配线接续设备，它安装在配线间的机柜（机架）中，配线架在机柜中的安装位置要综合考虑机柜线缆的进线方式、有源交换设备散热、美观、便于管理等要素。

数据配线架安装基本要求如下。

① 为了管理方便，配线间的数据配线架和网络交换设备一般都安装在同一个 19 英寸的机柜中。

② 根据楼层信息点标识编号，按顺序安放配线架，并画出机柜中配线架信息点分布图，便于安装和管理。

③ 线缆一般从机柜的底部进入，所以通常配线架安装在机柜下部，交换机安装在机柜上部，也可根据进线方式作出调整。

④ 为美观和管理方便，机柜正面配线架之间和交换机之间要安装理线架，跳线从配线架面板的 RJ45 端口接出后通过理线架从机柜两侧进入交换机间的理线架，然后再接入交换机端口。

⑤ 对于要端接的线缆，先以配线架为单位，在机柜内部进行整理、用扎带绑扎、将冗余的线缆盘放在机柜的底部后再进行端接，使机柜内整齐美观、便于管理和使用。

数据配线架有固定式和模块化配线架。下面分别给出两种配线架的安装步骤，同类配线架的安装步骤大体相同。

固定式配线架安装过程如下。

① 将配线架固定到机柜合适位置，在配线架背面安装理线环。

② 从机柜进线处开始整理电缆，电缆沿机柜两侧整理至理线环处，使用绑扎带固定好电缆，一般 6 根电缆作为一组进行绑扎，将电缆穿过理线环摆放至配线架处。

③ 根据每根电缆连接接口的位置，测量端接电缆应预留的长度，然后使用压线钳、剪刀、斜口钳等工具剪断电缆。

④ 根据选定的接线标准，将 T 568 A 或 T 568 B 标签压入模块组插槽内。

⑤ 根据标签色标排列顺序，将对应颜色的线对逐一压入槽内，然后使用打线工具固定线对连接，同时将伸出槽位外多余的导线截断，如图 5-31 所示。

⑥ 将每组线缆压入槽位内，然后整理并绑扎固定线缆，如图 5-32 所示，固定式配线架安装完毕。

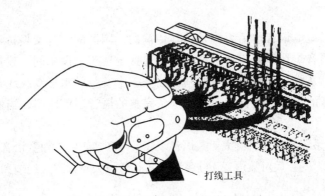

打线工具

图 5-31 将线对逐次压入槽位并打压固定

175

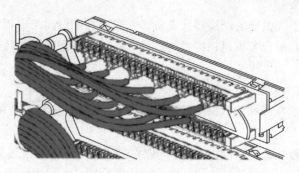

图 5-32　整理并绑扎固定线缆

安装模块化配线架时，信息模块端接方法与信息插座的模块端接相同，理线方法可参考固定式配线架安装方法。图 5-33 所示为模块化配线架安装后的机柜内部效果图。

图 5-33　模块化配线架安装后机柜内部效果图

任务二　安装大对数语音干线系统

一、任务分析

园区综合布线系统的语音电话系统是这样传输的，园区的语音交换机安装在建筑群设备间，建筑群大对数语音干线系统将语音电话系统连接至建筑物设备间，建筑物大对数语音干线系统又将语音电话系统连接至楼层电信间，任务一中安装的水平双绞线布线系统将语音电话系统连接至工作区的信息插座，从而形成一条完整的语音通信链路，当然中间还需要跳线将各系统跳接。

大对数语音干线系统包括建筑群大对数语音干线系统和建筑物大对数语音干线系统。和水平双绞线布线系统一样，安装大对数语音干线系统也包括敷设大对数双绞线缆和端接大对数双绞线缆两项工作任务。

二、相关知识

（一）工具准备

1. 线缆敷设工具

（1）线轴支架

大对数电缆和光缆一般都缠绕在线缆卷轴上，高层建筑放线时必须将线缆卷轴架设在线轴支架上，并从顶部放线。液压线轴支架如图 5-34 所示。

（2）滑车

当线缆从上而下垂放电缆时，为了保护线缆，需要一个滑车，保障线缆从线缆卷轴拉出后经滑车平滑地往下放线。图 5-35 所示为一个朝天钩式滑车，它安装在垂井的上方。图 5-36 所示为一个三联井口滑车，它安装在垂井的井口。

（3）牵引机

当大楼主干布线采用由下往上的敷设方法时，就需要用牵引机向上牵引线缆，牵引机有手摇式牵引机和电动牵引机两种。当大楼楼层较高且线缆数量较多时使用电动牵引机，当楼层较低且线缆数量少而轻时可用手摇式电动牵引机。

图 5-34　液压线轴支架　　　　图 5-35　朝天钩式滑车　　　　图 5-36　三联井口滑车

2. 大对数端接工具

除单对 110 打线工具外，还有一款 5 对 110 打线工具，如图 5-37 所示。它是一种多功能端接工具，适用于线缆、跳接块及跳线架的连接作业，端接工具和体座均可替换，打线头通过翻转可以选择切割或不切割线缆。工具的腔体由高强度的铝涂以黄色保护漆构成，手柄为木质手柄，并符合人体工程学设计，工具的一面显示清晰的"CUT"字样，使用户可以在安装的过程中容易识别正确的打线方向。

（二）垂直主干管道准备

建筑物垂直主干管道主要用于敷设光缆和大对数电缆，大对数是指 25 对、50 对或是更大对数的双绞线，它的布线路由在建筑物设备间到楼层电信间之间。

在新的建筑物中，通常在每一层同一位置都有封闭型的小房间，称为弱电井（弱电间），如图 5-38 所示。在弱电间有一些方形的槽孔和较小套筒圆孔，这些孔从建筑物最高层直通地下室，用来敷设主干线缆。需要注意的是，若利用这样的弱电竖井敷设线缆时，必须对线缆进行固定保护，楼层之间要采取防火措施。

对没有竖井的旧式大楼进行综合布线一般是重新铺设金属线槽作为竖井。

图 5-37 5 对 110 打线工具（D-Impactor）

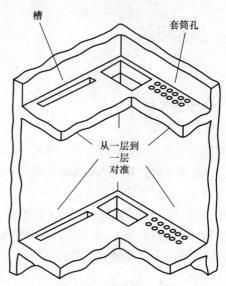

图 5-38 封闭性弱电竖井

在竖井中敷设干线电缆一般有两种方法：向下垂放电缆和向上牵引电缆。相比较而言，向下垂放比向上牵引容易。当电缆盘比较容易搬运上楼时，采用向下垂放电缆；当电缆盘过大、电梯装不进去或大楼走廊过窄等导致电缆不可能搬运至较高楼层时，只能采用向上牵引电缆。

三、任务实施

（一）敷设大对数线缆（适用于高楼和施工量大的现场）

1. 向下垂放线缆

向下垂放线缆的一般步骤如下。

① 对垂直干线电缆路由进行检查，确定至管理间的每个位置都有足够的空间敷设和支持干线电缆。

② 把线缆卷轴放到最顶层。

③ 在离房间开口处（孔洞处）3～4 m 处安装线缆卷轴，并从卷轴顶部放线，如图 5-39 所示。

④ 在线缆卷轴处安排所需的布线施工人员（数目视卷轴尺寸及线缆质量而定），每层上要有一个施工人员，以便引寻下垂的线缆。在施工过程中每层施工人员之间必须能通过对讲机等通信工具保持联系。

⑤ 开始旋转卷轴，将线缆从卷轴上拉出。

⑥ 将拉绳固定在拉出的线缆上，引导进竖井中的孔洞。在此之前应先在孔洞中安放一个塑料的套状保护物，以防止孔洞不光滑的边缘擦破线缆的外皮，如图 5-40 所示。

⑦ 慢慢地从卷轴上放缆并进入孔洞向下垂放，注意不要快速地放缆。

⑧ 继续放缆，直到下一层布线施工人员能将线缆引到下一个孔洞。

⑨ 按前面的步骤，继续慢慢地放缆，并将线缆引入各层的孔洞，各层的孔洞都应安放塑料的

套状保护物，以防止孔洞不光滑的边缘擦破线缆的外皮。

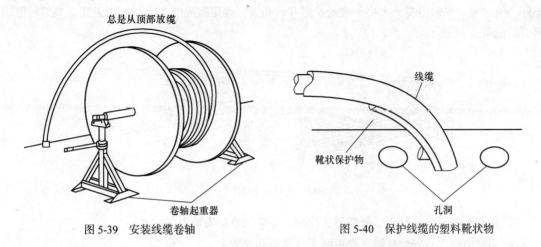

图 5-39　安装线缆卷轴　　　　　　图 5-40　保护线缆的塑料靴状物

⑩　当线缆到达目的地时，把每层上的线缆绕成卷放在架子上固定起来，等待以后的端接。

⑪　对电缆的两端进行标记，如果没有标记的话，要对干线电缆通道进行标记。

如果要经由一个大孔敷设垂直干线缆，就无法使用塑料保护套了，这时最好使用一个滑车轮，通过它来下垂布线，为此需求进行如下操作。

a. 在孔的中心处装上一个滑车轮，如图 5-41 所示。

b. 将线缆拉出绕在滑车轮上。

c. 按前面所介绍的方法牵引线缆穿过每层的孔。在布线时，若线缆要作弯曲半径小于允许值（双绞线弯曲半径为 8～10 倍的线缆直径，光缆为 20～30 倍的线缆直径）的弯曲，可以将线缆放在滑车轮上，解决线缆的弯曲问题，如图 5-42 所示。

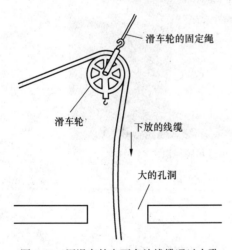

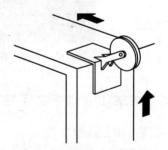

图 5-41　用滑车轮向下布放线缆通过大孔　　　图 5-42　用滑车轮解决线缆的弯曲

2. 向上牵引电缆

向上牵引电缆可用电动牵引绞车，其具体操作步骤如下。

① 对垂直干线电缆路由进行检查，确定至管理间的每个位置都有足够的空间敷设和支持干线电缆。

② 按照电缆的质量，选定牵引机型号，并按牵引机制造厂家的说明书进行操作。先往牵引机中穿一条拉绳，根据电缆的大小和重量及垂井的高度，确定拉绳的大小和抗张强度。典型的电动牵引机如图 5-43 所示。

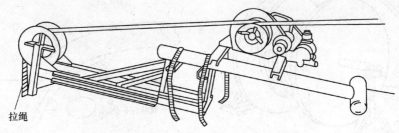

图 5-43 典型的电动牵引机

③ 启动牵引机，并往下垂放拉绳，拉绳向下垂放直到安放电缆的底层。

④ 如果电缆上有一个拉眼，则将绳子连接到此拉眼上。

⑤ 启动牵引机，慢慢地将电缆通过各层的孔向上牵引。

⑥ 电缆的末端到达顶层时，停止牵引。

⑦ 在地板孔边沿上用夹具将电缆固定。

⑧ 当所有连接制作好之后，从牵引机上释放电缆的末端。

⑨ 对电缆的两端进行标记，如果没有标记的话，要对干线电缆通道进行标记。大对数电缆由于线径粗，一般采用吊牌的方式标记，如图 5-44 所示。

图 5-44 大对数电缆吊牌标识

（二）安装 110 语音配线架

1. 安装 110 配线架步骤

下面以安装 25 对大对数电缆为例，介绍 110 配线架的安装步骤。

① 将配线架固定到机柜合适位置。

② 从机柜进线处开始整理电缆，电缆沿机柜两侧整埋全配线架处，并留出大约 25cm 的大对数电缆，用电工刀或剪刀把大对数电缆的外皮剥去，如图 5-45 所示，使用绑扎带固定好电缆，将电缆穿过 110 语音配线架一侧的进线孔，摆放至配线架打线处，如图 5-46 所示。

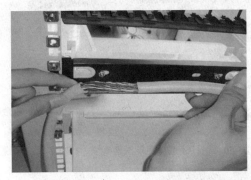

图 5-45 将大对数电缆的外皮剥去

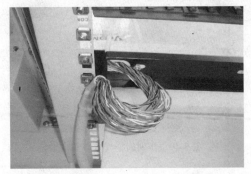

图 5-46 将电缆穿过配线架一侧的进线孔

③ 对 25 对电缆进行线序排线，首先进行主色分配，如图 5-47 所示，再按配色分配，如图 5-48 所示。标准物分配原则如下。

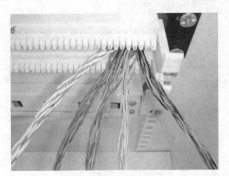

图 5-47 先按主色排列

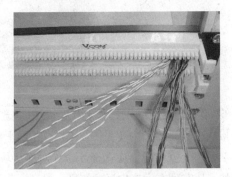

图 5-48 再按配色分配

通信电缆色谱排列规则如下。

电缆主色为：白、红、黑、黄、紫；

电缆配色为：蓝、橙、绿、棕、灰。

一组电缆为 25 对，以色带来分组，一共有 25 组，分别为

● （白蓝、白橙、白绿、白棕、白灰）；
● （红蓝、红橙、红绿、红棕、红灰）；
● （黑蓝、黑橙、黑绿、黑棕、黑灰）；
● （黄蓝、黄橙、黄绿、黄棕、黄灰）；
● （紫蓝、紫橙、紫绿、紫棕、紫灰）。

1～25 对电缆为第一小组，用白蓝相间的色带缠绕；26～50 对电缆为第二小组，用白橙相间的色带缠绕；51～75 对电缆为第三小组，用白绿相间的色带缠绕；76～100 对电缆为第四小组，用白棕相间的色带缠绕。

此 100 对电缆为 1 大组用白兰相间的色带把 4 小组缠绕在一起。

200 对、300 对、400 对……2400 对以此类推。

④ 根据电缆色谱排列顺序，将对应颜色的线对逐一压入槽内，如图 5-49 所示，然后使用 110 打线工具固定线对连接，同时将伸出槽位外多余的导线截断。注意：刀要与配线架垂直，刀口向外，如图 5-50 所示。完成后的效果如图 5-51 所示。

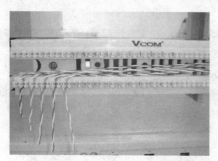

图 5-49　排列后把线卡入相应槽位

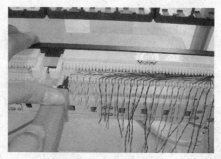

图 5-50　用打线工具逐条压紧电缆并打断多余的导线

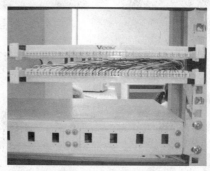

图 5-51　完成后的效果图

⑤ 准备 5 对打线工具和 110 连接块（见图 5-52），将连接块放入 5 对打线工具中（见图 5-53），把连接块垂直压入槽内（见图 5-54），并贴上编号标签。注意连接端子的组合是：在 25 对的 110 配线架基座上安装时，应选择 5 个 4 对连接块和 1 个 5 对连接块，或 7 个 3 对连接块和 1 个 4 对连接块。从左到右完成白区、红区、黑区、黄区和紫区的安装。这与 25 对大对数电缆的安装色序一致。完成后的效果图如图 5-55 所示。

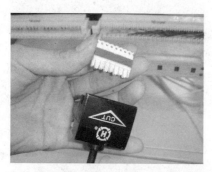

图 5-52　准备 5 对打线工具和 110 连接块

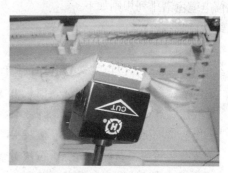

图 5-53　接连接块放入 5 对打线工具中

图 5-54　把连接块垂直压入槽内

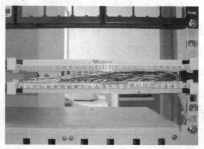

图 5-55　完成后的效果图

2. 110 配线架的跳接

① 110 配线架到 110 配线架跳接（如建筑群语音主干到建筑物语音主干）用 110-110 跳线。

② 110 配线架到数据配线架跳接（如建筑物语音主干到水平子系统）用 110-RJ45 跳线。

项目小结

本项目主要内容包括 4 对双绞电缆和大对数电缆安装（敷设和端接）工具、基本安装规范、线缆敷设方法，RJ45 连接头、信息模块、数据配线架、110 语音配线架端接方法。

实训项目

实训 1　端接双绞线缆

实训提示

（1）实训内容。参照任务一中任务实施（二）端接双绞电缆，参照任务二中任务实施（二）安装 110 语音配线架。

（2）实训环境要求。广州市唯康通信技术公司等企业研发的综合布线实训室，可在实训室的多功能综合布线实训台（见图 5-56）或网络机架操作台（见图 5-57）上完成本实训任务。

图 5-56　多功能综合布线实训台

图 5-57　网络机架操作台

（3）实施本实训项目前，需要温习端接双绞电缆的基本要求。

（4）具体实训要求。

① 在操作台或实训台上进行打线训练（参阅实训室提供的相关实训手册）。

② 端接 RJ45 连接头（水晶头）。

③ 安装信息插座（免打模块和打线模块）。

④ 安装数据配线架（固定式和模块式）。

⑤ 安装 110 语音配线架。

实训 2　敷设双绞电缆和安装铜缆布线系统

实训提示

（1）实训内容。在掌握端接双绞电缆技能的基础上，进行安装铜缆布线系统整个工程项目实训，内容包括本项目的全部任务实施内容。

（2）实训环境。以项目四中在模拟楼安装的管槽、机柜、信息插座底盒为基础完成本实训项目。

（3）实施本实训项目前，需要温习安装双绞线缆的基本要求。

（4）具体实训内容。

① 敷设并端接水平 4 对双绞电缆。

② 敷设并端接语音主干大对数电缆。

习题及思考题

1. 简述放线记录表的内容和作用。
2. 4 对双绞电缆预留长度有哪些要求？
3. 预埋线槽和暗管中敷设电缆有哪些要求？
4. 桥架及线槽内电缆绑扎有哪些要求？
5. 简述端接双绞电缆的基本要求。

项目六

安装光缆布线系统

光缆系统比铜缆系统的技术复杂程度更高，更富有挑战性，工程利润更大，但随着光缆布线系统的普及和价格的下降，熔接一芯光纤收费几十元的时代已经一去不复返了。现在，光缆系统不仅用于建筑群主干布线系统和建筑物主干布线系统，在通信质量和速度要求高的场所，光缆系统已应用于桌面传输。

通过学习本项目，应达到以下学习目标。

【知识目标】

（1）理解 GB 50312—2007 国标中光缆系统的安装规范

（2）熟悉安装光缆系统的各型工具

（3）了解光传输知识

【技能目标】

（1）会敷设室内外光缆系统

（2）会连接光纤连接头

（3）会熔接光纤

（4）会安装光纤配线架，能整洁规范地理线、扎线

（5）能规范地标识光缆系统

一、项目分析

熟练安装光缆布线系统是项目经理和布线工程师必备的基本功。安装光缆布线系统的工作任务包括两个过程，一是敷设光缆，二是连接光纤。通过完成这两项子任务，应使光缆系统成为一条畅通的通信链路。

光缆与电缆同是通信线路的传输媒质，其施工方法虽基本相似，但因光纤是石英玻璃制成的，光信号需密封在由光纤包层所限制的光波导管里传输，故光缆施工比电缆施工的难度要大，这种难度包括光缆的敷设难度和光纤连接难度。

二、相关知识

（一）敷设光缆工具准备

参见敷设铜缆系统的工具准备。

（二）光纤连接工具准备

1. 开缆工具

开缆工具的功能是剥离光缆的外护套，有沿线缆走向纵向剖切和横向切断光缆外护套两种开缆方式，因此有不同种类的开缆工具。以下介绍典型的几种开缆工具。

（1）横向开缆刀

横向开缆刀如图 6-1 所示。

（2）纵向开缆刀

图 6-2 所示为一款德国产纵向开缆刀。纵向开缆刀（俗称"爬山虎"），是光缆施工及维护中用于纵向开剥光缆的一种理想工具。工具本身由手柄、齿轮夹、双面刀以及偏心轮（可调 4 个位置）组成。调整偏心轮的 4 个可调位置可适应于剥除不同外护层厚度的光（电）缆。双面刀刀刃材质特殊，锋利而耐用。随工具还配备有黑色及黄色光（电）缆专用适配器、内六角起子、包装盒及操作说明。黄色适配器专用于光缆，黑色适配器则适用于小于 25mm 的电缆。内六角起子用于更换双面刀。

图 6-1 横向开缆刀

图 6-2 纵向开缆刀

在实际纵向开剥光缆操作时，将黄色适配器套在双面刀处，调整光缆偏心器正确后，将刀口插入光缆，并使刀身与缆平行，反复压动手柄即可。

图 6-3 摇把式横、纵向综合开缆刀

（3）横、纵向综合开缆刀

图 6-3 是一款摇把式横、纵向综合开缆刀，它是针对光缆施工中剥开光缆外护套而专门设计的，很好地解决了开剥光缆操作中的难点：纵剖及横切。使用该工具可快捷精确地完全或部分去除光缆外护套。综合开缆刀的刀片采用高级合金工具钢，锋利耐用。

（4）钢丝钳

剥离光缆的外护套除需要开缆刀外，还需要剪断加强钢缆的钢丝钳。

2. 光纤剥离钳

光纤剥离钳用于剥离光纤涂覆层和外护层，它的种类很多，图6-4所示为双口光纤剥离钳。双口光纤剥离钳具有双开口、多功能的特点。钳刃上的V形口用于精确剥离250μm、500μm的涂覆层和900μm的缓冲层。第二开孔用于剥离3 mm的尾纤外护层。所有的切端面都有精密的机械公差，以保证干净、平滑地操作。不使用时可将刀口锁在关闭状态。

3. 光纤剪刀

光纤剪刀用于修剪凯弗拉线（Kevlar）。图6-5所示为高杠杆光纤Kevlar剪刀，这是一种防滑锯齿剪刀，复位弹簧可提高剪切速度，它只可剪光纤线的Kevlar层，而不能剪光纤内芯线玻璃层或作为剥皮之用。

图6-4 双口光纤剥离钳

图6-5 高杠杆光纤Kevlar剪刀

4. 光纤连接器压接钳

光纤连接器压接钳用于压接FC、SC和ST连接器，如图6-6所示。

5. 光纤切割工具

光纤切割工具用于多模和单模光纤的切割，包括通用光纤切割工具和光纤切割笔。其中，通用光纤切割工具用于光纤的精密切割，如图6-7所示。

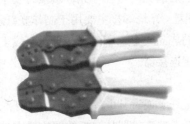

图6-6 光纤连接器压接钳

图6-7 通用光纤切割工具

6. 单芯光纤熔接机

单芯光纤熔接机采用芯对芯标准系统（PAS）进行快速、全自动熔接，如图6-8所示。它配备有双摄像头和5英寸高清晰度彩色显示器，能进行x、y轴同步观察。深凹式防风盖在15 m/s的强风下能进行接续工作，可以自动检测放电强度，放电稳定可靠；能够进行自动光纤类型识别，自动校准熔接位置，自动选择最佳熔接程序，自动推算接续损耗。其可选件及必备件有主机、AC转换器/充电器、AC电源线、监视器罩、电极棒、便携箱、操作手册、精密光纤切割刀、充电/

直流电源和涂覆层剥皮钳，其他还有酒精、酒精棉等。

图 6-8　单芯光纤熔接机

（三）光纤连接的种类

光缆敷设完成后，必须通过光纤连接才能形成一条完整的光纤传输链路。一条光纤链路有多处连接点，包括光纤直接接续点、连接器端接和连接器互连等连接点，所以光纤连接也相应的有接续和端接两种方式。

1. 光纤接续

光纤接续是指两段光纤之间的永久连接。光纤接续分为机械接续和熔接两种方法。机械接续是把两根切割清洗后的光纤通过机械连接部件结合在一起。机械接续部件是一个把两根光纤集中在一起并把它们接续在一起的设备。机械接续可以进行调谐以减少两条光纤间的连接损耗。光纤熔接是在高压电弧下把两根切割清洗后的光纤连接在一起，熔接时要把两光纤的接头熔化后接为一体。光纤熔接后，光线可以在两根光纤之间以极低的损耗传输。光纤熔接机是专门用于光纤熔接的工具。目前工程中主要采用操作方便、接续损耗低的熔接连接方式。

2. 光纤端接

光纤端接是把光纤连接器与一根光纤接续然后磨光的过程。光纤端接时要求连接器接续和对光纤连接器的端头磨光操作正确，以减少连接损耗。光纤端接主要用于制作光纤跳线和光纤尾纤。目前市场上端接各型连接器的光纤跳线和尾纤的成品繁多，所以现在综合布线工程中普通选用现成的光纤跳线和尾纤，而很少进行现场光纤端接连接器。

3. 光纤连接器互连

光纤连接器互连是将两条半固定的光纤（尾纤）通过其上的连接器与光纤配线架、光纤插座上的耦合器互连起来。做法是将两条半固定光纤上的连接器从嵌板的两边插入其耦合器中。对于互连结构来说，光纤连接器的互连是将一条半固定在光纤上的连接器插入嵌板上耦合器的一端；此耦合器的另一端中插入光纤跳线的连接器；然后，将光纤跳线另一端的连接器插入网络设备中。例如，楼层配线间光纤互连结构如下：进入的垂直主干光缆与光纤尾纤熔接于光纤配线架内—光纤尾纤连接器插入光纤配线架面板上耦合器的里面一端—光纤跳线插入光纤配线架面板上耦合器的外面一端—光纤跳线另一端插入网络交换设备的光纤接口。

也可将连接器互连称为光纤端接。

（四）光纤连接损耗

光纤连接损耗的原因包括光纤本征因素和非本征因素两类，光纤本征因素是指光纤自身因素，它是由光纤的变化引起的，当两根不同类型的光纤连接在一起的时候，会导致本征损耗。非本征因素是指接续技术引起的光纤连接损耗。光缆一经订购，其光纤自身的传输损耗也基本确定，而光纤接头处的接续损耗则与光纤本身及现场施工有关，所以引起光纤连接损耗的主要是非本征因素，要提高接续技术以降低光纤接头处的接续损耗。

非本征因素主要有以下几种情况。

① 端面分离：活动连接器的连接不好，很容易产生端面分离，造成连接损耗增大。当熔接机放电电压较低时，也容易产生端面分离，此情况在有拉力测试功能的熔接机中可以发现。

② 轴心错位：单模光纤纤芯很细，两根对接光纤轴心错位会影响接续损耗。当错位 1.2μm 时，接续损耗达 0.5dB。

③ 轴心倾斜：当光纤断面倾斜 1° 时，约产生 0.6dB 的接续损耗，如果要求接续损耗≤0.1dB，则单模光纤的倾角应小于 0.3°。以上三种因素影响损耗的情况如图 6-9 所示。

④ 端面质量：光纤端面的平整度差时也会产生损耗，甚至产生气泡。

⑤ 接续点附近光纤物理变形：光缆在架设过程中的拉伸变形，接续盒中夹固光缆压力太大等，都会对接续损耗产生影响，甚至熔接几次都不能改善。

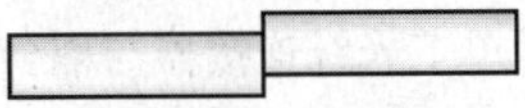

图 6-9 3 种影响损耗的非本征因素

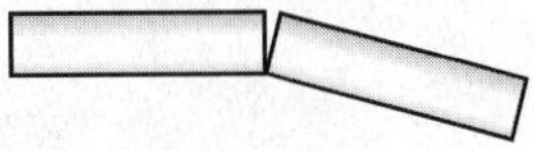

对于熔接来说，接续人员操作水平、操作步骤、盘纤工艺水平、熔接机中电极清洁程度、熔接参数设置、工作环境清洁程度等因素均会影响到熔接损耗的值。

（五）光纤连接极性

光纤传输通道包括两根光纤，一根接收信号，另一根发送信号，即光信号只能单向传输。如果收对收，发对发，光纤传输系统肯定不能工作。因此光纤工作前，应先确定信号在光纤中的传输方向。

ST 型通过繁冗的编号方式来保证光纤极性，SC 型为双工接头，在施工中对号入坐就完全解决了极性这个问题。

综合布线采用的光纤连接器配有单工和双工光纤软线。建议在水平光缆或干线光缆连接处的光缆侧采用单工光纤连接器，在用户侧采用双工光纤连接器，以保证光纤连接的极性正确。

光纤信息插座的极性可通过锁定插座来确定，也可用耦合器 A 位置和 B 位置的标记来确定，可用线缆来延伸这一极性。这些光纤连接器及标记可用于所有非永久的光纤交叉连接场。

应用系统的设备安装完成后，则其极性就已确定，光纤传输系统就会保证发送信号和接收信号的正确性。

① 用双工光纤连接器（SC）时，需用键锁扣定义极性。图 6-10 所示为双工光纤连接器与耦合器连接的配置，应有它们自己的键锁扣。

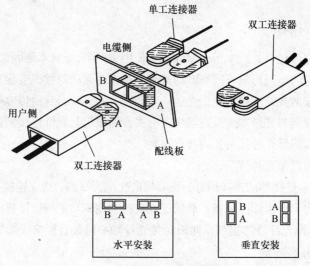

图 6-10 双工光纤连接器的配置

② 当用单工光纤连接器（BFOC/2.5）时，对连接器应做上标记，表明它们的极性。图 6-11 所示为单工光纤连接器与耦合器连接的配置及极性标记。

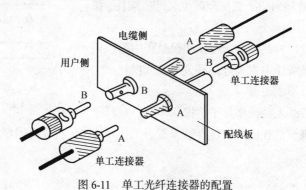

图 6-11 单工光纤连接器的配置

③ 图 6-12 所示为单工、双工光纤连接器与耦合器混合互连的配置。

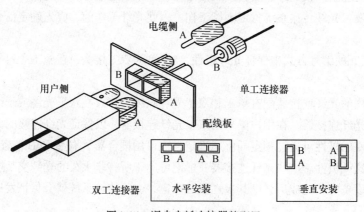

图 6-12 混合光纤连接器的配置

对微型光纤连接器来说，比如 LC 型、FJ 型、MT-RJ 型以及 VF45 型连接器，它是一对光纤一起连接而且接插的方向是固定的，在实际使用中比较方便，也不会误插。

（六）光纤施工安全操作规程

由于光纤传输和材料结构方面的特性，在施工过程中，如果操作不当，光源可能会伤害到人的眼睛，切割留下的光纤纤维碎屑会伤害人的身体，因此在光缆施工过程中要采取有效的安全防范措施。当然也不要过分小心，在工作中缩手缩脚。光缆传输系统使用光缆连接各种设备，如果连接不好或光缆断裂，会产生光波辐射；进行测量和维护工作的技术人员在安装和运行半导体激光器时也可能暴露在光波辐射之中。固态激光器、气态激光器和半导体激光器虽是不同的激光器，但它们发出的光波都是一束发散的波束，其辐射通量密度随距离很快发散，距离越大，对眼睛伤害的可能性越小。从断裂光纤端口辐射的光能比从磨光端接面辐射的光能多，如果偶然地用肉眼去观察无端接头或损坏的光纤，且距离大于 15.24 cm，一般不会损伤眼睛。但是决不能用光学仪器，如显微镜、放大镜或小型放大镜去观察已供电的光纤终端，否则一定会对眼睛造成伤害。如果间接地通过光电变换器（如探测射线显示器（FIND-R-Scope）或红外（IR）显示器）去观察光波系统，那就安全了。用肉眼观察无端接头的已通电的连接器或一根已损坏的光纤端口，当距离大于 30 cm 时不会对眼睛造成伤害，但是这种观察方法应该避免。具体要遵守以下安全规程。

①　参加光缆施工的人员必须经过专业培训，了解光纤传输特性，掌握光纤连接的技巧，遵守操作规程。未经严格培训的人员不许参加施工，严禁操作已安装好的光纤传输系统。

②　在光纤使用过程中（即正在通过光缆传输信号），技术人员不得检查其端头。只有光纤为深色（即未传输信号）时方可进行检查。由于大多数光学系统中采用的光是人眼看不见的，所以在操作光传输通道时要特别小心。

③　折断的光纤碎屑实际上是很细小的玻璃针形光纤，容易划破皮肤和衣服，当它刺入皮肤时，会使人感到相当的疼痛。如果该碎片被吸入人体内，对人体会造成较大的危害。因此，制作光纤终接头或使用裸光纤的技术人员必须戴上眼镜和手套，穿上工作服。在可能存在裸光纤的工作区内应该坚持反复清扫，确保没有任何裸光纤碎屑，应该用瓶子或其他容器装光纤碎屑，确保这些碎屑不会遗漏，以免造成伤害。

④　决不允许观看已通电的光源、光纤及其连接器，更不允许用光学仪器观看已通电的光纤传输器件。只有在断开所有光源的情况下，才能对光纤传输系统进行维护操作。如果必须在光纤工作时对其进行检查的话，特别是当系统采用激光作为光源时，光纤连接不好或断裂会使人受到光波辐射，因此操作人员应佩带具有红外滤波功能的保护眼镜。

⑤　离开工作区之前，所有接触过裸光纤的工作人员必须立即洗手，并对衣服进行检查，用干净胶带拍打衣服，去除可能粘在衣服上的光纤碎屑。

 知识拓展

光纤冷接（光纤机械接续）

光纤冷接不需要熔接机，可通过简单的接续工具，利用机械连接技术实现单芯或多芯光纤永久连接。光纤冷接所采用的机械式光纤接续子，又称为光纤冷接子。不同厂家由于设计结构和所采用的核心技术不同，性能和操作方式有很大的区别。在选择机械式光纤接续子时，所要评估的方面应主要包括工具的投资及其维护需求、工具的简单及轻便性、安装的便利性、

光纤对准器件的可靠性和夹持力（直接影响接续衰减的大小）、对环境的适应性、是否有耗材

及长期使用稳定性等方面。

光纤冷接本身并不是一个新技术，早在 20 年以前就已经有产品诞生，是一种成熟的光纤接续技术。在综合布线工程中光纤接续主要采用熔接技术，光纤冷接主要被应用在线路抢修、特殊场合的小规模应用等工程实践中。光纤冷接方式操作简单，人员培训周期短，工具投资小，在如楼道高处、狭小空间内，照明不足、现场取电不方便等场合，光纤冷接为设计、施工和维护人员提供了一个方便、实用、快捷、高性能的光纤接续手段。

三、项目实施

（一）敷设光缆

1. 敷设前的准备
① 工程所用的光缆规格、型号、数量应符合设计的规定和合同要求。
② 光纤所附标记、标签内容应齐全和清晰。
③ 光缆外护套需完整无损，光缆应有出厂质量检验合格证。
④ 光缆开盘后应先检查光缆端头封装是否良好。光缆外包装或光缆护套如有损伤，应对该盘光缆进行光纤性能指标测试，如有断纤，应进行处理，待检查合格才允许使用。光纤检测完毕，光缆端头应密封固定，恢复外包装。
⑤ 光纤跳线检验应符合下列规定：两端的光纤连接器端面应装配有合适的保护盖帽；每根光纤接插线的光纤类型应有明显的标记，应符合设计要求。
⑥ 光纤衰减常数和光纤长度检验。衰减测试时可先用光时域反射仪进行测试，测试结果若超出标准或与出厂测试数据相差较大，再用光功率计测试，并将两种测试结果加以比较，排除测试误差对实际测试结果的影响。要求对每根光纤进行长度测试，测试结果应与盘标长度一致，如果差别较大，则应从另一端进行测试或做通光检查，以判定是否有断纤现象。

2. 敷设光缆的基本要求
① 由于光纤的纤芯是石英玻璃，光纤是由光传输的，因此光缆比双绞线有更高的弯曲半径要求，2 芯或 4 芯水平光缆的弯曲半径应大于 25mm；其他芯数的水平光缆、主干光缆和室外光缆的弯曲半径应至少为光缆外径的 10 倍。
② 光纤的抗拉强度比电缆小，因此在操作光缆时，不允许超过各种类型光缆的抗拉强度。敷设光缆的牵引力一般应小于光缆允许张力的 80%，对光缆的瞬间最大牵引力不能超过允许张力。为了满足对弯曲半径和抗拉强度的要求，在施工中应使光缆卷轴转动，以便拉出光缆。放线总是从卷轴的顶部去牵引光缆，而且应缓慢而平稳地牵引，而不是急促地抽拉光缆。
③ 涂有塑料涂覆层的光纤细如毛发，而且光纤表面的微小伤痕都将使耐张力显著地恶化。另外，当光纤受到不均匀侧面压力时，光纤损耗将明显增大，因此，敷设时应控制光缆的敷设张力，避免使光纤受到过度的外力（弯曲、侧压、牵拉、冲击等）。在敷设光缆施工中，严禁光缆打小圈及弯折、扭曲，光缆施工宜采用"前走后跟，光缆上肩"的放缆方法，以有效地防止打背扣的发生。
④ 光缆布放应有冗余，光缆布放路由宜盘留（过线井处），预留长度宜为 3～5m。在设备间和电信间，多余光缆盘成圆来存放，光缆盘曲的弯曲半径也应至少为光缆外径的 10 倍，预留长度

宜为3～5m。有特殊要求的应按设计要求预留长度。

⑤ 敷设光缆的两端应贴上标签，以表明起始位置和终端位置。

⑥ 光缆与建筑物内其他管线应保持一定间距，最小净距符合项目三表3-7的规定。

⑦ 必须在施工前对光缆的端别予以判定并确定A、B端，A端是网络枢纽的方向，B端是用户一侧。敷设光缆的端别应方向一致，不得使端别排列混乱。

⑧ 光缆不论在建筑物内或建筑群间敷设，应单独占用管道管孔，如利用原有管道或与铜芯导线电缆共管时，应在管孔中穿放塑料子管，塑料子管的内径应为光缆外径的1.5倍以上。在建筑物内光缆与其他弱电系统平行敷设时，应有间距分开敷设，并固定绑扎。当4芯光缆在建筑物内采用暗管敷设时，管道的截面利用率应为25%～30%。

3. 敷设光缆的步骤方法

敷设光缆分建筑物内敷设光缆和建筑群间敷设光缆两种。

（1）建筑物内敷设光缆

在建筑物内，光缆主要用垂直干线布线，主要通过弱电井垂直敷设光缆。在弱电井中敷设光缆有两种选择：向上牵引和向下垂放。

通常向下垂放比向上牵引容易些，但如果将光缆卷轴机搬到高层上去很困难，则只能由下向上牵引。向上牵引和向下垂放方法与电缆敷设方法类似，只是在敷设过程中要特别注意光缆的最小弯曲半径，控制光缆的敷设张力，以避免光纤受到过度的外力。

在大型单层建筑物中或当楼层配线间离弱电井距离较远时，垂直干线需要在水平方向敷设光缆，同时当水平布线选用光缆时也需要在水平方向敷设光缆，水平敷设光缆有在吊顶敷设和水平管道敷设两种方式。

（2）建筑群间敷设光缆

建筑群之间的光缆敷设，与综合布线系统设计中讨论的一样，主要有管道敷设、隧道敷设、直埋敷设和架空敷设等4种敷设方法，其中管道敷设是最好的一种方法，也是采用最多的一种方法。下面重点介绍管道敷设的步骤。

① 敷设光缆前，应逐段将管孔清刷干净和试通。清扫时应用专制的清刷工具，清刷后应用试通棒试通检查合格，才可穿放光缆。如采用塑料子管，要求对塑料子管的材质、规格、盘长进行检查，均应符合设计规定。一般，塑料子管的内径应为光缆外径的1.5倍以上。一个90mm管孔中布放两根以上的子管时，其子管等效总外径不宜大于管孔内径的85%。

② 当穿放塑料子管时，其敷设方法与敷设光缆基本相同。如果采用多孔塑料管，可免去对子管的敷设要求。

③ 光缆采用人工牵引布放时，每个人孔或手孔应有人值守帮助牵引，人工牵引可采用项目五中介绍的玻璃纤维穿线器；机械布放光缆时，不需每个孔均有人，但在拐弯处应有专人照看。

④ 光缆一次牵引长度一般不应大于1 000m。超长距离时，应将光缆盘成倒8字形分段牵引或在中间适当地点增加辅助牵引，以减少光缆张力，提高施工效率。

⑤ 为了在牵引过程中保护光缆外护套等不受损伤，在光缆穿入管孔或管道拐弯处与其他障碍物有交叉时，应采用导引装置或喇叭口保护管等保护。此外，根据需要可在光缆四周加涂中性润滑剂等材料，以减少牵引光缆时的摩擦阻力。

⑥ 敷设光缆后，应逐个在人孔或手孔中将光缆放置在规定的托板上，并留有适当余量，避免光缆过于绷紧。人孔或手孔中光缆需要接续时，其预留长度应符合表6-1的规定。在设计中如有

要求做特殊预留的长度，应按规定位置妥善放置（例如预留光缆是为将来引入新建的建筑）。

表6-1 敷设光缆的预留长度

敷设光缆方式	自然弯曲增加长度/（m/km）	人（手）孔内弯曲增加长度/［m/（人）孔］	接续每侧预留长度/m	设备每侧预留长度/m	备 注
管道	5	0.5～1.0	6～8	10～20	其他预留按设计要求，管道或直埋光缆需引上架空时，其引上地面部分每处增加6～8m
直埋	7				

⑦ 光缆管道中间的管孔不得有接头。当光缆在人孔中没有接头时，要求光缆弯曲放置在电缆托板上固定绑扎，不得在人孔中间直接通过，否则既影响今后施工和维护，又增加对光缆损害的机会。

⑧ 光缆与其接头在人孔或手孔中，均应放在人孔或手孔铁架的电缆托板上予以固定绑扎，并应按设计要求采取保护措施。保护材料可以采用蛇形软管或软塑料管等管材。

⑨ 光缆在人孔或手孔中应注意以下几点：光缆穿放的管孔出口端应封堵严密，以防水分或杂物进入管内；光缆及其接续应有识别标志，标志内容有编号、光缆型号和规格等；在严寒地区应按设计要求采取防冻措施，以防光缆受冻损伤；如光缆有可能被碰损伤时，应在其上面或周围采取保护措施。

（二）连接光纤

1. 光纤接续的基本要求

① 光缆终端接头或设备的布置应合理有序，安装位置需安全稳定，其附近不应有可能损害它的外界设施，例如热源和易燃物质等。

② 从光纤终端接头引出的光纤尾纤或单芯光缆的光纤所带的连接器应按设计要求插入光配线架上的连接部件中。暂时不用的连接器可不插接，但应套上塑料帽，以保证其不受污染，便于今后连接。

③ 在机架或设备（如光纤接头盒）内，应对光纤和光纤接头加以保护，光纤盘绕方向要一致，要有足够的空间和符合规定的曲率半径。

④ 光缆中的金属屏蔽层、金属加强芯和金属铠装层均应按设计要求，采取终端连接和接地，并应检查和测试其是否符合标准规定，如有问题必须补救纠正。

⑤ 光缆传输系统中的光纤连接器在插入适配器或耦合器前，应用丙醇酒精棉签擦拭连接器插头和适配器内部，清洁干净后才能插接，插接必须紧密、牢固可靠。

⑥ 光纤终端连接处均应设有醒目标志，其标志内容（如光纤序号和用途等）应正确无误、清楚完整。

2. 光纤连接器的现场安装方法

常见的光纤连接器有 ST 型（圆头的）和 SC 型（方头的），其他还有 FC 型、LC 型、FJ 型、MT-RJ 型以及 VF45 型微型光纤连接器。光纤连接器的制作方法有多种，例如有磨制光纤连接器的方法，这种方法比较烦琐，需要抛光、连接和清除凝固胶体等过程。下面介绍 ST 型光纤连接器现场安装方法，这种方法设计独特。ST 型光纤连接器包括一段预抛光的光纤末端和一种连接结构，该连接结构可提供快速、安全、可靠的光纤端接。连接器前部使用连接面很光的陶瓷套管，以确保光纤的接触，提高耐用性；后部采用弹性套管，可以防止光纤断开。

标准 ST 型光纤连接器部件结构如图 6-13 所示。标准 ST 型光纤连接器的现场安装方法如下。

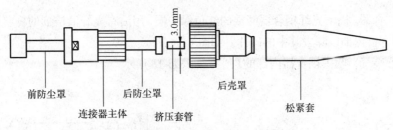

图 6-13　标准 ST 型光纤连接器部件结构

① 打开材料袋，取出连接体和后壳罩。

② 转动安装平台使其打开，用所提供的安装平台底座把安装工具固定在一张工作台上。

③ 把连接体插入安装平台插孔内，释放拉簧朝上。操作时，把连接体的后壳罩向安装平台插孔内推，当前防尘罩全部被推入安装平台插孔后，顺时针旋转连接体 1/4 圈，并锁紧在此位置上，前防尘罩留在上面。

④ 在连接体的后壳罩上拧紧松紧套（捏住松紧套有助于插入光纤），将后壳罩带松紧套的细端先套在光纤上，挤压套管也沿着芯线方向向前滑。

⑤ 用剥线器从光纤末端剥去 40～50 mm 的外护套，外护套必须剥干净，端面成直角。

⑥ 让纱线头离开缓冲层集中向后面，在外护套末端的缓冲层上做标记。

⑦ 在裸露的缓冲层处拿住光纤，把光纤末端到 6 mm 或 11 mm 标记处的缓冲层剥去。操作时，握紧护套可以防止光纤移动。为防止损坏光纤，应从光纤上一小段一小段地剥去缓冲层。

⑧ 用一块沾有酒精的纸或布小心地擦洗裸露的光纤。

⑨ 将纱线抹向一边，把缓冲层压在光纤切割器上。从缓冲层末端切割出 7 mm 的光纤，用镊子取出废弃的光纤，并妥善地置于废物瓶中。

⑩ 把切割后的光纤插入显微镜的边孔里，检查切割是否合格。操作时，把显微镜置于白色面板上，可以获得更清晰明亮的图像，还可用显微镜的底孔来检查连接体的末端套圈。

⑪ 从连接体上取下后防尘罩。

⑫ 检查缓冲层上参考标记的位置是否正确。把裸露的光纤小心地插入连接体内，直到感觉光纤碰到了连接体的底部为止，用固定夹子固定光纤。

⑬ 按压安装平台的活塞，然后慢慢地松开活塞。

⑭ 把连接体向前推动，并逆时针旋转 1/4 圈，以便从安装平台上取下连接体。把连接体放入打褶工具，并使之平直。用打褶工具的第一个刻槽在缓冲层上的"缓冲褶皱区域"打上褶皱。

⑮ 重新把连接体插入安装平台插孔内并锁紧。把连接体逆时针旋转 1/8 圈，小心地剪去多余的纱线。

⑯ 在纱线上滑动挤压套管，保证挤压套管紧贴在连接到连接体后端的扣环上，用打褶工具中间的槽给挤压套管打褶。

⑰ 松开芯线，将光纤弄直，推后罩壳使之与前套结合。正确插入时能听到一声轻微的响声，此时可从安装平台上卸下连接体。

3. 光纤连接器互连

光纤连接器互连端接比较简单，下面以 ST 光纤连接器为例，说明其互连步骤。

① 清洁 ST 连接器。拿下 ST 连接器头上的黑色保护帽，用沾有光纤清洁剂的棉花签轻轻擦拭连接器头。

② 清洁耦合器。摘下光纤耦合器两端的红色保护帽，用沾有光纤清洁剂的杆状清洁器穿过耦合器孔擦拭耦合器内部以除去其中的碎片，如图 6-14 所示。

③ 使用罐装气，吹去耦合器内部的灰尘，如图 6-15 所示。

图 6-14 用杆状清洁器除去碎片   图 6-15 用罐装气吹除耦合器中的灰

④ ST 光纤连接器插到一个耦合器中。将光纤连接器头插入耦合器的一端，耦合器上的突起对准连接器槽口，插入后扭转连接器以使其锁定。如经测试发现光能量耗损较高，则需摘下连接器并用罐装气重新净化耦合器，然后再插入 ST 光纤连接器。在耦合器的两端插入 ST 光纤连接器，并确保两个连接器的端面在耦合器中接触，如图 6-16 所示。

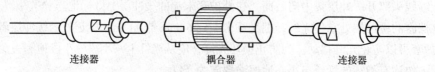

连接器   耦合器   连接器

图 6-16 将 ST 光纤连接器插入耦合器

注意：每次重新安装时，都要用罐装气吹去耦合器的灰尘，并用沾有试剂级的丙醇酒精的棉花签擦净 ST 光纤连接器。

⑤ 重复以上步骤，直到所有的 ST 光纤连接器都插入耦合器为止。

注意：若一次来不及装上所有的 ST 光纤连接器，则连接器头上要盖上黑色保护帽，而耦合器空白端或未连接的一端（另一端已插上连接头的情况）要盖上红色保护帽。

4. 光纤熔接与机架式光纤配线架安装

光纤熔接是目前普遍采用的光纤接续方法，光纤熔接机通过高压放电将接续光纤端面熔融后，将两根光纤连接到一起成为一段完整的光纤。这种方法接续损耗小（一般小于 0.1 dB），而且可靠性高。熔接连接光纤不会产生缝隙，因而不会引入反射损耗，入射损耗也很小，在 0.01～0.15 dB 之间。在光纤进行熔接前要把涂敷层剥离。机械接头本身是保护连接的光纤的护套，但熔接在连接处却没有任何的保护，因此，熔接光纤机采用重新涂敷器来涂敷熔接区域和使用熔接保护套管两种方式来保护光纤。现在普遍采用熔接保护套管的方式，它将保护套管套在接合处，然后对它们进行加热，套管内管是由热材料制成的，因此这些套管就可以牢牢地固定在需要保护的地方。加固件可避免光纤在这一区域弯曲。

光纤熔接需要开缆，开缆就是剥离光纤的外护套、缓冲管。光纤在熔接前必须去除涂覆层，以提高光纤成缆时的抗张力。光纤有两层涂覆。由于不能损坏光纤，所以剥离涂覆层是一个非常精密的程序，去除涂覆层应使用专用剥离钳，不得使用刀片等简易工具，以防损伤纤芯。去除光纤涂覆层时要特别小心，不要损坏其他部位的涂覆层，以防在熔接盒（盘纤盒）内盘绕光纤时折断纤芯。光纤的末端需要进行切割，要用专业的工具切割光纤以使末端表面平整、清洁，并使之与光纤的中心线垂直。切割对于接续质量十分重要，它可以减少连接损耗。任何未正确处理的表面都会引起由于末端的分离而产生的额外损耗。

光纤熔接在光纤配线架和光纤接续盒中，光纤配线架集熔接和配线功能于一体，对光纤起到较好的保护作用，并通过光纤耦合器实现光纤端接管理工作。本任务介绍室外光纤熔接和机架式光纤配线架的安装步骤。室内光纤没有保护钢缆和铠装结构，安装相对比室外光纤容易。

以下安装中，12 芯室外单模光纤已经敷设到机柜中，12 芯室外单模光纤与 12 条光纤尾纤熔接于 12 口机架式光纤配线架中。

（1）安装工具

安装工具有开缆工具、钢丝钳、凯弗拉线剪刀、光纤剥离钳、螺丝刀、光纤切割刀、光纤熔接机（古河 S176）、酒精棉、卫生纸。

（2）设备与材料

机柜 1 台、12 口光纤配线架 1 个、12 芯单模光缆 1 条、ST 耦合器 12 个、单模尾纤 12 条、热缩套管 12 个。

（3）光纤熔接和机架式光纤配线架安装步骤

① 打开光纤配线架的盖板，如图 6-17 所示，在光纤配线架的面板上安装选定的耦合器，本例为 ST 耦合器。图 6-18 所示为安装好耦合器后的光纤配线架。

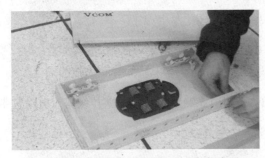

图 6-17　在光纤配线架的面板上安装耦合器

图 6-18　安装好耦合器后的光纤配线架

② 本安装的光缆从机柜底部穿入，光纤配线架安装在机柜底部。将预留光缆盘扎于机柜底部，只剩下约 1.5～2m 长度暂不固定，用于穿入光纤配线架和熔接，如图 6-19 所示。

③ 为了熔接方便，光纤配线架暂不安装到机柜中，而是放置于机柜前，将光缆穿过光纤配线架的进缆孔，如图 6-20 所示。

④ 开缆。根据机架式光纤配线架的尺码，从距光缆末端 40～50cm 处用横向开缆刀横向切断光缆外护套，用纵向开缆刀沿线缆走向纵向剖切光缆外护套。本例中仅用横向开缆刀开缆。根据光缆护套的大小，用手柄调整刀刃深度，旋转开缆刀，横向切割光缆外护套，如图 6-21 所示。然后将外护套抽出，如图 6-22 所示。

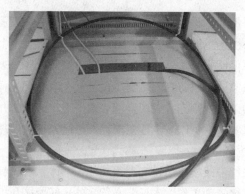

图 6-19　将光缆盘扎于机柜底部

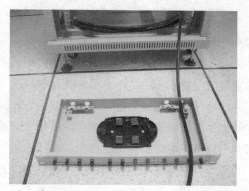

图 6-20　光缆穿过光纤配线架的进缆孔

知识小贴士

　　仅用横向开缆刀开缆时，由于外护套很紧，很难一次将切割后的 40～50cm 长的外护套抽出，可考虑分 3 次切割，每次长度为 13～15cm 左右。

图 6-21　用横向开缆刀横向切割光缆外护套

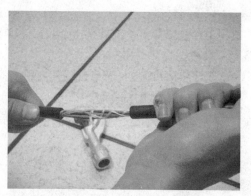

图 6-22　将光缆外护套抽出

　　⑤ 如图 6-23 所示，用卫生纸除去光纤上的油膏。如图 6-24 所示，用凯弗拉线剪刀剪除凯弗拉线。

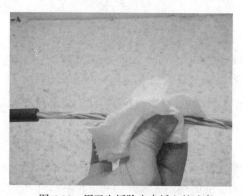

图 6-23　用卫生纸除去光纤上的油膏

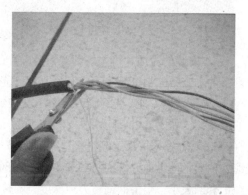

图 6-24　用凯弗拉线剪刀剪除凯弗拉线

　　⑥ 离开缆处约 8cm 处用钢丝钳剪去保护用的钢丝，留下的钢丝用于固定光缆于光纤配线架，

如图 6-25 所示。

⑦ 从光纤束中分离光纤，如图 6-26 所示。

图 6-25 剪去钢丝，留下 8cm 固定光缆

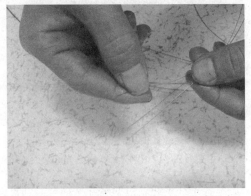

图 6-26 从光纤束中分离光纤

⑧ 用光纤剥离钳剥去光纤涂覆层，其长度一般为 3cm 左右，如图 6-27 所示。用酒精棉擦拭光纤，如图 6-28 所示。

图 6-27 用光纤剥离钳剥去光纤涂覆层

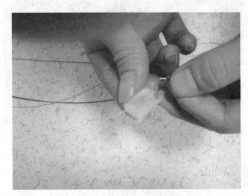

图 6-28 用酒精棉擦拭光纤

⑨ 将光纤放入切割刀中的光纤槽中，将光纤切到规范长度（除去涂覆层的光纤长度），本例为 15mm（切割刀上有刻度），制备光纤端面，如图 6-29 所示，然后将光纤断头用夹子夹到指定的容器内。

⑩ 开启光纤熔接机，确定要熔接的光纤是多模光纤还是单模光纤，打开熔接机电极上的护罩，打开 V 形槽罩，将光纤放入 V 形槽，在 V 形槽内滑动光纤，在光纤端头达到两电极之间时停下来，如图 6-30 所示，然后合上 V 形槽，准备光纤尾纤。

 知识小贴士

　　放光纤时注意手法，两个手指紧握光纤，另外三个手指支撑在熔接机侧面，以保持平衡和稳定。

图 6-29 用光纤切割刀切割光纤，制备光纤端面

图 6-30 将光纤放入熔接机的 V 形槽

⑪ 准备光纤尾纤。根据尾纤从耦合器到盘纤盒长度和熔接需要的长度，预留光纤尾纤长度，如图 6-31 所示。将热缩套管（长度一般为 6cm）套入尾纤上，如图 6-32 所示。

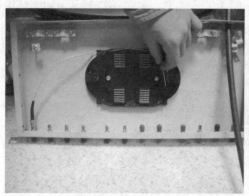

图 6-31 准备光纤尾纤

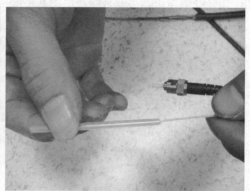

图 6-32 将热缩套管套入尾纤上

⑫ 剥离尾纤的保护层，长度约 3cm，如图 6-33 所示，然后用酒精棉擦拭光纤。

⑬ 将光纤尾纤放入切割刀中的尾纤槽（与光缆光纤槽不同）中，将光纤切到规范长度（除去保护层的尾纤长度），本例为 15mm，制备光纤端面，如图 6-34 所示，然后将光纤断头用夹子夹到指定的容器内。

图 6-33 剥离尾纤的保护层

图 6-34 切割尾纤

⑭ 同步骤⑩，将切割好的尾纤放入熔接机的另一 V 形槽中，两根纤芯在电极处对准，中间相距微小距离，如图 6-35 所示。

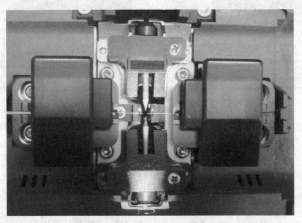

图 6-35 两根纤芯在电极处对准

⑮ 合上 V 形槽和电极护罩，自动或手动对准光纤，开始光纤的预熔，通过高压电弧放电把两光纤的端头熔接在一起，熔接光纤后，自动测试接头损耗，作出质量判断。光纤熔接最大接续损耗不得超过 0.03dB。图 6-36 所示为熔接机上显示的接续损耗为 0.03dB 的熔接情况，最好熔接质量的接续损耗为 0。如果光纤切割不良或两芯光纤没有对准，显示屏上有提示，熔接不通过，需重新切割光纤，如图 6-37 所示，右侧光纤切割不良，需重新切割光纤熔接。

图 6-36 接续损耗为 0.03dB

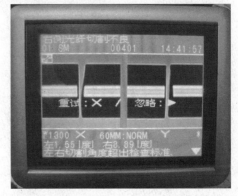

图 6-37 右侧光纤切割不良需重新熔接

⑯ 符合要求后，从 V 形槽中取出光纤，移动热缩套管，将熔接点放置于热缩套管的中间（热缩套管长 6cm，本例熔接点两侧裸光纤长 1.5cm）。 如图 6-38 所示，将热缩套管放置于熔接机的加热器中加热收缩，保护熔接头。熔接好其他 11 芯光纤，做好纤芯标识。

⑰ 旋紧配线架上光缆进缆口固定装置的螺帽，将 12 芯光纤理至盘纤盒，如图 6-39 所示。

⑱ 将热缩套管放置于盘纤盒的套管槽中，如图 6-40 所示。盘纤时，注意分两组从不同方向盘纤。图 6-41 所示为安装完成后的盘纤盒。

⑲ 移去耦合器防尘罩，将尾纤 ST 头插入配线架面板上盒内的 ST 耦合器中（注意顺序），盖上盘纤盒盖板，如图 6-42 所示。将光缆保护钢丝固定至进缆孔处的连接螺栓上，以起保护固定作用和接地作用，如图 6-43 所示。

图 6-38　加热热缩套管保护熔接头

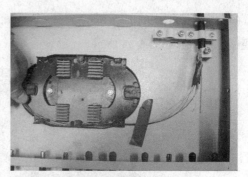

图 6-39　将光纤理至盘纤盒

图 6-40　将热缩套管放置于盘纤盒中套管槽

图 6-41　不同方向盘纤，安装完成后的盘纤盒

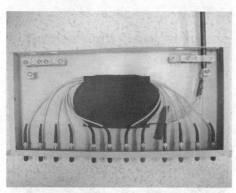

图 6-42　盘纤盒

图 6-43　光缆保护钢丝固定在连接螺栓上

⑳　如图 6-44 所示，盖上光纤配线架盖板，如图 6-45 所示，将光纤配线架安装在机柜上，整理和绑扎好机柜中的光缆，光纤熔接和机架式光纤配线架安装完毕。

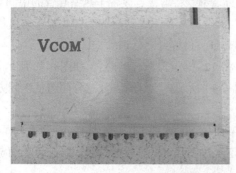

图 6-44　盖上盖板的光纤配线架

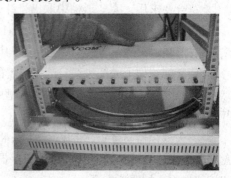

图 6-45　将光纤配线架安装在机柜上

5. 光纤熔接故障及提高光纤熔接质量的措施

（1）光纤熔接时熔接机的异常信息和不良接续结果

光纤熔接过程中由于熔接机的设置不当，会出现异常情况，对光纤操作时，光纤不洁、切割或放置不当等因素，会引起熔接失败。具体情况如表6-2所示。

表6-2　　　　　　　　　　　　光纤熔接时熔接机的异常信息和不良接续结果

信　　息	原　　因	措　　施
设定异常	光纤在 V 型槽中伸出太长	参照防风罩内侧的标记，重新放置光纤在合适的位置
	切割长度太长	重新剥除、清洁、切割和放置光纤
	镜头或反光镜脏	清洁镜头、升降镜和防风罩反光镜
光纤不清洁或者镜不清洁	光纤表面、镜头或反光镜脏	重新剥除、清洁、切割和放置光纤，清洁镜头、升降镜和风罩反光镜
	清洁放电功能关闭时间太短	如必要时增加清洁放电时间
光纤端面质量差	切割角度大于门限值	重新剥除、清洁、切割和放置光纤，如仍发生切割不良，确认切割刀的状态
超出行程	切割长度太短	重新剥除、清洁、切割和放置光纤
	切割放置位置错误	重新放置光纤在合适的位置
	V 型槽脏	清洁 V 型槽
气泡	光纤端面切割不良	重新制备光纤或检查光纤切割刀
	光纤端面脏	重新制备光纤端面
	光纤端面边缘破裂	重新制备光纤端面或检查光纤切割刀
	预熔时间短	调整预熔时间
太细	锥形功能打开	确保"锥形熔接"功能关闭
	光纤送入量不足	执行"光纤送入量检查"指令
	放电强度太强	不用自动模式时，减小放电强度
太粗	光纤送入量过大	执行光纤送入量检查指令

（2）影响光纤熔接损耗的主要因素

导致光纤熔接损耗的原因很多，主要有以下 4 个方面。

① 光纤本征因素即光纤自身因素。如待连接的两根光纤的几何尺寸不一样，不是同心圆，不规整，相对折射率不同等。

② 光纤施工质量。由于光纤在敷设过程中的拉伸变形，接续盒中夹固光纤压力太大等原因造成接续点附近光纤物理变形。

③ 操作技术不当。由于熔接人员操作水平、操作步骤、盘纤工艺水平，熔接机中电极清洁程度、熔接参数设置，工作环境清洁程度等原因导致光纤端面平整度差和端面分离、出现轴心错位和轴心倾斜等，使连接光纤的位置不准。

④ 熔接机本身质量问题等。

（3）提高光纤熔接质量的措施

① 统一光纤材料。同一线路上尽量采用同一批次的优质名牌裸纤的光缆，这样，其模场直径基本相同，光纤在某点断开后，两端间的模场直径可视为一致，因而在此断开点熔接可使模场直径对光纤熔接损耗的影响降到最低。所以要求光缆生产厂家用同一批次的裸纤，按要求的光缆长度连续生产，在每盘上顺序编号并分清 A、B 端，不得跳号。敷设光缆时须按编号沿确定的路由顺序布放，并保证前盘光缆的 B 端要和后一盘光缆的 A 端相连，从而保证接续时能在断开点熔接，并使熔接损耗值达到最小。

② 保障光缆敷设质量。在光缆敷设施工中，严禁光缆打小圈及弯折、扭曲。光缆施工宜采用"前走后跟，光缆上肩"的放缆方法。放缆时，牵引力不得超过光缆允许张力的 80%，瞬间最大牵引力不超过 100%。牵引力应加在光缆的加强件上，从而最大限度地降低光缆施工中光纤受损伤的几率，避免光纤芯受损导致的熔接损耗增大。

③ 保持安装现场清洁环境。光纤熔接应在整洁的环境中进行，严禁在多尘、潮湿的环境中露天操作。光纤接续部位及工具、材料应保持清洁，不得让光纤接头受潮。准备切割的光纤必须清洁，不得有污物。切割后光纤不得在空气中暴露时间过长，尤其是在多尘、潮湿的环境中。

④ 严格遵守操作规程和质量要求。熔接人员应严格按照光纤熔接工艺流程图进行接续，熔接过程中应一边熔接一边用 OTDR 测试熔接点的接续损耗。光纤接续损耗达不到规定指标，应剪掉接头重新熔接，反复熔接次数不宜超过 3 次。若还不合格，可剪除一段光缆重新开缆熔接，务必经测试合格才准使用。

⑤ 选用精度高的光纤端面切割器加工光纤端面。光纤端面的好坏直接影响到熔接损耗大小，切割的光纤应为平整的镜面，无毛刺，无缺损。光纤端面的轴线倾角应小于 1°。高精度的光纤端面切割器不但提高光纤切割的成功率，也可以提高光纤端面的质量。这对 OTDR 测试不着的熔接点（即 OTDR 测试盲点）和光纤维护及抢修尤为重要。

⑥ 正确使用熔接机。正确使用熔接机也是降低光纤熔接损耗的重要措施。应根据光纤类型正确合理地设置熔接参数，预放电电流、时间及主放电电流、时间等。使用中和使用后应及时清洁熔接机，特别是要清洁夹具、各镜面和 V 形槽内的粉尘和光纤碎末。每次使用前应使熔接机在熔接环境中放置至少 15 min，特别是放置在与使用环境差别较大的地方；应根据当时的气压、温度、湿度等环境情况，重新设置熔接机的放电电压及放电位置，并应将 V 形槽驱动器复位。

项目小结

本项目主要内容包括光缆安装（敷设和端接）工具，光纤连接的种类，光纤连接损耗，光纤连接极性，光纤安装基本规范和安全操作规程，室内外光缆敷设方法，现场安装光纤连接器，光纤连接器互连，光纤熔接与机架式光纤配线架安装。

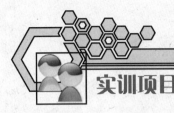
实训项目

实训 1　光纤熔接与机架式光纤配线架安装

实训提示

（1）实训内容。参照任务实施中"光纤熔接与机架式光纤配线架安装"。

（2）实训环境要求。可在实训室的多功能综合布线实训台或网络机架操作台上完成本实训任务。

（3）实施本实训项目前，需要温习连接光纤的基本要求。

实训 2　敷设光缆和安装光缆布线系统

实训提示

（1）实训内容。在掌握光纤熔接与机架式光纤配线架安装技能的基础上，进行敷设光缆和安装光缆布线系统整个工程项目实训，内容包括本项目的全部任务实施内容。

（2）实训环境。以实训室模拟楼为对象，安装数据光缆主干子系统，完成本实训项目。

（3）实施本实训项目前，需要温习安装光缆的基本要求。

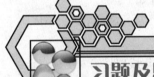
习题及思考题

1. 敷设光缆有哪些基本要求？

2. 引起光纤连接损耗的人为因素有哪些？

3. 光纤接续的方式及各自特点。

4. 光纤接续的基本要求。

5. 光纤切割后的光纤头应怎样处理？

6. 减少光纤熔接损耗的措施有哪些？

项目七

管理综合布线工程项目

为加强计算机信息系统集成市场的规范化管理，确保各应用领域计算机系统工程质量，早在 2000 年，原信息产业部就建立了计算机信息系统集成企业资质管理制度。该制度从高到低，分成 1 级到 4 级资质，该资质对信息系统集成项目经理人数有明确的要求，分别不少于 25 名、15 名、6 名和 3 名。截止到 2009 年 7 月 31 日，全国有一级资质的系统集成企业共 217 家。

高职 IT 类专业学生成长为信息系统集成项目经理的基本条件如下。

① 参加信息产业部指定培训机构组织的项目经理培训，并取得项目经理培训合格证。

② 具有专科学历且从事信息系统集成相关工作不少于 4 年。

③ 近 2 年管理过、或作为项目组主要成员参与管理过的系统集成项目未发生过责任事故，其中验收完成的系统集成项目应符合下列条件之一。

● 至少有 2 项合同额在 200 万元以上的系统集成项目。

● 完成系统集成项目总额 500 万元以上，其中至少一项合同额在 100 万元以上、软件费用不低于 30% 的系统集成项目。

综合布线工程是计算机信息系统集成的子系统，学会管理综合布线工程是成长为计算机信息系统项目经理的必备基础。同时，综合布线工程又是智能建筑系统的子系统，因此学会管理综合布线工程也是向智能建筑系统或安防系统集成项目经理发展的必备基础。

在计算机信息系统集成领域，高职 IT 类专业另一职业发展方向是信息系统工程监理工程师。

本项目将学习如何管理综合布线工程项目，要求达到以下学习目标。

【知识目标】

（1）了解招投标的程序

（2）熟悉综合布线工程项目管理的组织机构、管理内容和措施

（3）熟悉综合布线工程监理的内容和方法

【技能目标】

（1）学会以系统集成项目经理的身份管理综合布线工程项目

（2）学会以信息系统监理工程师的身份监理综合布线工程项目

任务一　项目经理管理综合布线工程项目

一、任务分析

项目管理是一种已被公认的管理模式，它起源于传统行业，目前已广泛应用于各行各业，尤其是计算机信息系统集成行业等高科技企业。它应用如此广泛的根本原因在于项目管理适应瞬息万变的组织经营环境，提高了企业的核心竞争力。与其他传统行业相比，计算机信息系统集成行业具有动态性和不确定性，每个项目的管理过程不可简单重复，灵活性较强。对计算机信息系统集成项目实施项目管理可以规范项目需求、降低项目成本、缩短项目工期、保证项目质量，发挥出成本、时间、质量最优化的配置，最终达到用户需求，保障公司的利益。

项目管理通过项目经理来实现。在综合布线工程中，项目经理的工作贯穿于整个工作过程，从投标到项目准备、项目实施、项目收尾和验收，大工程有时要持续半年以上。计算机信息系统集成和智能建筑系统集成的内容多、范围广，本节内容以综合布线为重点介绍项目经理在工程现场管理的工作任务。

二、相关知识

（一）项目管理与项目经理

1. 项目管理内容

从管理的角度来看，每个项目无论大小都要经历项目启动、项目计划、项目实施（包括项目执行、项目监控）和项目收尾过程。所涉及的管理技术包括项目范围管理、物料管理、进度管理、质量管理、技术管理、成本管理、客户关系管理、风险管理、人力资源管理、采购管理、沟通管理、文档管理和项目整体管理。

（1）物料管理

物料管理是很多项目经理容易忽略的问题。很多公司现在对物料管理实现了 MRP Ⅱ 管理。在工程现场，工程的每一个物料直接影响到系统的顺利实施，但是系统集成的物料多，这就要求物料管理一定要正确、及时、专人负责。

（2）进度管理

首先要建立正确的项目实施流程，明确工程实施各步骤的顺序，其次要实现计划管理，有工程计划、月计划、周计划。工程计划可以有几种做法，如表格、甘特图等。

在计划管理中一定要注意以下几点。

① 系统集成中影响进度的因素较多，计划不能一成不变，要不断随具体情况调整。

② 制定计划要各部门共同参与，因为系统集成一般需要多种专业的配合，个人不一定了解其他人的工作内容，这就要求关键人物都要参与计划的制定。

③ 工程进度一定要整个项目组共同了解和掌握，做到步调一致。

（3）质量管理

项目质量管理包括质量计划编制、质量保证和质量控制。

① 质量标准的制定。对质量的要求以标准形式固定下来，达到了标准就算通过，不达标准就要返工。

② 现场作业质量管理。现场作业管理应有明确的程序和质量保证体系。程序和质量保证体系的建设应以 ISO 9000 的作业标准来进行。

根据工程实施流程，建立质量保证体系，对工程进行检查，跟踪质量保证体系运作过程和分析造成不良工程的主要因素，制定相应的措施和制度，明确质检和整改责任人，使工程的质量能一直处于闭环控制状态。

③ 安全管理。这里将安全管理也纳入到质量管理中来，要求将《安全规范》制定出来，并严格要求按安全规范实施，现场作业要求有专人负责施工安全工作。

（4）技术管理

由于系统集成的创造性及多技术参与的特点，系统集成在现场有许多非标问题要解决，各技术一定要协调配合，才能产生最佳结果。因此，系统集成的技术管理就显得非常重要，项目经理不但要懂得管理知识，还要通晓相关技术专业知识，要注意各环节的配合。在技术管理中要注意以下几点。

① 重视每种技术在项目中的应用，多种技术的配合往往有超出传统技术解决问题的办法。

② 重视技术文档的作用，要求技术文档要及时、具体、含义清晰，特别是一些非标的工作，更要详细留档，以便今后的审查和改进。

③ 对项目组技术人员的管理与施工人员不一样。技术人员往往只关心自己的技术，不愿意干涉项目中的各种协调等，因此应创造出适合技术人员工作的环境，应尊重并及时表彰他们的工作成果，努力造就一支具有目标明确、积极向上精神的团队。

（5）成本管理

成本管理是 IT 项目管理中一个传统的薄弱环节，IT 从业人员必须提高对成本管理的重视。成本管理包括资源计划、成本估算、预算和成本控制。

成本估算有几种类型：量级估算、预算估算、最终估算。每种估算类型分别用于项目生命周期不同阶段，并具有不同的精度。建立成本估算有 4 种基本工具和技术：类比估计法、自下而上法、参数模型估计法、计算机化的估算工具等。成本估算的主要部分包括目标叙述、范围、假设、成本收益分析、现金流分析、预算分解或详细依据。

成本控制包括临近成本执行、评审变更和向项目干系人通报与成本有关的变更。

（6）客户关系管理

客户关系管理是 CS（客户满意度）管理的一部分，系统集成要求以用户需求为导向，对客户关系的管理也紧紧围绕它展开。系统集成本身就是一个系统工程，它不像一个具体的产品，比如冰箱，它的功能是通用的，系统集成就不一样，每个客户都有不同的需求，首先要知道客户的需求，和客户达成一致的意见，最后才能设计和实施。

在客户关系管理中要注意以下问题

① 什么是客户的真正需求？

② 哪些是客户需求中的重要部分，哪些是客户需求中的次要部分。

③ 与客户作好沟通，实现客户的需求，对客户超出系统功能的需求给予合理解释。

④ 与客户互通系统的标准，作好客户的培训。

⑤ 明白客户的决策链，作好系统验收工作。

（7）文档管理

按照 ISO 9000 的要求制定文档模板并组织实施。文档是过程的踪迹，文档管理要作到及时、真实、符合标准。文档制作要及时，归档要及时；文档中的数据必须是真实有效的；文档的格式和填写必须规范。

2. 项目经理的工作

项目经理人也就是项目负责人，负责项目的组织、计划及实施过程，以保证项目目标的成功实现。项目经理人的任务就是要对项目实行全面的管理，具体体现在对项目目标要有一个全局的观点，并制定计划，报告项目进展，控制反馈，组建团队，在不确定的环境下对不确定性问题进行决策，在必要的时候进行谈判及解决冲突。

（1）项目经理人应具备的素质

① 有管理经验，是一个精明而讲究实际的管理者。

② 拥有成熟的个性，具有个性魅力，能够使项目小组成员快乐而有活力。

③ 与高层领导有良好的关系。

④ 有较强的技术背景。

⑤ 有丰富的工作经验，曾经在不同岗位、不同部门工作过，与各部门之间的人际关系较熟，这样有助于展开工作。

⑥ 具有创造性思维。

⑦ 具有灵活性，同时具有组织性和纪律性。

（2）项目经理岗位职责

① 全面主持项目执行机构的日常工作。

② 项目实施过程的全职组织者和指挥者。

③ 组织编制项目质量保证计划、各类施工技术方案、安全文明施工组织管理方案并督促落实工作。

④ 组织编制项目执行机构的劳资分配制度和其他管理制度。

⑤ 议定项目执行机构组织和人员配制。

⑥ 具体负责项目质量、工期，安全目标的管理监督工作。

⑦ 管理采购部和仓储部的工作。

⑧ 负责工程的竣工交验工作。

（二）工程项目管理机构

建立一个分工明确、组织完善的工程管理组织机构是按计划高质量完成工程的关键。工程管理需完成从技术与施工设计，设备供货、安装调试验收至交付的全方位服务，并能在进度、投资上进行有效管理。

1. 工程项目管理机构简介

在综合布线系统工程领域中，系统集成商一般采用公司管理下的项目管理制度，由公司主管业务的领导作为工程项目总负责，管理机构由常设机构（如商务管理部）和根据项目而临时设立的项目经理部组成，职能部门及管理架构通常如图 7-1 所示。

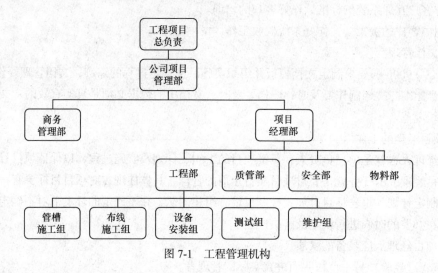

图 7-1　工程管理机构

2. 各部门及岗位职能

（1）工程项目总负责

工程项目总负责对工程负全面责任，监控整个工程的推进过程，并对重大的问题做出决策和处理，根据工程情况调配监控以确保工程质量。其负责人一般由公司副总经理以上职位人员担任。

（2）公司项目管理部

项目管理部为项目管理的最高职能机构。

（3）商务管理部

商务管理部负责项目的一切商务活动，主要由项目财务组、采购组和项目联络协调组组成。项目财务组负责项目中所有财务事务、合同审核、各种预算计划、各种商务文件管理和与建设单位的财务结算等工作。采购组根据工程项目进度及项目经理要求编制材料计划表及用款计划表报公司同意后实施采购；采购材料设备后，将组织材料设备验收入库，交由项目经理部使用。项目联络协调组主要负责与建设单位各方面的联络协调工作、与施工部门的联络协调工作和与产品厂商的协调联络工作。

（4）项目经理部

项目经理部是工程项目落实以后，临时建立起来的对工程项目施工实施管理的机构，是项目管理的范畴，它由项目经理人负责组建，在公司内部通过任命或竞聘产生，其下一般分为 3~4 个职能部门。需要说明的是，如果工程项目以分包或转包的形式运作，图 7-1 中商务管理部的职能也将包括在项目经理部管理范畴。

① 工程部。该部门主要承担各类建筑物综合布线系统的工程设计施工，负责整个项目的总控进度计划、阶段进度计划以及相关保证措施的编制和落实；在项目总控制进度计划和阶段进度计划的指导下，编制详细的月、周和日计划；主持召开计划协调例会，对进度计划的实施过程进行监控，并根据反馈信息及时发现问题，调整计划并上报项目执行机构；结合进度计划及其保证措施，对抢工措施、资源投入、劳动力安排、材料设备进出场等问题提出建议，报项目执行机构审定；参与编制项目质量策划；及时做好各项施工记录，及时整理交工资料；协助安全文明施工、质量体系运行和争创质量奖工作。

其下可分为不同的组，各组的分工明确又可相互制约。

管槽施工组负责各种线槽、线管安装。布线施工组负责电缆、光缆的布放、捆绑、整理、标记等工作。设备安装施工组主要负责信息插座、配线架打线、机柜安装、面板安装以及各种色标制作和施工中的文档管理等工作。测试组主要按照标准对施工工程进行测试，形成测试报告和管理各种测试文档等。维修组主要职责是为该项目提供 24 小时响应的维修服务。

② 质管部。该部门责任重大，主要负责以下工作内容。

● 协助项目经理工作，负责项目质量监督、质量管理、创优评奖和 ISO 9001 贯标工作。

● 负责项目质量检验小组的工作管理和项目实施过程中的质检工作，并配合有关部门的质量监督工作。

● 负责管理落实质量记录的整理存档工作，协助项目负责人进行竣工资料的编制工作。

● 负责编制项目质量保证计划并负责监督实施、过程控制日常管理。

● 负责项目全员质量保证体系和质量方针的培训教育工作。

● 负责质量目标的分解落实，编制质量奖惩责任制度并负责日常管理工作。

● 负责工程创优和评奖的策划、组织、资料准备和日常管理工作。

● 最终负责竣工和阶段交验技术资料和质量记录的整理、分装工作，与工程部一道，共同负责项目阶段交验和竣工交验。

③ 安全部。安全部主要负责以下工作。

● 协助项目经理工作，负责项目安全生产、文明施工和环境保护工作。

● 参与编制项目质量保证计划，负责编制安全文明施工组织管理方案和管理制度并监督实施。

● 负责安全生产和文明施工的日常检查、监督、消除隐患等管理工作。

● 负责管理人员和进场工人安全教育工作；负责安全技术审核把关和安全交底；负责每周的全员安全生产例会。

● 负责安全目标的分解落实和安全生产责任制的考核评比；负责开展各类安全生产和宣传活动。

● 负责制定安全生产应急计划，保证项目施工生产的正常进行。

④ 物料部。协助项目经理工作，主要根据合同及工程进度及时安排好库存和运输，为工程提供足够的物料，具体工作如下。

● 负责整个项目的设备材料供应、设备材料保管及发放等工作。

● 负责甲方供应设备、材料的领取及发放工作。

● 防止不合格材料或未检品进入施工现场。

● 做好材料标识工作。

● 及时送检材料，并收集原材料检验证书与产品合格证书。

（三）工程实施模式

计算机信息系统和智能建筑系统中的综合布线工程项目，是一项技术先进、涉及领域广、投资规模较大的建设项目，目前主要有以下几种工程承包模式。

（1）工程总承包模式

这种模式中，工程承包商将负责所有系统的深化设计、设备供应、管线和设备安装、系统调试、系统集成和工程管理工作，最终提供整个系统的移交和验收，这种模式也称交钥匙工程模式。

（2）系统总承包安装分包模式

这种模式中，工程承包商将负责系统的深化设计、设备供应、系统调试、系统集成和工程管理工作，最终提供整个系统的移交和验收。而管线、设备安装等工作将由专业安装公司承担，这种模式有助于整个建筑工程（包括土建、其他机电设备安装）管道、线缆走向的总体合理布局，便于施工阶段的工程管理和横向协调，但增加了管线、设备安装与系统调试之间界面，在工程交接过程中需业主和监理按合同要求和安装规范加以监管和协调。

（3）总包管理分包实施模式

这种模式中，总包负责系统深化设计和项目管理，最终完成系统集成，而各子系统设备供应、施工调试由业主直接与分包商签订合同，工程实施由分包商承担，这种承包模式可有效节省项目成本，但由于关系复杂，在工作界面划分、工程交接等方面对业主和监理的工程管理能力提出了更高要求，否则极易产生责任推委和延误工期。

（4）全分包实施模式

这种模式是分子系统实施建设（有时系统集成也作为一个子系统实施），业主直接与各分包商签订工程承包合同，业主和监理负责对整个工程实施工程协调和管理。这种工程承包模式对业主和监理技术能力和工程管理经验提出更高要求，但可有效降低系统造价。

（四）招投标管理

作为一家系统集成公司的负责人，面临的最大工作压力就是"中标"，如何在竞争激烈的系统集成领域中标更多的工程项目。

招投标是指业主对自愿参加工程项目的投标人进行审查、评议和选定的过程。业主对项目的建设地点、规模容量、质量要求和工程进度等予以明确后，向社会公开发标或邀请招标，承包商则根据业主的要求投标。业主再根据投标人的技术方案、工程报价、技术水平、人员的组成及素质、施工能力和措施、工程经验、企业财务及信誉等方面进行综合评价、全面分析，择优选择中标人后与之签订承包合同。

工程项目招投标的目的是在建设市场中引入竞争机制，它也是国际上采用的较为完善的工程项目承包方式。国家计委和建设部早在1985年6月和1992年12月就分别颁布了工程设计招标和工程建设施工招标的暂行办法，此后又相继制定了一系列有关招投标的法规。实行招投标制，对降低工程造价，进而使工程造价得到合理的控制具有十分重要的意义，其影响主要表现在以下几方面。

① 逐步推行由市场定价的价格机制，鼓励竞争。投标人必须提供优化的工程实施方案和合理的价格，通过招投标优胜劣汰，这使工程造价下降趋于合理，有利于节约投资，提高投资效益。

② 有利于供求双方更好地相互选择，使工程价格符合价值基础，进而更好地控制工程造价。

③ 有利于规范价格行为，使公开、公平、公正的原则得以贯彻。按严格的程序和制度办事，对于排除干扰，克服不正当行为和避免"豆腐渣工程"起到一定的遏制作用。

综合布线系统工程的招投标通常只是伴随在主体项目之内或者包含在工程的弱电系统总承包项目中的一个子系统，当然也可作为一个独立的专项工程承包，其内容主要包括设计和施工的招投标工作。

1. 工程项目的招标

按照国家《招投标法》的有关规定，对勘察、设计、施工、监理以及工程建设有关重要设备、材料等采购，必须进行招标。

招标的程序包括建设项目的报建、编制招标文件、投标人的资格预审、发放招标文件、开标、评标与定标、签订合同共7个步骤。

（1）招投标的管理

工程项目招标是业主对自愿参加该项目的承包商进行审查、评比和选定的过程。因此，实行工程招标，业主首先提出目标要求。综合布线工程包括系统规模、功能、质量标准及进度等目标要求，通过用户需求分析经可行性研究的评估而提出。通过发布广告或邀请，自愿投标者按业主要求的目标投标，业主对其投标报价的高低、技术水平、工程经验、财务状况、信誉等方面进行综合评价，全面分析，择优选定中标者签订合同后，工程招标方告结束。

进行工程招投标，应该有专门的机构和人员，对全过程加以组织和管理。具体职责如下。

① 招标单位负责组织和办理招标申请、招标文件的编制、标底价格和招标全过程各项事宜及管理工作。其上级主管部门、地方行政主管部门（或建设项目董事会）负责对招标单位进行资质审查。

② 投标单位按标书要求起草投标文件，报请招标单位审定，投标标书应侧重在较低的价格、先进的技术、优良的质量和较短的工期等方面来争优。

③ 招标单位委托有关职能机构进行全过程监督，聘请专家组成评审委员会（或小组），对招投标文件进行审查和提出推荐建议。

（2）招投标原则

按照国家有关法规的要求，对招标单位的资质、招投标程序及方式、评定等均应本着守法、公正、等价、有偿、诚信、科学和规范等原则，从技术水平、管理水平、服务质量和经济合理等方面综合考虑，鼓励竞争，不受地区、行业、部门的限制。

综合布线系统招投标标书均应体现综合布线系统的标准化要求，并具有先进性、实用性、灵活性、可靠性和经济性等特点。

（3）招标工程项目分类

招标分为3类，即工程项目开发招标、勘查设计招标和施工招标，综合布线工程一般属于后两项。

① 设计招标。根据批准的可行性研究报告所提出的项目设计任务书，通过招标择优选择设计单位，其"标物"为设计成果，GCS按照工程设计内容及深度的要求，对建筑物内各层信息点的配置、系统组网、建筑群网络拓扑方式等均应详细完整。工程设计招标的目的是鼓励竞争、促使设计单位改进管理，采用先进技术，降低工程造价，缩短工程，提高投资效益。工程设计招标和投标是双方法人之间的经济活动，受国家法律的保护和监督。

实行设计招标的建设项目应具备以下条件。

● 具有经过审批机关批准的可行性研究报告。

● 具有开展设计必须的可靠设计资料。

● 依法成立了专门的招标机构并具有编制招标文件和组织评标能力，或委托依法设立的招标代理机构。

设计招投标具有以下优点。

● 有利于设计多方案的选择和竞争，从而择优确定最佳设计方案，达到优化设计方案的目的。

● 有利于控制建设工程造价，中标项目一般做出的投资估算能够在招标文件所确定的投资范围内。

● 有利于加快设计进度，提高设计质量，降低设计费用。

② 施工招标。在工程项目的设计或施工图设计完成之后，用招标方式选择施工单位，其"标物"则是建设单位（业主）交付按设计规定的部分成品和工程进度、质量要求、投资控制等内容。作为工程实施的依据，施工安装是工程实施极为重要的环节，为此，招标单位应事前对参标单位进行全面的调研考察，再根据其投标文件"货比三家"。综合布线系统的安装、测试、验收等内容则是对施工单位应标的动作能力的全面考核，特别是其技术实力、人员素质、管理质量、业绩和报价等，这些因素往往成为能否中标的焦点。

下面以设计招标和施工招标相结来叙述。

（4）招标方式

常采用的招标方式有 3 种形式：公开招标、邀请招标和议标。

① 公开招标。公开招标也称无限竞争性招标，由业主通过国内外主要报纸、有关刊物、电视、广播以及网站发布招标广告，凡有兴趣应标的单位均可以参标，提供预审文件，预审合格后可购买招标文件进行投标。此种方式对所有参标的单位或承包商提供平等竞争的机会，业主要加强资格预审，认真评标。

根据政府招投标管理方法，属于政府投资、工程造价大的综合布线工程由政府招投标中心负责组织，数额较少的综合布线工程由业主单位自行组织招标。

② 邀请招标。邀请招标也称有限竞争性招标，不发布公告，业主根据自己的经验、他人推荐、各种信息资料和调查研究等，选择有能力承担本项工程的承包商并发出邀请，一般邀请 5～10 家（不能少于 3 家）前来投标。此种方式由于受经验和信息不充分等因素，存在一定的局限性，有可能漏掉一些技术性能和价格比更高的承包商。未被邀请的承包商无法参标。

③ 议标。议标也称非竞争性招标或指定性招标，一般只邀请 1～2 家承包商来直接协商谈判，实际上也是一种合同谈判的形式，此种方式适用于工程造价较低、工期紧、专业性强或保密工程，其优点可以节省时间，迅速达成协议开展工作，缺点是无法获得有竞争力的报价，为某些部门搞行业、地区保护提供借口。因此，无特殊情况，应尽量避免议标方式。

（5）招标文件

招投标中有招标文件和投标文件两种标书。

业主根据工程项目的规模、功能需要、建设进度和投资控制等条件，按有关招标法的要求，编制好招标文件，招标文件的质量好坏，直接关系到工程招标的成败。提供基础资料和数据指标，内容的深、广度及技术基本要求等应准确可靠，因为招标文件是投标者应标的主要依据。

招标文件一般包括以下内容。

① 投标邀请书。

② 投标人须知。

③ 投标申请书格式，包括投标书格式和投标保证格式。

④ 法定代表人授权格式。

⑤ 合同文件，包括合同协议格式、预付款银行保函、履约保证格式等。

⑥ 工程技术要求，主要内容如下。

● 承包工程的范围，包括 GCS 的深化设计、施工、供货、培训以及除施工外的全部服务工程简介。

- GCS 布线的基本要求，信息点平面配置点位图及站点统计表。
- 采用的相关标准和规范，包括国际标准、国家标准、行标、地标以及企标。
- 布线方案，包括设置的工作区、水平、管理、垂直干线、设备间、进线间等 6 个子系统和防护系统的要求。如果有建筑群子系统，也应说明。
- 技术要求，包括铜缆、光缆、连接硬件、信息面板、接地及缆线敷设方式等要求。
- 工程验收和质保、技术资格和应标能力。
- 报价范围、供货时间和地点。

⑦ 工程量表。

⑧ 附件（工程图纸与工程相关的说明材料）。

其中，①～⑤属于投标商务条款。

2. 工程项目的投标

（1）投标条件及准备

① 投标人及其条件。投标人是响应招标、参加投标竞争的法人或其他组织。

a. 投标人应具备规定的资格条件，证明文件应以原件或招标单位盖章后生效，具体可包括如下内容。

- 投标单位的企业法人营业执照。
- 系统集成授权证书。
- 专项工程设计证书。
- 施工资证。
- ISO 9000 系列质量保证体系认证证书。
- 高新技术企业资质证书。
- 金融机构出具的财务评审报告。
- 产品厂家授权的分销或代理证书。
- 产品鉴定入网证书。

b. 投标人应按照招标文件的具体要求编制投标文件，并作出实质性的响应。投标文件应包括项目负责人及技术人员的职责、简历、业绩和证明文件及项目的施工器械设备配置情况等。

c. 投标文件应在招标文件要求提交的截止日期前送达投标地点。在截止日期前可以修改、补充或撤销所提交的投标文件。

d. 两个以上法人可以组成一个联合体，以一个投标人的身份共同投标。

② 投标的组织。进行工程投标，应由专门的机构和人员组成，可以包括项目负责人、管理、技术、施工方面的人才。对投标人应充分体现出技术、经验、实力和信誉等方面的组织管理水平。

③ 工程的联合承包。较大的和技术复杂的工程可以由几家工程公司联合承包，应体现强强联合的优势，并做好相互间的协调与计划。

（2）投标程序及内容

投标程序可以包括从填写资格预审表至将正式投标文件交付业主为止的全部工作。下面重点介绍以下几项工作。

① 工程项目的现场考察。这是投标前的一项重要准备工作。在现场考察前应对招标文件中所提出的范围、条款、建筑设计图纸和说明进行认真阅读、仔细研究。现场考察应重点调查了解建筑物施工情况，工地及周边环境、电力等情况，本工程与其他工程间的关系，工地附近住宿及加

工条件，

② 分析招标文件、校核工程量、编制施工计划。

a. 招标文件是投标的主要依据，研究招标文件重点应考虑以下几方面：投标人须知、合同条件、设计图纸和工程量。

b. 工程量确定。投标人根据工程规模核准工程量，并作询价与市场调查，这对于工程的总造价影响较大。

c. 编制施工方案。施工方案一般包括施工内容、施工方法、施工进度、劳动力计划。编制原则是在保证工程质量与工期的前提下，降低成本和增长利润。

③ 工程投标报价。报价应进行单价、利润和成本分析，并选定定额与确定费率，投标的报价应取在适中的水平，一般应考虑综合布线系统的等级、产品的档次及配置量。工程报价可包括设备与主材价格（根据器材清单计算）、工程安装调测费（根据相关预算定额取定）、工程其他费（包括总包费、设计费、培训费等）、预备费、优惠价格和工程总价。

在做工程投资计算时，可参照厂家对产品的报价及有关建设、通信、广电行业所制定的工程概、预算定额进行编制和作出工程投资估算汇总。

④ 编制投标文件。投标文件是承包商参与投标竞争的重要凭证，是评标、决标和订立合同的依据，是投标人素质的综合反映和能否获得经济效益的重要因素，因此，投标人对投标文件夹的编制应引起足够的重视。投标文件应完全按照招标文件的各项要求编制，一般不带任何附加条件，否则导致投标作废。

● 投标文件的组成：投标书、投标书附件、投标保证金、法定代表人资格证明书、授权委托书、具有标价的工程量清单与报价表、施工计划、资格审查表、对招标文件中的合同协议条款内容的确认与响应和按招标文件规定提交的其他资料。

● 技术方案。投标文件一般包括商务部分与技术方案部分内容，特别需注重技术方案的描述。技术方案应根据招标书提出的建筑物平面图及功能划分和信息点的分布情况，确定布线系统应达到的等级标准，推荐产品的型号、规格，完整论述遵循的标准与规范、安装及测试要求等。技术方案应具有一定的深度，可以体现布线系统的配置方案和安装设计方案，也可提出建议性的技术方案，以供业主和评审者评议。切记避免过多地对厂家产品进行烦琐地全文照搬。布线系统的图纸基本上应达到施工图设计的要求，应反映出实际的内容。系统设计应遵循下列的原则：先进性、成熟性和实用性，服务性和便利性，经济合理性，标准化，灵活性和开放性，集成与可扩展性。

目前布线系统所支持的工程与建筑物包括办公楼与商务楼、政务办公楼、金融证券、公司企业、电信枢纽、厂矿企业、医院、校园、广场与市场超市、博物馆、会展与新闻中心、机场、住宅、保密专项工程等类型。投标书应按上述列出的不同类型的工程做出具有特点和切实可行的技术方案。

⑤ 封送投标书。在规定的截止日期之前，将准备妥的所有投标文件密封递送到招标单位。

（3）投标书

投标者应认真阅读和理解招标文件的要求，以招标书为依据，编制相应的投标文件（书），投标人对标书的要求如有异议，应及时以书面形式明确提出，在征得招标人同意后，可对其中某些条文进行修改，如招标人不同意修改，则仍以原标书为准。投标人必须在投标文件中的技术要求的满足程度逐项应答，若有任何技术偏离时，也应提供承诺或不承诺条款的《技术要求偏离》附件，并明确在投标书中加以说明。

投标文件一般包括以下内容。

① 投标申请书。

② 投标书及其附录。投标书提供投标总价，总工期进度实施表等，附录应包括设备及缆线材料到货时间、安装、调试及保修期限，提供有偿或免费培训人数和时间。

③ 投标报价书。以人民币为报价，对于特殊引进的设备，只允许运用一种外币计算，但必须按当日汇率折算人民币总价。

产品报价包括出厂价、运费、保险费、税金、关税、增值税、运杂费等、各子系统的安装工程费，设备、缆线及插接模块的单价和总价。

④ 投标产品合格证明。投标产品合格证明包括有关产品的生产许可证复印件、原产地证明文件，产品主要技术数据和性能特性。

⑤ 投标资格证明文件。投标资格证明文件包括下列内容。

● 营业执照（复印件）。

● 税务营业证（复印件）。

● 法人代表证书（复印件）。

● 建设部和信息产业部有关 GCS 的资质。

● 主要技术及管理人员及其资质。

● 投标者如为产品代理商，还必须出具厂商授权书。

● 投标者近几年来年主要工程业绩，用户评价信函。

⑥ 设计、施工组织计划书。

● 按招标文件中的工程技术要求，提出系统设计方案。

● 施工组织设计，包括施工服务、督导、管理、文档。

● 工期及施工质量保证措施。

● 测试及验收。

⑦ 其他说明文件（如果投标者有）。

3. 投标后的工作步骤

（1）开标

招标单位按招投标法的要求和投标程序进行开标。

（2）评标

一般由招标人组成专家评审小组对各投标书进行评议和打分，打分结果应由评委人的签字方可生效，然后，即可评选出中标承包商。在评标过程中，评委会会要求投标人针对某些问题进行答复。因为时间有限，投标人应组织项目的管理和技术人员对评委所提出的问题作简短的、实质性的答复，尤其对建设性的意见阐明观点，不要反复介绍承包单位的情况和与工程无关的内容。

投标书的打分结果直接关系到投标人能否中标，一般采用公开评议与无记名相结合的方式，打分为 10 分制或 100 分制，评分一般按商务、技术和价格 3 个方面打分，再按三项加权计算总得分。具体可包括如下内容。

① 技术方案。在与招标书相符的情况下，要力求描述详细一些，主要提出方案考虑的原则，思路和各方案的比较，其中建议性的方案不可缺少。此项内容所占整个分数的比重较大，也是评委成员评审的主要方面。

② 施工实施措施与施工组织、工程进度。主要体现在工程施工质量工期和目标的保证体系，占有一定的分数比例。

③ 售后服务与承诺。主要体现在工程价格的优惠条件及备品备件提供、工程保证期、项目的维护方案、软件升级、培训等方面的承诺。

④ 企业资质。必须具备工程项目相应的等级资质，注重是否存在虚伪资质证明材料。

⑤ 评优工程与业绩。一般体现近几年（三年）的具有代表性的工程业绩，应反映出工程的名称、规模、地点、投资情况、合同文本内容和建设单位的工程验收和评价意见，对于获奖工程应有相应的证明文件。

⑥ 建议方案。在招标书要求的基础上，主要对技术方案提出建设性情况意见，并阐述充分的理由。建议方案必须在基本方案的基础上另行提出。

⑦ 工程造价。工程造价是中标与否的关键。过去评标时往往采用低价中标法，即在严格预审各项条件均符合投标书要求的前提下，选择最低位报价单位作为中标者。现在的价格评分通常采取平均价格法来计算价格得分，方法是以所有投标的平均价格为最高价格分，再按招标文件中规定的计算方法，根据各投标价与平均价格偏离情况计算出相应价格得分。

⑧ 推荐的产品。体现产品的性能。规格技术参数、特点、具体内容可以附件形式表示。

⑨ 图纸及技术资料、文件。投标书的文本质量应体现清晰、完整及符合格式要求。文本图纸应有实际的内容和达到一定的深度，并不完全强调篇幅的多少。

⑩ 答辩。回答问题应简洁明了。

⑪ 优惠条件，切实可行。

⑫ 业主对投标企业及工程项目考察情况。主要对企业和业主作现场实地了解，取得第一手的资料。考察内容可包括资质、企业资金情况、与用户配合协调、售后服务体系、合作施工单位等方面。

（3）中标与签订合同

业主或上级主管部门根据评标报告的建议，定标和批准由招标单位向中标单位发出中标函，中标单位接到通知后，一般应15～30天内签订合同，并提供履约保证。

业主应同时在一周内通知未中标者，并退回投标保函和投标保障金，未中标单位在收到投标保函和投标保障金后，应迅速退回招标文件。至此，招投标工作基本结束。

综合布线系统工程的招标工作复杂、工作量较大，但只要招标人和投标人都按照国家招投标法的规定和程序去执行、操作，就能有效地保证招投标结果的公正性，确保工程项目的工程质量。

三、任务实施

具体实施内容包括编制施工方案和现场管理两项工作任务。

（一）编制施工方案

编制施工方案是项目经理的工作任务之一，要求在全面熟悉用户需求的基础上，依据图纸并根据施工现场情况、技术力量及技术装备情况、设备材料供应情况，做出合理的施工方案。施工方案包括施工内容、施工方法、施工进度、劳动力计划、现场管理等，施工方案要做到人员组织合理，施工安排有序，工程管理有方，同时要明确综合布线工程和主体工程以及其他安装工程的交叉配合，确保在施工过程中不破坏建筑物的强度，不破坏建筑物的外观，不与其他工程发生位置冲突，以保证工程的整体质量。

编制原则：坚持统一计划的原则，认真做好综合平衡，切合实际，留有余地，遵循施工工序，注意施工的连续性和均衡性。

编制依据：工程合同的要求，施工图、概预算和施工组织计划，企业的人力和资金等保证条件。

施工组织编制：计划安排主要采用分工序施工作业法，根据施工情况分阶段进行，合理安排交叉作业以提高工效。

以下以阳光计算机系统集成公司中标的旭东职业技术学院计算机学院大楼综合布线工程项目为例，介绍编制施工方案的内容和方法。

旭东职业技术学院计算机学院大楼综合布线工程项目施工方案

一、施工准备

1.1 工程范围及工程概况

1.1.1 工程概况

项目名称：旭东职业技术学院计算机学院大楼综合布线工程

建设单位：旭东职业技术学院

质量目标：合格工程

工　　期：日历日 30 天内交付使用

1.1.2 工程范围

内容主要包括计算机学院大楼计算机数据、语音、网络监控、门禁考勤综合布线系统。

1.1.3 编制依据

本施工组织设计依据以下要求编制。

（1）旭东职业技术学院颁发的《旭东职业技术学院计算机学院大楼综合布线工程》招标文件。

（2）中华人民共和国颁布的《综合布线系统工程设计规范》（GB 50311—2007）、《综合布线工程验收规范》（GB 50312—2007）。

（3）阳光计算机系统集成公司 ISO 9001 质量体系文件（质量手册、程序文件、作业指导书）。

（4）现场实际情况。

1.2 施工准备

1.2.1 施工准备工作计划

施工准备工作是整个施工生产的前提，根据本工程的工程内容和实际情况，阳光公司以及项目部共同制定施工的准备计划，为工程顺利开展打下良好基础。主要准备工作如表 7-1 所示。

表 7-1　　　　　　　　　　　　　　　主要准备工作一览表

项　　目	内　　容	完 成 时 间	承 办 单 位
施工组织设计编制	确定施工方案和质量技术安全等措施并报审	进场前	旭东学院，阳光公司
施工组织机构	成立项目经理部，确定各班组及组成人员	进场前	阳光公司
方案编制与交底	编写详细的施工方案，并向有关人员和班组仔细交底	分阶段	阳光公司，项目经理部

续表

项　　目	内　　容	完 成 时 间	承 办 单 位
施工内部预算	计算工程量、人工、材料限额量、机械台班	进场前	项目经理部
材料计划	原材料供需计划	进场前	项目经理部
图纸会审	全部施工图	进场前	旭东学院，项目经理部
机具进场	机械设备进场就位	分阶段	项目经理部
材料进场	部分材料进场	进场前 1 天	项目经理部
人员进场与教育	组织人员陆续进场，进行三级安全教育	分阶段	项目经理部
进度计划交底	明确总进度安排及各部门的任务和期限	每周例会	项目经理部
质量安全交底	明确质量等级特殊要求，加强安全劳动保护	分项施工前	项目经理部

为实现优质、安全、文明、低耗的工程建设目标，本工程采用项目法施工的管理体制。

1.2.2　项目法施工

为了保证项目的顺利实施，公司专门成立"旭东职业技术学院计算机学院大楼综合布线工程项目管理部"的管理组织机构。其框架结构如图 7-1 所示。

本工程施工中实施项目法施工的管理模式，组建本工程的项目经理部，对工程施工进度、质量、安全、成本及文明施工等实施全程管理。在推行项目法施工的同时，从文件控制、材料采购到产品标识、过程控制等过程中，切实执行 ISO 9001 标准及阳光公司质量保证体系文件，达到创优质高效的目标。

项目经理对工程项目行使计划、组织、协调、控制、监督、指挥职能，全权处理项目事务，其下设工程部、质量部、安全部、物料部。项目经理部对公司实行经济责任承包。工程技术管理人员通过岗位目标责任制和行为准则来约束，共同为优质、安全、高速、低耗地完成项目任务而努力工作。

1.2.3　组建项目经理部

本工程实行项目法施工管理，项目经理由取得项目经理资质的本企业员工担任，由项目经理选聘技术、管理水平高的技术人员、管理人员、专业工长组建项目部。

项目管理层由项目经理、项目副经理、技术负责人、安全主管、质量主管、材料主管、机械主管和后勤主管等成员组成，在建设单位、监理公司和本公司的指导下，负责对本工程的工期、质量、安全、成本等实施计划、组织、协调、控制和决策，对各生产施工要素实施全过程的动态管理。

根据旭东职业技术学院计算机学院大楼综合布线工程的工程量和工程质量要求，阳光公司对工程技术管理人员和施工人员安排如表 7-2 所示。

表 7-2　　　　　　　　　工程技术管理人员和施工人员人员安排表

序号	姓名	性别	年龄	本项目担任职务	技术职称/职业资格	专业
1	张宇	男	43	项目总监	高级工程师 系统集成高级项目经理	计算机

续表

序号	姓名	性别	年龄	本项目担任职务	技术职称/职业资格	专业
2	何建锋	男	31	项目经理	系统集成项目经理	计算机
3	王双庆	男	31	项目副经理兼技术负责人	系统集成项目经理	计算机
4	陈东	男	29	系统集成工程师兼质管员	工程师	通信
5	吴小林	男	25	系统集成工程师	助理工程师	网络
6	李俊凯	男	24	系统集成工程师	助理工程师	网络
7	李俊杰	男	24	系统集成工程师兼安全员	助理工程师	电气
8	陈霞	女	24	材料管理员		工商管理
9	张国政	男	26	电工	电工证	
10	李刚	男	23	电工	电工证	
11	刘道明	男	20	杂工		
12	喻彬	男	20	杂工		

　　项目经理部对工程项目进行计划管理。计划管理主要体现在工程项目综合进度计划和经济计划上。

　　进度计划包括：施工总进度计划，分部分项工程进度计划，施工进度控制计划，设备供应进度计划，竣工验收和试运行计划。

　　经济计划包括：劳动力需用量及工资计划，材料计划，构件及加工半成品需用量计划，施工机具需用量计划，工程项目降低成本措施及降低成本计划，资金使用计划和利润计划等。

　　作业层人员的配备：施工人员均挑选有丰富施工经验和劳动技能的正式工和合同工，分工种组成作业班组，挑选技术过硬、思想素质好的正式职工带班。

　　为保证项目部管理层指令畅通有效，工作安排采用"施工任务书"的形式。要求签发人和执行人签字，项目经理层作为执行监督者。施工任务书的工作内容完成后由签发人签字。

　　1.2.4　施工工具设备配备

　　施工工具设备配备如表 7-3 所示。

表 7-3　　　　　　　　　施工工具设备配备表

机械、仪器、设备名称	数　　量	进场时间计划	使　用　工　种
电源线盘	3	开工第 1 天	电工、杂工
电工工具箱	3	开工第 1 天	电工、杂工
台虎钳	2	开工第 1 天	电工、杂工
充电旋具	5	开工第 1 天	电工、系统集成工程师
手电钻	5	开工第 1 天	电工、系统集成工程师
冲击电钻	2	开工第 1 天	电工、杂工
电锤	2	开工第 1 天	电工、杂工
角磨机	2	开工第 1 天	电工、杂工

续表

机械、仪器、设备名称	数 量	进场时间计划	使 用 工 种
拉钉枪	2	开工第1天	电工、杂工
射钉枪	2	开工第1天	电工、杂工
型材切割机	2	开工第1天	电工、杂工
弯管器	2	开工第1天	电工、杂工
管子切割器	2	开工第1天	电工、杂工
数字万用表	1	开工第8天	电工
接地电阻测量仪	1	开工第8天	电工
线槽剪	5	开工第1天	电工、杂工
铁皮剪	5	开工第1天	电工、杂工
吸尘器	1	开工第1天	杂工
梯子	6	开工第1天	电工、杂工、系统集成工程师
玻璃纤维穿线器	1	开工第10天	电工、杂工、系统集成工程师
小型穿线器	1	开工第10天	电工、杂工、系统集成工程师
剥线钳	4	开工第15天	系统集成工程师
压线钳	4	开工第15天	系统集成工程师
110打线工具	4	开工第15天	系统集成工程师
五对打线工具	4	开工第15天	系统集成工程师
标识工具	1	开工第15天	系统集成工程师
光缆开缆工具	1	开工第15天	系统集成工程师
光纤熔接机	1	开工第15天	系统集成工程师
光纤剥离钳	1	开工第15天	系统集成工程师
光纤剪刀	1	开工第15天	系统集成工程师
光功率计	1	开工第22天	系统集成工程师
FLUKE DTX-1800 电缆认证分析仪	1	开工第22天	系统集成工程师

1.3 技术准备

（1）熟悉旭东职业技术学院计算机学院大楼综合布线工程施工图纸，深入了解分析施工现场的具体情况，充分体会设计总体风格、意图、特点。

（2）做好图纸的会审工作，对设计中的疑难点及时与建设单位进行沟通，并将协商结果向用户汇报。尽量细致深入地深化局部设计，将建设单位意图及先进的设计理念，通过局部的深化而充分地体现出来。在开工之前解决所有设计方面的问题，为施工如期完成提供有力的保障。

（3）针对本工程的特点，结合现行规范及制定的作业指导书编制各分项具体细化的施工方案并进行交底，使各级施工管理人员做到心中有数，从各方面保证施工处于有效受控状态。

（4）组织所有技术人员认真学习新规范、新规程、积极推广新技术，引进国外的先进施工经验，充分利用已有的先进技术，提高旭东职业技术学院计算机学院大楼综合布线工程技术含量。

（5）组织有关人员学习大楼施工管理规定和监理规程，积极配合甲方、大楼物业和监理的工作，共同做好旭东职业技术学院计算机学院大楼综合布线工程施工的各项工作。

（6）全面履行本工程的合同，保证完成合同规定的各项技术要求和指标。

1.4　现场准备

施工管理人员进场后，做好如下准备工作：会同有关单位做好现场的移交工作，包括测量控制点以及有关技术资料，并复核控制点。接通施工用临时水、电线路，搭设临建设施。

1.4.1　临时用水

临时用水较少，根据需要安排。

1.4.2　临时用电

（1）施工期间的机具设备及工作、生活照明所需要的用电均接自工地的建筑临时电源，并按照建设单位的要求进行设置。

（2）临时用电采用三相五线的供电系统，专用保护地线与大楼防雷接地有不少于三处的接通。

（3）总配电柜以两回路分别引向加工场及施工现场。

（4）各回路电缆采用编码绝缘子沿电缆井、墙、柱敷设。

（5）施工层设一动力配电箱。

（6）具体的施工用电可用便携式安全线路如电源线盘，自就近的临时配电箱引至，避免乱拉乱接电源。

（7）除临时加工场外，其余施工点的工作照明均采用橡套软缆临时灯具，用毕收回。

（8）黑暗环境的通道，坑洞及危险区均装设固定照明，并用安全电压。

1.4.3　现场准备安排及注意事项

（1）针对施工现场的特点，为保证施工现场的管理有序有力，拟在现场设立施工现场管理办公室，进行封闭管理，现场管理人员、施工人员凭证进出。

（2）机房区域独立半封闭进行施工，对有关设施、设备进行成品保护，强化施工现场管理。所有非施工人员进场要得到项目部的许可，并有专人带领。

（3）制定施工机具需用动态计划，按照施工平面的要求组织施工机械设备和工具进退场。

（4）建立与周边环境的联系渠道，确保施工正常运转。

二、施工组织部署

2.1　施工组织安排

本工程作业面分散、施工工期紧、任务重，按照项目管理要求，精心组织各工种、各工序的作业，对工程的施工过程、进度、资源、质量、安全、成本实行全面管理和动态控制。

2.1.1　施工阶段划分及衔接关系

将工程施工分为四大阶段。

第一阶段：施工准备阶段。重点做好场地交接，调集人、材、物等施工力量，进行施工平面布置、临时设施的施工及临时用水用电设备的安装，进行图纸会审，办理开工有关手续，做好技术、质量交底工作。目标是充分做好开工前的各项准备工作，争取早日开工。

第二阶段：综合布线环境施工阶段。此阶段为工程施工的高峰期，安装好设备间、楼层电信间、管线路由，目标是 15 天内完成。

第三阶段：布线、端接等工作，系统的测试及调试。

第四阶段：工程全面收尾阶段，竣工资料的整理及工程交接工作。

2.1.2　工程总体施工部署

协调进行平面流水生产和施工安排，减少工序搭接和窝工现象。

2.1.3　项目管理措施

（1）实行项目法管理、优化资源配置、强化运行机制。项目管理的特点是实现生产要素在工程项目上的优化配置和动态管理。为确保项目管理的目标实现，项目经理精心组织指挥本工程的生产经营活动，调配并管理进入工程项目的人力、资金、物资、机具设备等生产要素，决定内部的分配形式和分配方案并对本工程的质量、安全、工期、现场文明等负有领导责任。应建立权威的生产指挥系统，确保指令畅通，工程按预定的各项目标贯彻和实施。

（2）严格执行施工技术控制措施。本工程对所有的分部工程重要工序都有其质量控制方式，如施工程序、重点技术质量控制要求、人员配置、质量检验标准、计量器具配置、安全技术要求等内容。上述作业指导和技术方案的管理项目严格执行阳光公司相关的技术管理程序文件，确保编制的作业指导书和技术方案具有可操作性，且能够充分保证施工质量。

（3）加强图纸会审和技术交底控制措施。本工程将在接受设计单位或监理单位的系统施工图纸会审的基础上，组织内部各专业图纸会审，重点解决各专业施工接口管理和相关技术。管理人员对系统的熟悉，能及时发现问题，寻找解决办法，以避免返工对质量造成的影响。各班组施工前，阳光公司均规定了施工技术交底的程序，以确保对每个施工人员进行技术质量控制。

（4）加强施工现场文件的管理。

① 指定专人负责现场文件的领发、登记、借阅、保管、回收、整理等管理工作。

② 发生设计变更后应及时发放，做好发放登记签字手续。工程技术人员应及时对原设计图纸进行变更修改或做出更改标识，以便识别跟踪。

③ 施工图纸、设计变更由项目总工程师向建设单位领取，交工地资料员登记、清点。

④ 施工的施工图纸、设计变更由施工班组长负责保管、使用、回收。

（5）加强员工培训管理。

阳光公司极重视对技术工人队伍的培训，定期开展技术工人岗位技能培训，解决施工中遇到的技术难题，不断提高自身的素质和能力。

进入本工程施工的所有员工都必须进行施工质量、安全施工、文明施工、环境保护等要求的专项培训，合格者方可进入施工现场。特种作业人员、特殊工作人员均需持证上岗。

（6）坚持现场例会制度

① 每周、月召开工程例会。周工程例会在每周一召开，本工程在一月内完成，对跨月工程，月工程例会在每月的最后一天的上午召开。

② 周、月工程例会由项目经理主持、工程部负责，由项目部各部室、专业技术人员、各工地负责人参加。

③ 工程例会上主要报告现场施工情况、存在问题、汇总需协调的事宜、布置下一时间的工作安排。

④ 工程部负责周、月工程例会的会议记录，会后形成会议纪要并发放项目经理各部室、专业技术人员、各工地负责人。

（7）建立工程报告管理制度。阳光公司将及时编制周工作计划和月工作计划，按时提交建设单位及监理单位审核，尽一切可能保证经建设单位及监理单位审核批准的计划如期完成；同时，阳光公司将如实、及时地向建设单位及监理单位提交一份全方位反映本标段进展情况的月报告（于每月结束后五天内提交）。该报告将详细阐明所有实际或潜在的与项目进度计划的分歧之处以及为克服该类分歧而建议所采取的切实可行的措施和补救计划。

（8）工程报告的内容。

① 月报告

● 工程执行情况概述：主要工程进度描述；现场人员概括。

● 工程进度：项目总进度计划；关键项目里程碑实际进度；各单位工程完成进度；本月进度计划完成情况；延期项目的延期说明。

● 设计和图纸：施工图纸接受情况及施工设计图交底情况；本月设计图纸接受情况；下月要求提供图纸目录。

● 设备和材料：本月主要材料设备到货清单；下月主要材料设备计划要求到货清单。

● 工程质量：工程质量验收情况表；工程质量情况说明。

● 项目施工工作量完成情况：完成的工程量表。

● 安全、文明生产、环境卫生报告。

● 月内重要事件说明。

● 施工中其他事宜。

● 进度款支付报告。

② 周进度报告。

● 周进度计划表。

● 周进度计划完成情况表。

2.1.4 劳动力组织

本工程需电工、杂工等。根据施工进度计划制定劳动力需求计划，组织人员进场并进行进场教育，合理工作时间安排：上午 7：30～11：30，下午 13：30～17：30。根据实际进度安排适当加班，保证工人合理的休息时间，避免疲劳工作引发危险。

定期申报管理及施工人员名单，列明姓名、职位或工种、编号、联系方式，便于甲方、监理审核管理，坚决不许无上岗证工人上岗，专业工种和危险工种必须配有施工证。

所有现场工人一律着装整齐，持证上岗，穿上印制有"阳光公司"、"系统集成"的工作服、并统一佩戴上岗证，以便于识别和管理。

保证施工各阶段人员稳定，工作热情高，作业面充分展开。工人人数按工作量合理配置，降低人员流动，保障工程进度和施工安全。

2.2 施工管理配合及协调措施

阳光公司指派负责本工程的项目经理部，必须与监理单位及建设单位处理好各种关系，使各项工作协调一致，以保证工程项目管理的正常进行，并协调好各分项的交叉配合，与建设单位、监理单位的配合。

2.2.1 与建设单位和监理单位的配合措施

阳光公司将严格遵守合同，履行对旭东职业技术学院的承诺，切实抓好工程施工质量和进度目标，具体措施如下。

（1）公司按照建设单位有关规定和实施细则要求，本着对建设单位旭东职业技术学院负责的原则，积极配合建设单位一起抓好工程的施工进度、质量、安全管理工作。

（2）建立完整的工程施工质量管理体系，并在工作上与建设单位和监理单位保持密切的联系，虚心接受建设单位和监理单位在施工和质量管理工作上的指导和帮助。

（3）每一个单位工程开工前，按规定日期提前向建设单位和监理单位提交《工程开工申请报告》，在建设单位和监理单位对阳光公司施工技术准备情况进行检查并签证认可的条件下才开工。

（4）在施工前，阳光公司将认真编制好施工方案和作业指导书，并尽早提交建设单位和监理单位进行审查。对隐蔽工程施工项目提交建设单位和监理单位备案，便于建设单位和监理单位在施工过程中随时进行跟踪检查和质量验收工作。

（5）与工程有关的施工图纸和设计技术资料在阳光公司内部进行审核的基础上，积极配合建设单位和监理单位做好图纸会审和设计技术交底工作。

（6）由阳光公司编制的施工质量检验项目表，必须经监理单位和质量监督部门确认方可实施。

（7）定期向建设单位和监理单位提供阳光公司的施工计划进度，参加由建设单位和监理单位主持召开的各种施工协调会议，并以书面形式向建设单位和监理单位反映工程进展情况和存在的问题（包括设备、设计、施工问题等），使建设单位能及时掌握工程动态，采取有效措施，解决工程中存在的问题。

（8）每一个单位工程在安装和调试工作全部完成后，在正式交移前，向建设单位和监理单位提交单项工程竣工申请检查报告。在建设单位和监理单位对每一个单位工程完成情况进行检查并签证认可的条件下，才能进行移交工作。所有竣工资料在竣工后 15 天内移交给建设单位旭东职业技术学院，同时提供电子版竣工资料。

（9）做好工程服务，在不违反设计原则和规范要求的前提下，对建设单位所提供的增加和变更项目，给予配合并及时完成。对建设单位委托的紧急工作，可采取先临时通知，事后补办手续的方法进行工作。

（10）在工程施工过程中，对建设单位和监理单位发现并提出的施工问题，各级人员做到高度重视并认真对待，制定相应的整改措施，以确保在施工中不再有同样的问题发生。另外，对由建设单位和监理单位组织的各种施工质量检查活动，阳光公司各部门积极配合，对检查后所发现的施工质量问题及时组织人员进行整改处理，整改完后，请建设单位和监理单位进行确认和签证。

（11）对建设单位在日常工作中所提出的要求进行检查的项目，我们都要积极配合和支持，并给予工作上的方便，在施工过程中建设单位和监理单位对工程质量、进度和安全等方面提出的各项指导性意见和要求，阳光公司立即进行答复和整改，直至符合建设单位和监理单位提出的要求为止。

（12）工程所有与建设单位和监理单位来往的文件资料均按 ISO 9001 标准中的文件和资料控制规定进行，以利于建设单位进行标准化管理并保证资料的可追溯性。

2.2.2　内部各专业配合

（1）严格图纸自审、会审制度。由项目总工牵头、工程部负责组织各专业工程师及工长进行图纸自审。会审时，应核对各专业管道水平位置、标高及立管的轴线位置，防止各专业管道、线路的空间交叉，尽最大可能减少现场设计修改，保证施工顺利进行。

（2）由工程部制定各专业交叉工序的施工顺序及工作时间节点，使各专业按照工序安排，有序地进行施工作业。

（3）坚持周例会制，在安装高峰期实行每天碰头制，使各专业的配合问题及时解决。

（4）做好设备试运转及系统调试的配合。

三、现场管理

见下一工作任务。

（二）现场管理

1．技术管理

（1）图纸会审

图纸会审是一项极其严肃和重要的技术工作。认真做好图纸会审工作，对于减少施工图中的差错、保证和提高工程质量有重要的作用。在图纸会审前，施工单位必须向建设单位索取基建施工图，负责施工的专业技术人员应认真阅读施工图，熟悉图纸的内容和要求，把疑难问题整理出来，把图纸中存在的问题记录好，在设计交底和图纸会审时解决并设计出布线施工图。

图纸会审应有组织、有领导、有步骤地进行，并按照工程进展定期分级组织会审工作。图纸会审工作应由建设单位和施工单位提出问题，由设计人员解答。对于涉及面广、设计人员一方不能定案的问题，应由建设单位和施工单位共同协商解决办法。会审结果应形成纪要，由建设单位、施工单位、监理单位三方共同签字并分发下去，作为施工技术文件存档。

（2）技术交底

技术交底工作在建设单位与甲方、施工单位之间进行，应分级进行和分级管理，并定期进行交流，召开例会。

技术交底的主要内容包括施工中采用的新技术、新工艺、新设备、新材料的性能和操作使用方法，预埋部件的注意事项。技术交底应做好记录。

（3）工程变更

经过图纸会审和技术交底工作之后，会发现一些设计图纸中的问题和用户需求的改动，或随着工程的进展，不断会发现一些问题，这时设计也不可能再修改图纸，应采用设计变更的办法，将需要修改和变更的地方填写到工程设计变更单中。变更单上附有文字说明，有的还附有大样图和示意图。当收到工程设计变更单时应妥善保存，它也是施工图的补充和完善性的技术资料。应对相应的施工图认真核对，在施工时应按变更后的设计进行。工程设计变更单是绘制竣工图的重要依据，同时也是竣工资料的组成部分，应归档存放。

2．施工进度管理

对于一个可行性的施工管理制度而言，实施工作是影响施工进度的重要因素。如何提高工程施工的效率从而保证工程如期完成呢？这就需要依靠一个相对完善的施工进度计划体系。

① 首先进行一次实地勘察，确定有关工程进行时将要遇到的困难，并予以先行解决，例如线槽空间及走道是否完备，各配线间的准备工程是否完成，各工作区的端口插座槽是否设置完成等。待这些事前准备工程完成并合格后，布线工作才可以正式展开。

② 先进行干线光缆布线工程。

③ 再进行水平布线工程。

④ 同一时间，在布线工程进行期间，开始为各设备间安装机柜、配线架。

⑤ 当水平布线工程完成后，开始为各设备间的光纤及 UTP/STP 安装配线架，为端口及各设备间的跳线设备做端接。

⑥ 安装好所有的配线架和用户端口，进行全面的测试，包括光纤及 UTP/STP，并把报告交给用户。

⑦ 另外，所有用户端口、配线架端口和有关的干线电缆和水平电缆都应有独立的编号，以作为辨认之用。

综合布线系统工程施工组织进度表如表 7-4 所示。

表 7-4　　　　　　　　综合布线系统工程施工组织进度表

时　间	2009 年 *月															
项　　目	1	3	5	7	9	11	13	15	17	19	21	22	23	25	27	29
一、合同签订	■															
二、设备材料采购	■	■	■	■	■	■										
三、主干线槽线管安装			■	■	■											
四、水平线槽线管安装				■	■	■	■									
五、机柜、信息插座底盒安装							■	■								
六、光缆敷设、铜缆敷设								■	■	■	■					
七、安装信息插座											■	■				
八、安装配线架及机柜											■	■	■			
九、内部测试及调整													■			
十、编制竣工文件														■	■	
十一、组织验收																■

3. 质量管理

质量控制主要表现为施工组织和施工现场的质量控制，控制的内容包括工艺质量控制和产品质量控制。影响质量控制的因素主要有"人、材料、机械、方法和环境"五大方面。因此，对这五方面因素严格控制，是保证工程质量的关键。具体措施如下。

① 为确保施工质量，在施工过程中，项目施工经理、技术主管、质检工程师、建设单位代表、监理工程师共同按照施工设计规定和设计图纸要求对施工质量进行检查，检查内容包括管槽是否有毛刺、拐弯处是否安装过渡盒、线槽线管弯曲半径是否符合规定要求。

② 施工时应严格按照施工图纸、操作规程和现阶段规范要求进行施工，严格进行施工管理，严格遵循施工现场隐蔽工程交验签字顺序，在每天班前、班后召开会议。

③ 现场成立以项目经理为首、由各分组负责人参加的质量管理领导小组，具体管理由质管部负责，对工程进行全面质量管理，建立完善的质量保证体系与质量信息反馈体系，对工程质量进行控制和监督，层层落实"工程质量管理责任制"和"工程质量责任制"。

④ 在施工队伍中开展全面质量管理基础知识教育，努力提高职工的质量意识，实行质量目标管理，创建优质工程，必须使本工程的质量等级达到优良。

⑤ 认真落实技术岗位责任制和技术交底制度，每道工序施工前必须进行技术、工序和质量交底。

⑥ 认真做好施工记录，定期检查质量和相应的资料，保证资料的鉴定、收集、整理和审核与工程同步。

⑦ 对原材料进场必须有材质证明，取样检验合格后方准使用。各种器材成品、半成品进场必须有产品合格证，无证材料一律不准进场。进场材料需派专人看管以防手失。

⑧ 推行全面质量管理，建立明确的质量保证体系，坚持质量检查制、样板制和岗位责任制，认真执行各工序的工艺操作标准，做到施工前有技术交底，工序间有验收交接。

⑨ 坚持高标准严要求，各项工作预先确定标准样板材料和制作方法，进场材料认真检查质量

（进场测试），施工中及时自查和复查（随工测试），完工后认真、全面地进行检查和测试。

⑩ 认真做好技术资料和文档工作，仔细保存各类设计图纸资料，对各道工序的工作认真做好记录和文字资料，完工后整理出整个系统的文档资料，为今后的应用和维护工作打下良好的基础。

4．安全管理

（1）安全制度

① 建立安全生产岗位责任制。项目经理是安全工作的第一责任者，大工程项目设立安全部，小工程设专职安全管理员管理，加强现场安全生产的监督检查。整个现场管理要把安全生产当作头等大事来抓，坚持实行安全值班制度，认真贯彻执行各项安全生产的政策及法令规定。

② 在安排施工任务的同时，必须进行安全交底，要有书面资料和交接人签字。施工中应认真执行安全操作规程和各项安全规定，严禁违章作业和违章指挥。

③ 各项施工方案要分别编制安全技术措施，书面向施工人员交底。现场机电设备防火安全设施要有专人负责，其他人不得随意动用，电闸箱要上锁并有防雨措施。

④ 注意安全防火，在施工现场挂设灭火器，施工现场严禁吸烟，明火作业要有专职操作人员负责管理，持证上岗，设立安全防火领导小组。

（2）安全计划

① 现场施工安全管理员对所有施工人员安全和卫生的工作环境负有重要责任。安全管理员应及时训练和指导施工人员在不同工作环境中执行安全保护措施，并且要求每位施工人员执行公司关于安全和卫生的有关规则和法令。

② 每次的现场协调会议和安全工作会议，安全监督员或安全监督员代表必须出席，及时反映工地现场的安全隐患和安全保护措施。会议内容应当写在工地现场办公地点的告示牌上。

③ 安全管理员应每半月在工地现场举行一次安全会议，提高现场施工人员的安全意识。

④ 如果出现安全问题，施工人员必须马上向安全管理员报告整个的伤害情况。对于要在危险工作地点工作的人员，为防止意外事故，每个人应获得指导性的培训，并应对施工操作给予系统地解释，直接发给每个人紧急事件集合点地图和注意事项。

⑤ 如果发生危险，出现死亡或身体严重受伤的人员，应立刻通知本单位和业主以及当地救护中心，并在 24 小时以内提交一份关于事故的详细书面报告。

⑥ 向建设单位和监理单位提交一份安全报告。

⑦ 如发现严重或多次违反安全制度、法令规则或任何漠视人身安全的员工，他们必须向项目经理做出解释，并予以免职，这些人将不会在相关工作中受到雇佣。

⑧ 在工作平台、工作地点、通道、缺口等离地面 2 m 以上的区域应至少提供两层护栏，护栏高度为 450~600 mm。

5．材料管理

材料到达现场后，先进行开箱检查。首先由设备材料组负责，技术和质量监理参加，将已到施工现场的设备、材料做直观上的外观检查，保障无外伤损坏、无缺件，核对设备、材料、电缆、电线、备件的型号规格、数量是否符合施工设计文件以及清单的要求，并及时如实填写开箱检查报告。仓库管理员应填写材料库存统计表与材料入库统计表，如表 7-5 和表 7-6 所示。

表 7–5　　　　　　　　　　　　　　材料入库统计表

序　号	材料名称	型　号	单　位	数　量	备　注
1					
2					

审核：　　　　　　　　　　　仓管：　　　　　　　　　　　日期：

表 7–6　　　　　　　　　　　　　　材料库存统计表

序　号	材料名称	型　号	单　位	数　量	备　注
1					
2					

审核：　　　　　　　　　　　统计：　　　　　　　　　　　日期：

根据施工设计，按照工程进度充分备足每一阶段的物料，安排好库存及运输，以保证施工工程中的物料供应。工程队领用材料需要填写材料领用表，经项目经理审批后仓管方可给予发货。

6. 成本管理

综合布线系统越来越规范化，价格越来越透明，市场竞争愈演愈烈，因此，要想立足于综合布线行业，关键的一点是如何把成本降低到业主最满意的程度。降低工程成本关键在于搞好施工前计划、施工过程中的控制和工程实施完成的总结分析。

（1）施工前计划

在项目开工前，项目经理部应做好前期准备工作，选定先进的施工方案，选好合理的材料商和供应商，制定出详细的项目成本计划，做到心中有数。

① 制定实际合理且可行的施工方案，拟定技术员组织措施。施工方案主要包括以下 4 点内容：施工方法的确定、施工机器与工具的选择、施工顺序的安排和流水施工的组织。施工方案不同，工期会不同，所需机器和工具也就会不同。施工方案的优化选择是工程施工中降低工程成本的主要途径。制定施工方案要以合同工期和建设单位的要求为依据，与实际项目的规模、性质、复杂程度和现场等因素一起综合考虑。尽量同时制定出若干个施工方案，互相比较，从中优选最合理、最经济的一个。同时拟定经济可行的技术组织措施计划，列入施工组织设计之中。为保证技术组织措施计划的落实并取得预期效果，工程技术人员、材料员和现场管理人员应明确分工，形成落实技术组织措施的一条合理的链路。

② 组织签订合理的工程合同和材料合同。工程合同和材料合同应通过公开招标投标的方式，由公司经理组织经营、工程、材料和财务部门有关人员与项目经理一道同工程商就合同价格和合同条款进行协商讨论，经过双方反复磋商，最后由公司经理签订正式工程合同和材料合同。招标投标工作应本着公平公正的原则进行，招标书要求密封，评标工作由招标领导小组全体成员参加，不能一个人说了算，必须有各级审批手续。同时，还应建立工程商和材料商的档案，以选择最合理的工程商与材料商，从而达到控制支出的目的。

③ 做好项目成本计划。综合布线系统成本计划是项目实施之前所做的成本管理初期活动，是项目运行的基础和先决条件，是根据内部承包合同确定的目标成本。公司应根据施工组织设计和生产要素的配置等情况，按施工进度计划确定每个项目的周期成本计划和项目总成本计划，计算出保本点和目标利润，以此作为控制施工过程生产成本的依据，使项目经理部人员及施工人员无论在工程进行到何种进度时都能事前清楚知道自己的目标成本，以便采取相应的手段控制成本。

（2）施工过程中的控制

在项目施工过程中，根据所选的技术方案，严格按照成本计划实施和控制，包括对材料费、人工消耗和现场管理费用等的控制。

① 降低材料成本。实行三级收料和限额发料以降低材料成本。在工程建设中，材料成本占整个工程成本的比重最大，一般可达 70%左右，而且有较大的节约潜力。在其他成本出现亏损时，往往要靠材料成本的节约来弥补。因此，材料成本的节约也是降低工程成本的关键。组成工程成本的材料包括主要材料和辅助材料。主要材料是构成工程的主要材料，如光缆、5e 类 UTP 电缆、接插件等，辅助材料是完成工程所必须的手段材料，如 PVC 线槽/线管、水泥等。对施工主要材料实行限额发料，按理论用量加合理损耗的办法与施工队结算，节约时给予奖励，超出时由施工队自行承担，从施工队结算金额中扣除，这样施工队将会更合理地使用材料，减少浪费损失。

推行限额发料，首先要合理确定工程实施中实际的材料应发数量，这种数量的确定可以是由项目经理确认的数据。其次是要推行三级收料。三级收料是限额发料的一个重要环节，是施工队对项目部采购材料的数量给予确认的过程。所谓三级收料，就是首先由收料员清点数量，记录签字，其次是材料部门的收料员清点数量，验收登记，再由施工队清点并确认，如发现数量不足或过剩时，由材料部门解决。待应发数量和实发数量确定后，施工队施工完毕，经对其实际使用的数量再次确认后，即可实行奖罚兑现。通过限额发料、三级收料的办法不仅控制了收发料中"缺斤短两"的现象，而且使材料得到更合理有效的利用。

组织材料合理进出场。一个项目往往材料种类繁多，所以合理安排材料进出场的时间特别重要。首先应当根据施工进度编制材料计划，并确定好材料的进出场时间。因为如果进场太早，就会早付款给材料商，增加资金压力，还将增加二次搬运费。有时候会因现场的情况较为复杂，有较多不可控制的人为情况发生，而导致工程中材料的型号和数量有所变化，需重新订货，增加了成本。若材料进场太晚，不但影响进度，还可能造成误期罚款或增加赶工费。其次应把好材料领用关和材料使用关，降低材料损耗率。材料的损耗由于品种、数量、敷设的位置不同，其损耗也不一样。为了降低损耗，项目经理应组织工程师和造价工程师，根据现场实际情况与工程商确定一个合理损耗率，由其包干使用，节约双方分成，超额扣工程款，这样每一个工程商或施工人员在材料用量上都与其经济利益挂钩，从而降低整个工程的材料成本。

② 节约现场管理费。施工项目现场管理费包括临时设施费和现场经费两项内容，此两项费用的收益是根据项目施工任务而核定的。但是，它的支出却并不与项目工程量的大小成正比，它的支出主要由项目部自己来支配。综合布线工程生产工期视工程大小可长可短，但无论如何，其临时设施的支出仍然是一个不小的数字，一般来说应本着经济适用的原则布置。对于现场经费的管理，应抓好如下工作。

- 人员的精简。
- 工程程序及工程质量的管理，一项工程在具体实施中往往受时间、条件的限制而不能按期顺利进行，这就要求合理调度，循序渐进。
- 建立 QC 小组，促使管理水平不断提高，减少管理费用支出。

（3）工程实施完成的总结分析

事后分析是总结经验教训及进行下一个项目的事前科学预测的开始，是成本控制工作的继续。在坚持综合分析的基础上，采取回头看的方法，及时检查、分析、修正和补充，可以达到控制成本和提高效益的目标。

根据项目部制定的考核制度，对成本管理责任部室、相关部室、责任人员、相关人员和施工队进行考核，考核的重点是完成工作量、材料费、人工费和机械使用费4大指标，根据考核结果决定奖罚和任免，体现了奖优罚劣的原则。

及时进行竣工总成本结算。工程完工后，项目经理部将转向新的项目，但应组织有关人员及时清理现场的剩余材料和机械，辞退不需要的人员，支付应付的费用，以防止工程竣工后继续发生包括管理费在内的各种费用。同时由于参加施工人员的调离，各种成本资料容易丢失，因此，应根据施工过程中的成本核算情况做好竣工总成本的结算，并根据其结果评价项目的成本管理工作。总结得与失，及时对项目经理及有关人员进行奖罚。在项目施工过程中，根据所选的技术方案严格按照成本计划实施和控制，包括对人工费的控制、对人工消耗的控制和对现场管理费用的控制等内容。

总之，工程的成本控制措施可以总结为以下几条基本原则。

① 加强现场管理，合理安排材料进场和堆放，减少二次搬运和损耗。

② 加强材料的管理工作，做到不错发、不错领材料，不遗失材料，施工班组要合理使用材料，做到材料精用。在敷设线缆时，既要留有适量的余量，又要力求节约，不要浪费。

③ 材料管理人员要及时组织使用材料的发放和施工现场材料的收集工作。

④ 加强技术交流，推广先进的施工方法，积极采用先进科学的施工方案，提高施工技术。

⑤ 积极鼓励员工开展"合理化建议"活动，提高施工班组人员的技术素质，尽可能地节约材料和人工，降低工程成本。

⑥ 加强质量控制，加强技术指导和管理，做好现场施工工艺的衔接，杜绝返工，做到一次施工、一次验收合格。

⑦ 合理组织工序穿插，缩短工期，减少人工、机械及有关费用的支出。

⑧ 科学合理地安排施工程序，搞好劳动力、机具和材料的综合平衡。平时施工现场应有1～2人巡视了解土建进度和现场情况，做到有计划性和预见性。预埋条件具备时，应采取见缝插针，集中人力预埋的办法，节省人力物力。

任务二 监理工程师监理综合布线工程项目

一、任务分析

自20世纪90年代开始，我国大规模兴起信息化建设，工程质量、进度、资金、安全性等方面的信息工程问题也随之显露出来，为加强管理，行业主管部门——原信息产业部在1999年就已经将信息系统集成资质认证和信息工程监理同时列为行业工作重点。在2000年信息系统集成资质认证工作取得重大进展的同时，监理工作也有条不紊地开展。2003年，原信息产业部［2003］142号文发布了《信息系统工程监理单位资质管理办法》和《信息系统工程监理工程师资格管理办法》，标志着计算机信息系统集成监理工作走向规范化的发展之路。

综合布线既是计算机信息系统集成的重要组成部分，也是智能建筑工程的重要组成部分，因此综合布线工程监理既属于计算机信息系统工程监理范围，也属于智能建筑工程监理范围。

二、相关知识

（一）工程监理的主要内容

综合布线工程监理的主要内容包括以下几个方面。

1. 帮助用户做好需求分析

应深入了解企业的各方面，与企业各级人士共同探讨，提出确实的系统需求。

2. 帮助用户选择施工单位

好的网络综合布线工程商应该有较强的经济实力和技术基础，有丰富的综合布线工程经验及较多典型成功案例，有完备的服务体系，有良好的信誉。

3. 帮助用户控制工程进度

工程监理人员帮助用户掌握工程进度，按期分段对工程验收，保证工程按期、高质量的完成。

4. 严把工程质量关

工程监理人员应该在以下环节严把质量关。

① 网络综合布线系统方案是否合理，所选设备质量是否合格，能否达到企业要求。

② 基础建设是否完成，结构化布线是否合理。

③ 网络综合布线系统是否合理，可扩充性如何，网络平台是否统一、合理。

④ 网络综合布线系统是否能实现相应的功能，是否便于使用、管理和维护。

⑤ 培训内容和时间是否合适。

5. 帮助用户做好各项测试工作

① 工程监理人员应严格遵循和坚持相关测试标准和施工、验收标准。

② 做好对信息系统包括布线、网络等各方面的监理测试工作。

（二）工程监理的职责与组织机构

GCS 工程监理主要职责是受建设单位（业主）委托、参与工程实施过程的有关工作，主要任务是控制工程建设和投资、建设工期和工程质量，监督工程建设按合同管理，协调有关单位间的工作关系。

大工程项目的工程监理由总监理工程师、监理工程师、监理人员等组成。工程监理方应明确各工作人员职责，分工合理，组织运转科学有效，并且应向业主方通报组织机构组成。

1. 总监理工程师

主监理工程师负责协调各方面关系，组织监理工作，任命监理工程师，定期检查监理工作的进展情况，并针对监理过程中的工作问题提出指导性意见；负责审查施工单位提供的需求分析、系统分析、网络设计等重要文档，并提出改进意见；负责主持双方重大争议纠纷，协调双方关系，针对施工中的重大失误签署返工令。

2. 监理工程师

监理工程师接受总监理工程师的领导，负责协调各方面的日常事务，具体负责监理工作，审核施工单位需要按照合同提交的网络工程、软件文档，检查施工单位工程进度与计划是否吻合，主持双方的争议解决，针对施工中的问题进行检查和督导，起到解决问题、确保正常工作的作用。

监理工程师有权向总监理工程师提出建议，并且在工程的每个阶段向总监理工程师提交监理报告，使总监理工程师及时了解工作进展情况。

3. 监理人员

监理人员负责具体的监理工作，接受监理工程师的领导，负责具体的硬件设备验收、进场测试、具体的布线和网络施工督导，在每个监理日编写监理日志并向监理工程师汇报。

三、任务实施

（一）工程监理的工作步骤及工作内容

工程监理分为施工招投标、施工准备、施工、检查验收、系统保修等5个阶段，工作内容分配到各工作阶段之中。

1. 施工招标阶段

施工招标阶段的主要工作有审查招、投标单位的资格，参与编制招标文件，参加评标与定标，协助签订施工合同等。

2. 施工准备阶段

监理人员参加由建设单位组织的设计技术交底会，会议纪要由总监理工程师签认。工程项目开工前，总监理工程师组织专业监理工程师审查承包单位报送的施工组织设计（方案）报审表，并经审核、签认后报建设单位；审查承包单位现场项目管理机构的质量管理体系、技术管理体系和质量保证体系并予以确认。分包工程开工前，专业工程师审查承包单位报送的分包单位资格报审表和有关资质资料，符合规定的由总监理工程师予以签认。专业监理工程师审查承包单位报送的工程开工报审表及相关资料，具备规定的开工条件时，由总监理工程师签发，并报建设单位。工程项目开工之前，监理人员参加由建设单位主持召开的第一次工地会议。第一次工地会议纪要由项目监理机构负责起草，并经与会各方代表会签。

3. 施工阶段

施工阶段监理工作的重要形式是工地例会。施工阶段监理的重要工作内容是对工程质量、工程造价和工程进度进行控制，以达到合同规定的目标。

（1）工地例会

在施工过程中，总监理工程师应定期主持召开工地例会，会议纪要应由项目监理机构负责起草，并经与会各方代表会签。工地例会应包括以下主要内容：检查上次例会议定事项的落实情况，分析未完事项的原因；检查分析工程项目进度计划的完成情况，提出下一阶段的进度目标及落实措施；检查分析工程项目质量状况，针对存在的质量问题提出改进的措施；检查工程量核定及工程款支付情况；解决需要协调的有关事项；其他有关事宜。除工地例会外，总监理工程师或专业监理工程师应根据需要即时组织专题会议，解决施工过程中的专项问题。

（2）工程质量控制

工程质量包括施工质量和系统工程质量，工程质量控制可通过施工质量控制和系统工程检测验收来实现。GCS工程必须遵照《建筑与建筑群综合布线系统工程验收规范》GB/T 50312—2000执行，以确保工程质量。

① 工程质量控制（检查）项目。施工质量控制检查项目主要包括环境检查（施工前）、器材

检查和进场测试（施工前）、设备安装检验（随工检验及测试）、缆线敷设和保护方式检验（随工检验及测试、隐蔽工程签证）、线缆终接（随工检验及测试）等。监理人员还须检查施工单位的质量保证和质量管理体系，质检机构设置，人员配备；检查管理制度是否健全等。

② 工程质量控制对象。包括 GCS 的传输链路、缆线、跳线、终端、配线架、连接硬件、信息插座、线管、线槽、线箱（线盒）、支撑、防护、接地等以及它们的性能质量。

（3）工程进度控制

工程进度控制的主要内容包括以下几点。

① 督促并审查施工单位制订 GCS 工程安装施工进度计划，并检查各子系统安装施工进度计划是否满足总进度计划和工期要求。

② 检查督促施工单位做出季度、月份各工种的具体计划安排及其可行性。

③ 按施工计划监督实施工程进度控制和认可工程量，及时发现不能按期完成的工程计划，并分析原因，督促及时调整计划并争取补救，确保工程进度。

④ 建立工程监理日志制度，详细记录工程进度、质量，设计修改、工地洽商等问题。

⑤ 定期召开例会和相关工程（如机电安装、装饰）进度会，对进度问题提出监理意见。

⑥ 督促施工单位及时提交施工进度月报表，并审查认定后写出监理月报。

（4）工程造价控制

工程造价控制主要包括以下内容。

① 审核施工单位完成的月报工程量。

② 审查和会签设计变更，工地洽商。

③ 复核缆线等主要材料、设备和连接硬件。

④ 按施工承包合同规定的工程付款办法和审核后的工程量等，审核并签发付款凭证（包括工程进度款、设计变更及洽商款、索赔款等）然后报建设单位。

4. 工程测试验收阶段的监理工作

测试验收阶段主要包括以下工作内容。

① 检查施工单位送审的技术文件和检测大纲。检测大纲的主要内容应符合 GB 50312—2007《综合布线工程验收规范》。

② 系统测试（监理测试）。系统测试又包括 GCS 工程的电缆系统电气性能测试和光纤系统性能测试。

③ 编制竣工技术文件。验收应提交全套综合布线的设计文件、工程承包合同、工程质量监督机构核定文件、竣工资料和技术档案、随工验收记录、工程洽商记录、系统测试记录、工程变更记录、隐蔽工程签证，安装工程量以及设备器材明细表等文件，一式三份要求整洁、齐全、完整、准确，工程验收前，由监理单位审核认可后，提交建设单位。

④ 系统验收。验收委员会（或小组）由建设单位、监理单位、设计单位、施工单位、并邀请有关专业专家组成，负责审查竣工验收报告，对安装现场进行抽查，并对设计施工、设备质量做出全面评价，签署竣工文件。

⑤ 验收不合格的项目由验收机构查明原因，分清责任，提出解决办法，并责成责任单位限期解决。

5. 工程保修阶段

本阶段完成可能出现的质量问题的协调工作。

① 定期走访用户，检查智能化系统运行状况。

② 若出现质量问题，确定责任方，敦促解决。

③ 保修期结束，与用户商谈监理结束事宜。

④ 提交监理业务手册。

⑤ 签署监理终止合同。

（二）工程监理表格

监理工作中，监理方与承包方、建设方经常发生工作关系。他们之间是一个有机的整体。例如：建设方向监理方提出开工申请、进场原材料报验、竣工申报等；三方就施工过程出现的诸如工程暂停及复工、工程变更、费用索赔、工程延期等问题进行处理等。他们之间除通过报告文书等形式联系外，更多的是采用管理表格来实现。管理表格具有规范科学、简便明了等特点。监理工作中常用的管理表格主要有 3 类：承包单位向监理单位申报技术文件及资料使用的表格，监理单位向承包单位发出指示、通知及文件所使用的表格和监理单位内部工作记录表格。

1. 承包单位向监理单位申报技术文件及资料所使用的表格

这类表格包括开工申请单、施工组织设计方案报审表、施工技术方案申报表、进场原材料报验单、进场设备报验单、人工及材料价格调整申报表、付款申请表、索赔申请书、工程质量月报表、工程进度月报表、复工申请、工程验收申请单等。

表 7-7 所示是开工申请单，表 7-8 所示是进场原材料报验单。

表 7-7　　　　　　　　　　　　　开工申请单

工程名称：	项目编号：		
建议开工日期：	年	月	日
计划完工日期：	年	月	日
工程负责人姓名：			
上一步工作验收证书编号：			
备注： （应附的附件清单） 			
承包商（签字）：	日期：		
总监理工程师意见： （（1）本工程准予开工；（2）本工程不能开工） 			
总监理工程师（签字）：	日期：		

注：① 各种报表的编号应按信息管理的统一编号填写。

②　备注栏内应注明附件清单；施工技术措施计划；机械和人员数量情况；材料到场情况；有关材料实验报告；承包商的资格证书等。

表 7-8　　　　　　　　　　　　　　进场原材料报验单

工程名称：　　　　　　　　　　　　　　项目编号：

致（监理工程师） 下列建筑材料经自检试验符合技术规范要求，报请验证，并准予进场。 附件：1. 材料出厂合格证。 　　　 2. 材料出研制质量保证书。 　　　 3. 材料自检试验报告。 　　　　　　　　　　　　　　　　　　　　承包商：　　　　　日期：	
材料名称	
材料来源、产地	
材料规格	
用　途	
本批材料数量	
承包商的试验	试样来源	
	取样地点、日期	
	试验日期、操作人	
	试验结果	
材料预计进场日期	
致（承包商）＿＿＿＿＿＿＿＿＿＿＿＿＿＿＿＿＿＿ 上述材料经抽验，结果表明，符合/不符合合同技术规范要求，可以/不可以进场使用。 监理工程师：　　　　　　　　　　　　　　日　期：	

2. 监理单位向承包单位发出指示、通知及文件所使用的表格

这类表格包括工程开工令、工程变更通知、额外增加工程通知、工程暂停指令、复工指令、现场指令和工程验收证书。

表 7-9 所示是工程变更通知，表 7-10 所示是工程验收证书。

表 7-9　　　　　　　　　　　　　　工程变更通知

工程项目：
变更通知简要说明：
致（承包商） 根据合同文件规定，现要求你完成以下工程：   完成上述工程价格为：

此工程是合同中所增加/替代的工程项目，现通知你取消合同中原有的以下工程项目：
预计实施上述工程变更，所引起的工程价变化：
本次变更通知　　增加/减少费用　　　　　　　元。
预计以前签发的变更通知费用总的变化　　　　　增加/减少　　　　元。
总监理工程师签字：　　　　　　业主代表：（签字）　　　　　日期：

表 7-10　　　　　　　　　工程验收证书

监理工程师收件日期、时间和签字：	
监理工程师批示：	质量验收单编号：
（1）经验收，工程验收合格， 准予下步　　　　　工程施工。	承包商收件日期：
（2）验收不合格，必须重新申请，下道工序不能开工。 监理工程师：（签字）　　　　日期：	签字：
承包商：（签字）　　　　　　　技术负责人：（签字）	

3. 监理单位内部工作记录表格

这类表格主要有设计图纸交底会议纪要、监理工程师日记、监理月报表、事故报告单、设备安装工程缆线走道/槽道安装质量控制表、设备安装工程缆线布放和接续质量控制表、设备系统主要性能测试质量控制表、设备安装工程质量检验初评表、架空光（电）缆工程施工质量控制表、直埋光（电）缆工程施工质量控制表、管道光（电）缆工程施工质量控制表、单条光（电）缆施工质量检验初评表等。

表 7-11 所示是监理工程师日记，表 7-12 所示是监理月报表，表 7-13 所示是设备安装工程缆线布放和接续质量控制表。

表 7-11   监理工程师日记

日期：	气象情况：
工程名称：	项目编号：
工作内容和估计工作量：	
人员、主要机械动态、主要材料进场与使用情况：	
发生影响工程的重要事项：	
施工单位提出的问题：	
提出问题的处理意见和指令：	
上级指示和指令：	
主要工程形象进度：	

监理工程师：（签字）

表 7-12   监理月报表

工程项目：		项目编号：		
月份：_____年_____月；本月气象：晴天___雨天___阴天___雪天___ 最高（低）气温：				
工程进展情况和形象面貌：				
出勤人员总计：				
出勤主要机械：				

主要材料	名称	本月进场	本月库存	上月库存	本月消耗量

发生影响工程的主要事项：				
施工单位提出的主要问题：				

监理工程师处理意见和指令：							
存在主要问题和建议：							

监理工程师：（签字） 日期：

表 7-13 设备安装工程缆线布放和接续质量控制表

工程名称： 监理单位（章）：

序号	缆线名称	起止部位	顺直整齐	曲率规范	绑扎牢固	接续正确	接触良好	标志准确齐全
01								
02								
03								
04								
05								
06								
07								
08								
09								

施工单位代表：

监理工程师：

年 月 日

本表一式两份、施工、监理各一份。

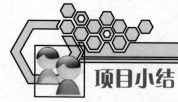

项目小结

本项目主要内容包括计算机信息系统集成项目管理内容，项目经理素质要求与职责，工程项目管理机构，工程项目实施模式，招投标程序、形式、要求，施工方案内容和编制方法，材料、人员、进度、安全、技术、质量、成本等现场管理的内容与方法，计算机信息系统集成工程监理的组织、内容和方法。

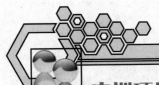

实训项目

指导教师可以根据上述任务实施中的内容和以下提示安排实训项目。

实训1 成立项目经理部，管理模拟楼综合布线工程项目

实训提示

在以模拟楼为对象的综合布线工程项目实训中，成立项目经理部，设置项目经理、项目副经理、工程师、安全员、监理工程师等岗位，通过角色扮演，训练学生掌握各岗位的职业能力。

实训2 参与实际综合布线工程项目施工和管理

实训提示

有条件的学校可组织学生参与实际综合布线工程项目的施工和管理。

实训3 在计算机系统集成、智能建筑系统集成领域相关岗位顶岗实习

实训提示

有志在计算机系统集成、智能建筑系统集成发展的同学，可参与本领域相关岗位的顶岗实习。

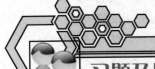

习题及思考题

1. 通常采用的招标方式有哪三种形式？说明其适用场合和各自的优缺点。

2. 简述评标的内容和方法，如何保障评标的公正性？

3. 假如你是综合布线工程的项目经理，用户方提出要新增20个信息点的安装工程量，应该采用什么管理程序满足用户需求？

4. 如果你是综合布线工程的项目经理，该如何进行工程进度管理？

5. 综合布线工程中，监理工程师每天现场监理的工作有哪些？

项目八

测试综合布线系统

布线工程总会遇到一些质量问题需要处理。如果你只是负责建网，最不幸的事情就是在验收检测时才发现大量链路存在质量问题，此时停工、返工已不可避免，由此造成的直接间接损失可能是巨大的。为了避免出现这种情况，需要从设计选型的时候就开始关注产品质量。实际上，在整个建网、用网、管网的过程中都会执行一些必要的测试任务，如选型测试、进场测试、验收测试、开通测试、故障诊断测试、定期维护测试等。其中，选型测试、进场测试、验收测试和故障诊断测试是建网过程当中的测试。开通测试、故障诊断测试、定期维护测试和再认证测试则是用网、管网过程中的测试。

系统在其整个生命周中每个时期的测试对象有所不同，但基本的测试方式都是验证测试、鉴定测试和认证测试。

通过学习本项目，应达到以下学习目标。

【知识目标】

（1）理解测试的标准和测试参数

（2）掌握测试方法、测试模型和诊断测试的方法

【技能目标】

（1）掌握验证测试、鉴定测试、认证测试

（2）掌握选型测试、进场测试、验收测试、诊断测试和维护性测试的方法

任务一 了解为什么测试

一、任务分析

在整个建网、用网、管网的过程中，综合布线系统的质量都需要保持较高的水准，只有达到了质量标准的布线系统才能放心大胆地支持各种高速、复杂的应用，而不是临到要开通、升级应用时才发现系统存在的潜在质量问题，导致巨额损失。

为了达到持续的质量水准和高可靠性的目的，需要在建网、用网、管网的过程中进行相应的测试。这些测试包括选型测试、进场测试、随工测试/监理测试、验收测试、诊断测试、再认证测试和定期维护测试等如图 8-1 所示。

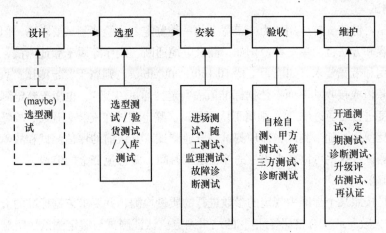

图 8-1　测试所适宜的流程环节和内容

二、相关知识

（一）测试类型简介

要提高综合布线系统的质量，首先在建网时需要有一支素质高、经过专门训练、实践经验丰富的施工队伍来完成工程施工任务，更重要的是需要一套科学有效的测试方法来监督保障工程的施工质量。其次，在产品选型、进场检测等环节要把好质量关，避免有质量问题的产品从施工现场进入布线系统。第三，在用网、管网环节，对投入运行的综合布线系统要定期维护和检测，在调整、变动网络结构或升级网络、故障诊断及恢复运行前，均需要对布线系统进行再认证测试。只有这样，才能保证布线系统始终如一的高品质和高可靠性。第四，对高可靠性系统，还需要对布线系统或备份链路定期进行维护性测试。

布线测试按照测试的难易程度一般分为验证测试、鉴定测试和认证测试 3 个类别，其中的认证测试按照测试参数的严格程度又被分为元件级测试、链路级测试和应用级测试。布线测试按照测试对象、工程流程和测试目的可分为选型测试、进场测试、监理测试/随工测试、验收测试/第三方测试、诊断测试、维护性测试等。以下分别简单地介绍这些常用的测试项目及适用场合。

1. 验证测试

验证测试是要求比较简单的一种测试，一般只检测物理连通性，不对链路的电磁参数和最大传输性能等进行检测。随工测试时经常采用验证测试，一般是边施工边测试，主要检测线缆的连通性、安装工艺等，及时发现并纠正所出现的问题，避免等到工程完工时才发现问题而重新返工，耗费不必要的人力、物力和财力。监理测试时也部分使用验证测试。验证测试不需要使用复杂的测试仪，对于电缆链路只要能测试接线图（线序）、串绕线、线缆长度和开短路的测试仪即可，因为在安装过程中，线序错误、开路、短路、反接、线对交叉、链路超长等一类的问题占整个工程质量问题的 80%，这些质量问题在施工初期可以通过及时地重新端接、调换线缆、更换模块、修正布线路由等措施来解决；对于光缆链路则只要能检查极性和通断即可。如果等到了工程完工的验收阶段才批量地发现这些问题，那么解决起来就比较困难了，因为那时已经穿管走槽完成、绑扎固定结束、装饰装修完工，甚至设备也已经安装完毕。

2. 鉴定测试

鉴定测试是对链路支持应用能力（带宽）的一种鉴定，比验证测试要求高，但比认证测试要求低，测试内容和方法也简单一些。例如，测试电缆通断、线序等属于验证测试，而测试链路是否支持某个应用和带宽要求，如能否支持 10/100/1 000Mbit/s，则属于鉴定测试；只测试光纤的通断、极性、衰减值或接收功率而不依据标准值去判定"通过/失败"，也属于鉴定测试。依照标准对衰减值和长度进行"通过/失败"则属于认证测试。鉴定测试在安装、开通、故障诊断和日常维护的时候被广泛使用。随工测试、监理测试、开通测试、升级前的评估测试和故障诊断测试等都可以用到鉴定测试，这些可以减少大量的停工返工时间，并避免资金的浪费。

3. 认证测试

认证测试是按照某个标准中规定的参数进行的质量检测，并要求依据标准的极限值对被测对象给出"通过/失败"或"合格/不合格"的结果判定。认证测试与鉴定测试最明显的区别就是测试的参数多而全面，且一定要在比较标准极限值后给出"通过/失败"判定结果。认证测试是验收测试中的最重要测试项目，其测试报告也是验收报告中必备的报告内容。认证测试被用于工程验收时是对布线系统的一次全面检验，是评价综合布线工程质量的科学手段，但这也造成对认证测试的一种长期误解：认为认证测试就是验收测试。实际上，综合布线系统的初期性能（建网阶段）不仅取决于综合布线方案设计和在工程中所选的器材的质量，同时也取决于施工工艺；后期性能（用网阶段）则取决于交付使用后的定期测试、变更后测试、预防性测试、升级前评估测试等质保措施的实施。认证测试是真正能衡量链路质量的测试手段，在建网和管网、用网的整个过程中，即整个综合布线的生命周期中都会被经常使用。例如，一个 Cat6A 系统，计划使用期限是 25 年以上，验收测试全部合格，但实际上测试报告是伪造的，系统交付使用后先期运行 10/100/1 000Mbit/s 非常优秀，但在第三年的时候准备部分链路升级启用 10Gbit/s 服务器连接（电口 10Gbit/s 比光口 10Gbit/s 价格便宜 40%），结果发现全部服务器都无法实现接入，经过再认证测试发现链路只能达到 Cat5e 的标准，是一个伪 Cat6A 系统。

工程验收中的认证测试通常分为两种类型：自我认证测试和第三方认证测试。

（1）自我认证测试（自测自检）

自我认证测试由施工方（乙方）自行组织，按照设计所要达到的标准对工程所有链路进行测试，确保每一条链路都符合标准要求。如果发现未达标链路，应进行整改，直至复测合格，同时编制成准确的测试技术档案，写出测试报告，交业主存档。测试记录应当做到准确、完整，使用查阅方便。由施工方组织的认证测试可以由设计、施工、监理多方参与，建设方也应派遣网络管理人员参加自我认证测试工作，了解整个测试过程，方便日后管理和维护布线系统。

验收过程中的认证测试是设计方和施工方对所承担的工程所进行的一个总结性质量检验，施工方执行认证测试工作的人员应当经过测试仪表供应商的技术培训并获得认证资格。例如使用 FLUKE 公司的 DSP 和 DTX 系列测试仪，最好能获得 FLUKE 布线系统测试工程师"CCTT"资格认证，这些资质认证被正规供应商、设计方、监理方、甲方及第三方等单位广为接受。

（2）第三方认证测试

综合布线系统是计算机网络的基础工程，工程质量将直接影响业主的计算机网络能否按设计要求顺利开通，能否保障网络系统正常运转，这是业主最为关心的问题。随着支持吉比特以太网的 5e 类及 6 类综合布线系统的推广应用和光纤在综合布线系统中的大量应用，工程施工工艺要求越来越高。越来越多的业主既要求布线供应商提供必要的质保证书，也要求施工方必须提供布线系统的自我认证测试报告，同时还委托第三方对系统进行验收测试，以确保布线施工的质量。这越来越成为综合布线系统验收质量管理的规范化做法。

目前采取的第三方测试的测试方法有以下两种：全测和抽测。

① 全测。由于确实存在测试报告作弊的事实，所以对工程要求高，使用器材类别高和投资大的工程，业主除要求施工方做自测自检外，还需要请第三方对工程做全面验收测试。

② 抽测。业主在要求施工方做自我认证测试的同时，邀请第三方对综合布线系统链路做抽样测试。按工程大小确定抽样样本数量，一般 1000 个信息点以上的工程抽样 30%，1 000 个信息点以下的工程抽样 50%。在 GB 50312-2007 中，抽测比例可以是 10%～15%，如果总链路数不超过 100 条，则需要全部测试。抽测结果如果合格率低于 99%，则仍需要全部测试。

衡量、评价一个综合布线系统的质量优劣，惟一科学、有效的途径就是进行全面现场测试。目前，综合布线系统是工程界中少有的、已具有完备的全套验收标准的并可以通过验收测试来确定工程质量水平的项目之一。

其他的验收测试方式有甲方测试、甲乙方联合测试等。

4. 元件级测试

认证测试按照参数的严格程度等级分为元件级测试、链路级测试和应用级测试。元件级测试就是对链路中的原件（电缆、跳线、插座模块等）进行测试，其测试标准要求最严格。进场测试最好要求进行元件级测试。正确的现场链路元件级参数测试方法是将 100 米电缆（元件）两端剥去外皮直接插入 DTX-1800 电缆分析仪 LABA 适配器的 8 个插孔中，直接在仪器中选择电缆测试标准（元件级标准）而不是链路标准进行测试，测试结果"通过"则表明电缆是合格的；如果要检测跳线（也须使用元件级标准），则可将被选跳线插入到 DTX 电缆测试仪的跳线适配器（DTX-PCU6S）中，选择 Cat6 元件级跳线测试标准进行测试；如果要检测插座（元件级标准），则可以选择模块检测适配器（Salsa）和对应的元件级标准进行测试。

 知识小贴士

目前广泛流行的但却是错误的原件质量检测方法，是使用链路级测试标准代替元件级测试标准对元件进行检测。例如，将 100m 长的网线两端各打上一个水晶头，然后插入到 DTX 手持式电缆分析仪信道测试模块的测试插座中，用信道标准（链路级标准）进行测试，如果仪器显示"通过"，则认为这根网线样本是合格的。这种方法被业界的甲方/乙方广泛使用，给系统未来的应用支持留下了巨大的潜在风险，危害甚广。另一种常见的错误方法则是将 90m 长的样本电缆两端各打上一个插座模块，然后用 DTX 电缆分析仪的永久链路测试模块插到两端进行测试，如果合格则认为选择的电缆或者插座模块是合格的。

元件级测试主要用于"进场测试"、"选型测试"和升级、开通前的跳线测试，对防止假冒伪劣产品的"入侵"起到了非常有效的作用。元件级测试也被用于生产线的成品检测和部分研发测试等。

元件级测试、链路级测试和应用级测试对参数的要求是各不同的。标准中对元件级测试的参数要求最严格。链路由众多的原件串接而成的，链路中每增加一个元件（如模块），参数就会下降一些，所以链路级测试的参数要求比元件级要低。应用是在链路的基础上开发的，所以应用级测试的参数标准一定不能超过链路级的参数水平，否则应用无法被支持。认证测试参数级别分布如图 8-2 所示。

5. 链路级测试

链路级测试是指对"已安装"的链路进行的认证测试，由于链路是由多个元件串接而成的，所以链路级测试对参数的要求一定比单个的元件级测试要求低。被测对象是永久链路和信道两种（已基本

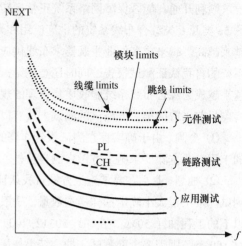

图 8-2　认证测试参数级别分布图

上退出市场），工程验收测试时一般都选择链路级的认证测试报告作为验收报告，这作为一种行业习惯已被多数乙方、第三方和监理方所选择。一个经常性被咨询的问题是：为什么用户实际在用的链路是信道（Channel），而验收报告却多以永久链路认证测试报告为主？这是因为综合布线系统刚安装完毕的时候，许多链路的设备跳线还没有安装到位（也许几年内都不会安装），此时只能对永久链路进行测试，如果人为添加一根跳线去"仿真"信道并进行测试（测试后继续用这根跳线去测下一个信道），则因为与今后实际使用的跳线不符，不能保证今后的链路质量一定合格，这种做法也一直不被业界专家认可。其次，链路在使用过程中往往会因为拓扑结构的改变和网络应用的改变而多次更换设备跳线，每次更换跳线以后链路参数就和初始验收报告中的参数不同了，这将同样地无法保证新链路的质量一定符合要求（因为每次更换的跳线质量可能差异很大，如质量很差或者兼容性很差）。第三，信道测试由于不包含被测链路两端的水晶头，即便通过了测试，传输信号的误码率仍然可能超标，因为跳线上的水晶头本身可能存在严重质量问题。所以，验收测试一般建议测试永久链路并存档作为验收报告（永久链路因其结构特点如穿管或走桥架，其安装位置一般不再发生变化，链路参数也基本保持恒定），更换跳线后可以使用信道标准进行开通前测试。最可靠的方法是采购跳线进场或更换跳线前对跳线进行元件级认证测试（进场测试，包括兼容性检查在内），这样可以保证加上跳线后整条链路一定能 100% 合格，而不只是表面上看似"通过"了信道测试。

6. 应用级测试

部分甲方会要求乙方或维护外包方给出链路是否能支持高速应用的证明，例如，证明链路能否支持升级运行 1000Bate-T 和 10GBase-T 等应用，可以选择 DTX 电缆分析仪中的 1GBase-T 和 10GBase-T 等应用标准来进行测试，这种基于应用标准要求的测试就是应用级测试。需要特别指出的是，对于电缆链路而言，应用级测试标准一定是低于同等水平的链路级测试标准的参数规定值的，因此，链路级测试合格的电缆链路一定能支持对应水平的应用，但反之则不成立，也就是说，通过了应用级测试的电缆链路不一定能通过链路级测试。工程验收　般使用链路级测试标准，且多为永久链路。工程实践中经常发现的验收测试报告的错误就是乙方在链路级测试不合格的情况下，改用应用级标准进行测试，这样就有可能将不合格的链路测试报告变成（应用级测试）合格的报告，并以此提交给甲方作为验收存档报告。例如，用 Cat5e 链路标准测试不合格，但改用 1000Base-T 标准检测却可能合格。

与电缆链路不同，对于光纤来讲，应用级测试则可以确保链路测试时忽略的长度限制和最大链路衰减值限制等符合要求。所以开通应用前一般建议做光纤的应用级测试（主要是1Gbit/s/10Gbit/s 等应用需要注意长度和最大衰减值限制，10/10Mbit/s 则对此不敏感）。

7. 选型测试

在一些大中型项目和可靠性较高的数据中心项目中，甲方会要求对布线产品进行选型测试，以确保质量达到一定的水准。缺少进场测试环节的工程项目在验收时有时会发现批量不合格的链路或标有很多"星号"的合格链路出现，这经常导致甲方或监理方停工、返工，追溯原因时除了部分可确认原因是工艺水平问题外，往往发现是由选用的布线产品存在质量缺陷或者兼容性不良引起的。这类"事故"除了直接影响工程进度，给甲方带来时间和业务损失外，乙方和供应商都会不可避免地承受巨额损失，同时监理方的声誉也会受到连带责任的损害。由于合同不完善，往往缺少有关选型测试、进场测试和兼容性测试的明确要求，很多中小规模的布线工程中出现的质量"争议"最后都不了了之，最后多数由甲方独自承担"妥协"后的检测结果。这种现象近年开始引起设计方、甲方和咨询公司的关注，少数知名品牌的乙方将选型测试引入到自己的工程质量管理体系中。

选型测试内容很简单，一般是对供应商提供的样本或者甲方自己抽检的样本进行元件级测试和兼容性测试。例如，对供应商提供的电缆、跳线、模块等进行元件级测试，合格者则入选项目供应商目录。目前普遍流行的错误方法是用链路级标准来对电缆、跳线等产品进行选型测试，然后就将这种所谓的"合格"产品列入设计和采购选项清单中。例如，用信道标准去测试一条两端各打上一个模块且加上设备跳线的 100m 仿真信道，如果合格则认为产品合格，事实上，其中的电缆和模块质量可能是不合格的，因为信道最多可以支持四个模块接入到链路中，这种只有两个模块的链路自然很容易"通过"这样的选型测试。

8. 进场测试

进场测试是指对进入施工现场的货品进行入库验收或现场检测，以便为施工人员随时提供合格的安装产品。进场测试和选型测试使用的方法是相同的，均需要对电缆、跳线等布线产品进行元件级测试，如果电缆、跳线和模块是由甲方或乙方自己选配的不同品牌供应商的"产品组合"，则必须进行兼容性测试。目前普遍流行的错误做法是用 DTX 电缆分析仪选择信道标准去测试两端打上水晶头的 100m 电缆，通过则表示电缆的进场测试"合格"。部分乙方则会使用永久链路去测试 90m 电缆（两端打上模块），通过则表示"合格"。这些做法流行已久，都是用要求较低的链路标准去代替元件标准进行进场检测，其潜在危害是难于估计的。

类似的错误方法也被用来检验跳线，用信道标准去检测跳线，如果合格，则表明跳线的进场测试或者选型测试合格。

9. 仿真测试和兼容性测试

先来看看永久链路的兼容性认证测试。

由于 Cat6/Cat6A 链路各个供应商或厂家之间的产品是不兼容的，也就是说尽管甲/乙两种或者更多品牌的产品本身通过了选型测试，但将他们混用后组成的一条链路却不一定能通过认证测试，这种现象就叫做不兼容。原因是各厂商产品的参数在设计和定型制造的时候，各自参数偏离方向、参数补偿值、补偿方向等都不是按照统一的电磁和几何标准设计的。仿真测试就是将一家（或多家）供应商的产品人为地搭成 100m 的仿真信道或者 90m 的仿真永久链路，然后用 DTX 电缆分析仪选择对应的信道或永久链路标准进行认证测试，如果合格则表明选择的产品基本上是兼容的。为了获得"广泛的"兼容性，只是 100m 或者 90m 的链路是不够的，需要搭建 100m/50m/20m 长的 3 条仿真信道进行测试，而且在链路中还要再加上两个模块（因为标准允许链路中最多可以安装 4 个模块，仿真测试时也要达到这个模块数极限，如在中间增加一个 CP 点和一个二次跳接点就构成了四连接器信道）。这种兼容性测试方法被称作"3 长 4 连法"，即 3 种长度 4 个连接器。如果使用永久链路来进行兼容性测试，则可以选择 90m/50m/20m 3 种长度和 3 个连接器（含一个 CP 点，但不含二次跳接点）来进行兼容性测试。这种测试模式被称作"三长三连法"，即 3 种长度 3 个连接器。

为什么要选择 3 种长度而不是一种长度如只选择 100m/90m 长度来做仿真测试呢？这是因为中间长度（50m）需求量大，代表了电缆链路的常用长度分布，而 100m/90m 长度则代表了长度极限，此长度考察的主要是插入损耗、NEXT、ACR 等参数的质量水平。20m 长度则代表短链路，主要考核回波损耗（RL）等参数的兼容性和匹配性。只有当 3 条代表性长度的仿真链路都通过了测试时，才能认为该仿真链路通过了兼容性测试，仿真测试被判定为合格。

由于 Cat6/Cat6A 等链路在使用寿命期内可能会多次改变用途，例如人们会用不同的跳线去跳接一条相对固定的永久链路，从而形成新的网络拓扑结构，实现所需的业务应用。改变网络拓扑结构的方法很简单，只要改变跳线和跳线所连接的各种不同用途的设备即可实现。但改变跳线却为网络传输质量的稳定性埋下了故障隐患，这是因为不同的维护人员可能习惯于使用不同品牌的跳线，如果新安装的是其他品牌的跳线，参数跟原有的永久链路不兼容，则有可能引发误码率增高、传输性能下降甚至发生故障。

Cat6 永久链路的兼容性在 TIA 568 B 兼容性要求中被指定为各品牌产品的插座（模块）与跳线相连那部分的参数设计必须是"居中"，只要参数同样也居中的跳线与这个插座（模块）连接，就可以保证其兼容性。FLUKE 公司的 DTX 系列电缆分析仪使用居中性、一致性、稳定性都极好的检测模块 PM06（即永久链路的测试插头，配合 PLA001 使用）或者功能等同的 8 针接触模块（DTX-PLA002PRP，配合 PLA002 使用）来实现永久链路的兼容性检测。图 8-2 所示为稳定性、一致性、兼容性和可重复性俱佳的 FLUKE 网络永久链路测试适配器。

图 8-3　稳定性、一致性、兼容性和可重复性俱佳的
FLUKE 网络永久链路测试适配器（兼容性）

Cat5 电缆链路极少出现不兼容的情况，一般不必做兼容性测试，Cat5e 有很少比例会出现不兼容的情况，基本上也不需要做兼容性测试，Cat6/Cat6A 由于各个品牌采用了各自不同的产品补偿设计，无论是产品外观还是产品性能都表现出相当的"个性化"。彼此之间基本上是不兼容的。所以供应商一般坚持只有甲方全套采用了该品牌的产品，才能获得产品的长期质保承诺书。事实上，即便是同一品牌的 Cat6 或 Cat6A 产品，虽然比例不大，但也同样存在早期产品和当期产品不兼容的问题，或者存在不同产地 OEM 产品的不兼容问题。

仿真测试和兼容测试的结果有多少余量才算合格。标准没有给出任何建议，业界一般推荐具有 1.5～2.0dB 的余量（NEXT、RL）即算合格，因为即便是小心地施工，链路性能也会下降 0.5～1.5dB。

只用两种极限长度检测兼容性也是可以的一般地，三长三连法或三长四连法模式相对正式一些，但经过多次测试以后部分甲方/乙方可以将其简化为只用两种极限长度即100m/90m和20m。

　　下面介绍跳线的兼容性测试。

　　看似简单的跳线结构（一般是一根电缆加两个水晶头），其电缆段的结构不同厂家是不同的，特别是两端所使用的水晶头不同厂家的产品结构和参数差异是比较明显的。如何让跳线也做到互换性和兼容性呢？基本上，如果一根跳线与居中性的插座连接后参数能"兼容"，就可以认为跳线也基本上是居中性的，居中性的跳线就是可以互换的跳线。那么，如何证明一根跳线是兼容的呢？方法很简单，只要用居中性的标准插座去检测跳线的参数（将跳线插入测试适配器上面的居中性插座中），并使用跳线测试标准（元件级标准），就可以判定其是否兼容。因为Cat6/Cat6A是厂家之间互不兼容的产品，所以标准插座必须是居中性的，且参数要稳定可靠，其波动误差应该分布在很小的范围内（参数离散性小）。FLUKE公司的PCU6S模块就是用来专门认证跳线的居中性、兼容性的Cat6跳线测试适配器，它与PM06或Salas插头是配对匹配的。图8-4是Cat6跳线测试适配器（元件级，兼容性）。

　　如果要检测Cat5/Cat5e跳线是否合格，则可以将PCU6S中的居中性模块（SMP）更换为安装尺寸相同的Cat5/Cat5e模块。如果要检测高于Cat6性能的Cat6A/Cat7跳线，则需要使用物理带宽超过600MHz的喇叭适配器（LABA/SET），配合自选的Cat6A/Cat7插座模块来进行Cat6A/Cazt7跳线的认证测试。图8-5是LABA电缆测试和Cat6A/7跳线测试适配器。表8-1为测试类型和适宜的环节。

图8-4　Cat6跳线测试适配器　　　　　　图8-5　LABA电缆测试Cat6A/7
（元件级，兼容性）　　　　　　　　　跳线测试适配器（元件级）

（二）测试仪表

　　测试仪表分为验证测试仪表、鉴定测试仪表和认证测试仪表3个等级。各种测试仪表用途如表8-1所示。

表8-1　　　　测试类型和适宜的环节(A：元件级，B：链路级，C：应用级，D：兼容性)

	设计/规划	选型/采购	安装/调试	验收/认证	维护/管理
验证测试		√	√		√
鉴定测试			√		√
认证测试	√A/B/D(maybe)	√A/B/D	√A/B/D	√B/D	√A/B/C

　　验证测试仪表具有最基本的连通性测试功能，主要检测电缆通断、开路、短路、线对交叉、串绕线等接线图的故障。验证测试仪在现场环境中随处可见，简单易用，价格便宜，通常作为解决线缆故障的入门级仪器。有些验证测试仪还有其他一些附加功能，例如集成了测试线缆长度或故障定位的TDR（时域反射计）。对于光缆来说，VFL（可视故障定位仪）也可以看成是验证测

试仪，因为它能够验证光缆的连续性和极性。

鉴定测试仪表除了验证测试仪表的功能外，还可以对应用进行鉴定，例如鉴定电缆是否支持10Mbit/s、100Mbit/s、1GMbit/s以太网和VoIP等，对于光纤测试来讲，光功率计则是鉴定测试仪。

认证测试仪表则是指按照标准规定的参数进行严格测试，并依照标准的参数要求（极限值）给出"通过/失败"判断结果的测试仪表。这类仪表精度要求高，需要定期校准。

下面介绍8种典型的验证、鉴定、认证测试仪表。其中后几种是国际知名网络测试仪表供应商——美国Fluke网络公司的产品。

1. 验证测试仪表

（1）简易布线通断测试仪

图8-6所示为最简单的电缆通断测试仪，包括主机和远端机。测试时，线缆两端分别连接到主机和远端机上，根据显示灯的闪烁次序就能判断双绞线8芯线的通断情况，但因不能测试长度（无TDR功能），所以不能确定故障点的物理位置。

（2）MicroMapper Pro（MMP）电缆线序检测仪

图8-7所示为一种小型的手持式验证测试仪——电缆线序检测仪，它可以方便地验证双绞线电缆的连通性，包括检测开路、短路、跨接、反接等线序问题。它用于测试双绞线、普通电缆、同轴线等。只需按动测试（TEST）按键，电缆线序检测仪就可以自动地扫描所有线对并发现所有存在的电缆连通性问题。当与音频探头（MicroProbe）配合使用时，MicroMapper Pro内置的模拟音频发生器可追踪到穿过墙壁、地板、天花板的电缆。仪器还配一个远端，因此一个人就可以方便地完成电缆和用户跳线的测试。

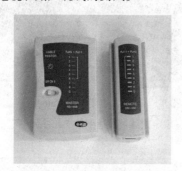

图8-6　简易布线通断测试仪　　　　图8-7　MicroMapper Pro电缆线序检测仪

（3）IntelliTone™ Pro 数字智能查线仪

IntelliTone™ Pro 数字智能查线仪如图8-8所示，它发出模拟音频信号，帮助查找未知电缆并确定其对应位置，例如，核查用户插座对应到配线架上的设备插座的准确位置。有时这种对应关系会因为标签错误、标签遗失、忘记标注标签、标签过时失效等原因而令查找工作非常困难。IntelliTone™ Pro 数字智能查线仪发出数字音频信号帮助查找在线工作的电缆链路所对应的交换机端口号，确认在用链路的对应位置（在用链路如果使用模拟音频查线，则效果很差）。模拟音频和数字音频的灵活应用则可以快速查找电缆束、桥架中的成捆电缆，帮助发现所要定位的那根电缆。数字智能查线仪还可以查找普通低压电缆（如电话线）、同轴电缆等，上面的8个指示灯同时具备像布线通断测试仪那样的检查电缆通断和线序的功能。

（4）MicroScanner 2 电缆验证仪

MicroScanner2电缆验证仪如图8-9所示，它是一个功能强大、专为防止和解决电缆和设备安装问题而设计的工具，它可以检测电缆的通断、短路、长度、线序，能识别串绕线，具备寻线功能（需配探头），能定位电缆故障的位置，识别端口速度（10Mbit/s /100Mbit/s /1Gbit/s）及 PoE 是否可用，从而节省了安装的时间和金钱。MicroScanner2 电缆验证仪平时则可以作为网管员的标准维护工具配备。MicroScanner 2 电缆验证仪可以测试同轴线（RG6、RG59 等 CATV/CCTV 电缆）以及双绞线（UTP/STP/ScTP），并可诊断其他类型的低压电缆，如语音传输电缆、网络安全电缆或电话线。它可以产生 4 种音调来确定墙壁中、天花板上或配线间中电缆的位置。

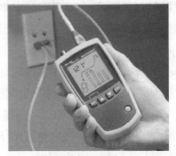

图 8-8　IntelliTone™ Pro 数字智能查线仪　　　　图 8-9　MicroScanner 2 电缆验证仪

2. 鉴定测试仪表

（1）CableIQ™（CIQ）电缆鉴定测试仪

CableIQ™电缆鉴定测试仪如图 8-10 所示。它用于检查现有布线系统带宽是否支持语音、10/100Mbit/s、VoIP 或吉比特以太网（鉴定），并显示现有布线系统不能支持网络带宽需求的原因（如11m 处有串扰），检测并报告电缆另一端连接了什么设备，显示设备配置（速度/双工模式/线对等）；识别未使用的交换机端口，以便于进行再分配。智能接线图图形化地显示接线图配置以及至故障点距离测试所有类型的铜缆介质：双绞线、同轴电缆以及音频电缆。电缆鉴定测试仪主要用途是帮助网络工程师了解布线系统的带宽（如确定能否升级新应用），查找、定位影响性能的故障位置。

（2）SimpliFiber® Pro 光纤衰减鉴定仪

SimpliFiber® Pro 光纤衰减鉴定仪（SFP）如图 8-11 所示。光纤的传输质量较大程度上受到光纤链路的总衰减值影响。大致上，同样长度的光纤，衰减值越大，则表明质量越差。通过测试光功率的差值可以用来判定光纤的衰减值。测试结果可以保存到报告中，因为是鉴定仪，故不做通过/失败判断（可人工判断）。

图 8-10　CableIQ™（CIQ）电缆鉴定测试仪　　　图 8-11　SimpliFiber® Pro 光纤衰减鉴定仪

3. 认证测试仪表

（1）DTX-1800 线缆认证测试仪

DTX-1800 线缆认证测试仪如图 8-12 所示。这是一款认证测试仪器，因为里面内置了各种各样的国内、国际测试标准，测试结果将严格依据所选标准（如 ISO 11801、GB 50312—2007 等）的参数要求给出通过/失败的判定结果。DTX-1800 电缆分析仪实际上是一个线缆认证测试的手持式平台，这个平台有非常丰富的认证测试适配器可以选择。加上相应的测试适配器后，它既可以认证元件级产品（电缆、跳线、插座等），又可以依照链路级和应用级标准去认证相应的对象（永久链路、信道、1000Base-T 等），是目前唯一能承担这三级认证的手持式认证工具。该平台认证的介质对象既可以是电缆，也可以是同轴电缆和光纤。对于光纤，它既能完成常见的一级光纤认证，也可以完成针对高速光纤的二级光纤认证（使用对应的光模块选件）。

（2）OptiFiber™ 光纤认证分析仪

OptiFiber™光纤认证分析仪（OF）如图 8-13 所示。这是一款只对光纤进行二级测试的认证测试仪。测试仪的主体是一个适合于园区网/局域网的高分辨能力的 OTDR（光时域反射计）。它测试并分析 OTDR 曲线，给出链路中各种"事件"的属性，并依据标准给出通过/失败判定。测试仪配合仪器上的长度/衰减值测试模块，可以完成完整的光纤二级认证测试。如果希望具备双光纤测试能力，则还可以选择远端适配器与之配套，组成高级的二级测试工具包（简装版是一台高分辨率的园区网 OTDR，不含光纤一级测试功能）。简化版的 OptiFiber 是一个适用于园区网/局域网的高解析度的 OTDR。

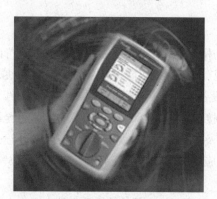

图 8-12　DTX-1800 电缆认证分析仪

图 8-13　OptiFiber™光缆认证分析仪

（三）认证测试的标准

验证测试和鉴定测试均不需要标准支持，但要测试和验收综合布线的产品质量和工程质量，就必须有一个公认的标准。和综合布线标准一样，国际上制定布线测试标准的组织主要有国际标准化委员会（ISO/IEC）、欧洲标准化委员会（CENELEC）和北美工业技术标准化委员会（ANSI/TIA/EIA）。国内最新的标准是建设部颁布的《综合布线工程验收规范》（GB 50312—2007）。

国际上第一部综合布线系统现场测试的技术规范是由北美工业技术标准化委员会在 1995 年 10 月发布的《现场测试非屏蔽双绞线（UTP）电缆布线系统传输性能技术规范》（TSB67），它叙述和规定了电缆布线的现场测试内容、方法和对仪表精度的要求。TSB67 规范包括以下内容：

- 定义了现场测试用的两种测试链路结构；
- 定义了 3、4、5 类链路需要测试的传输技术参数（包括 4 个参数：接线图、长度、衰减和近端串音损耗）；
- 定义了在两种测试链路下各技术参数的标准值（阈值）。
- 定义了现场测试仪的技术和精度要求。

● 现场测试仪测试结果与试验室测试仪器测试结果的比较。

涉及的布线系统通常是在一条线缆的两对线上传输数据，可利用的最大带宽为 100 MHz，最高支持 100 Base-T 以太网。

自从 TSB 67 推出以来，网络传输速度和综合布线技术进入高速发展时期，综合布线测试标准也在不断修订和完善过程中。例如，为了保证 5 类电缆信道能支持吉比特以太网，1999 年 10 月发布的 ANSI/TIA/EIA TSB 95《100Ω 4 对 5 类线附加传输性能指南》提出了回波损耗、等电平远端串音、等电平远端串音功率和、传播时延和时延偏差等吉比特以太网所要求的指标。随着"5e 类"（Cat5e）布线系统的广泛应用，1999 年 11 月 ANSI/TIA/EIA 又推出了 ANSI/TIA/EIA 568 A.5《100Ω 4 对增强 5 类布线传输性能规范》，这个现场测试标准被称为 ANSI/TIA/EIA 568 A.5—2000。

ANSI/TIA/EIA 568 A.5—2000 的所有测试参数都是强制性的，而另一个密切相关的标准如 TSB 95 则是推荐性的，它包括对现场测试仪精度的要求，即 IIe 级精度，由于在测试中经常出现回波损耗失败的情况，所以在这个标准中引入了 3 dB 原则，3 dB 原则就是当回波损耗小于 3 dB 时，可以忽略回波损耗（RL）。这一原则适用于 TIA 和 ISO 的标准。同时，当衰减小于 4dB 时，可以忽略近端串扰值，但这一原则只适用于 ISO 11801:2002 标准。

2002 年 6 月，ANSI/TIA/EIA 发布了支持 6 类（Cat6）布线标准的 ANSI/TIA/EIA 568 B，标志着综合布线测试标准进入了一个新的阶段。该标准包括 B.1、B.2 和 B.3 三大部分。B.1 为商用建筑物电信布线标准总则，包括布线子系统定义、安装实践、链路/信道测试模型及指标；B.2 为平衡双绞线部分，包含了组件规范、传输性能、系统模型以及与用户验证电信布线系统的测量程序相关的内容；B.3 为光纤布线部分，包括光纤、光纤连接件、跳线和现场测试仪的规格要求。

ANSI/TIA/EIA 568 B.2—1 是 ANSI/TIA/EIA 568 B.2 的增编，它对综合布线测试模型、测试参数和测试仪器的要求都比 5 类标准严格，除了对测试内容增加和细化以外，还做了一些较大的改动。

（1）新术语

把参数"衰减"改名为"插入损耗"，把测试模型中的"基本链路"（Basic Link）重新修订后定义为"永久链路"（Permanent Link）等。

（2）介质类型

① 水平线缆有 4 对 100Ω 3 类 UTP 或 ScTP、4 对 100Ω 的超 5 类 UTP 或 ScTP、4 对 100Ω 的 6 类 UTP 或 ScTP、2 条或多条 62.5/125μm 或 50/125μm 的多模光纤。

② 干线线缆有 3 类或更高的 100Ω 双绞线、62.5/125μm 或 50/125μm 的多模光纤或单模光纤。

③ ANSI/TIA/EIA 568 B 标准不认可 4 对 4 类双绞线和 5 类双绞线电缆。

④ 150Ω 屏蔽双绞线是认可的介质类型，但不建议在安装新设备时使用。

⑤ 混合与多股电缆允许用于水平布线，但每条电缆都必须符合相应的等级要求，并符合混合与多股电缆的特殊要求。

（3）接插线、设备线与跳线

① 由 24 AWG（0.51 mm）多股导线组成的 UTP 跳接线与设备线的额定衰减率为 20%。采用 26 AWG（0.4 mm）导线的 ScTP 线缆的衰减率为 50%。

② 多股线缆由于具有更大的柔韧性，建议用于跳接线装置。

（4）距离变化

① 对于 UTP 跳接线与设备线，水平永久链路的两端最长为 5 m，可达到 100 m 的总信道

距离。

② 对于二级干线，中间跳接到水平跳接（IC 到 HC）的距离减为 300 m。从主跳接到水平跳接（MC 到 HC）的干线总距离仍遵循 ANSI/TIA/EIA 568 A 标准的规定。

③ 中间跳接中与其他干线布线类型相连接的设备线和跳接线从"不应超过 20 m"改为"不得超过 20 m"。

（5）安装规则

① 4 对 ScTP 电缆在非重压条件下的弯曲半径规定为电缆直径的 8 倍。

② 2 股或 4 股光纤的弯曲半径在非重压条件下是 25 mm，在拉伸过程中为 50 mm。

③ 电缆生产商应确定光纤主干线的弯曲半径要求。如果无法从生产商获得弯曲半径信息，则建筑物内部电缆在非重压条件下的弯曲半径是电缆直径的 10 倍，在重压条件下是 15 倍。在非重压/重压条件下，建筑物间电缆的弯曲半径应与建筑物内电缆的弯曲半径相同。

④ 电缆生产商应确定对多对光纤主干线的牵拉力。

⑤ 2 芯或 4 芯光纤的牵拉力是 222 N。

⑥ 5e 类双绞线开绞距离距端接点应保持在 13 mm 以内，3 类双绞线应保持在 75 mm 以内。

随着布线技术的发展，ANSI/TIA/EIA 568 B.2 的增编也越来越多，如增编 TIA/EIA 568 B.2-10 标准中列出了 6A 类布线从 1～500MHz 带宽的范围内信道的插入损耗、NEXT、PS NEXT、FEXT、ELFEXT、PS ELFEXT、回波损耗、ANEXT、PS ANEXT、PS AELFEXT 等指标参数值。

国际标准化委员会 ISO/IEC 推出的布线测试标准有 ISO/IEC 11801:1995、ISO/IEC 11801:2000 和 ISO/IEC 11801:2002，其中 ISO/IEC 11801:2002 和 ANSI/TIA/EIA 568 B 已非常接近。ANSI/TIA/EIA 568 C 也于 2009 年 8 月发布最后一个文件单元 TIA 568 C.2，其中最大的变化是将 Cat6A 和外部串扰的测试正式纳入标准体系（在 TIA 568 B 中是附件），

这样由 568 C.0、568 C.1、568 C.2、568 C.3 就组成了完整的标准簇，如表 8-2 所示。由于高速链路对测试的要求越来越高，所以原来在 568B 中规定的测试方法、仪器精度要求等被没有附属于 568 C 中，而是抽出来专门形成可供引用的一个新的测试标准 TIA 1152。目前为止（2009 年 2 月）还是草案（draft 2.0），所以在过渡期可以暂时继续引用 568 B 当中的测试要求。

表 8-2　　　　　　　　　　　完整的标准簇

Volume（卷）	Name（名称）	User（用户）	Status（状态）
C.0	Generic Cabling（通用线缆）	System（系统用户）	Appr'd Feb 2, 09
C.1	Commercial Building（商用建筑）	System（人）	Appr'd Feb 2, 09
C.2	Copper Detail（铜缆）	Manufacturer（制造商）	Appr'd Aug 2009
C.3	Optical Fiber Detail（光纤）	Manufacturer（制造商）	Appr'd Jun 18, 08

我国对综合布线系统专业领域的标准和规范的制定工作也非常重视，在 2000 年推出了《综合布线工程验收规范》（GB 50312—2000），该标准只制定到了 5 类电缆综合布线工程施工及验收；2007 年推出了定义到 F 级（7 类电缆）的《综合布线工程验收规范》（GB 50312—2007），该标准的测试参数和指标参考了 ANSI/TIA/EIA 568 B 和 ISO/IEC 11801:2002。

本项目以 GB 50312—2007 为主，结合 ANSI/TIA/EIA 568 B 和 ISO/IEC 11801:2002 来阐述综合布线的测试内容和方法。

（四）认证测试的模型

1. 元件级测试模型

元件级测试模型比较简单，基本上就是测试电缆、跳线、模块三种。单个的水晶头一般不作为独立元件进行检测。对于光缆，则主要是光纤、连接件、分光器等。耦合器有时会被拿来做间接的认证测试（比对）。

2. 基本链接

基本链路（Basic Link，BL）属于链路级测试模型。甲方会要求乙方或维护外包方给出链路是否能达到一定的参数要求，例如，在 TSB 67 中就定义了基本链路（Basic Link）和信道（Channel）两种认证测试模型。其中，基本链路结构定义了 3 部分：最长 90 m 的建筑物中固定的水平电缆、水平电缆两端的接插件/模块（一端为工作区信息插座，另一端为楼层配线架）和两条与现场测试仪相连的 2 m 测试用跳线。基本链路模型如图 8-14 所示。F 是信息插座至配线架之间的电缆，G、E 是测试设备跳线。F 是由综合布线承包商负责安装的，链路质量由他们负责，所以基本链路又称为承包商链路。基本链路定义中包含了测试跳线的参数，在高速链路中这根跳线的好坏会影响链路的测试结果（实际使用时使用设备跳线代替测试跳线），故新标准中已将其放弃。

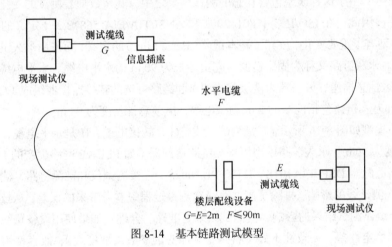

图 8-14　基本链路测试模型

3. 信道

信道（Channel，CH）属于链路级测试模型，基本上就是真实在用的链路。信道是指从网络设备跳线到工作区跳线间端到端的连接，它包括了最长为 90 m 的建筑物中固定的水平电缆、水平电缆两端的接插件（一端为工作区信息插座，另一端为楼层配线架）、一个靠近工作区的可选的附属转接连接器、最长为 10 m 的在楼层配线架上的两段连接跳线和用户终端连接线，信道最长为 100 m。信道模型如图 8-15 所示。A 是用户端连接跳线，B 是转接电缆，C 是水平电缆，D 是最长 2 m 的配线设备连接跳线，E 是配线架到网络设备间的连接跳线，$B+C$ 最大长度为 90 m，$A+D+E$（跳线）最大长度为 10 m。信道测试的是网络设备到计算机间端到端的整体性能，这正是用户所关心的实际工作链路，故信道又称为用户链路。

基本链路和信道的区别在于基本链路用测试跳线代替了信道两端的设备跳线（配线架与交换机或集线器间的跳线、工作区用户终端与信息插座间跳线），测试结果不太真实。如果测试跳线不合格，则有可能导致基本链路测试不合格。测基本链路时一般采用稳定性较好的专用测试跳线；

测信道时，则直接用链路两端的真实的设备跳线连接测试仪接口。

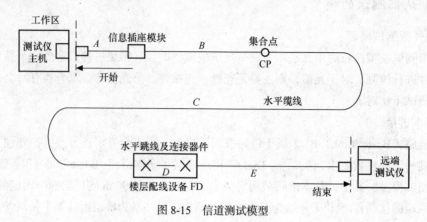

图 8-15　信道测试模型

4. 永久链路

永久链接属于链路级测试模型。基本链路包含两根 2 m 长的测试跳线，它们是与测试设备配套使用的，虽然它们的品质很高，但随着测试次数增加，测试跳线的电气性能指标可能发生变化并导致测试误差，由于这种误差包含在总的测试结果之中，其参数随着测试的变化会直接影响到总的测试结果。因此，在 ISO/IEC 11801:2002 和 ANSI/TIA/EIA 568 B.2-1 定义的 5e 类、6 类标准中，测试模型有了重要变化，放弃了基本链路（Basic Link）的定义，而采用永久链路（Permanent link）的定义。永久链路又称为固定链路，它由最长为 90 m 的水平电缆、水平电缆两端的接插件（一端为工作区信息插座，另一端为楼层配线架）和链路可选的转接连接器组成（CP），电缆总长度为 90 m，而基本链路包括两端的 2 m 测试电缆，电缆总计长度为 94 m。

永久链路模型如图 8-16 所示，F 是测试缆线，G 是转接电缆，H 是水平电缆，I 是测试缆线，G+H 最大长度为 90 m。永久链路模型用永久链路适配器（如 FLUKE 网络生产的 DSP 和 DTX 系列的永久链路适配器 DSP-LIA101S、DTX-PLA002S）连接测试仪和被测链路，测试仪能自动扣除 F、I 的 2 m 测试线的影响，排除了测试跳线在测量过程中本身带来的误差，从技术上消除了测试跳线对整个链路测试结果的影响，使测试结果更准确、合理。如果使用设备跳线来代替永久链路，则会因其稳定性差、一致性不好（特别是水晶头的参数离散度大）、兼容性不良等原因，在 Cat6 及以上的高速链路中不被业界专家认可。

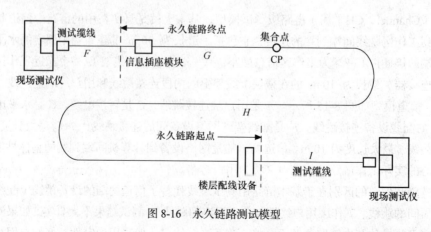

图 8-16　永久链路测试模型

知识小贴士

使用永久链路好还是使用信道测试更好? 永久链路是综合布线施工单位必须负责完成的工程链路。通常施工单位完成综合布线工作后, 所要连接的设备、器件还没有安装, 而且并不是今后所有的电缆都会连接到设备或器件上, 所以综合布线施工单位可能只向用户提供一个永久链路的测试报告。从用户的角度来说, 用于高速网络的传输或其他通信传输时的链路不仅仅要包含永久链路部分, 而且还要包括用于连接设备的用户电缆(跳线), 所以他们希望得到一个信道的测试报告。无论哪种报告, 都是为了认证该综合布线的链路是否可以达到设计的要求, 两者只是测试的范围和定义不一样。在实际测试应用中, 选择哪一种测量连接方式应根据需求和实际情况决定。虽然使用信道链路方式更符合真实使用的情况, 但由于它包含了用户的设备跳线, 而这部分跳线有可能今后被经常更换, 所以, 对于现在的布线系统, 一般工程验收测试建议选择永久链路模型进行。那么, 跳线的质量如何保证呢? 这需要跳线进场测试, 对跳线质量进行认证, 并确认其兼容性。

知识小贴士

是"永久链路认证+跳线认证"好还是"信道认证"好? 当然是"永久链路认证+跳线认证"好。因为整个使用过程中信道中的跳线可能会被多次更换, 再就是信道测试的结果不包含与仪器接触的水晶头参数, 如果信道测试合格但水晶头质量不合格, 仍然会引起链路的误码率增加。

TIA 568 B 中对永久链路没有定义数据中心常用的 PP-PP 的类型, 也没有对 CP 链路认证测试做出详细定义, 而 ISO 中对此进行了更新定义(ISO/IEC JTC 1 SC 25 N1645), 如图 8-17 所示。

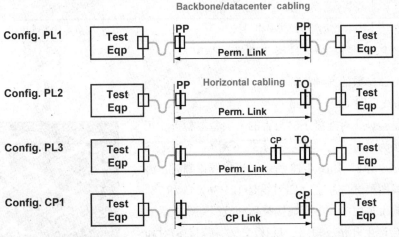

图 8-17 ISO 11801 对永久链路及 CP1 链路的最新定义(N1645, 2009 年 9 月)

目前市场上的测试仪如 FLUKE DSP 和 DTX 系列数字式的电缆测试仪, 都可选配或本身就配有永久链路适配器。它的好处是可以认证永久链路、信道的兼容性, 适配器本身由于采用了特殊的材料和制作工艺，其线缆部分性能非常稳定，精度很高，线缆两端连接的测试模块和适配器模块结合牢固，不存在摆动损伤和参数漂移；适配器头上的测试模块有两种：PM06（Cat6）和DTX-PLA002PRP（Cat6A），都是高精度、高稳定性和高一致性的居中性模块，经其认证过的链路可以直接宣称具备兼容性并支持跳线互换。

信道的测试需要在仪器上连接设备跳线（Patch Corde），如果厂商的链路是不兼容的6类链路，则跳线原则上必须购买原厂的。如果已经证明是兼容性链路，则其他厂商的兼容性跳线可以用来作为信道测试的跳线（不提倡）。

（五）认证测试的参数

TSB 67 和 ISO/IEC 11801—95 标准只定义到 5 类布线系统，测试指标只有接线图、长度、衰减、近端串音和衰减串音比等参数，针对 5e 类、6 类、7 类布线系统，应考虑的指标项目为插入损耗（IL）、近端串音、衰减串音比（ACR）、等电平远端串音（ELFEXT 或 ACR-F）、近端串音功率和（PS NEXT）、衰减串音比功率和（PS ACR）、等电平远端串音功率（PS ELEFXT 或 PS ACR-F）、回波损耗（RL）、时延和时延偏差等。

屏蔽的布线系统还应考虑非平衡衰减、传输阻抗、耦合衰减及屏蔽衰减。

测试参数有不同的中文名称，本教材采用 GB 50311—2007 和 GB 50312—2007 测试参数名称。表 8-3 列出了测试参数不同名称对照表。

表 8–3   测试参数不同名称对照表

测试参数	GB 50311—2007 和 GB 50312—2007 中的名称	EIA/TIA 等其他译称
NEXT	近端串音	近端串扰
PS NEXT	近端串音功率和	综合近端串扰
ACR	衰减串音比	衰减串扰比
PS ACR	衰减串音比功率和	综合衰减串扰比
FEXT	远端串音	远端串扰
ELFEXT	等电平远端串音	等效远端串扰
PS ELFEXT	等电平远端串音功率和	综合等效远端串扰

注：ELFEXT 现在是 ACR-F，且 PS ELFEXT = PS ACR-F。

下面是测试参数的详细解释。

1. 线图/线序图（Wire Map）

接线图是验证线对连接正确与否的一项基本检查。正确的线对连接为 1 对 1、2 对 2、3 对 3、6 对 6、4 对 4、5 对 5、7 对 7、8 对 8，如图 8-18 所示。当接线正确时，测试仪显示接线图测试"通过"。四对线是 12、36、45 和 78。

在布线施工过程中，由于端接技巧和放线穿线技术差错等原因，会产生开路、短路、反接/交叉、跨接/错对和串绕等接线错误。当出现不正确连接时，测试仪指示接线有误，测试仪显示接线图测试"失败"，并显示错误类型。在实际工程中接线图的错误类型主要有以下几种。

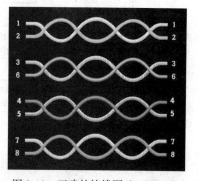

图 8-18　正确的接线图（T 568 B）

（1）开路

开路是线芯断开了，图 8-19 所示是 FLUKE DTX 测试仪测试时显示线芯 4 开路的情况。

（2）短路

两根线芯连在一起形成短路，图 8-19 所示为 FLUKE DTX 测试仪测试时显示线芯 3 和 6 短路的情况。

（3）反接/交叉

反接/交叉是指线对在两端针位接反，如图 8-20 所示，一端的 1 位接在另一端的 2 位，一端的 2 位接在另一端的 1 位。你会发现反接经常是可以使用的（网络端口内有倒相电路）。

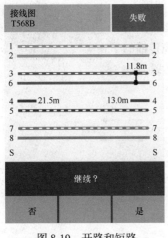

图 8-19　开路和短路

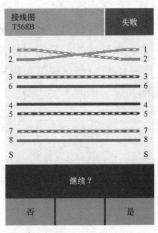

图 8-20　反接/交叉

（4）跨接/错对

跨接/错对是将一对线对接到另一端的另一线对上，常见的跨接错误是 12 线对与 36 线对的跨接，这种错误往往是由于两端的接线标准不统一造成的，一端用 T 568 A，而另一端用 T 568 B，如图 8-21 所示。图 8-21（a）为测试时 DTX 测试仪显示跨接错误，图 8-21（b）为接线情况。

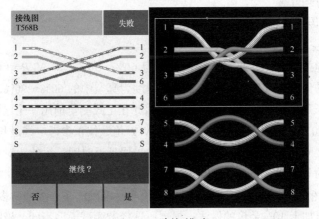

图 8-21　跨接/错对

（5）串绕线对

正确的端接按标准要求的 12、36、45、78 线对端接，串绕线对是从不同绕对中组合出新的绕对连接，如按 12、34、56、78 线序的绕对。这种打线方法实际就是把两端水晶头或者模块的线对连接都打成了 12-12、34-34、56-56、78-78。这是一种会产生极大串扰的错误连接，对传输性能产生严重影响，而且用普通的万用表查不出故障原因，只能用电缆认证测试仪才能检测出来。这会造成上网困难或不能上网，自适应网卡会停留在低速的 10Base-T 状态。图 8-22 所示为测试时DTX 测试仪显示的串绕线对情况。

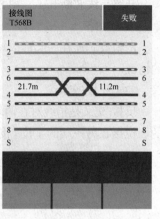

图 8-22　串绕线对

2. 长度

测量双绞线长度时通常采用 TDR（Time Domain Reflection，时域反射计）测试技术。TDR 的工作原理是测试仪从电缆一端发出一个电脉冲，在脉冲行进时，如果碰到阻抗的变化点，如接头、开路、短路或不正常接线时，就会将部分或全部的脉冲能量反射回测试仪。依据来回脉冲的延迟时间及已知的信号在电缆传播的NVP（额定传播速率），测试仪就可以对应计算出脉冲接收端到该脉冲返回点的长度，如图 8-23 所示。

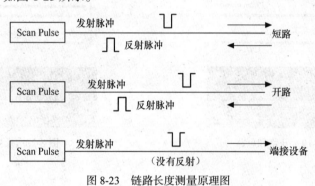

图 8-23　链路长度测量原理图

NVP 是指电信号在该电缆中传输的速率与光在真空中的传输速率的比值。

$$NVP=2\times L/(T\times c)$$

式中，L——电缆长度；

　　　T——信号在传送端与接收端的时间差；

　　　c——光在真空中的传播速度，c 为 3×10^8 m/s。

该值随不同电缆类型而异。通常，NVP 范围为 60%～90%，即 NVP=（0.6～0.9）c，它表示电磁波在电缆当中的传播速度比真空当中的慢（速度为真空中的 60%～90%，多数为 70%左右，即 NVP=0.7）。测量长度的准确性取决于 NVP 值，因此在正式测量前用一个已知长度（必须在 15 m以上，一般建议取 30 m）的电缆来校正测试仪的 NVP 值，校正参考电缆越长，测试结果越精确。由于每条电缆线对之间的绞距不同，所以在测试时采用延迟时间最短的线对作为参考标准来校正电缆测试仪。典型的非屏蔽双绞线的 NVP 值为 62%～72%。

但由于 TDR 的精度很难达到 2%以内，NVP 值不易准确测量，故通常多采取忽略 NVP 值影响、对长度测量极值加上 10%余量的做法。根据所选择的测试模型不同，极限长度分别是：基本链路为 94 m，永久链路为 90 m，信道为 100 m。加上 10% 余量后，长度测试"通过"/"失败"的参数是：基本链路为 94 m + 94 m×10% = 103.4 m，永久链路为 90 m + 90 m×10% = 99 m，信道为 100 m + 100 m×10% = 110 m。当测试仪以"*"显示长度时，则表示为临界值，表明在测试结果接近极限时长度测试结果不可信，要引起用户和施工者注意。

布线链路长度是指布线链路端到端之间电缆芯线的实际物理长度,由于各芯线存在不同绞距,在布线链路长度测试时,要分别测试 4 对芯线的物理长度,测试结果会大于布线所用的电缆长度。

3. 衰减

在 TIA/TIA 568 B 中衰减(Attenuation)已被定义为插入损耗(Insertion Lose,IL)。当信号在电缆中传输时,由于遇到各种"阻力"而导致传输信号减小(衰减),信号沿电缆传输损失的能量被称作衰减。衰减就像是一种"插入损耗",当考虑一条通信链路的总插入损耗时,布线链路中所有的布线部件都对链路的总衰减值有贡献。一条链路的总插入损耗是电缆和布线部件的衰减的总和。衰减量由下述各部分构成:

① 布线电缆对信号的衰减;

② 构成信道链路方式的 10 m 跳线或构成基本链路方式的 4 m 设备接线对信号的衰减量;

③ 每个连接器对信号的衰减量。

电缆是链路衰减的一个主要因素,电缆越长,链路的衰减就会越明显。与电缆链路衰减相比,其他布线部件所造成的衰减要小得多。衰减不仅与信号传输距离有关,而且与信号的频率有关。由于传输信道阻抗的存在,它会随着信号频率的增加,致使信号的高频分量衰减加大。高频损耗主要由集肤效应所决定,它与频率的平方根成正比,频率越高,衰减越大。

衰减以 dB 来度量,衰减的 dB 值越大,衰减越大,表示接收到的信号就越弱,信号衰减到一定程度后,强度会变得很弱,这将会引起链路传输的信息不可靠。引起衰减的主要原因是铜导线及其所使用的绝缘材料和外套材料。在选定电缆和相关接插件后,信道的衰减就与其距离、信号传输频率和施工工艺有关,不恰当的端接也会引起附加的衰减。

表 8-4 列出了不同类型电缆在关键频率、不同链路方式下每条链路允许的最大衰减值。随着温度增加,衰减也会增加,在测试现场应根据温度变化做适当调整。3 类电缆每增加 1℃衰减量增加 1.5%;5e 类电缆每增加 1℃衰减量增加 0.4%;6 类电缆每增加 1℃衰减量增加 0.3%。

表 8-4　　　　　　　　　　不同链路方式下允许的最大插入损耗一览表(20℃)

频率/MHz	C 级		D 级		E 级		F 级	
	信道链路	永久链路	信道链路	永久链路	信道链路	永久链路	信道链路	永久链路
1	4.2	4.0	4.0	4.0	4.0	4.0	4.0	4.0
16.0	14.4	12.2	9.1	7.7	8.3	7.1	8.1	6.9
100			24.0	20.4	21.7	18.5	20.8	17.7
250					35.9	30.7	33.8	28.8
600							54.6	46.6

4. 近端串音

串音是电缆中一个线对中的信号在传输时耦合(辐射)到其他线对中的能量。从一个发送信号的线对(如 12 线对)泄漏到接收线对(如 36)的这种串音能量被认为是给接收线对附加的一种噪声,因为它会干扰接收线对中的原来的传输信号。串音分为近端串音(Near End Crosstalk,NEXT)和远端串音(Far End Crosstalk,FEXT)两种,NEXT 是 UTP 电缆中最重要的一个参数。近端串音是指线缆一端发送线对的信号耦合到与它相邻的(接收)线对后,又沿着此线对回到同一端(近端)的接收线对上,如图 8-24 所示。与 NEXT 定义相类似,FEXT 是信号是从一端发出,耦合到相邻线对后沿着该线对到达另一侧(远端)。

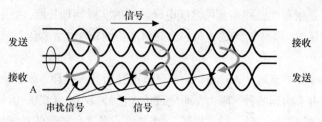

图 8-24　近端串音

注：距离越远，A 端收到的串音信号就越弱

近端串音用近端串音损耗值（dB）来度量，近端串音的绝对值越高越好。高的近端串音值意味着只有很少的能量从发送信号线对耦合到同一电缆的其他线对中，也就是耦合过来信号很微弱；低的近端串音值意味着较多的能量从发送信号线对耦合到同一电缆的其他线对中，也就是耦合过来信号较强。

近端串音的大小与电缆类别、连接方式和信号频率有关。双绞线的两条导线绞合在一起后，因为相位相差 180°而抵消相互间的信号干扰。绞距越密抵消效果越好，也就越能支持较高的数据传输速率。在端接施工时，为减少串扰，要求 5 类电缆打开绞接的长度不能超过 13 mm。更高级别的电缆则只能更短。

近端串音的测量应包括每一个电缆信道两端的设备接插软线和工作区电缆，近端串音并不表示在近端点所产生的串扰，它只表示在近端（同一侧）所测量到的值，测量值会随电缆的长度不同而变化，电缆越长，近端串音绝对值越小，实践证明在 40 m 内测得的近端串音值是真实的，并且近端串音应分别从信道的两端各自独立地进行测量，现在的测试仪都有能在两端同时进行近端串音的测量功能。

近端串音是在信号发送端（近端）测量的来自其他线对泄漏过来的信号，对于双绞线电缆链路来说，近端串音是一个关键的性能指标，也是最难精确测量的一个指标，尤其是高级别电缆，随着信号频率的增加，其测量难度会增大。信号在发送线对的近端串音（绝对值）与频率的关系如图 8-25 所示。图中显示是一组近端串音的曲线图。共有 12-36、12-45、12-78、36-45、36-78、

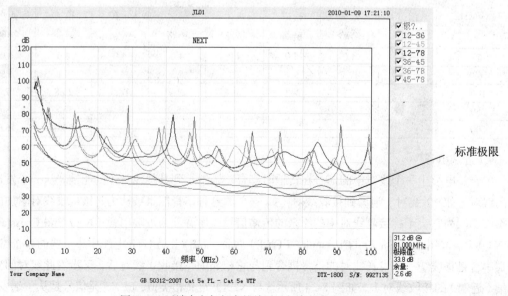

图 8-25　近端串音与频率的关系（频率越高串音越强）

45-78 共 6 种串扰关系。其中的红色曲线是标准的极限值。可以看出，频率越高，串音越强（绝对值越小），12-36 和 45-78 超标。信号接收端要从充满噪声的接收信号中"识别"出真正的有用信号，是非常困难的事情。为了减小这种 NEXT 噪声，需要提高电缆的质量，尽量抑制这种"耦合"噪音。另一方面，可以在网卡或交换机端口处理芯片中考虑增加硬件算法，通过硬件算法来提高信噪比，但这个办法会增加一些网卡的成本。

表 8-5 列出了信道链路中近端串音应符合的规定，从中可以看出，最小 NEXT 都是频率的函数。表 8-6 列出了不同类电缆在不同链路方式下在关键频率处允许的最小近端串音损耗。在后面的参数中都只列出了在关键频率处的测极限值要求。

表 8-5　　　　　　　　　　　信道的近端串音值

级　别	频率（MHz）	最小 NEXT（dB）
A	f=0.1	27.0
B	$0.1 \leqslant f \leqslant 1$	$25-15\lg(f)$
C	$1 \leqslant f \leqslant 16$	$39.1-16.4\lg(f)$
D	$1 \leqslant f \leqslant 100$	$-20\lg\left[10^{\frac{65.3-15\lg(f)}{-20}}+2\times10^{\frac{83-20\lg(f)}{-20}}\right]$①
E	$1 \leqslant f \leqslant 250$	$-20\lg\left[10^{\frac{74.3-15\lg(f)}{-20}}+2\times10^{\frac{94-20\lg(f)}{-20}}\right]$②
F	$1 \leqslant f \leqslant 600$	$-20\lg\left[10^{-\frac{102.4-15\lg(f)}{-20}}+2\times10^{\frac{102.4-15\lg(f)}{-20}}\right]$②

注：①NEXT 计算值大于 60.0dB 时均按 60.0dB 考虑。②NEXT 计算值大于 65.0dB 时均按 65.0dB 考虑。

表 8-6　　　　　　　　　　　最小近端串音损耗一览表

频率 /MHz	C 级		D 级		E 级		F 级	
	信道链路	永久链路	信道链路	永久链路	信道链路	永久链路	信道链路	永久链路
1	39.1	40.1	60.0	60.0	65.0	65.0	65.0	65.0
16.0	19.4	21.1	43.6	45.2	53.2	54.6	65.0	65.0
100			30.1	32.3	39.9	41.8	62.9	65.0
250					33.1	35.3	56.9	60.4
600							51.2	54.7

对于近端串音损耗的测试，采样样本越大，步长越小，测试就越准确，ANSI/TIA/EIA 568 B2.1 定义了近端串音损耗测试时的最大频率步长，如表 8-7 所示。

表 8-7　　　　　　　　　　　最大频率步长表

频率段/MHz	最大采样步长/MHz
1～31.25	0.15
31.26～100	0.25
100～250	0.50

5. 近端串音功率和

近端串音是一对发送信号的线对对被测线对在近端的串扰，实际上，在 4 对双绞线电缆中，当其他 3 个线对都发送信号时也会对被测线对产生串扰。因此在 4 对电缆中，3 个发送信号的线对向另一相邻接收线对产生的总串扰就称为近端串音功率和（Power Sum NEXT，PS NEXT），也可称为综合近端串扰。

近端串音功率和是双绞线布线系统中的一个新的测试指标，在 3 类、4 类和 5 类电缆中都没有要求，只有 5e 类以上电缆中才要求测试它，这种测试在用多个线对传送信号的 100 Base-T4 和 1000 Base-T 等高速以太网中非常重要。因为电缆中多个传送信号的线对把更多的能量耦合到接收线对，在测量中近端串音功率和要低于同种电缆线对间的近端串音损耗值。

相邻线对近端串音功率和损耗限定值如表 8-8 所示。

表 8-8　　　　　　　　　　　　近端串音功率和最小极限值一览表

频率/MHz	C 级		D 级		E 级		F 级	
	信道链路	永久链路	信道链路	永久链路	信道链路	永久链路	信道链路	永久链路
1			57.0	57.0	62.0	62.0	62.0	62.0
16.0			40.6	42.2	50.6	52.2	62.0	62.0
100			27.1	29.3	37.1	39.3	59.9	62.O
250					30.2	32.7	53.9	57.4
600							48.2	51.7

6. 衰减串音比

通信链路在信号传输时，信号衰减和串扰都会存在，串扰反映出电缆系统内的噪声水平，衰减反映线对本身的实际传输能量总的希望当然是接收到的信号能量尽量大（即电缆的衰减值要小），耦合过来的串音尽量小。我们用它们的比值来相对衡量收到信号的质量，这种比值就叫信噪比。它可以反映出电缆链路的实际传输质量，通过计算我们发现，信噪比就是衰减串音比。衰减串音比（ACR，ACR-N，也可译为衰减串扰比）定义为被测线对受相邻发送线对串扰的近端串音与本线对上传输的有用信号的比值，用对数来表示这种比值（除法运算）就是做减法（单位为 dB），即

$$ACR = NEXT - A$$

近端串音损耗越高且衰减越小，则衰减串音比越高。一个高的衰减串音比意味着干扰噪声强度与信号强度相比微不足道，因此衰减串音比越大越好。ACR 在关键频率处的极限值如表 8-9 所示。

表 8-9　　　　　　　　　　　　衰减串音比值最小极限值一览表

频率/MHz	C 级		D 级		E 级		F 级	
	信道链路	永久链路	信道链路	永久链路	信道链路	永久链路	信道链路	永久链路
1			56.0	56.0	61.0	61.0	61.0	61.0
16.0			34.5	37.5	44.9	47.5	56.9	58.1
100			6.1	11.9	18.2	23.3	42.1	47.3
250					− 2.8	4.7	23.1	31.6
600							− 3.4	8.1

衰减、近端串音损耗和衰减串音比都是频率的函数，应在同一频率下计算，5e 类信道和永久链路必须在 1～100 MHz 频率范围内测试；6 类信道和永久链路在 1～250 MHz 频率范围内测试，最小值必须大于 0 dB，当 ACR 接近 0 dB 时，链路就不能正常工作。衰减串音比反映了在电缆线对上传送信号时，在接收端收到的衰减过的信号中有多少来自串扰的噪声影响，它直接影响误码率，从而决定信号是否需要重发。

$NEXT$、衰减 A 和 ACR 三者的关系如图 8-26 所示。该项目为宽带链路应测的技术指标。更新

后的标准使用新术语 ACR-N。

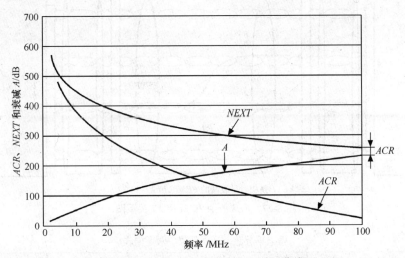

图 8-26 *NEXT*、衰减 *A* 和 *ACR* 关系曲线

衰减串音比功率和（PSACR）是近端串音功率和损耗与衰减的差值，同样，它不是一个独立的测量值，而是在同一频率下衰减与近端串音功率和损耗的计算结果。PSACR 最小极限值如表8-10 所示。

表 8-10   PSACR 最小极限值一览表

频率/MHz	C 级		D 级		E 级		F 级	
	信道链路	永久链路	信道链路	永久链路	信道链路	永久链路	信道链路	永久链路
1			53.0	53.0	58.0	58.0	58.0	58.0
16.0			31.5	34.5	42.3	45.1	53.9	55.1
100			3.1	8.9	15.4	20.8	39.1	44.3
250					− 5.8	2.0	20.1	28.6
600							− 6.4	5.1

7. 远端串音与等电平远端串音

与近端串音定义相类似，远端串音（FEXT）是信号从近端发出，而在链路的另一侧（远端），发送信号的线对向其同侧其他相邻（接收）线对通过电磁感应耦合而造成的串扰。因为信号的强度与它所产生的串扰及信号的衰减有关，所以电缆长度对测量到的远端串音损影响很大，远端串音并不是一种很有效的测试指标，在测量中，用等电平远端串音值的测量代替远端串音值的测量。

等电平远端串音（Equal Level FEXT，ELFEXT，也可译为等效远端串扰）是指某线对上远端串音损耗与该线路传输信号衰减的差值，也称为远端 ACR（或者 ACR-F）。减去衰减后的 FEXT也称为等电位远端串音，它比较真实地反映了在远端的信噪比，其关系如图 8-27 所示。

ELFEXT 的定义如下：

$$ELFEXT = FEXT - A（A 为被干扰线对的衰减值，现用 IL 表示）$$

等电平远端串音损耗最小限定值如表 8-11 所示。更新后的标准均使用新术语 ACR-F。

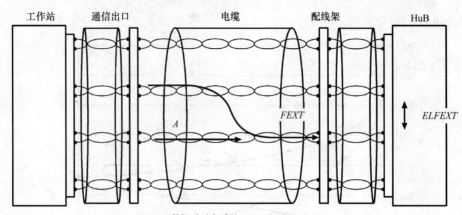

ELFEXT 是相对于衰减的 FEXT（FEXT-A）

图 8-27　FEXT、A 和 ELFEXT 关系图

表 8-11　　　　　　　　等电平远端串音损耗最小限定值表

频率/MHz	C 级		D 级		E 级		F 级	
	信道链路	永久链路	信道链路	永久链路	信道链路	永久链路	信道链路	永久链路
1			57.4	58.6	63.3	64.2	65.0	65.0
16.0			33.3	34.5	39.2	40.1	57.5	59.3
100			17.4	18.6	23.3	24.2	44.4	46.0
250					15.3	16.2	37.8	39.2
600							31.3	32.6

8. 等电平远端串音功率和

等电平远端串音功率和（PSELFEXT 或 PS ACR-F，也可译为综合等效远端串扰）是几个同时传输信号的线对在接收线对形成的串扰总和，是指在电缆的远端测量到的每个传送信号的线对对被测线对串扰能量的和，等电平远端串音功率和是一个计算参数，对 4 对 UTP 而言，它是其他 3 对远端串音对第 4 对线对的联合干扰，有 8 种干扰组合。表 8-12 列出了关键频率下等电平远端串音功率和的值。更新后的标准均使用新术语 PS ACR-F。

表 8-12　　　　　　　　等电平远端串音功率和极限值表

频率/MHz	C 级		D 级		E 级		F 级	
	信道链路	永久链路	信道链路	永久链路	信道链路	永久链路	信道链路	永久链路
1			54.4	55.6	60.3	61.2	62.0	62.0
16.0			30.3	31.5	36.2	37.1	54.5	56.3
100			14.4	15.6	20.3	21.2	41.4	43.0
250					12.3	13.2	34.8	36.2
600							28.3	29.6

9. 传播时延和时延偏差

传播时延（Propagation Delay）是信号在电缆线对中传输时所需要的时间。传播时延随着电缆长度的增加而增加，测量标准是信号在 100 m 电缆上的传输时间，单位是 ns，它是衡量信号在电缆中传输快慢的物理量。表 8-13 列出了关键频率下传播时延极限值。

表 8–13　　　　　　　　　　　　　　关键频率下传播时延极限值表

频率/MHz	C 级		D 级		E 级		F 级	
	信道链路	永久链路	信道链路	永久链路	信道链路	永久链路	信道链路	永久链路
1	0.580	0.521	0.580	0.521	0.580	0.521	0.580	0.521
16.0	0.553	0.496	0.553	0.496	0.553	0.496	0.553	0.496
100			0.548	0.491	0.548	0.491	0.548	0.491
250					0.546	0.490	0.546	0.490
600							0.545	0.489

电缆中的每个线对都是不一样长的，所以信号传输的时延也是不一样的。时延偏差（Delay Skew）就是指同一电缆中传输速度最快的线对和传输速度最慢的线对的传播时延差值，它以同一电缆中信号传播延迟最小的线对的时延值为参考，其余线对与参考线对都有时延差值，最大的时延差值即是电缆的时延偏差。表 8-14 列出了时延偏差极限值。

表 8–14　　　　　　　　　　　　　　不同频率下时延偏差极限值

等　级	频率（MHz）	信道链路最大时延偏差（μs）	永久链路最大时延偏差（μs）
A	f=0.1		
B	0.1≤f≤1		
C	1≤f≤16	0.050①	0.044③
D	1≤f≤100	0.050①	0.044③
E	14≤f≤250	0.050①'	0.044③
F	14≤f<600	0.030②	0.026④

注：①0.050 为 0.045+4×0.00125 的计算结果。②0.030 为 0.025+4×0.00125 的计算结果。③0.044 为 0.9×0.045+3×0.00125 的计算结果。④0.026 为 0.9×0.025+3×0.00125 的计算结果。

时延偏差对 UTP 中 4 对线对同时传输信号的 100 Base -T4 和 1 000 Base -T 等高速以太网非常重要，因为信号传送时先在发送端被分配到不同线对后才并行传送，到接收端后再重新组合成原始信号，如果线对间传输的时差过大，接收端就会因为信号（在时间上）不能对齐而丢失数据，从而影响重组信号的完整性并产生错误。

10. 回波损耗

回波损耗（Return Loss，RL）多指电缆与接插件连接处的阻抗突变（不匹配）导致的一部分信号能量的反射值。当沿着链路的阻抗发生变化时，如接插部件的阻抗与电缆的特性阻抗不一致（不连续）时，就会出现阻抗突变时的特有现象：信号到达此区域时，必须消耗掉一部分能量来克服阻抗的偏移，这样会出现两个后果，一个是信号会被损耗一部分，另一个则是少部分能量会被反射回发送端。以 1000Base-T 为例，每个线对都是双工线对，既担负发射信号的任务，也"同时"担负接收信号的任务，也就是说，12 线对既向前传输信号，又接收对端端口发送过来的信号，同理，36、45、78 线对功能完全相同。因为信号的发射线对同时也是接收线对（接收对端发送过来的信号），所以阻抗突变后被反射到发送端的能量就会成为一种干扰噪声，这将导致接收的信号失真，降低通信链路的传输性能。

回波损耗的计算公式如下：

$$回波损耗 = 发送信号值/反射信号值$$

可以看出，回波损耗越大，则反射信号值越小，这意味着链路中的电缆和相关连接硬件的阻抗一致性越好，传输信号失真越小，在信道上的反射噪声也越小。因此，回波损耗越大越好。

ANSI/TIA/EIA 和 ISO 标准中对布线材料的特性阻抗作了定义，常用 UTP 的特性阻抗为 100Ω，但不同厂商或同一厂商不同批次的产品都有在允许范围内的不等的偏离值，因此在综合布线工程中，建议采购同一厂商同一批生产的双绞线电缆和接插件，以保证整条通信链路特性阻抗的匹配性，减少回波损耗和衰减。在施工过程中端接不规范、布放电缆时出现牵引力过大或过度踩踏、挤压电缆等都可能引起电缆特性阻抗变化，从而发生阻抗不匹配的现象，因此要文明施工、规范施工，以减少阻抗不匹配现象的发生。表 8-15 列出了不同链路模型在关键频率下的回波损耗极限值。

表 8–15　　　　　　　　　　　关键频率下的回波损耗极限值表

频率/MHz	C 级		D 级		E 级		F 级	
	信道链路	永久链路	信道链路	永久链路	信道链路	永久链路	信道链路	永久链路
1	15.0	15.0	17.0	19.0	19.0	21.0	19.0	21.0
16.0	15.0	15.0	17.0	19.0	18.0	20.0	18.0	20.0
100			10.0	12.0	12.0	14.0	12.0	14.0
250					8.0	10.0	8.0	10.0
600							8.0	10.0

11. ANEXT、PS ANEXT、AACR-F 等

铜缆 10 吉比特以太网正越来越快地走向商用市场，与光线 10 吉比特比，设备价格便宜 40% 以上（2009 年 12 月数据）。线缆系统作为网络应用的基石，成为商用过程中重要的一环。由于 10 吉比特以太网应用速度又提高了 10 倍，对布线系统也提出更高的要求。根据 IEEE802.3an 的要求，各信道和链路参数的测试规范扩展到 500MHz 范围（6 类原来只有 250MHz），但 250MHz 以内的指标值与 6 类原有的基本保持一致。

同一线缆中的 4 个线对由于电磁耦合会有部分能量泄漏到其他邻近线对中，这个耦合效应被称为"串扰"，串扰不仅干扰相邻线对的信号传输（线内干扰：近端串扰/远端串扰），同样也会干扰线缆外部其他线缆传送的信号（线外干扰：外部近端串扰/外部远端串扰）。我们用外部近端串音（Alien-NEXT，ANEXT）和外部远端串音（Alien-FEXT，AFEXT），来考察这类干扰的程度。类似地，同样也存在外部近端串音功率和（PS ANEXT）及外部远端串音功率和（PS AFEXT）。因为频率越高，线对的对外辐射能力越强，所以这些参数对于运行速率为 10Gbit/s 的非屏蔽线缆而言（物理带宽 500MHz），有非常重大的意义。由于通常在布线过程中使用同一厂商的线缆，同种颜色的线芯其几何结构（线对的扭绞率）几乎一致，所以同颜色线芯间的干扰还会更严重一些，如图 8-28 所示。

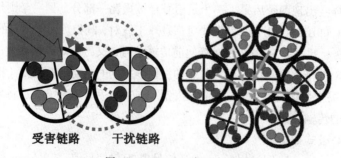

受害链路　干扰链路

图 8-28　ANEXT 或 AFEXT

图 8-29 和图 8-30 是外部串扰 ANEXT 和 AFEXT 的测试方式。远端机作为测试干扰源（加害链路），主机负责测试接收的干扰信号（受害链路）。

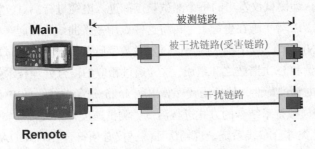

图 8-29　ANEXT 测试方法

图 8-29 的远端机负责释放干扰信号（干扰链路），通过空间辐射进入邻近的被干扰链路（又叫受害链路）。主机负责测试、记录干扰信号（即 ANEXT）。

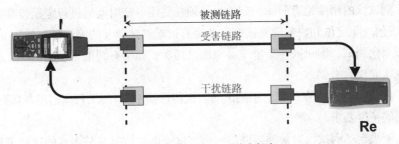

图 8-30　AFEXT 测试方法

图 8-30 所示为外部远端串扰的测试方法。远端机释放干扰，主机测试并记录干扰数据。

外部近端串音（ANEXT）难以全部测试，在实验室的测试中，建立起一种测试的模式，即被称为"6 包 1"的测试方法，它包括建立含有 6 个接口（模块）的测试链路。换言之，共有 7 条等长链路在规定的距离上同时传输信号。每条线路都要相对其他线缆进行串扰量测试，计算排列组合，"6 包 1"全部测完总共要进行 96 个独立测试动作。如果现场是 12、24 或 48 根电缆捆绑成一束，则为了考察每根电缆彼此之间的外部近端串音值，实施全部测试的工作量将非常大。因此，现场检测会挑选工作条件最恶劣的几条链路进行外部近端串音测试，如抽测最长的链路和线缆束最大的链路，且模块在配线架上紧邻的链路。如果这些链路都通过了测试，则其他条件相对更好的链路就被认为合格。抽测比例一般为 1%，数量上限为 5 条或 10 条。

TSB-155 和 TIA/EIA 568 B.2—10 中详细描述了外部近端串音（ANEXT）的测试方法。FLUKE 公司已经有相应的适配器，DTX-1800 用户只需要增加一套 10Gbit/s KIT 适配器就可以实现外部近端串音（ANEXT）的测试以及相关的 PS AACR-F 参数测试。

12. 其他参数

其他参数包括直流环路电阻、非平衡衰减、传输阻抗、耦合衰减及屏蔽衰减，在此不一一介绍。

（六）现场认证测试

1. 对认证测试仪的要求

虽然生产线和实验室里会用台式认证测试仪按照元件标准检测电缆、跳线和插座模块的质量，但布线工程项目中最重要的还是现场认证测试。用于现场认证的测试仪具有便携、手持操作等特点，主要采用模拟和数字两类测试技术。模拟技术是传统的测试技术，已有几十年的历史，主要采用频率扫描来实现，即测试仪发出的每个测试频点都进入电缆进行测试，将每个频点对应测得的值（如 NEXT、RL、IL 等）画在坐标上，再将这些点用一条曲线连接起来，这样就能看到如图 8-23 所示的曲线了（NEXT）。数字技术则是通过发送数字脉冲信号完成测试的。由于数字脉冲周期信号都是由直流分量和 K 次谐波之和组成，这样通过相应的信号处理技术就可以得到数字信号在电缆中的各次谐波的频谱特性，然后用程序算出图 8-25 这条曲线。DSP 系列采用数字技术，DTX 系列采用数字和模拟技术结合的方式进行测试，测试速度得以大幅提高。

对于 5e 类和 6 类综合布线系统，现场认证测试仪必须符合 ANSI/TIA/EIA 568 B.2—1 或 ISO/IEC 11801 的要求：一般要求测试仪同时具有认证精度和故障查找能力，在保证精确测定综合布线系统各项性能指标的基础上，能够快速准确地故障定位，而且使用操作简单。

（1）测试仪的基本要求

① 精度是综合布线测试仪的基础，所选择的测试仪既要满足永久链路认证精度，又要满足信道的认证精度。测试仪的精度是有时间限制的，必须在使用一定时间后进行定期校准。

② 具有精确的故障定位和快速的测试速度并带有远端测试单元的测试仪，使用 6 类电缆时，近端串音应进行双向测试，即对同一条电缆必须测试两次，而带有智能远端测试单元的测试仪可实现双向测试一次完成。

③ 测试仪可以与 PC 连接在一起，把测试的数据传送到 PC，便于打印输出与保存。

（2）测试仪的精度要求

测试仪的精度决定了测试仪对被测链路的可信程度，即被测链路是否真的达到了测试标准的要求。在 ANSI/TIA/EIA 568 B.2—1 附录 B 中给出了永久链路、基本链路和信道的性能参数，以及对衰减和近端串音测量精度的计算。一般地说，测试 5 类电气性能，测试仪要求达到 UL 规定的第Ⅱ级精度，5e 类也只要求测试仪的精度达到第Ⅱe 级精度，但 6 类要求测试仪的精度达到第Ⅲ级精度，因此综合布线认证测试，最好都使用Ⅲ级精度的测试仪。如何保证测试仪精度的可信度，厂商通常是通过获得第三方专业机构的认证来说明的，如美国安全检测实验室的 UL 认证、ETL SEMKO 认证等。FLUKE 的 DSP-4000 系列产品获得了Ⅲ级精度认证，DTX 系列产品获得了Ⅳ级精度认证。测试仪表还要求处理以下 3 种影响精度的情况。

① 测试判断临界区。测试结果以"通过"和"失败"给出结论，由于仪表存在测试精度和测试误差范围，当测试结果处在"通过"和"失败"临界区内时，以特殊标记如"＊"表示测试数据处于该范围之中。测试数值处于该区时，"通过"被认为是"通过"，"失败"被认为是"失败"。如果仪器误差较大，则带"＊"号的测试结果就比较多。FLUKE 公司采用特制的永久链路适配器，获得了很高的精度，加上专利的反射式串扰补偿算法（RCC 或 RC^2），大幅减少了带"＊"号容易引起争议的结果。

② 测试接头误差补偿。由测试模型可知，无论是信道还是永久链路，并未包括测试仪主机或远端机与测试跳线相连部分的参数，但只要进行测试，这个连接就会客观存在。在测试 NEXT 时可知，此接头是造成整个链路 NEXT 的主要因素。因此，要解决测试仪接头带来的测试误差问题，有以下几种方法。

● 由测试仪制造方提供专用测试线，该测试线配用的缆线和接头是特制的，这种特制测试线的 NEXT 很小，但存在下述缺点：该测试线造价昂贵而且是易磨损的消耗器材，需要经常校准或更换；在测试信道时，用户末端线缆是要包括在链路之中的，由测试仪制造商无法给这些末端用户线缆一一配接专用插头。

- 采用数字式近端串扰时域分析技术（TDX）补偿接头的误差，该方法能够根据时域分析原理计算整条链路各位置的 NEXT 值，可以准确地找出定位在链路两端的接头所造成的 NEXT 值并从总测试结果中予以扣除，对测试插头带来的影响有效地起到补偿作用，提高测试精度。第二种方法比第一种方法更易处理，也是 FLUKE 网络的专利技术。而且，在信道测试通过的情况下，测试仪仍能提示这条测试跳线可能已经"不合格"了，以提醒用户更换。

- 第三种方法被称作反射串扰补偿（RCC），这种方法将短跳线反射回来的串扰进行计算并给于补偿，进一步提高测试的精度。RCC（RC^2）也是 FLUKE 公司的专利技术。

- 第四种方法就是使用特制的永久链路适配器。

③ 仪器自校准。测试仪的精度是有时间限制的，测试仪的精度必须在使用一定时间后进行校准。自校分为用户仪器自校（2 月）、用户永久链路自校（半年）、仪器实验室校准（国家计量规定 1 年）3 种。对于测试适配器的校准；其中的永久链路适配器由于是特制的适配器，参数稳定可靠，一般半年自校一次即可，无需经常校准。信道适配器由于采用算法扣除，待仪器给出提示的时候即可更换之，无需校准。此外，用 LABA/SET 测试跳线时需要对 DTX-1800 做用户精度自校。

（3）测试速度要求

电缆测试仪首先应在性能指标上同时满足通道和永久链路的 III 级精度要求，同时在现场测试中还要有较快的测试速度。在要测试成百上千条链路的情况下，测试速度哪怕只相差几秒都将对整个综合布线的累计测试时间产生很大的影响，并将影响用户的工程进度。目前最快的认证测试仪表是 FLUKE 公司推出的 DTX1800 电缆认证测试仪，最快 9s 完成一条 6 类链路测试。

（4）测试仪故障定位能力

测试仪的故障定位是十分重要的，因为测试目的是要得到良好的链路，而不仅仅是辨别好坏。测试仪能迅速告诉测试人员在一条坏链路中故障部件的位置，从而能迅速加以修复。FLUKE 网络的 DSP/DTX 系列电缆分析仪具有专利的 HDTDX 高精度串扰分析技术，目前是唯一能精确定位过量串扰故障的仪器。另外 HDTDR 高精度串扰分析技术能定位阻抗不连续（阻抗过量突变点的精确位置），适于诊断定位回被损耗（RL）故障的精确位置。

（5）测试仪的稳定性、一致性、兼容性和测试的可重复性要求

测试仪的稳定性主要表现在仪器主体的稳定性、测试适配器的稳定性。稳定性和耐用性是相辅相成的。一致性是指不同的测试仪（特别是其测试适配器接口）的参数能保持一致，平均"比对误差"能限制在较小范围内。兼容性是指能认证被测对象（永久链路和跳线）是否满足兼容互换条件，这对 Cat6 链路的认证测试是非常重要的特性要求，否则，一旦更换另一品牌的"合格跳线"却可能变得不合格，影响升级到高速应用。测试的可重复性有两个含义：一是同一台测试工具在不同的时间测试同一条链路其结果应保持一致；二是同一品牌不同的测试仪个体测试同一条链路时其结果也能保持一致。FLUKE 公司的永久链路适配器采用高稳定性的电缆特制，使用寿命可以认为是"终身"服务级，这个电缆的两端分别以固化无摆动的方式与仪器（一端）和测试模块（另一端）相连，彻底消灭参数波动的问题，加上使用了兼容性的测试模块，使得链路的稳定性、一致性、兼容性和可重复性达到了空前的水平。该永久链路适配器在连续使用的情况下，只需半年左右自校一次即可。

（6）其他要求

其他要考虑的方面还有测试仪应支持近端串扰的双向测试、测试结果可转储打印、操作简单且使用方便，以及支持其他类型电缆如同轴电缆、光缆的测试等。

2．认证测试的环境要求

为保证综合布线系统的测试数据准确可靠，对测试环境有严格的规定。

（1）无环境干扰

综合布线测试现场应无产生严重电火花的电焊、电钻和产生强磁干扰的设备作业，被测综合布线系统必须是无源网络，测试时应断开与之相连的有源、无源通信设备，以避免测试受到干扰或损坏仪表。DSP 和 DTX 系列测试仪能主动提示链路中有干扰。

（2）测试温度要求

综合布线测试现场的温度宜在 20℃～30℃左右，湿度宜在 30%～80%，由于衰减指标的测试受测试环境温度影响较大，当测试环境温度超出上述范围时，需要按有关规定对测试标准和测试数据进行修正。

（3）防静电措施

我国北方地区春、秋季气候干燥，湿度常常在 10%～20%，验收测试经常需要照常进行，湿度在 20%以下时静电火花时有发生，不仅影响测试结果的准确性，甚至可能使测试无法进行或损坏仪表。在这种情况下，测试者和持有仪表者要采取一定防静电措施，最好不要用手指直接接触测试接口的金属部分。

3．认证测试仪的选择

目前 FLUKE 的 DSP-4000 系列、Micro Test 系列和 DTX 系列电缆测试仪均达到或超过了 III 级以上精度。本节介绍 FLUKE DTX 电缆认证分析仪的选择方法。

DTX 电缆认证分析仪是 FLUKE 公司 2004 年推出的新一代铜缆和光缆认证测试平台，目前 DTX-1800 还是唯一能支持完整的元件级测试的手持式测试平台，DTX-1800 能 9s 完成一条 6 类链路测试；超过 IV 级认证测试精度；能进行双光缆双向双波长认证测试，且可以一键切换电缆、光缆测试功能，1 秒钟实现测试对象的转换，快捷、灵活，对于维护人员来说非常方便省事，无需将电缆测试模块更换为光纤模块；快速先进的故障诊断，当一条链路有故障时，DTX 系列分析仪可以一键提供快速且简明易懂的故障确切位置示意图（显示故障点到测试仪的距离），并给出故障的可能原因提示，对于不太明白测试参数含义的初级使用者，照样可以顺利诊断并处理故障；具有彩色中文界面，屏幕下方有简要提示，在操作有疑问的时候，可以参见此提示，非常方便；有 12 小时连续电池使用时间；光模块集成了 VFL 可视故障定位仪，便于查找被测光纤，检查极性。DTX-1800 的测试带宽为 900MHz，满足 6A 和 7 类布线系统测试要求和 870MHz 的 CCTV 同轴电缆测试要求。支持完整的光纤二级测试（含 OTDR）。

DTX 电缆认证分析仪目前有 4 种型号可选：DTX-CLT、DTX-LT、DTX-1200、DTX-1800。DTX-CLT 是 5e 类测试仪（100MHz），DTX-LT 和 DTX-1200 为 6 类测试仪（350MHz），DTX-1800 适合 6A 和 7 类和同轴电缆（900MHz）。图 8-31 所示为 DTX1800 电缆认证分析仪主机外观。

DTX-1800 电缆认证分析仪标准配件包括 DTX-1800 主测试仪和智能远端测试仪、LinkWare PC 软件、128MB MMC 卡（可以升至 2GB）、Cat 6/E 类永久链路适配器、Cat 6/E 类通道适配器、通话头戴式耳机、AC 充电器、便携包、USB 接口电缆（Mini-B）、RS-232 串行电缆（DB9 到 IEEE1394）以及用户手册。使用测试对象为链路级测试。

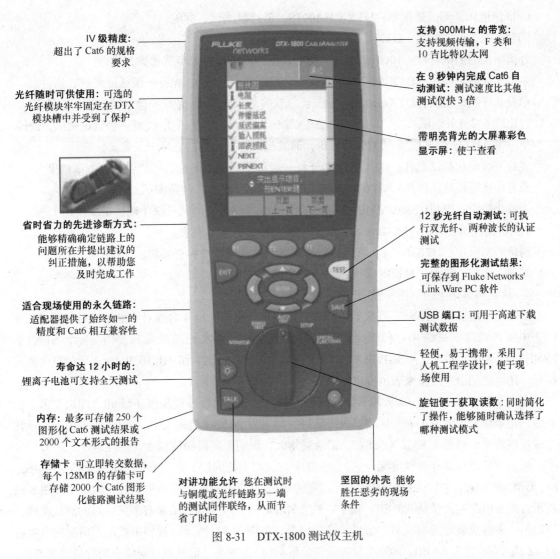

IV 级精度：
超出了 Cat6 的规格
要求

光纤随时可供使用：可选的
光纤模块牢牢固定在 DTX
模块槽中并受到了保护

省时省力的先进诊断方式：
能够精确确定链路上的
问题所在并提出建议的
纠正措施，以帮助您
及时完成工作

适合现场使用的永久链路：
适配器提供了始终如一的
精度和 Cat6 相互兼容性

寿命达 12 小时的：
锂离子电池可支持全天测试

内存：最多可存储 250 个
图形化 Cat6 测试结果或
2000 个文本形式的报告

存储卡 可立即转交数据，
每个 128MB 的存储卡可
存储 2000 个 Cat6 图形
化链路测试结果

支持 900MHz 的带宽：
支持视频传输，F 类和
10 吉比特以太网

在 9 秒钟内完成 Cat6 自
动测试：测试速度比其他
测试仪快 3 倍

带明亮背光的大屏幕彩色
显示屏：便于查看

12 秒光纤自动测试：可执
行双光纤、两种波长的认证
测试

完整的图形化测试结果：
可保存到 Fluke Networks'
Link Ware PC 软件

USB 端口：可用于高速下载
测试数据

轻便，易于携带，采用了
人机工程学设计，便于现
场使用

旋钮便于获取读数：同时简化
了操作，能够随时确认选择了
哪种测试模式

对讲功能允许 您在测试时
与铜缆或光纤链路另一端
的测试同伴联络，从而节
省了时间

坚固的外壳 能够
胜任恶劣的现场
条件

图 8-31 DTX-1800 测试仪主机

DTX-1800 有四种套包：DTX-1800-MS、DTX-1800-M、DTX-MO 和 DTX-1800MSO。如果希望测试电缆和完成单/多模光缆一级测试认证，可以选择 DTX-1800-MS，它带有单/多模光纤一级测试模块；如果希望完成多模光缆一级认证测试，则可以选择 DTX-1800M，它带有一对多模光纤一级测试模块；如果希望完成电缆认证测试和多模光纤二级测试，则可以选择 DTX-1800MO，它包含多模光纤一级测试模块 DTX-MFM2 和单/多模 OTDR 认证模块；如果希望完成完整的电缆测试、光纤二级测试，则可以选择 DTX-1800MSO，它包含单、多模光纤一级测试模块和单/多模 OTDR 认证测试模块，以及光纤显微镜和清洁工具。DTX-1800 可选功能配件如下。

电缆测试适配器：DTX-LABA/MN，元件级测试，适于进场/选型测试及产品检验，选件。

Cat6 跳线测试适配器：DTX-PCU6S，元件级测试，认证跳线质量及兼容性，选件。

Cat6A/7 跳线测试适配器：LABA/SET，元件级测试，适合 Cat6A/7 跳线认证，选件。

Cat6A 永久链路兼容性认证测试适配器：DTX-PLA002S，链路级测试，标配。

Cat6A 信道认证测试适配器：DTX-CHA002AS，链路级测试，标配。

Cat6 永久链路兼容性认证测试适配器：DTX-PLA001S，链路级测试，标配。

Cat6 信道认证测试适配器：DTX-CHA001S，链路级测试，标配。

同轴电缆测试适配器：DTX-COAX，链路级测试，选件。

外部串扰的测试套件：10Gbit/s KIT，用于认证 10Gbit/s 外部串扰参数，选件。

多模光纤测试模块：DTX-MFM2（双波长、双向、双光纤），光纤一级认证测试，选件。

单模光纤测试模块：DTX-SMF2（双波长、双向、双光纤），光纤一级认证测试，选件。

吉比特多模光纤测试模块：DTX-GFM2（双波长、双向、双光纤），光纤一级认证测试，选件。

单/多模 OTDR 测试模块：DTX-OTDR，四波长，补充完整的光纤二级测试，选件。

光纤一级简化测试套件：DTX-FTK，光纤一级认证测试（简化，不提供长度测试结果）。

兼容性认证模块：PM06 和 DTX-002S-PRP，6 类和 6A 永久链路测试兼容性认证模块。

个性化模块：PM01/PM02/PM03 等多种，为非兼容性定制测试模块（现已很少使用）。

7 类链路测试模块：DTX-Tera，Cat7 永久链路和通道测试模块。

网络监测模块：DTX-NSM，简化功能的网络接入及连通性检查模块。

其他：自检、自测、自校等模块，用于保持仪器精度。

4. 认证测试结果的描述和说明

测试结果用通过（PASS）或失败（FAIL）表示。长度指标用 4 对线对中最短线对的测量长度代表电缆的长度测试结果；传输延迟和延迟偏离用每线对实测结果及其差值显示，NEXT、PSNEXT、衰减、ACR、ACR-F/ELFEXT、PS ACR-F/PSELEXT 和 RL 等用 dB 表示的电气性能指标，用余量和最差余量来表示测试结果。

所谓余量（Margin），就是各参数的测量值与测试参数的标准极限值（Limit，即边界值）的差值，正余量（正差值）表示比测试极限值好，结果为 PASS（通过），负余量（负差值）表示比测试极限值差，结果为 FAIL（失败）。正余量越大，说明距离极限值越远，性能越好。

最差情况的余量有两种情况，一种是在整个测试频率范围（5e 类至 100MHz，6 类至 250MHz，6A 类至 500MHz，7 类至 600MHz）测试参数的曲线最靠近测试标准极限值曲线的点，如图 8-32 所示，最差情况的余量是 3.8 dB，发生在约 2.7MHz 处；因为测试结果有多条线对的测试曲线，所以另一种情况就是所有线对中余量最差的线对，如图 8-33 所示，近端串扰最差情况的余量在 12-78 线对间，值为 6.5 dB，其他线对的最差余量都比 12-78 好。最差余量应综合两种情况来考虑。

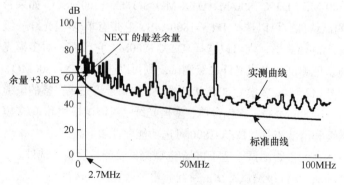

图 8-32　频率范围内最差情况的余量

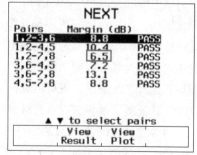

余量=6.5dB，发生在 1,2-7,8 线对间

图 8-33　线对间的最差情况的余量

当测试仪根据测试标准对所有测试项目测试完成后，就会根据各项测试结果对线缆给出一个评估结果（PASS/FAIL），测试结果与评估结果关系如表 8-16 所示。

表 8–16	线缆测试中 Pass/Fail 的评估
测 试 结 果	评 估 结 果
所有测试都 Pass	PASS
一个或多个 Pass*所有其他测试都通过	PASS
一个或多个 Fail*其他所有测试都通过	FAIL
一个或多个测试是 Fail	FAIL

注：*表示测试仪可接受的临界值

 知识小贴士

　　对同一项工程，为什么测试的结果虽然通过，但带星号"*"多，而请第三方复检的时候，星号"*"却少了？

　　测试仪器存在绝对的误差，不同的仪器误差精度范围是不同的。例如，甲品牌仪器误差范围是±0.5dB，而乙品牌仪器是±1.0dB，如果测试得到的一个数值是+0.8dB，它超过了±0.5dB的误差范围，但却低于±1.0dB的误差范围。因此，甲仪器会判定此测试结果"通过"，而乙仪器则认为它是"通过*"。DTX系列由于采用特制的永久链路适配器和RCC补偿专利算法，达到了最高的误差精度，测试结果带"*"的比例比一般的仪器少50%以上。

（七）光纤测试

1. 光纤测试分类

　　在产品选型、进场验货、测试验收和维护诊断等过程中都可能对光纤链路进行测试或"再认证"。测试的目的是确保即将投入使用的光纤链路的整体性能符合标准对参数要求。

　　光纤链路的传输质量不仅取决于光纤和连接件的质量，还取决于光纤连接的安装水平及应用环境。光通信本身的特性决定了光纤测试比双绞线测试难度更大些。光纤测试的基本内容是连通性测试、性能参数测试（一级测试、二级测试）和故障定位测试。

　　光纤性能测试规范的标准主要来自 ANSI/TIA/EIA 568 C.3 标准，这些标准对光纤性能和光纤链路中的连接器和接续的损耗都有详细的规定。光纤有多模和单模之分。对于多模光纤，ANSI/TIA/EIA 568 C 规定了 850 nm 和 1 300 nm 两个波长，因此要用 LED 光源对这两个波段进行测试；对于单模光纤，ANSI/TIA/EIA 568 C 规定了 1310 nm 和 1550 nm 两个波长，要用激光光源对这两个波段进行测试。而 TIA TSB 140（2004 年 2 月批准）对光纤定义了两个级别（Tier 1 和 Tier 2）的测试，即一级测试和二级测试。

　　（1）光纤一级测试（Tier 1，TSB 140）

　　一级测试主要测试光缆的衰减（插入损耗）、长度以及极性。需要使用光缆损耗测试设备（OLTS）如光源和光功率计等来测量每条光缆链路的衰减，通过光学延迟量测量或借助电缆护套标记计算出光缆长度。可用 OLTS 或可见光源如可视故障定位器（VFL）来验证光缆极性。

　　（2）光纤二级测试（Tier 2，TSB 140）

　　二级测试是选择性测试，但却是非常重要的测试。二级测试包括了一级测试的参数测试报告，并在此基础上增加了对每条光纤链路的 OTDR 追踪评估报告。OTDR 曲线是一条光缆随长度变化的反射能量的衰减图形。通过检查整个光纤路径的每个不一致性（点），可以深入查看由光缆、连接器或熔接点构成这条链路的详细性能以及施工质量。OTDR 曲线可以近似地估算链路的衰减值，可用于光缆链路的补充性评估和故障准确定位，但不能替代使用 OLTS 进行的插入损耗精确测量。结合上述两个等级的光纤测试，施工者可以最全面地认识光缆的安装质量。对于关心光纤高速链路质量的网络拥有者（甲方），二级测试具有非常重要的作用，它可以帮助减少"升级阵痛"（升级阵痛的典型表现是 100Mbit/s 或 1Gbit/s 以太网使用正常，但升级到 1Gbit/s 特别是 10Gbit/s 以太网则运行不正常甚至不能连通，检查其长度、衰减值又都符合 1Gbit/s 或 10Gbit/s 的参数要求）。网络所有者（甲方）可借助二级测试获得安装质量的更高级证明和对未来质量的长期保障。

二级光纤测试需要使用光时域反射计（Optical Time-Domain Reflect Meter，OTDR），并对链路中的各种"事件"进行评估。

2. 用光功率计测试光纤

按一级测试（Tier 1）标准，对光纤测试主要是衰减测试和光缆长度测试，衰减测试就是检测光纤对光功率的损耗。引起光纤链路损耗的原因主要有以下几点。

① 材料原因。光纤纯度不够和材料密度的变化太大。

② 光缆的弯曲程度。光缆对弯曲非常敏感，包括安装弯曲和产品制造弯曲问题。

③ 光缆熔接以及连接点的耦合损耗。这主要由光纤端面不匹配、介质不匹配（如冷接点或两种光纤相连）、间隙损耗、轴心不匹配、角度不匹配和端面光洁度差等原因造成。

④ 不洁或连接质量不良。高速低损耗光缆的大敌是不洁净的连接：灰尘会阻碍光的传输，手指的油污会影响光传输，不洁净光缆连接器可将污渍扩散至其他连接器。

对已敷设的光缆，可用插损法来进行衰减测试，即用一个功率计和一个光源来测量两个功率的差值。第一个功率值是从光源注入到光缆的能量值 P_i，第二个功率值是从光缆段的另一端的射出的能量值 P_o。测量时为获知光纤的注入功率 P_i，必须先对光源和光功率计进行校准。校准后的结果可为所有被测光缆的光功率损耗测试提供一个基准值，注入功率 P_i 和射出功率 P_o 之差（P_i-P_o）就是这条被测光纤链路的功率损耗值。

除用普通的光功率计测衰减外，也可用 DTX 电缆认证分析仪的光纤测试模块来测试光纤的衰减值和长度，其特点是同时实现双光纤、双波长和双向极性测试，在此不一一介绍。

（1）光纤衰减测试准备工作

① 确定要测试的光缆对象和被测光纤的类型（单模、多模等）。

② 确定光功率计和光源与要测试的光缆类型匹配。

③ 校准光功率计（又叫归零、设置基准值等）。

④ 确定光功率计和光源处于同一工作波长。

（2）测试设备

测试设备包括光功率计、光源、测试耦合器、测试用光纤跳线和心轴等。

（3）光功率计校准

校准光功率计的目的是确定进入光纤段的光功率 P_i，校准光功率计时，用一条测试跳线把功率计和光源连接起来，将测试的光功率值存入仪器，并作为相对零值（此即所谓归零）。

（4）光纤链路的测试步骤

测试光纤链路的目的是了解光信号在光纤路径上传输衰减，该衰减与光纤链路的长度、传导特性、连接器的数目和熔接点的多少有关。

① 测试前应对光连接的插头、插座进行清洁处理，防止由于接头不干净带来附加损耗，造成测试结果不准确。

② 先用一根测试跳线设置基准值（即归零），然后按图 8-34 所示进行连接（测试方法 B）。

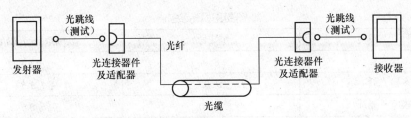

图 8-34　光纤链路测试连接（测试方法 B）

③ 在主机上选择（测量标准和）测试波长。

④ 操作测试仪，在所选择的波长上分别进行两个方向的光传输衰耗测试并保存。

⑤ 报告在不同波长下不同方向的链路衰减测试结果，判断"通过"与"失败"。

⑥ 单模光纤链路的测试方法与之类似，但光源模块应当换为单模的。

3. 衰减测试的标准

（1）综合布线标准对衰减的要求

ANSI/TIA/EIA 568 B.3 和 GB 50312—2007 对光纤信道的衰减值作了具体要求。光纤链路包括光纤、连接器件和熔接点。其中光连接器件可以为工作区 TO、电信间 FD、设备间 BD、CD 的 SC、ST、SFF 小型光纤连接器件连接器件，光缆可以为水平光缆、建筑物主干光缆和建筑群主干光缆。

不同类型的光缆所标称的波长，每公里的最大衰减值应符合表 8-17 的规定。

表 8–17　　　　　　　　　　　　　　光缆衰减

最大光缆衰减/（dB/km）			
项　　目	OM1，OM2 及 OM3 多模		OSI 单模
波长	850 nm	1 300 nm	1 310 nm	1 550 nm
衰减	3.5	1.5	1.0	1.0

光缆布线信道在规定的传输窗口测量出的最大光衰减（介入损耗）应不超过表 8-18 的规定，该指标已包括接头与连接插座的衰减在内，且每个连接处的衰减值最大为 1.5 dB。

表 8–18　　　　　　　　　　　　　　光缆信道衰减范围

级　　别	最大信道衰减/dB			
	单　　模		多　　模	
	1310nm	1550nm	850nm	1300nm
OF-300	1.80	1.80	2.55	1.95
OF-500	2.00	2.00	3.25	2.25
OF-2000	3.50	3.50	8.50	4.50

从表中可以看出，光纤链路的衰减极限值是一个"活"的标准，它与被测试光纤链路的长度、光纤适配器个数和光纤熔接点的个数都有关，可用以下公式计算：

光纤链路损耗 = 光纤损耗 + 连接器件损耗 + 光纤连接点损耗

光纤损耗 = 光纤损耗系数（dB/km）× 光纤长度（km）

连接器件损耗 = 连接器件损耗/个 × 连接器件个数

光纤连接点损耗 = 光纤连接点损耗/个 × 光纤连接点个数

光纤链路损耗参考值如表 8-19 所示。

表 8-19 光纤链路损耗参考值

种　　类	工作波长/nm	衰减系数/（dB/km）
多模光纤	850	3.5
多模光纤	1 300	1.5
单模室外光纤	1 310	0.5
单模室外光纤	1 550	0.5
单模室内光纤	1 310	1.0
单模室内光纤	1 550	1.0
连接器件衰减	0.75dB	
光纤熔接点衰减	0.3 dB	

（2）综合布线标准对光纤衰减的要求

布线标准对光纤链路衰减的要求：既要求整条光纤链路符合衰减标准，同时要求每个测试点（光纤、光纤连接器、光纤连接点）的衰减值也不能超过最大极值。而网络应用标准只定义光纤链路的长度和衰减的总要求。例如，吉比特光纤网络 IEEE 802.3z 对光纤链路长度和的衰减总要求定义如图 8-35 所示。

（3）衰减测试中布线标准和网络应用标准的选择

在测试中往往存在用网络应用标

准测试合格，而用布线标准测试不合格的情况。例如，图 8-36 所示是建筑物内主干光缆链路测试模型，若建筑物从设备间到楼层配线间是一条 62.5/125μm 的多模光缆（长波），链路中有一段长为 490m 的光缆，两个耦合器，两个熔接点，两条光纤尾纤，各长 5m，这条链路是用于 1Gbit/s 传输的。若测试的总衰减为 3.1dB < 4.0 dB，总长度为 500m < 550m，符合吉比特光纤网络 IEEE 802.3z 的标准。若链路上光缆和各连接点的衰减分别为：耦合器 1 为 1.2 dB，光纤熔接点 1 为 0.1 dB，490 m 光缆 0.4 dB，光纤熔接点 2 为 0.5 dB，耦合器 2 为 0.9 dB，则总衰减为 1.2+0.1+0.4+0.5+0.9 dB=3.1 dB。用 TIA/EIA 568 B.3 标准测试，其中，耦合器 1 衰减为 1.2 dB > 0.75 dB，光纤熔接点 2 衰减为 0.5 dB > 0.3dB，耦合器 2 衰减为 0.9 dB > 0.75 dB，是一条不合格的光纤链路，不合格的主要原因是衰减集中在 3 个连接点，不能满足传输要求，因此，在光纤通信链路测试中要使用 TIA/EIA 568 B.3、ISO 11801 2002 等光纤链路布线标准进行测试，而不仅仅是网络应用标准。关于如何选择光纤测试方法 A、B 和 C，请参阅网站说明资料（www.flukenetworks.com.cn/cable）。

IEE 802.3z（吉比特光纤以太网）

1、1000BASE-SX(850nm 激光) 衰减 长度
 • 62.5μm 多模光纤： 3.2dB 220m
 • 50μm 多模光纤： 3.9dB 550m

2、1000BASE-LX(1300nm 激光)
 • 62.5μm 多模光纤： 4.0dB 550m
 • 50μm 多模光纤： 3.5dB 550m
 • 8/125 单模光纤： 4.7dB 5000m

图 8-35 IEEE 802.3z 定义的光纤链路的长度和总的衰减要求

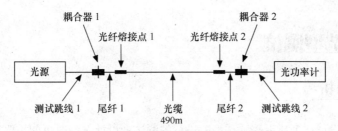

图 8-36 建筑物内主干光缆链路测试模型

4. OTDR 测试诊断原理

光功率计只能测试光功率损耗,如果要确定损耗的具体位置和损耗的起因,就要采用光时域反射计(OTDR)。OTDR 向被测光纤注入窄光脉冲,然后在 OTDR 发射端口处接收从被测光纤中返回的光信号,这些返回的光信号是由光纤本身存在(逆向)散射现象,且光纤连接点存在(菲涅尔)反射现象等原因造成的。将这些光信号数据对应接收的时间轴绘制成图形后即可得到一条 OTDR 曲线。横轴表示时间或者距离,纵轴表示接收的返回的光信号强度。如果对这些光信号的强度和属性进行分析和判读,就可实现对链路中各种"事件"的评估。根据仪器绘制的 OTDR 曲线或者列出的重要的"事件"表,就可以迅速地查找、确定故障点的准确位置,并判断故障的性质及类别,为分析光纤的主要特性参数提供准确的数据。

OTDR 可测试的主要参数有长度事件点的位置、光纤的衰减和衰减分布/变化情况光纤的接头损耗、熔接点的损耗、光纤的全程回损,并能给出事件评估表。图 8-37 所示为 OTDR 曲线和对应位置的事件列表。

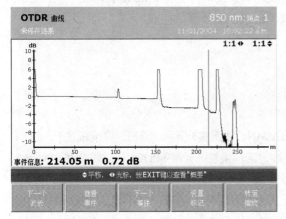

图 8-37 OTDR 曲线和对应位置的事件列表

OTDR 进行光纤链路的测试一般有 3 种方式:自动方式,手动方式,实时方式。当需要快速测试整条线路的状况时,可以采用自动方式,此时它只需要事先设置好折射率、波长等最基本的参数即可,其他参数则由仪表在测试中自动设定。手动方式需要对几个主要的参数全部进行预先准确设置,用于对测试曲线上的事件进行进一步的深度重复测试和详细分析。手动方式一般通过变换、移动游标、放大曲线的某一段落等功能对事件进行准确分析定位,以此提高测试的分辨率,增加测试的精度它在光纤链路的实际诊断测试中常被采用。实时方式是对测试曲线不断地重复测试刷新,同时观测追踪 OTDR 曲线的变化情况,一般用于追踪正处于物理位置变动过程中的光纤,或者用于核查、确认未知路由的光纤,此方法较少使用。

任务二 选型测试

一、任务分析

选型测试是指设计选型或者采购选型时进行的测试。设计选型时可能需要对多个供应商的产品进行测试，并最终根据性价比、品牌、质保期限、产品升级能力和售后服务等确定供应商。采购选型时则需要对确定采购的产品进行确认性选型测试。

二、相关知识

（一）选型测试对象

选型测试的对象是整箱线、100m 电缆、跳线、模块/插座进行元件级测试；永久链路或信道仿真链路，进行兼容性测试。光纤、跳线的选型测试请参见任务三进场测试的相关介绍。

（二）选型测试的工具

整箱线测试：DTX-1800 + 一只电缆测试适配器 LABA/MN，选择 SPOOL 标准。

100m 电缆测试：DTX-1800 + LABA/MN × 2，选择 100m 电缆标准。

Cat6 跳线测试：DTX 系列 + DTX-PCU6S 跳线测试适配器，选择 Cat6 跳线标准。

Ca6A/7 跳线：DTX-1800 + LABA/SET，选择 Cat6A/7 跳线测试标准。

三、任务实施

（一）整箱线测试

在 DTX-1800 主机上安装电缆测试适配器 LABA/MN，如图 8-5 所示。开机，将按钮置于 SETUP 挡，选择电缆测试，选择测试标准中的电缆测试标准，选择整卷线标准 SPOOL，比如 Cat6 SPOOL，然后将旋钮转到 Auto Test 挡。将整箱线的线头剥去绝缘塑料，露出约 1cm 金属导体，将这 8 根导线插入 LABA/MN 测试适配器的 8 个对应插孔中（上面有线对编号）。按下 TEST 键，完成后按下存储键，命名后再按存储键保存测试结果。拔去电缆，重复此过程进行第二箱线的测试。如图 8-38 所示。

测试结果分析：由于是单端测试，所以这是一个简略的测试，只具有参考意义，不可以当作产品检验的严格结果来对待。测试的结果只有 RL 和 NEXT 两个核心参数（因为其他参数通过率高，如果其他参数不通过，则 RL 或 NEXT 两个参数就很可能测试"失败"），如果测试"通过"，表明整箱线基本上没有问题。如果测试"失败"，并不一定代表整箱线不合格，因为整箱线是卷绕在包装箱中的，由于自身的环绕叠加，测试的时候从电缆辐射出来信号会再次进入这根电缆，造成类似外部串扰一样的"干扰"，导致测试参数下降。甲方可以要求供应商提供整卷线测试的平均修正参数（表格或曲线），或者自己经过多次测试后统计出这条平均修正参数曲线（或修正表），将整箱线的测试结果加上这个修正参数表（修正曲线）后就可以得出整箱线的"推断实际参数"。有经验的测试者可以只用一个典型参数相加就推断出此参数是否合格。对于整箱线测试不合格或者加上平均修正参数后仍然不合格的电缆，则需要按照标准做 100m 电缆严格测试。由于每个供应商的电缆产品和包装方法均不相同，所以不存在一个统一的修正表（曲线），用户也可以将测试结果输出为 csv 格式，然后简单编程（加上修正值并判断）后得出比较准确的接近真实值的"推断值"结果。如果测试"通过"，则表明电缆合格，余量代表了合格的"程度"。"失败"则表明这箱整卷电缆不合格。

（二）100m 电缆测试

可以直接抽取整箱线中的 100m 电缆按照标准（如 TIA 568 B.2）来进行严格的认证测试，如图 8-38（a）所示。先在 DTX-1800 的主机和远端机上安装 DTX-LABA/MN 电缆测试适配器，如图 8-38（b）所示。开机后选择电缆测试标准中的 100m 电缆，然后将旋钮转回到 Auto Test 挡。将整箱线拉出并截下 100m，两端剥去绝缘塑料约 1cm，分别插入到主机和远端机测试适配器上面的 8 个插孔中，按下 TEST 键，测试结束后命名并存储结果。

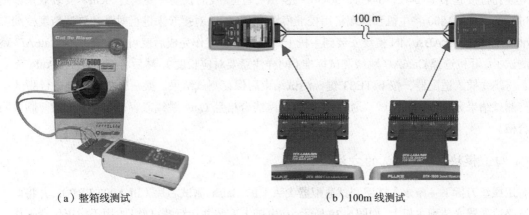

（a）整箱线测试　　　　　　　　　　　　　　（b）100m 线测试

图 8-38　整箱线测试和 100m 线测试

测试结果分析：如果测试"通过"，则表明电缆质量合格，如果"失败"，则表明电缆不合格。

 知识小贴士

为什么不能用信道标准去测试这根 100m 电缆？

信道标准低于电缆标准，且电缆标准不包含两端的水晶头，所以电缆测试不合格时信道测试却可能有 6dB 以上的余量。

（三）跳线测试的方法

Cat6 测试方法：在 DTX 系列电缆分析仪上安装 Cat6 跳线测试适配器（兼容型），如图 8-4 所示。主机安装 DTX-PCU6S/MN，远端机安装 DTX-PCU6S/SR。开机后选择跳线测试标准，并注意对应跳线的长度。例如，被测试的是 2m 长的 Cat6 跳线，则标准选测为"TIA Cat6 Patch Cord 2.0 m"，然后将旋钮转到 Auto Test 挡。将被测跳线插入到测试适配器的插座中，按下 TEST 键，测试结束后命名并保存结果。再将被测跳线插入到远端机测试适配器上面的 8 个插孔中，按下 TEST 键，测试结束后存储结果。

知识小贴士

为什么跳线测试要对应长度？

跳线因为比较短，衰减小但却存在较强的反射回波和反射串扰，且在某些半波长与跳线长度相当的频率点上这些反射回波和反射串扰容易出现类似振荡自激的现象。为了消除这些反射串扰和回波能量，需要知道跳线的已知长度并在仪器的计算程序中启动算法程序。对于比较长的跳线（大于 20m），这种反射回波比较弱，所以跳线测试的长度对应上限是 20m，超长跳线可以按照 20m 标准来选择（不建议使用超长电缆）。

Cat6A/Cat7 测试方法（只能用于 DTX-1800）：先将两个测试用的非通用型 Cat6A/7 插座分别安装或固定到跳线测试适配器上，用剥皮后拆开的 4 对双绞线（粘合线）将插座和 LABA 的 8 针对应插孔打接起来（12-12，34-34，56-56，78-78），打接线的长度不要超过 6cm。安装效果如图 8-5 所示。DTX-1800 将主机和远端机用校准模块 REFMOD 对接起来进行时基和测试精度校准。校准后就可以将 LABA/MN 模块安装到主机上。上述准备工作完成后就可以准备执行 Cat6A/7 跳线测试了。开机选择 Cat6A/7 跳线测试标准（同样注意要对应长度），然后将旋钮置于"Auto Test"挡。将跳线插入适配器，按下 TEST 键，测试结束后保存测试结果。换一根跳线继续进行测试。

测试结果分析：如果测试"通过"，则表明跳线合格且 Cat6 跳线兼容；如果"失败"则表明不合格。

（四）模块/插座测试的方法

用螺丝刀拆下一条永久链路测试适配器尖头上的 Salsa 测试芯片（PLA002-PRP），并将此永久链路适配器安装到主机上，如图 8-39 所示。在电脑上安装并运行测试软件（用于指挥仪器工作），用 USB 跳线连接好电脑和仪器，将仪器开机。依次换上 3 片测试头校准芯片（Open、Short、Load），并对应按下 TEST 按钮进行前校准。完成后换上 Salsa 芯片。在电脑上选择插座对应的测试标准，如 Cat6A Jack，准备工作即告完毕。将被测模块/插座和负载匹配矩阵板（内含 100Ω 匹配电阻网络）用粘合线（长度 10cm 以内）打接起来，然后将永久链路适配器插入被测模块/插座中，启动软件测试钮执行测试。测试结束保存结果。

图 8-39　插座模块的测试示意图右侧是模块和匹配电阻

测试结果分析：如果测试"通过"，则表明插座质量合格；如果"失败"则表明不合格。

（五）兼容性/仿真测试的方法

选型测试对象如果是同一品牌的产品，则"理论上"一般不需要做兼容性测试。不过，事实上 Cat6 产品部分品牌采用 OEM 产品策略，且因产品产地和生产时间上的差异确实有可能存在兼容性误差，有时需要进行兼容性测试。对于 Cat6 及以上链路，业界一般坚决反对将不同品牌的同类产品混用，以免引发补偿值和补偿极性不兼容的问题。但部分用户确实存在不了解兼容性要求而擅自将产品进行混用组合，或者某些只生产电缆的企业希望推荐非自产的模块给用户配套，则也会需要进行兼容性测试。

测试方法：三长三连法（永久链路测试标准）、三长四连法（信道测试标准）。三长是指 100/50/20m 或 90/50/20m。

知识小贴士

Cat6 仿真测试/兼容性测试一定要使用具备兼容性认证测试能力的永久链路测试头或跳线测试模块，这一点容易被忽视。Cat5/Cat5e 仿真测试则一般不需要考虑兼容性的问题。

测试结果分析：仿真测试/兼容性测试如果均"通过"，则表明链路的兼容性符合要求，但不能证明链路元件一定符合标准要求。"失败"则表明链路参数不合格且不兼容。

知识小贴士

是不是元件测试合格的产品就不需要仿真测试？反之，仿真测试合格的链路是不是就需要元件级测试？

元件测试合格并不代表兼容性合格，所以 Cat6 及其以上链路还是需要做仿真测试，且一定要使用兼容性测试模块。反之，仿真测试合格并不能证明兼容性一定合格，也不能证明元件级测试一定合格。

任务三 进场测试

一、任务分析

安装前采购的大批产品（电缆、跳线、模块等）是否合格，如果用户对非免检供应商的信赖程度不高，则需要做入库检验或进场测试才能确定。另外，一些用户在安装设备前会对采购回来的批量跳线也做进场测试或入库检测。进场测试可以将不合格产品或假冒伪劣产品挡在安装前的最后一次检验环节之外，这对用户/甲方来说具有很重要的质量保证意义。

进场测试对于电缆产品来说，整箱线测试一般是全测，而 100m 严格测试则多采用破坏性抽测，抽测比例建议在 2%～10%。跳线可以抽测，但由于测试比较便捷、一般建议全测。

二、相关知识

（一）做进场测试的原因

电缆、跳线、模块等是构成电缆链路的核心元件。虽然选型阶段有可能进行选型测试，特别是引进新供应商时要求严格的供应商一般都会进行选型测试，但由于每家供应商制造过程的可控程度都是不一样的，器材本身可能存在一定比例缺陷。有时则是因为人为原因导致采购来的器材存在严重质量问题，如假冒伪劣产品。其次，在运输保管途中，元件可能受伤（如过度堆压）或性能下降（如被水泡雨淋等）。一般来讲，电缆"受伤"的概率高于跳线，跳线高于模块。第三，同一厂家不同时间或不同地点生产的（OEM）产品也会存在兼容性问题，或者不同厂家的产品存在兼容性问题（强烈建议不要自行选配 Cat6 及以上的产品做自由组合）。只有通过进场检测，才能保证进场安装的元件质量。像数据中心这样对可靠性要求较高的工程尤其要引起注意。

（二）进场测试的产品和参数

进场测试主要内容是元件测试和链路仿真测试（兼容性测试）。Cat5e 以下级别产品一般情况下无需做兼容性测试。但存在少数 Cat5e 不兼容的问题，用户可以根据需要自行决定是否执行兼容性测试。由于模块一般不容易受伤，所以可以通过兼容性测试来间接检查。电缆和跳线则要进行元件级测试。

三、任务实施

电缆进场测试的方法和选型测试的类似，在此不再赘述。这里主要介绍光纤的进场检测方法。

1. 测试光纤

整卷光纤有多种规格，一般是抽测部分光纤，抽测率 2%～5%。现场检测需要在被测光纤两端熔接上尾纤然后进行测试，也可以"冷接"上尾纤进行检测。下面介绍使用 DTX-MFM2 多模光纤测试模块来测试光纤的方法，单模光纤的测试方法与之类似。

将 DTX-MFM2 多模光纤一级认证测试模块安装在 DTX-1800 的主机上。开机，预热 5～10min。将面板旋钮放在 Setup 挡位，在竖列菜单中选择光纤，进入后选择 TIA 568 C 标准，选择 Backbone MM（骨干多模光纤）。在仪器标签中选择自环测试，单向测试，测试方法选择"方法 C"。接头数量输入 2，熔接点数输入 2（如果不是熔接尾纤而是现场制作、打磨接头，则输入 0）。

将旋钮置于 Auto Test 挡，按下 TEST 按钮进行测试，结束后按下存储键，命名后保存结果。

测试结果判断：如果测试结果通过，则表明光纤合格；如果失败则说明光纤"或者"尾纤及其熔接点可能有问题。

知识小贴士

> 方法 C 不适合大批量检测光纤，因为这样会直接磨损仪器的光纤插座，造成测试误差。而更新仪器插座的费用通常比较昂贵，所以，工程商如果要大批量测试，需要使用测试跳线，即改进的方法 C。请参阅网站说明资料（www.flukenetworks.com.cn/cable）。

如果只是比较粗略地检测光纤衰减值，可以使用 DTX-OTDR 模块或者 OptiFiber 光纤认证测试仪。测试方法是将光纤一端熔接上尾纤，在测试仪前面加上一段补偿光纤（建议 100m，这样可以从被测光纤接头处开始观测检测结果），然后将其与将熔接尾纤的被测光纤用耦合器连接。开机，按下功能键（Function），选择 OTDR 自动测试，按下 TEST 键盘，测试结束后，仪器会自动显示光纤测试的结果以及是否合格。可以查看事件表观察光纤当中有无异常事件（比如气泡、微弯曲等）引起的 OTDR 曲线问题。如果按下查看曲线还可以直观地观观察光纤的斜率分布直线。用游标选定其实位置后还可以测试光纤的衰减斜率。如果衰减斜率合格，则光纤被认为质量合格。

OTDR 测试方法由于使用光纤反射衰减系数来近似地代替衰减系数（两种系数差异不大），因此测试的结果仅作参考。

2. 测试光纤跳线

用 DTX-1800M 进行光纤跳线测试的方法和光纤的测试方法类似，不同的是跳线的质量评估是包括两端的插头质量在内的，所以要选择双向测试，选择方法 B。考虑到跳线检测数量比较大，所以实际测试跳线的时候需要选择改进的方法 B。

同样，也可以用 OTDR 来进行光纤跳线衰减值的检测，并估测反射值和反射损耗。由于 OTDR 存在测试死区，而跳线又很短，所以测试的时候要使用质量优异、稳定的发射补偿光纤和接收补偿光纤，以避开死区。

任务四 验收测试

一、任务分析

验收测试是建网、用网、管网过程中非常重要的一次测试，他为今后整个系统的正常使用和性能升级奠定了良好基础。验收测试一般是对安装好的永久链路进行认证测试。部分用户还要求做信道测试和跳线元件级测试。要求较低但关心能否支持相关应用的用户则会要求进行应用级测试（不建议）。

二、相关知识

（一）永久链路的认证测试

综合布线或者结构化布线的本意就是要做到不管什么应用以后都用这根电缆或者光缆来支持，唯一需要改变的就是跳线，即用跳线来实现千变万化的拓扑结构设计，永久链路（又称固定链路）则一直保持不变。因此，永久链路的质量是甲方需要特别关注的。只要永久链路合格，那么，以后加上合格的跳线后构成的信道就一定是合格的。由于跳线在链路的整个使用寿命周期中可能会被多次更换，所以，对跳线坚持进场"进场测试"检验就可以确保整个布线系统一直处于较高的质量水平。

知识小贴士

实际使用时，在用的链路是信道，所以信道测试是最重要的，这种说法是否正确？

由于跳线可能被经常更换，所以信道每次的参数都是不一样的。另外，信道测试中一般不包括链路两端的水晶头的参数，所以即便测试合格也可能会出现误码率超标的情况（不过 DTX 电缆分析仪会非常人性化地提示"信道测试合格单链跳线有问题，请更换之"）。比较稳妥的测试方法是"永久链路测试 + 跳线进场测试"。

（二）外部串扰测试

如果准备使用 6 类系统运行 10Gbit/s 速度，则需要进行外部测试。如果是敷设 6A UTP 电缆系统，则也需要进行外部测试。屏蔽系统只要接地回路检测合格，一般不需要进行外部测试。

（三）光纤链路的认证测试

光纤链路分为一级测试和二级测试。

一级测试主要就是测试衰减值和长度是否符合要求，并确认极性、需要注意的是，与电缆链路不同，光纤链路级测试和应用级测试不一定是上下包容关系。

二级测试就是在一级测试的基础上增加 OTDR 测试，并给出链路中的事件（如接头和熔接点）描述或评估。对于需要了解光纤链路结构的用户，以及对高速光纤链路非常敏感的用户，建议选择二级测试。二级测试是近年兴起的测试，在 10 吉比特链路中受到重视。对链路中事件的"通过/失败"判断，可以基于 TSB-140 标准描述的方法，在这个方法中，判断事件是否通过的门限值（极限值）可以根据用户的需要来确定，这也是与以往标准不同的。通常，这个门限值默认是 TIA 568 B 的通用标准值，例如，连接点——0.75dB，熔接点——0.3dB，单模光纤——1.5dB/km。

（四）短链路、CP 点、PP-PP 链路测试

数据中心由于采用数据集中和大容量存储、备份方案，链路带宽可能很快就会用到极限（而不是像水平链路中可能 25 年甚至更多年也不会用到极限），因此对链路的质量要求比较高。数据中心的 CIO 都已经接受这样的观点：在设备的 2～3 个更新周期中，就有可能进行一次布线系统的更新，也就是说数据中心的综合布线系统每 6～10 年就可能要"推倒重来"一次。在以大流量、高速、高负荷为特征的数据中心，应用中链路的质量也被要求具有更多的升级余量。由于大量短链路（甚至是跳线）、PP-PP 链路（配线架-配线架链路）的存在，测试对象也可能从单纯的永久链路测试和信道测试演变为跳线测试，这被赋予了更多的升级空间。

在开放式办公布线中，经常会用到 CP 汇聚点，而在布线系统刚建成的时候，CP 点后面还没有到桌面插座的电缆，这时候可能需要测试 PP-CP 的链路。ISO 11801 定义了这样几种链路，如图 8-17 所示，实施测试只需在 DTX-1800 中选择相应模型即可。

三、任务实施

（一）用 DTX 电缆分析仪测试双绞线链路

已安装好的布线系统链路如图 8-40 所示，图中的配线架是需要（二次）跳接的，中小规模网络常用的是不需跳接的配线架。

1. 测试步骤

下面以选择 TIA/EIA 标准、测试 UTP CAT 6 永久链路为例介绍测试过程。快速入门视频请参阅网站说明资料（www.flukenetworks.com.cn/fnet/zh-cn）

（1）连接被测链路

将测试仪主机和远端机连上被测链路，如果是测试永久链路，就必须用永久链路适配器连接，

图 8-41 为永久链路测试连接方式；如果是信道测试；就使用原驻留跳线来连接仪表，图 8-42 是信道测试连接方式。

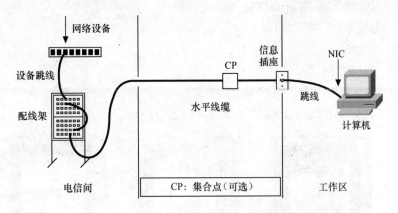

图 8-40 已安装好的布线系统链路

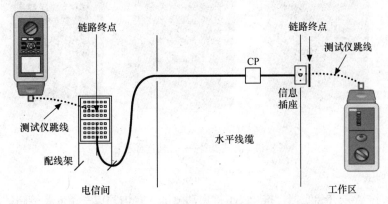

注：测试结果中绝对不能包含测试仪跳线的任何影响

图 8-41 永久链路测试连接方式（最多 3 个连接）

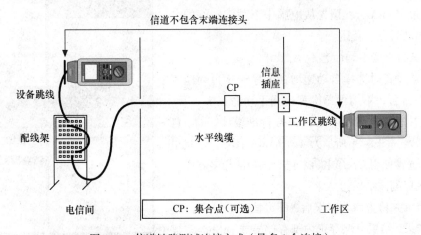

图 8-42 信道链路测试连接方式（最多 4 个连接）

（2）启动 DTX

按绿键启动 DTX，如图 8-43（a）所示，并选择中文或中英文界面。

（3）选择双绞线、测试类型和标准

① 将旋钮转至 SETUP，如图 8-43（b）所示。

② 选择"双绞线"或"Twisted Pair"。

③ 选择"电缆类型"或"Cable Type"。

④ 选择"UTP"。

⑤ 选择"Cat 6 UTP"。

⑥ 选择"测试极限"或"Test Limit"。

⑦ 选择"TIA Cat 6 Perm. Link"，如图 8-43（c）所示。

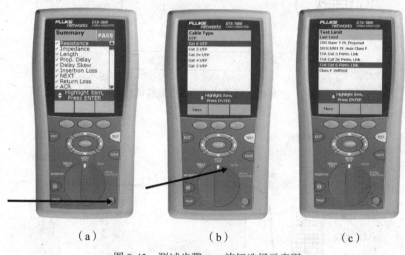

（a）　　　　　　　　（b）　　　　　　　　（c）

图 8-43　测试步骤——旋钮选择示意图

（4）自动测试

转动旋钮到"Auto Test"挡，按 TEST 键启动测试，9s 内完成一条 6 类链路的测试。

（5）在 DTX 系列测试仪中为测试结果命名

测试结果命名方法有 4 种，供测试前选择。

① 通过 LinkWare 预先从电脑中下载编辑好的名称列表，测试时直接套用。

② 测试时现场手动命名。

③ 仪器设置时选择自动递增命名序号（自动地按照增序规则命名，不用再每次都现场手动命名）。

④ 套用仪器中（按照 TIA 606 A 标准设计好的）自动命名序列表。图 8-44 所示为 4 个屏幕的图示。小批量的测试工作通常使用方法②和③相结合的灵活命名方式。

（6）保存测试结果

测试结束并检查命名无误后，即可按下"SAVE"键保存测试结果，结果可保存于内部存储器或 MMC 多媒体卡（按需自定）。

（7）故障诊断。

测试中出现"失败"或者"FAIL"时，仪器会自动

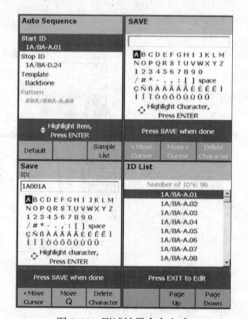

图 8-44　测试结果命名方式

进行相应的故障诊断测试。诊断结束后，使用者可以按"故障信息键"（F1 键），仪器屏幕将直观显示故障图示信息并提示可能的原因和建议的解决方法。对于有一定经验的使用者，则可以查看仪器屏幕上显示的测试参数结果列表中的"HDTDR"和"HDTDX"两条诊断测试结果，精确分析定位故障，并迅速实施故障排除。故障诊断完成后，重新进行自动测试，直至指标全部通过为止。故障自动诊断结果会存储在测试结果中，如果已经将该结果下载或发送到某台计算机中，则还可以用该机上已经安装的 LinkWare 软件来帮助分析定位故障，而不受地点限制。

（8）结果送管理软件 LinkWare

当所有要测的信息点测试完成后，将移动存储卡上的结果上载到计算机上，并用计算机上已经安装的管理软件 LinkWare 进行管理分析。LinkWare 软件有几种文件格式的用户测试报告可供选择，图 8-45 所示为其中的一种文件格式（PDF）。用 LinkWare 取出的测试报告可以直接作为验收测试报告的原始电子文档。

图 8-45　测试结果报告

（9）打印输出从 LinkWare 上可打印输出报告，也可通过串口将测试主机直接连打印机打印输出。当然也可以以电子文件或光盘形式提供测试报告。

测试注意事项如下。

① 认真阅读测试仪使用操作说明书，正确使用仪表。

② 测试前要完成对测试仪主机、远端机的充电工作并观察充电是否达到 80%以上。不要在电压过低的情况下测试，中途缺电有可能造成已测试的数据丢失。

③ 熟悉布线现场和布线施工布局图，测试时也同时对系统现场管理文档、标识进行核查。

④ 链路结果为"失败"或"Fail"时，可能由多种原因造成，应进行复测再次确认。

（二）用 DTX 电缆分析仪测试光纤链路

用 DTX 线缆分析仪测试光纤需要使用光纤模块。下面以多模光纤模块 DTX-MFM2 为例简单介绍光纤认证测试的步骤（一级认证），由于操作方法与上面介绍的测试验收电缆链路的操作方法类似，故这里只介绍一些不同点。

在选择测试标准、测试类型时，按以下步骤操作。

① 将旋钮转至 SETUP，如图 8-43（b）所示。

② 选择"光纤测试"或"Opti Fiber"。

③ 选择"电缆类型"或"Cable Type"。

④ 选择"多模"或"MM"。

⑤ 选择"测试极限"或"Test Limit"。

⑥ 选择"骨干光纤"或"TIA Backbone MM"。

⑦ 将旋钮置于特殊功能挡"Special Function"。

⑧ 选择"设置基准"，即按照仪器屏幕提示的跳线连接方法安装测试跳线和滤波用的"心轴"，按下"TEST"键将光源和光功率计归零并保存。

⑨ 将旋钮置于"AutoTest"挡，按下"TEST"键，按照屏幕提示选择"测试极限"或"Test Limit"。

项目小结

1. 测试不只是验收测试，它贯穿于整个系统的生命周期中。从设计选型开始就可能涉及产品的测试，安装、验收时必定会用到各种测试方法来保障链路质量，直到用网、管网过程中也将进行如诊断测试、开通测试、升级测试等。测试是减少停运损失的重要保障。

2. 认证测试是严格按照标准规定进行的测试，须对各种参数测试后给出是否合格的判断。验收时常用永久链路进行测试。"永久链路测试+跳线测试"优于"信道测试"。

3. 对有问题的电缆、光缆链路，需要进行故障诊断定位，以便迅速修复，减少损失。

4. 选型测试、进场测试、随工测试、监理测试、验收测试以及定期维护测试和故障诊断测试等是保证质量持续达到高水准的重要方法。

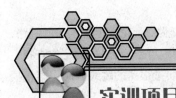

实训项目

实训 1　验证测试、鉴定测试方法探索

1. 实训内容

以下实训内容都是安装、维护过程中常见"题目"。

（1）学会用验证测试仪（MS2、MMP 等）测试链路的通断、线序、长度、开路、短路等，测试识别串扰线，学会判断各种问题。

（2）学会用数字查线仪（ITT）查找定位未知电缆。

（3）学会用电缆鉴定测试仪（CIQ）检查链路带宽，以此判断能否支持某种应用（10Mbit/s/100Mbit/s/1Gbit/s）。

（4）学会使用 VFL 查找定位未知光纤，诊断简单故障（用光泄露法）。

（5）学会使用光功率计（SFP）测试光功率和光纤衰减，初步判断有无故障可能。

2. 实训提示

可以设计制作一条正常的 Cat5e 水平链路，两条 15m Cat5e 永久链路（实训时用多种自制故障跳线将其串接），制作一些 3m 演示线：直通跳线、交叉跳线、开路/短路跳线、串绕线、劣质跳线、开绞线（将水晶头后的线对开绞 15cm）、假水晶头跳线等。

将上面两条 Cat5e 永久链路分别依次用 3m 的直通跳线、交叉跳线、开路/短路跳线、串扰线等串接起来形成一条"合成链路"，用验证工具、鉴定工具进行测试，查看并解释看到的现象。

用数字查线仪（ITT）的信号发生器接到墙插座模块，然后用配套的音频探头查找配线架上的模块所在位置，写上标签。配线架上的这个插座组可以设计成"黑匣子"形式，打开后盖后可以灵活地跳接插座，改变被查找模块的位置。另一个设计思路是使用二次跳接，在二次跳接的地方通过跳线改变待寻找模块的物理位置。

用同样的方法可以设计类似的光纤待查找链路（如 30m+5m 跳线+30m），然后用 VFL 定位插座在配线架上的位置。跳线可以更换，以便做一级或者二级认证测试的时候练习。

用光功率计（SFP）配合光源，各测试一条正常和故障链路（衰减值超差），存储衰减值；故障链路通过更换光纤跳线来实现。用 LinkWare 取出并保存测试值。

用光功率计测试经过分光器或者光衰减器后的链路，读出功率值。

用光纤清洁工具清洁带有污渍的跳线和插座，然后再比对测试衰减值，看看改善效果。

扩展：对于智能建筑专业的学生还可以增加设计电话/语音待查链路、同轴线待查链路等故障链路，用数字智能查线仪。

3. 进阶指导

可以自制复杂一些的电缆查找演示链路，如电缆束中待查找的链路，天花板上待跟踪的链路，直接接入交换机上的待查找链路（活动口）等。使用 ITT 的数字音频功能进行多口的定位查找。

制作有断芯的光纤跳线，制作插头内有断芯的跳线，制作端面质量很差的跳线、制作熔接损耗大的演示光纤等。

实训 2 双绞线链路的质量认证

1. 实训内容

可使用上面实训中使用的故障链路继续进行"认证级"实训操作。

用 DTX 电缆分析仪测试一条故障链路，按下"故障信息键"（傻瓜键）查看仪器提示的故障位置和原因初步分析。这适合于初学者或者完全不了解测试参数的人员使用。

继续查看具体哪些参数不合格，并用高精度时域串扰分析工具（HDTDX）和高精度时域反射分析工具（HDTDR）来诊断和定位故障位置，查找故障原因。

测试用不同品牌的 Cat6 元件组成混合链路，分析测试报告，指明不兼容的具体位置。

2. 实训提示

可以采用各种不同性能（Cat5/5e/6/6A/7 等）和品牌的电缆、模块及跳线混用的方式简单地构成一条故障演示链路。例如，制作一条插座有质量问题的 15m 的水平链路：使用不合格模块或者假模块（或低等级模块）打在链路的一端，另一端使用正常模块。将其与上面提到的 15m 永久链路用各种 3m 演示线串接，用认证测试仪测试此"合成链路"的参数，并定位这些混合问题的故障位置。存储报告，然后用故障 HDTDX 和 HDTDR 工具准确定位故障位置。之后使用 LinkWare 软件取出这些报告，在 PC 上分析这些报告、查看曲线和参数、定位故障位置。

3. 进阶指导

如果将前面的 Cat5e 改为 Cat6/6A/7 等，则可以提高实训的对应水准，需要特别提醒的是，Cat6/6A/7 链路质量要求较高，对演示线的制作要求很严格，需要特别仔细。

有条件的师生可以制作阻抗调整器和串扰调整器演示链路，即使用小容量电容器（10～50pF）和电感（可自制：将线对材料绕 3～8 圈，直径 8mm）安装在电缆、插座中（焊接嵌入，串/并联等方法），人为造成参数偏移。然后用 HDTDX 和 HDTDR 工具来诊断定位故障位置。

条件允许时，还可以自制各种"固定+活动"型的仿真故障链路进行测试、分析和诊断练习。

实训 3 检验布线产品的元件质量

1. 实训内容

本实训针对选型测试、进场测试和部分验收测试、诊断测试和维护性测试等。

测试 100m 电缆质量，使用 DTX-1800 和一对 LABA/MN 适配器。

测试 305m 整箱线，使用 DTX-1800 和一只 LABA/MN 适配器。

测试 Cat6 跳线，使用 DTX 电缆测试仪和一对 DTX-PCU6S 跳线适配器。

测试 Cat6A/7 跳线，使用 DTX-1800 和一对 LABA/SET 适配器，加上自选 Cat6A/7 插座。

2. 实训提示

用 DTX-1800 电缆分析仪测试加上电缆测试适配器，分别测试 Cat5e/Cat6/Cat6A/Cat7 的 100m 电缆（注意，是直接将 100m 电缆两边剥皮后将 8 芯电线分别插入 LABA/MN 适配器的 8 个插孔中），此时 DTX-1800 选择相应的电缆测试标准（元件级标准）。选择标准方法：将旋钮置于 SETUP 挡位，选择电缆测试，选择更多，选择对应的电缆标准（如 Cat6 100m Cable）。

用 6 类跳线测试适配器 DTX-PCU6S 测试 Cat6 跳线，判定是否合格及其兼容性。标准选择方法：将旋钮置于 SETUP 挡位，选择电缆测试，选择更多，选择跳线，选择 Cat6，然后选择对应的跳线长度（如 Cat6 patch corde 2.0m）。如果测试合格则说明参数合格且符合兼容性要求。

用 DTX-LABA/SET 跳线适配器加上对应的 Cat6A/7 模块插座，选择对应标准（方法同上），测试 Cat6A、Cat7 跳线，并判断其合格及兼容性。

用 DTX-1800 和一只 DTX-LABA/MN 测试整箱线（305m），保存测试结果。

用 LinkWarc 软件存储、输出、打印 PDF 格式的测试报告。

3. 进阶指导

将 20 箱整箱线单端测试并保存结果，然后开箱拉直电缆后进行电缆测试（305m），保存 20 个测试结果，拉直的电缆可以提供为实习耗材。比对两批 20 组数据，画表列出比对结果（每隔 10/20MHz 一个比较点）。这个结果就是某品牌/规格的电缆测试卷/直状态的差异表，我们可以用这个差异表来"修正"卷曲状态整箱线测试结果，使得其更接近真实数据。另一个更有效的方法是将测试结果保存并用 LinkWare 输出为 csv 格式的数据（可以用几乎任何表格软件来读取这种格式的数据，如 Excel），然后就可以进行简单的编程，让数据表软件程序自动累加修正数据，得到接近真实的数据。

可以用 LinkWare-Stats 软件（选件）自动统计分析大批测试数据，了解哪些品牌的产品平均参数好，哪个施工队施工水平高，哪些工程统计质量最好等。

实训 4 认证光纤链路质量（一级测试）

1. 实训内容

使用 DTX 电缆分析仪加上 DTX-MFM2 模块（多模）或者 DTX-SFM2 模块（单模）测试一段中间含有连接器、熔接点、跳线的光纤链路。测试多模光纤的时候需要使用"心轴"过滤器。

存储结果，如果不合格则用显微镜和清洁工具进行维护，再测试。

2. 实训提示

实训样本链路可以参照前面介绍的光纤链路结构，也可以自制多种长度、结构、插头类型的光纤结构。

安装好光模块（单模或多模）后开机，将旋钮置于 SETUP 挡，选择光纤测试，选择测试标准（如 TIA 568C MM Backbone）。将旋钮置于 SPECIAL FUNCTION 挡，设置基准，按下测试键，按照仪器屏幕提示操作，结束后将旋钮置于 AUTOTEST 挡，即可准备进行测试。连接好成对的被测光纤后，按下 TEST 开始测试。如果选择了双向测试，则仪器中途还会提示更换测试跳线连接的光纤。保存测试结果。用 LinkWare 软件取出测试结果。

DTX-1800MS 套装工具可以实现单/多模光纤一级认证测试功能，主要用于链路认证和跳线质量检测。如果希望更准确地认证多模 1/10Gbit/s 光纤链路，则可以使用 DTX-GFM2 测试模块内含一个对应 850nm 真实工作波长的 VCSEL 光源和一个对应 1310nm 波长的真实 LD 光源来实施，使得测试结果更准确。

提高多模光纤测试精度的另一个重要措施就是使用心轴，它有滤除高模次光的作用，使得进入光纤的光能量比较集中一些，衰减测试的结果也就更准确一些。

实训 5 用 OTDR 评估链路质量、定位光纤故障点

1. 实训内容

用多模 OTDR 测试上述含有若干连接器、熔接点、跳线的光纤链路。该方法适用于园区网等。

（1）定位不合格"事件"的具体位置，自动认证链路损耗、连接器反射损耗、熔接点损耗等。

（2）识别 2m 短跳线。

（3）用补偿光纤对比、体验"第一个"和"最后一个"连接器的质量评估差异。

（4）对比光纤清洁工具处理前后的被污染连接器端面质量。

（5）测试跳线回波损耗（ORL）元件级测试。

（6）测试光纤衰减（不还连接器、熔接点元件级测试）。

（7）测试带故障点的光纤链路（如多连接/跳接、耦合点端面不洁净、光纤熔接质量差等）。

2. 实训提示

故障链路可以借用一级测试的链路，也可以设计 200～400m 的链路（与园区网长度范围比较接近），中间可以设置 1～2 个可更换跳线，1～3 个熔接点。

用 OptiFiber 光纤认证分析仪（OTDR）测试故障链路，查看长度结果和 OTDR 曲线，识读"事件"表，识别 1m 短跳线，估算光纤的衰减值，分析引起性能下降的故障点及其可能原因。用光纤显微镜检查端面质量，并对照仪器的"事件评估表"查看与分析结果是否一致，用清洁工具清除有污渍的端面，再对比清除结果。

测试短跳线前先用发射/接收补偿光纤对接进行测试，然后拆开，嵌入被测光纤跳线后进行测试，比对参数变化。请参阅网站说明资料（www.flukenetworks.com.cn/cable）。

3. 进阶指导

使用带长度/损耗一级测试多模模块的 OptiFiber+ OFSR-MMREM 完成完整的双光纤二级光纤认证测试（单模模块为 OFSR-SFM）。

观察四路分光器的测试结果，指明分光器不同长度的光纤链路对应的曲线形状和位置。

观察单模光纤的测试结果（使用单模模块）。

手中若有 DTX-OTDR，也可以进行上述单/多模测试。

观察光纤衰减器的测试现象。

使用带长度/损耗一级测试模块的 OptiFiber 完成单光纤自环测试。

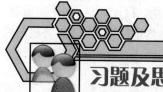

习题及思考题

1. 产品选型和采购前是否需要预先做一些测试？

2. 施工过程中是否需要安排一些检测？可否留待施工结束后做验收测试？

3. 简述一下进场测试、随工测试、监理测试的区别？

4. 施工工艺对链路参数影响大吗？为什么要做验收测试？

5. 乙方自测自检和第三方测试其结果有什么不一样吗？

6. 简述验试测试、鉴定测试和认证测试的区别。

7. 认证测试分哪三个级别？简述元件级测试、链路级测试和应用级测试的区别。

8. 链路级测试中的基本链路、永久链路、信道有什么差别？

9. 为什么建议使用永久链路作为验收测试的主要模式？

10. 6 类布线系统认证测试时需要测试哪些参数？

11. 简述电缆、光缆长度和衰减测试的工作原理，核心参数 NEXT 和 RL 的测试原理。

12. 测试报告是报告余量值吗？解释认证测试报告中测试"余量"的含义。

13. 简述兼容性测试和跳线互换性测试的原理及意义。

14. 对于甲方来说，"永久链路测试 + 跳线认证测试"就等于信道测试吗？各有什么优点？

15. 简述用 FLUKE DTX 系列测试设备测试一条双绞线永久链路的操作步骤。

16. 选型测试、进场测试、随工测试、监理测试、验收测试、诊断测试和维护性测试分别适合于什么场合？

17. 现场环境对测试结果有什么影响？

项目九

验收综合布线工程

综合布线工程完工后最后进入测试、验收阶段，工程验收全面考核工程质量，一旦系统全部验收合格，施工方将综合布线系统向用户方办理正式移交手续，并凭验收合格证书，向用户单位结算工程费用，一般先期结清 90%～95% 的费用，预留 5%～10% 的工程费用作为质量保障金，保修期（一般为 1 年）后再结清余款。

本项目将学习如何验收综合布线工程项目，应达到以下学习目标。

【知识目标】

（1）熟悉综合布线工程验收的依据和原则

（2）熟悉验收的几个阶段

（3）掌握现场验收的内容和形式

【技能目标】

（1）会编制竣工技术文档

（2）会依据设计方案和 GB 50312—2007 标准组织对工程进行验收

一、项目分析

综合布线工程验收是一项系统性的工作，它不仅包含项目八中介绍的链路连通性、电气和物理特性测试，还包括施工环境、工程器材、设备安装、线缆敷设、线缆终接等内容的验收。验收工作贯穿于整个综合布线工程中，包括施工前检查、随工检验、初步验收和竣工验收等几个阶段，每一阶段都有其特定的内容。综合布线工程与土建工程、其他弱电系统和供电系统密切相关，而且又涉及到与其他行业间的接口处理，因此验收内容涉及面广，验收时要根据设计要求和相关标准与规范来执行。

二、相关知识

（一）验收原则

综合布线系统工程的验收应按照以下的原则来实行。

① 综合布线系统工程的验收首先必须以工程合同、设计方案、设计修改变更单为依据。

② 布线链路性能测试应符合《综合布线系统工程设计规范》（GB 50311—2007），按《综合布线工程验收规范》（GB 50312—2007）验收。由于 GB 50312—2007 电气性能指标来源于 EIA/TIA 568 B 和 ISO/IEC 11801:2002，因此电气性能测试验收也可依照 EIA/TIA 568 B 和 ISO/IEC 11801:2002 标准进行。

③ 工程竣工验收项目的内容和方法，应按《综合布线工程验收规范》（GB 50312—2007）的规定执行。

④ 综合布线工程验收还需符合的其他技术规范参考项目一中的相关标准。

在综合布线工程施工与验收中，当遇到上述各种规范未包括的技术标准和技术要求时，可按有关设计规范和设计文件的要求办理。由于综合布线技术发展很快，技术规范内容一直在不断地修订和补充，因此在验收时，应注意使用最新版本的技术标准。

（二）验收阶段

对综合布线工程的验收，贯穿于整个工程的施工过程，在施工过程中，施工单位必须执行《综合布线工程验收规范》（GB 50312—2007）有关施工质量检查的规定。建设单位应通过工地代表或工程监理人员加强工地的随工质量检查，及时组织隐蔽工程的检验和验收。

1. 开工前检查

工程验收应当说从工程开工之日起就开始了，从对工程材料的验收开始，严把产品质量关，保证工程质量。开工前检查包括设备材料检验和环境检查。设备材料检验包括检查产品的规格、数量、型号是否符合设计要求，检查线缆的外护套有无破损，抽查线缆的电气性能指标是否符合技术规范。环境检查包括检查土建施工情况，包括地面、墙面、门、电源插座及接地装置、机房面积和预留孔洞等环境。

2. 随工验收

在工程中为随时考核施工单位的施工水平和施工质量，对产品的整体技术指标和质量有一个了解，部分的验收工作应该在随工中进行，这样可以及早地发现工程质量问题，避免造成人力和器材的大量浪费。

随工验收应对工程的隐蔽部分边施工边验收，该工作由工地代表和质量监督员负责。在竣工验收时，一般不再对隐蔽工程进行复查。

3. 初步验收

对所有的新建、扩建和改建项目，都应在完成施工调测之后进行初步验收。初步验收的时间应在原定计划的建设工期内进行，由建设单位组织相关单位（如设计、施工、监理、使用等单位人员）参加。初步验收工作包括检查工程质量，审查竣工资料，对发现的问题提出处理意见并组织相关责任单位落实解决。

4. 竣工验收

综合布线系统接入电话交换系统、计算机局域网或其他弱电系统后，在试运转后的半个月内，由建设单位向上级主管部门报送竣工报告（含工程的初步决算及试运行报告），主管部门接到报告后，组织相关部门按竣工验收办法对工程进行验收。

工程竣工验收是工程建设的最后一个程序，对于大、中型项目可以分为初步验收和竣工验收两个阶段。

一般综合布线系统工程完工后，尚未进入电话交换系统、计算机局域网或其他弱电系统的运行阶段，应先期对综合布线系统进行竣工验收，验收的依据是在初验的基础上，对综合布线系统各项检测指标认真考核审查。如果全部合格且全部竣工图纸资料等文档齐全，也可对综合布线系统进行单项竣工验收。

（三）验收内容

对综合布线系统工程而言，验收的主要内容为环境检查、器材检验、设备安装检验、线缆敷设和保护方式检验、线缆终接和工程电气测试等，验收标准为《综合布线工程验收规范（GB 50312—2007）》。

1. 环境检查

（1）工作区、电信间、设备间的检查内容

① 工作区、电信间、设备间土建工程应全部竣工。房屋地面平整、光洁，门的高度和宽度应符合设计要求。

② 房屋预埋线槽、暗管、孔洞和竖井的位置、数量、尺寸均应符合设计要求。

③ 铺设活动地板的场所，活动地板防静电措施及接地应符合设计要求。

④ 电信间、设备间应提供 220V 带保护接地的单相电源插座。

⑤ 电信间、设备间应提供可靠的接地装置，接地电阻值及接地装置的设置应符合设计要求。

⑥ 电信间、设备间的位置、面积、高度、通风、防火及环境温、湿度等应符合设计要求。

（2）建筑物进线间及入口设施的检查内容

① 引入管道与其他设施如电气、水、煤气、下水道等的位置、间距应符合设计要求。

② 引入线缆采用的敷设方法应符合设计要求。

③ 管线入口部位的处理应符合设计要求，并应检查采取排水及防止废气、水、虫等进入的措施。

④ 进线间的位置、面积、高度、照明、电源、接地、防火、防水等应符合设计要求。

有关设施的安装方式应符合设计文件规定的抗震要求。

2. 器材及测试仪表工具检查

（1）器材检验应符合的要求

① 工程所用线缆和器材的品牌、型号、规格、数量、质量应在施工前进行检查，应符合设计要求并具备相应的质量文件或证书。无出厂检验证明材料、质量文件或与设计不符者不得在工程中使用。

② 进口设备和材料应具有产地证明和商检证明。

③ 经检验的器材应做好记录，对不合格的器件应单独存放，以备核查与处理。

④ 工程中使用的线缆、器材应与订货合同或封存的产品在规格、型号、等级上相符。

⑤ 备品、备件及各类文件资料应齐全。

（2）配套型材、管材与铁件的检查应符合的要求

① 各种型材的材质、规格、型号应符合设计文件的规定，表面应光滑、平整，不得变形、断裂。预埋金属线槽、过线盒、接线盒及桥架等表面涂覆或镀层应均匀、完整，不得变形、损坏。

② 室内管材采用金属管或塑料管时，其管身应光滑、无伤痕，管孔应无变形，孔径、壁厚应符合设计要求。金属管槽应根据工程环境要求做镀锌或其他防腐处理。塑料管槽必须采用阻燃管槽，外壁应具有阻燃标记。

③ 室外管道应按通信管道工程验收的相关规定进行检验。

④ 各种铁件的材质、规格均应符合相应质量标准，不得有歪斜、扭曲、毛刺、断裂或破损。

⑤ 铁件的表面处理和镀层应均匀、完整，表面光洁，无脱落、气泡等缺陷。

（3）线缆的检验应符合的要求

① 工程使用的电缆和光缆型号、规格及线缆的防火等级应符合设计要求。

② 线缆所附标志、标签内容应齐全、清晰，外包装应注明型号和规格。

③ 线缆外包装和外护套需完整无损，当外包装损坏严重时，应按进场测试的要求进行测试合格后再在工程中使用。

④ 电缆应附有本批量的电气性能检验报告，施工前应进行链路或信道的电气性能及线缆长度的抽验，并做测试记录。

⑤ 光缆开盘后应先检查光缆端头封装是否良好。光缆外包装或光缆护套如有损伤，应对该盘光缆进行光纤性能指标测试，如有断纤，应进行处理，待检查合格才允许使用。光纤检测完毕，光缆端头应密封固定，恢复外包装。

⑥ 光纤接插软线或光跳线检验应符合下列规定：

● 两端的光纤连接器件端面应装配合适的保护盖帽；

● 光纤类型应符合设计要求，并应有明显的标记。

（4）连接器件的检验应符合的要求

① 配线模块、信息插座模块及其他连接器件的部件应完整，电气和机械性能等指标符合相应产品生产的质量标准。塑料材质应具有阻燃性能，并应满足设计要求。

② 信号线路浪涌保护器各项指标应符合有关规定。

③ 光纤连接器件及适配器使用型号和数量、位置应与设计相符。

（5）配线设备的使用应符合的规定

① 光、电缆配线设备的型号、规格应符合设计要求。

② 光、电缆配线设备的编排及标志名称应与设计相符。各类标志名称应统一，标志位置应正确、清晰。

（6）测试仪表和工具的检验应符合的要求

① 应事先对工程中需要使用的仪表和工具进行测试或检查，线缆测试仪表应附有相应检测机构的证明文件。

② 综合布线系统的测试仪表应能测试相应类别工程的各种电气性能及传输特性，其精度应符合相应要求。测试仪表的精度应按相应的鉴定规程和校准方法进行定期检查和校准，经过相应计量部门校验取得合格证后，方可在有效期内使用。

③ 施工工具，如电缆或光缆的接续工具（剥线器、光缆切断器、光纤熔接机、光纤磨光机、卡接工具等）必须进行检查，合格后方可在工程中使用。

现场尚无检测手段取得屏蔽布线系统所需的相关技术参数时，可将认证检测机构或生产厂家附有的技术报告作为检查依据。

对绞电缆电气性能、机械特性、光缆传输性能及连接器件的具体技术指标和要求，应符合设计要求。经过测试与检查，性能指标不符合设计要求的设备和材料不得在工程中使用。

3. 设备安装检验

（1）机柜、机架安装应符合的要求

① 机柜、机架安装位置应符合设计要求，垂直偏差度不应大于 3mm。

② 机柜、机架上的各种零件不得脱落或碰坏，漆面不应有脱落及划痕，各种标志应完整、清晰。

③ 机柜、机架、配线设备箱体、电缆桥架及线槽等设备的安装应牢固，如有抗震要求，应按抗震设计进行加固。

（2）各类配线部件安装应符合的要求

① 各部件应完整，安装就位，标志齐全。

② 安装螺丝必须拧紧，面板应保持在一个平面上。

（3）信息插座模块安装应符合的要求

① 信息插座模块、多用户信息插座、集合点配线模块安装位置和高度应符合设计要求。

② 信息插座模块安装在活动地板内或地面上时，应固定在接线盒内，插座面板采用直立和水平等形式。接线盒盖可开启，并应具有防水、防尘、抗压功能。接线盒盖面应与地面齐平。

③ 信息插座底盒同时安装信息插座模块和电源插座时，间距及采取的防护措施应符合设计要求。

④ 信息插座模块明装底盒的固定方法应根据施工现场条件而定。

⑤ 固定螺丝需拧紧，不应产生松动现象。

⑥ 各种插座面板应有标识，以颜色、图形、文字表示所接终端设备业务类型。

⑦ 工作区内终接光缆的光纤连接器件及适配器安装底盒应具有足够的空间，并应符合设计要求。

（4）电缆桥架及线槽的安装应符合的要求

① 桥架及线槽的安装位置应符合施工图要求，左右偏差不应超过 50mm。

② 桥架及线槽水平度每米偏差不应超过 2mm。

③ 垂直桥架及线槽应与地面保持垂直，垂直度偏差不应超过 3mm。

④ 线槽截断处及两线槽拼接处应平滑、无毛刺。

⑤ 吊架和支架安装应保持垂直，整齐牢固，无歪斜现象。

⑥ 金属桥架、线槽及金属管各段之间应保持连接良好，安装牢固。

⑦ 采用吊顶支撑柱布放线缆时，支撑点宜避开地面沟槽和线槽位置，支撑应牢固。

安装机柜、机架、配线设备屏蔽层及金属管、线槽、桥架使用的接地体应符合设计要求，就近接地，并应保持良好的电气连接。

4. 线缆的敷设检验

（1）线缆敷设应满足的要求

① 线缆的型号、规格应与设计规定相符。

② 线缆在各种环境中的敷设方式、布放间距均应符合设计要求。

③ 线缆的布放应自然平直，不得产生扭绞、打圈、接头等现象，不应受外力的挤压和损伤。

④ 线缆两端应贴有标签，应标明编号，标签书写应清晰、端正和正确。标签应选用不易损坏的材料。

⑤ 线缆应有余量以适应终接、检测和变更。对绞电缆预留长度：在工作区宜为 3～6cm，电信间宜为 0.5～2m，设备间宜为 3～5m；光缆布放路由宜盘留，预留长度宜为 3～5m，有特殊要求的应按设计要求预留长度。

⑥ 线缆的弯曲半径应符合下列规定：

● 非屏蔽 4 对对绞电缆的弯曲半径应至少为电缆外径的 4 倍。

● 屏蔽 4 对对绞电缆的弯曲半径应至少为电缆外径的 8 倍。

● 主干对绞电缆的弯曲半径应至少为电缆外径的 10 倍。

● 2 芯或 4 芯水平光缆的弯曲半径应大于 25mm；其他芯数的水平光缆、主干光缆和室外光缆的弯曲半径应至少为光缆外径的 10 倍。

⑦ 线缆间的最小净距应符合下列设计要求：

● 电源线、综合布线系统线缆应分隔布放，并应符合表 3-5 的规定。

● 综合布线与配电箱、变电室、电梯机房、空调机房之间最小净距宜符合表 3-6 的规定。

● 建筑物内电、光缆暗管敷设与其他管线最小净距应符合表 3-7 的规定。

● 综合布线线缆宜单独敷设，与其他弱电系统各子系统线缆间距符合设计要求。

● 对于有安全保密要求的工程，综合布线线缆与信号线、电力线、接地线的间距应符合相应的保密规定。对于具有安全保密要求的线缆应采取独立的金属管或金属线槽敷设。

⑧ 屏蔽电缆的屏蔽层端到端应保持完好的导通性。

（2）预埋线槽和暗管敷设线缆应符合的规定

① 敷设线槽和暗管的两端宜用标志表示出编号等内容。

② 预埋线槽宜采用金属线槽，预埋或密封线槽的截面利用率应为 30%～50%。

③ 敷设暗管宜采用钢管或阻燃聚氯乙烯硬质管。布放大对数主干电缆及 4 芯以上光缆时，直线管道的管径利用率应为 50%～60%，弯管道应为 40%～50%。暗管布放 4 对对绞电缆或 4 芯及以下光缆时，管道的截面利用率应为 25%～30%。

（3）设置线缆桥架和线槽敷设线缆应符合的规定

① 密封线槽内线缆布放应顺直，尽量不交叉，在线缆进出线槽部位、转弯处应绑扎固定。

② 线缆桥架内线缆垂直敷设时，在线缆的上端和每间隔 1.5m 处应固定在桥架的支架上；水平敷设时，在线缆的首、尾、转弯及每间隔 5～10m 处进行固定。

③ 在水平、垂直桥架中敷设线缆时，应对线缆进行绑扎。对绞电缆、光缆及其他信号电缆应根据线缆的类别、数量、缆径、线缆芯数分束绑扎。绑扎间距不宜大于 1.5m，间距应均匀，不宜绑扎过紧或使线缆受到挤压。

④ 楼内光缆在桥架敞开敷设时应在绑扎固定段加装垫套。

采用吊顶支撑柱作为线槽在顶棚内敷设线缆时，每根支撑柱所辖范围内的线缆可以不设置密封线槽进行布放，但应分束绑扎。线缆应阻燃，线缆选用应符合设计要求。

建筑群子系统采用架空、管道、直埋、墙壁及暗管敷设电、光缆的施工技术要求应按照本地网通信线路工程验收的相关规定执行。

5. 线缆保护方式检验

（1）配线子系统线缆敷设保护应符合的要求

① 预埋金属线槽的保护要求如下。

- 在建筑物中预埋线槽，宜按单层设置，每一路由进出同一过路盒的预埋线槽均不应超过 3 根，线槽截面高度不宜超过 25mm，总宽度不宜超过 300mm。线槽路由中若包括过线盒和出线盒，截面高度宜在 70～100mm 范围内。
- 线槽直埋长度超过 30m 或在线槽路由交叉、转弯时，宜设置过线盒，以便于布放线缆和维修。
- 过线盒盖应能开启，并与地面齐平，盒盖处应具有防灰与防水功能。
- 过线盒和接线盒盒盖应能抗压。
- 金属线槽至信息插座模块接线盒之间或金属线槽与金属钢管之间相连接时的线缆宜采用金属软管敷设。

② 预埋暗管的保护要求如下。

- 预埋在墙体中间暗管的最大管外径不宜超过 50mm，楼板中暗管的最大管外径不宜超过 25mm，室外管道进入建筑物的最大管外径不宜超过 100mm。
- 直线布管每 30m 处应设置过线盒装置。
- 暗管的转弯角度应大于 90。在路径上每根暗管的转弯角不得多于 2 个，并不应有 S 弯出现。有转弯的管段长度超过 20m 时，应设置管线过线盒装置；有 2 个弯时，不超过 15m 应设置过线盒。
- 暗管管口应光滑，并加有护口保护，管口伸出部位宜为 25～50mm。
- 至楼层电信间暗管的管口应排列有序，便于识别与布放线缆。
- 暗管内应安置牵引线或拉线。
- 金属管明敷时，在距接线盒 300mm 处，弯头处的两端，每隔 3m 处应采用管卡固定。
- 管路转弯的曲半径不应小于所穿入线缆的最小允许弯曲半径，并且不应小于该管外径的 6 倍，如暗管外径大于 50mm 时，不应小于 10 倍。

③ 设置线缆桥架和线槽的保护要求如下。

- 线缆桥架底部应高于地面 2.2m 及以上，顶部距建筑物楼板不宜小于 300mm，与梁及其他障碍物交叉处间的距离不宜小于 50 mm。
- 线缆桥架水平敷设时，支撑间距宜为 1.5～3m。垂直敷设时固定在建筑物结构体上的间距宜小于 2m，距地 1.8m 以下部分应加金属盖板保护，或采用金属走线柜包封，门应可开启。
- 直线段线缆桥架每超过 15～30m 或跨越建筑物变形缝时，应设置伸缩补偿装置。
- 金属线槽敷设时，在下列情况下应设置支架或吊架：线槽接头处，每间距 3m 处，离开线槽两端出口 0.5m 处和转弯处。
- 塑料线槽槽底固定点间距宜为 1m。
- 线缆桥架和线缆线槽转弯半径不应小于槽内线缆的最小允许弯曲半径，线槽直角弯处最小弯曲半径不应小于槽内最粗线缆外径的 10 倍。

● 桥架和线槽穿过防火墙体或楼板时，线缆布放完成后应采取防火封堵措施。

④ 网络地板线缆敷设的保护要求如下。

● 线槽之间应沟通。

● 线槽盖板应可开启。

● 主线槽的宽度宜为 200～400mm，支线槽宽度不宜小于 70mm。

● 叮开启的线槽盖板与明装插座底盒间应采用金属软管连接。

● 地板块与线槽盖板应抗压、抗冲击和阻燃。

● 当网络地板具有防静电功能时，地板整体应接地。

● 网络地板板块间的金属线槽段与段之间应保持良好导通并接地。

⑤ 在架空活动地板下敷设线缆时，地板内净空应为 150～300mm。若空调采用下送风方式，则地板内净高应为 300～500mm。

⑥ 吊顶支撑柱中电力线和综合布线线缆合一布放时，中间应用金属板隔开，间距应符合设计要求。

当综合布线线缆与大楼弱电系统线缆采用同一线槽或桥架敷设时，子系统之间应采用金属板隔开，间距应符合设计要求。

（2）干线子系统线缆敷设保护方式应符合的要求

① 线缆不得布放在电梯或供水、供气、供暖管道竖井中，线缆不应布放在强电竖井中。

② 电信间、设备间、进线间之间干线通道应沟通。

（3）建筑群子系统线缆敷设保护方式应符合设计要求

（4）信号线路浪涌保护器应符合的要求

当电缆从建筑物外面进入建筑物时，应选用适配的信号线路浪涌保护器，信号线路浪涌保护器应符合设计要求。

6. 线缆终接

（1）线缆终接应符合的要求

① 线缆在终接前，必须核对线缆标识内容是否正确。

② 线缆中间不应有接头。

③ 线缆终接处必须牢固、接触良好。

④ 对绞电缆与连接器件连接应认准线号、线位色标，不得颠倒和错接。

（2）对绞电缆终接应符合的要求

① 终接时，每对对绞线应保持扭绞状态，扭绞松开长度对于 3 类电缆不应大于 75mm；对于 5 类电缆不应大于 13mm；对于 6 类电缆应尽量保持扭绞状态，减小扭绞松开长度。

② 对绞线与 8 位模块式通用插座相连时，必须按色标和线对顺序进行卡接。插座类型、色标和编号应符合 T568A 和 T568B 的规定。两种连接方式均可采用，但在同一布线工程中两种连接方式不应混合使用。

③ 7 类布线系统采用非 RJ45 方式终接时，连接图应符合相关标准规定。

④ 屏蔽对绞电缆的屏蔽层与连接器件终接处屏蔽罩应通过紧固器件可靠接触，线缆屏蔽层应与连接器件屏蔽罩 360° 圆周接触，接触长度不宜小于 10mm。屏蔽层不应用于受力的场合。

⑤ 对不同的屏蔽对绞线或屏蔽电缆，屏蔽层应采用不同的端接方法。应对编织层或金属箔与

汇流导线进行有效的端接。

⑥ 每个 2 口 86 面板底盒宜终接 2 条对绞电缆或 1 根 2 芯/4 芯光缆，不宜兼做过路盒使用。

（3）光缆终接与接续应采用的方式

① 光纤与连接器件连接可采用尾纤熔接、现场研磨和机械连接方式。

② 光纤与光纤接续可采用熔接和光连接子（机械）连接方式。

（4）光缆芯线终接应符合的要求

① 采用光纤连接盘对光纤进行连接、保护，在连接盘中光纤的弯曲半径应符合安装工艺要求。

② 光纤熔接处应加以保护和固定。

③ 光纤连接盘面板应有标志。

④ 光纤连接损耗值，应符合表 9-1 的规定。

表 9-1　　　　　　　　　　　　光纤连接损耗值（dB）

连接类别	多　模		单　模	
	平　均　值	最　大　值	平　均　值	最　大　值
熔接	0.15	0.3	0.15	0.3
机械连接	0.3		0.3	

（5）各类跳线的终接应符合的规定

① 各类跳线线缆和连接器件间接触应良好，接线无误，标志齐全。跳线选用类型应符合系统设计要求。

② 各类跳线长度应符合设计要求。

7. 工程电气测试

① 综合布线工程电气测试包括电缆系统电气性能测试及光纤系统性能测试。电缆系统电气性能测试项目应根据布线信道或链路的设计等级和布线系统的类别要求制定。各项测试结果应有详细记录，作为竣工资料的一部分。测试记录内容和形式宜符合表 9-2 和表 9-3 的要求。

表 9-2　　　　　　　　综合布线系统工程电缆（链路/信道）性能指标测试记录

工程项目名称									
序号	编　号			内容					备注
				电缆系统					
	地址号	线缆号	设备号	长度	接线图	衰减	近端串音	电缆屏蔽层连通情况	其他项目	
测试日期、人员及测试仪表型号、测试仪表精度									
处理情况									

表 9-3　　　　　　　　　综合布线系统工程光纤（链路/信道）性能指标测试记录

序号	编号			光缆系统								备注
				多模				单模				
				850nm		1 300nm		1 310nm		1 550nm		
	地址号	线缆号	设备号	衰减（插入损耗）	长度	衰减（插入损耗）	长度	衰减（插入损耗）	长度	衰减（插入损耗）	长度	
测试日期、人员及测试仪表型号、测试仪表精度												
处理情况												

② 对绞电缆及光纤布线系统的现场测试仪应符合下列要求。

● 应能测试信道与链路的性能指标。

● 应具有针对不同布线系统等级的相应精度，应考虑测试仪的功能、电源、使用方法等因素。

● 测试仪精度应定期检测。每次现场测试前，仪表厂家应出示测试仪的精度有效期限证明。

③ 测试仪表应具有测试结果的保存功能并提供输出端口，将所有存储的测试数据输出至计算机和打印机。测试数据必须保证不被修改，并进行维护和文档管理。测试仪表应提供所有测试项目、概要和详细的报告。测试仪表宜提供汉化的通用人机界面。

8. 管理系统验收

（1）综合布线管理系统宜满足的要求

① 管理系统级别的选择应符合设计要求。

② 需要管理的每个组成部分均应设置标签，并由唯一的标识符进行表示，标识符与标签的设置应符合设计要求。

③ 管理系统的记录文档应详细完整并汉化，包括每个标识符的相关信息、记录、报告和图纸等。

④ 不同级别的管理系统可采用通用电子表格、专用管理软件或电子配线设备等进行维护管理。

（2）综合布线管理系统的标识符与标签的设置应符合的要求

① 标识符应包括安装场地、线缆终端位置、线缆管道、水平链路、主干线缆、连接器件、接地等类型的专用标识。系统中每一组件应指定一个唯一的标识符。

② 电信间、设备间、进线间所设置的配线设备及信息点处均应设置标签。

③ 每根线缆应指定专用标识符，标在线缆的护套上或在距每一端护套 300mm 内设置标签。线缆的终接点应设置标签标记指定的专用标识符。

④ 接地体和接地导线应指定专用标识符，标签应设置在靠近导线和接地体的连接处的明显部位。

⑤ 根据设置的部位不同，可使用粘贴型、插入型或其他类型标签。标签表示内容应清晰，材质应符合工程应用环境要求，具有耐磨、抗恶劣环境、附着力强等性能。

⑥ 终接色标应符合线缆的布放要求，线缆两端终接点的色标颜色应一致。

（3）综合布线系统各个组成部分管理信息记录和报告的内容

① 记录应包括管道、线缆、连接器件及连接位置、接地等内容，各部分记录中应包括相应的标识符、类型、状态、位置等信息。

② 报告应包括管道、安装场地、线缆、接地系统等内容，各部分报告中应包括相应的记录。

综合布线系统工程如采用布线工程管理软件和电子配线设备组成的系统进行管理和维护工作，应按专项系统工程进行验收。

（四）竣工技术文档

工程竣工后，施工单位应在工程验收以前，将工程竣工技术资料交给建设单位。竣工技术文件要保证质量，做到文字表达条理清楚，外观整洁，内容齐全，图表内容清晰，数据准确，不应有互相矛盾、彼此脱节和错误遗漏等现象。竣工技术文件通常为一式三份，如有多个单位需要时，可适当增加份数。

竣工技术文件按下列内容进行编制。

① 工程说明。

② 安装工程量。

③ 设备、器材明细表。

④ 竣工图纸。在施工图有少量修改时，可利用原工程设计图更改补充，不需再重作竣工图纸，但在施工中改动较大时，则应另作竣工图纸。

⑤ 测试记录和认证测试报告（宜采用中文表示）。

⑥ 工程变更、检查记录及施工过程中，需更改设计或采取相关措施时，建设、设计、施工等单位之间的双方洽商记录。

⑦ 随工验收记录。

⑧ 隐蔽工程签证。直埋电缆或地下电缆管道等隐蔽工程经工程监理人员认可的签证；设备安装和线缆敷设工序告一段落时，经常驻工地代表或工程监理人员随工检查后的证明等原始记录。

⑨ 工程决算。

（五）竣工验收

1. 竣工验收方式

① 建设单位自己组织验收。

② 施工监理机构组织验收。

③ 第三方测试机构组织验收，又分为两种情况：质量监察部门提供验收服务和第三方测试认证服务提供商提供验收服务。

2. 竣工验收项目

竣工验收包括竣工技术文档验收和物理验收，竣工技术文档验收按"（四）竣工技术文档"的内容执行，物理验收按"（三）验收内容"的内容组织实施，检测结论作为工程竣工资料的组成部分及工程验收的依据之一。

物理验收要求如下。

① 系统工程安装质量检查，若各项指标符合设计要求，则被检项目检查结果为合格；被检项

目的合格率为 100%，则工程安装质量判为合格。

② 系统性能检测中，对绞电缆布线链路、光纤信道应全部检测，竣工验收需要抽验时，抽样比例不低于 10%，抽样点应包括最远布线点。

③ 系统性能检测单项合格判定。

● 如果一个被测项目的技术参数测试结果不合格，则该项目判为不合格。如果某一被测项目的检测结果与相应规定的差值在仪表准确度范围内，则该被测项目应判为合格。

● 按《综合布线工程验收规范（GB 50312—2007）附录 B 指标要求，采用 4 对对绞电缆作为水平电缆或主干电缆，所组成的链路或信道有一项指标测试结果不合格，则该水平链路、信道或主干链路判为不合格。

● 主干布线大对数电缆中按 4 对对绞线对测试，指标有一项不合格，则判为不合格。

● 如果光纤信道测试结果不满足《综合布线工程验收规范》（GB 50312—2007）附录 C 的指标要求，则该光纤信道被判为不合格。

● 未通过检测的链路、信道的电缆线对或光纤信道可在修复后复检。

④ 竣工检测综合合格判定方法如下。

● 对绞电缆布线全部检测时，无法修复的链路、信道或不合格线对数量有一项超过被测总数的 1%，则判为不合格。光缆布线检测时，如果系统中有一条光纤信道无法修复，则判为不合格。

● 对绞电缆布线抽样检测时，被抽样检测点（线对）不合格比例不大于被测总数的 1%，则视为抽样检测通过，不合格点（线对）应予以修复并复检。被抽样检测点（线对）不合格比例如果大于 1%，则视为一次抽样检测未通过，应进行加倍抽样，加倍抽样不合格比例不大于 1%，则视为抽样检测通过。若不合格比例仍大于 1%，则视为抽样检测不通过，应进行全部检测，并按全部检测要求进行判定。

● 全部检测或抽样检测的结论为合格，则竣工检测的最后结论为合格；全部检测的结论为不合格，则竣工检测的最后结论为不合格。

⑤ 综合布线管理系统检测时，标签和标识按 10%抽检，系统软件功能全部检测。检测结果符合设计要求，则判为合格。

3. 竣工决算和竣工资料移交的基本要求

首先要了解工程建设的全部内容，弄清其全过程，掌握项目从发生、发展到完成的全部过程，并以图、文、声、像的形式进行归档。

应当归档的文件包括项目的提出、调研、可行性研究、评估、决策、计划、勘测、设计、施工、测试和竣工的工作中形成的文件材料。其中竣工图技术资料是使用单位长期保存的技术档案，因此必须做到准确、完整和真实，必须符合长期保存的归档要求。竣工图必须做到以下几点。

① 必须与竣工的工程实际情况完全符合。

② 必须保证绘制质量，做到规格统一，字迹清晰，符合归档要求。

③ 必须经过施工单位主要技术负责人审核、签字。

三、项目实施

综合布线系统工程验收任务按表 9-4 中的验收阶段、验收项目、验收内容、验收方式执行。

表 9-4 综合布线系统工程验收执行表

阶段	验 收 项 目	验 收 内 容	验收方式
施工前检查	1. 环境要求	（1）土建施工情况：地面、墙面、门、电源插座及接地装置；（2）土建工艺：机房面积、预留孔洞；（3）施工电源；（4）地板铺设；（5）建筑物人口设施检查	施工前检查
	2. 器材检验	（1）外观检查；（2）型号、规格、数量；（3）电缆及连接器件电气性能测试；（4）光纤及连接器件特性测试；（5）测试仪表和工具的检验	
	3. 安全、防火要求	（1）消防器材；（2）危险物的堆放；（3）预留孔洞防火措施	
设备安装	1. 电信间、设备间、设备机柜、机架	（1）规格、外观；（2）安装垂直、水平度；（3）漆不得脱落，标志完整齐全；（4）各种螺丝必须紧固；（5）抗震加固措施；（6）接地措施	随工检验
	2. 配线模块及8位模块式通用插座	（1）规格、位置、质量；（2）各种螺丝必须拧紧；（3）标志齐全；（4）安装符合工艺要求；（5）屏蔽层可靠连接	
电、光缆布放（楼内）	1. 电缆桥架及线槽布放	（1）安装位置正确；（2）安装符合工艺要求；（3）符合布放线缆工艺要求；（4）接地	随工检验
	2. 线缆暗敷（包括暗管、线槽、地板下等方式）	（1）线缆规格、路由、位置；（2）符合布放线缆工艺要求；（3）接地	隐蔽工程签证
电、光缆布放（楼间）	1. 架空线缆	（1）吊线规格、架设位置、装设规格；（2）线垂度；（3）线缆规格；（4）卡、挂间隔；（5）线缆的引入符合工艺要求	随工检验
	2. 管道线缆	（1）使用管孔孔位；（2）线缆规格；（3）线缆走向；（4）线缆的防护设施的设置质量	隐蔽工程签证
	3. 埋式线缆	（1）线缆规格；（2）敷设位置、深度；（3）线缆的防护设施的设置质量；（4）回土夯实质量	
	4. 通道线缆	（1）线缆规格；（2）安装位置，路由；（3）土建设计符合工艺要求	
	5. 其他	（1）通信线路与其他设施的间距；（2）进线室设施安装、施工质量	随工检验隐蔽工程签证
线缆终接	1.8 位模块式通用插座	符合工艺要求	随工检验
	2. 光纤连接器件	符合工艺要求	
	3. 各类跳线	符合工艺要求	
	4. 配线模块	符合工艺要求	
系统测试	1. 工程电气性能测试	（1）连接图；（2）长度；（3）衰减；（4）近端串音；（5）近端串音功率和；（6）衰减串音比；（7）衰减串音比功率和；（8）等电平远端串音；（9）等电平远端串音功率和；（10）回波损耗；（11）传播时延；（12）传播时延偏差；（13）插入损耗；（14）直流环路电阻；（15）设计中特殊规定的测试内容；（16）屏蔽层的导通	竣工检验
	2. 光纤特性测试	（1）衰减；（2）长度；（3）OTDR 曲线（如果合同要求二级测试）	

续表

阶段	验收项目	验收内容	验收方式
管理系统	1. 管理系统级别	符合设计要求	竣工检验
	2. 标识符与标签设置	（1）专用标识符类型及组成；（2）标签设置；（3）标签材质及色标	
	3. 记录和报告	（1）记录信息；（2）报告；（3）工程图纸	
工程总验收	1. 竣工技术文件	清点、交接技术文件	
	2. 工程验收评价	考核工程质量，确认验收结果	

注：系统测试内容的验收亦可在随工中进行检验。

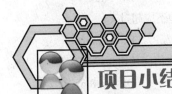

项目小结

　　本项目主要内容包括综合布线系统工程验收原则、验收阶段、验收内容，验收形式，验收中需提交的竣工技术文档，竣工验收的形式和内容。最终目标学会编制竣工技术文档，学会依据设计方案和 GB 50312—2007 标准组织对综合布线工程进行验收。

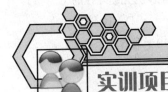

实训项目

实训 1　验收模拟楼综合布线工程项目

实训提示

按本项目的要求验收模拟楼综合布线工程项目，包括提交竣工验收文档，测试综合布线系统性能，按表 9-4 的验收项目验收模拟楼综合布线工程项目。

实训 2　参与实际综合布线工程项目验收

实训提示

有条件的学校可组织学生参与实际综合布线工程项目验收工作。

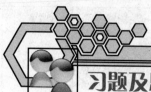

习题及思考题

一、选择题

1. 电信间、设备间应提供（　　　）?

    A. 220V 单相电源插座   B. 220V 带保护接地的单相电源插座

    C. 380V 三相电源插座   D. 380V 带保护接地的三相电源插座

2. 机柜、机架安装位置应符合设计要求，垂直偏差度不应大于（　　　）?

    A. 1mm   B. 2mm   C. 3mm   D. 5mm

3. 桥架及线槽的安装位置应符合施工图要求，左右偏差不应超过（　　　）?

    A. 10mm   B. 30mm   C. 50mm   D. 60mm

4. 线缆应有余量以适应终接、检测和变更，对绞电缆在电信间预留长度宜为（　　　）?

    A. 3～6cm   B. 0.5～2m   C. 3～5m   D. 6～8 m

5. 线缆应有余量以适应终接、检测和变更，光缆布放路由宜盘留，预留长度宜为（　　　）?

    A. 3～6cm   B. 0.5～2m   C. 3～5m   D. 6～8 m

6. 线缆的弯曲半径应符合规定，4 对 UTP 双绞线的弯曲半径应至少为电缆外径的（　　　）?

    A. 4 倍   B. 6 倍   C. 8 倍   D. 10 倍

7. 线缆的弯曲半径应符合规定，室外光缆的弯曲半径应至少为光缆外径的（　　　）?

    A. 4 倍   B. 6 倍   C. 8 倍   D. 10 倍

8. 预埋线槽宜采用金属线槽，预埋或密封线槽的截面利用率应为（　　　）?

    A. 25%～30%   B. 30%～50%

    C. 40%～50%   D. 50%～60%

9. 终接时，每对对绞线应保持扭绞状态，5 类电缆扭绞松开长度不应大于（　　　）?

    A. 13mm   B. 23mm   C. 25mm   D. 75mm

10. 多模光纤熔接损耗值最大不能超过（　　　）?

    A. 0.1dB   B. 0.15 dB   C. 0.2 dB   D. 0.3dB

二、简答题

1. 综合布线工程验收的依据是什么?

2. 综合布线工程验收一般有哪几个阶段?

3. 在综合布线工程验收中，有哪些隐蔽工程签证项目?

项目十

综合布线系统的维护和故障诊断

布线系统在使用过程中也会面临质量下降和错误、故障等问题。这些问题有的是因器件老化造成的，有的是由环境变化造成的（如接触不良随着温度变化时断时续）有的是因变更网络结构、更新网络设备、升级网络系统或者扩容、装修工程等造成的。如果这个系统原来就有潜在的质量问题或者质量不稳定，那么这类问题多数都会在升级应用的时候爆发出来。对于多数低速应用来说，此时进行故障诊断和修复能解决多数问题，但对于可靠性要求很高、承载了太多关键应用的网络来说，待到出现故障时才发现潜在的质量问题则可能太晚了。业务停运、升级延期造成的损失可能是巨大的。只有注重平时的检查维护工作，才能使系统始终保持较高的质量水平和可靠性水准。

通过学习本项目，应达到以下学习目标。

【知识目标】

（1）理解可靠性的基本知识

（2）掌握制定定期维护和检测评估系统性能的各种方法和内容

（3）了解定期维护、视情维护的关系

【技能目标】

掌握布线系统故障诊断的各种方法

任务一 了解可靠性理论

一、任务分析

人们在长期的生产实践中探索积累了大量有关处理问题、早期发现问题、防止问题发生、从根本上杜绝问题出现的许多方法和理论，这些方法和理论内容非常丰富、复杂，有时甚至被认为是混乱和相互矛盾的。从经过对大量系统问题和故障统计、分析和经验总结，逐渐建立起了关于系统可靠性的专门理论和方法论体系，这样才将人们原来各自独立探索、积累的大量有用经验和方法得以普及和推广。综合部布线系统的可靠性是网络系统、信息系统可靠性的基础组成部分，相对来说内容比较简单。

二、相关知识

（一）可靠性理论简要介绍

每个有经验的专业资深维护人员都会提出他所熟悉专业的有关如何减少故障、如何防止问题发生、如何迅速解决问题的方法和经验总结，这些知识在可靠性理论中是非常宝贵的资源，有些甚至是非常精巧和充满奇思妙想的"艺术品"。仔细分析这些方法、经验后，我们可以提炼出 3 个基本命题：一是如何防止问题出现，二是如何迅速解决问题，三是如何长期保持系统的高质量。

以下两个指标是可靠性理论中最常用的参数：平均无故障时间（也用百分比表示，称为系统可用度）和平均故障（处理）时间。要做到较长的平均无故障时间，就必须研究系统中各个组成部分的子系统、元器件的寿命及其故障概率的分布情况。

平均无故障时间（Mean Time Between Failure，MTBF）指可修复系统两次相邻故障之间的平均时间，记为 MTBF。这是我们需要追求高可靠性时极力寻求的高指标。

平均故障时间（Mean Failure Time），对可修复系统，记为 MFT，对不可修复系统或产品来讲，即平均故障前时间（Mean Time To Failures），记为 MTTF。这是我们需要追求高可靠性时极力期望压缩、减小的指标。

系统可用度是指系统正常运行时间与系统效用需求时间的比值。例如，我们宣称神舟七号系统的可用度或可靠性达到了 99.7%，这意味着发射一千次，必定要失败 3 次。又如，我们说 xx 银行数据中心系统的可用度或可靠性达到了 99.99%，则意味着每工作一万小时，其中 9999 小时是正常运行状态，但有 1 小时处于故障状态，也就是说，系统大约每 417 天会有一个小时的故障状态。这对 A 级高可靠性数据中心网络来说实际是不达标的（参见 GB 50174—2008 对 A、B、C 可靠性等级的要求）。

图 10-1 是可靠性研究的常用模型图之一，它包含了 3 个子图。

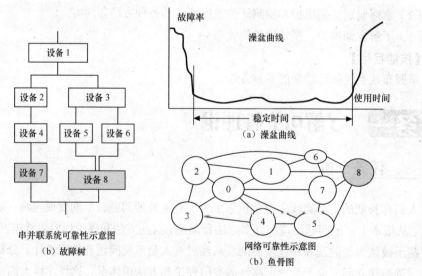

图 10-1　可靠性研究的常用模型

先来看看图 10-1（b）所示的澡盆曲线。在澡盆曲线开始端的时候故障率很高，这一般是在系统的运行初期、试用或者调测阶段。经过一段故障高发期后，系统进入低故障率的稳定时间，这是系统工作的黄金时间。到达稳定期的末尾，故障率又开始迅速上升。从中我们可以发现，新品并不是最可靠的，新品反而容易出问题。工作了一段时间后的产品才是最稳定的。所以，用于系统备份的产品要先进行"老化"，待过了故障高发期后，才转为备用设备或备用封存设备。到了澡盆曲线末端，故障率迅速上升，维修费用很高，此时需要更换产品而不是继续进行维修。

　　再来看看图 10-1（a）所示的串并联系统可靠性示意图。这个系统中的任何一个设备出问题都会影响系统的运行。如果设备 1 出问题，则整个系统将会瘫痪，失去功能。但如果设备 5 和设备 6 是完全相同的设备，则整个系统只是会受到影响而不会瘫痪。如果设备 6 只是设备 5 的备用设备，那么整个系统受影响的时间就只是切换设备 6 顶替设备 5 的工作切换时间。所以，网络系统中通常都会有热备份和冷备份的设备，有的还要求能支持自动切换，并能在线容错和处理故障，例如，GB 50174 中定义的 A 级别可靠性系统，要求服务器做多机热备份和自动切换。对骨干布线链路则要求 1∶1 冷备份。这些链路需要定期做认证测试，以备随时 100% 地投入使用。

　　最后看看网络可靠性示意图。网络与外界的联系可以通过多条路径实现，所以，一条通路出问题时，可以通过其他路由实现数据包的传输，而不是像串并联系统那样一个关键节点出问题则整个系统都会受到影响。我们需要研究考察的就是不同路由的传输性能和可达概率（网络传输可靠性）。

　　故障树：一个故障现象可以有各种原因造成，分析故障的原因就可以用到故障树的方法。它是一种树形结构的逻辑关系图，代表了造成故障的各种原因及其逻辑关系。

　　鱼骨图：也叫鱼刺图，是六西格玛方法中的常用图示方法，可以遍历各种原因并分类，我们也可以用鱼骨图来分析故障的原因和因果关系。由于彼此关系可以用形似鱼刺的图形来表示，鱼刺图因此而得名。

　　神经网络法：按照网络关联的方法来寻找更复杂的因果或互为因果关系的故障原因或可靠性逻辑关系，是研究网络可靠性的常用方法。故障树、鱼骨图和神经网络法的结构和作用实质上与软件编程工程中的流程图是相似的，可以借此理解其作用，也可以互相借用彼此分析故障、问题，提高可靠性的思路和方法。

　　如何确定设备、系统、部件的更换周期？如何通过定期、不定期或视情检查来发现潜在问题？如何实现在线性能分析和自动检测、报警、诊断？这些都是可靠性理论和方法中重点研究的问题。

　　TQC 和 TBS：TQC 是全面质量管理的缩写，TBS 是丰田（精益生产管理）业务系统的缩写。这些都是可靠性理论中的常用方法的变形。

　　人的可靠性：人的平均可靠性是 85%，经过长时间训练的人的可靠性可以达到 98% 以上。在硬件投入有限或者技术手段实现困难的情况下，需要靠训练有素质的人员来提高系统的可靠性。简单地说，人是不可靠的，即便不考虑道德问题也是如此。

　　人机系统的可靠性：如果将人作为"人机系统中"的一个串联环节，则可靠性会降低。如果将人作为"人机系统"中的并联环节，则可以提高可靠性。所以，关键环节如果必须要由人来担任，则"人机并联互备"、"多人并联、互备互检"等方法就变得非常重要。例如，设立副总统代行总统职权的制度就是这样一种可靠性并联备份机制。实现人的可靠性和人机系统可靠性的方法需要解决好防止懈怠和麻痹、制度松懈、考核不落实等问题，解决好定期检测、人员培训和维护制度自身评估及不断改善等问题。

防重于治：可靠性维护的工作重点在于防止问题发生，而不是专注于处理紧急问题。

预维护：预维护是指对系统可靠性广泛评估预测之后采取的预防性或预见性的维护手段。如果定期检测和预维护做得好，那么欧洲之星列车就不会在圣诞节前连续停运三日而无法修复；上海地铁就不会在2009年12月21日和22日连续发生事故，最起码可以避免事故后的长时间混乱和人员安全隐患；多发的煤矿事故可以降低到更低水平。

可靠性理论认为人是并联可靠性和能动地推动可靠性提高的最根本力量，坚持定期检测、定期会商听证制度和人员培训、互相交流等制度就可以较快地建立起一套行之有效的方法。定期检查制度的落实并提出改善方案也是较快走入正轨的可靠性基本方法之一。

（二）综合布线系统的可靠性

相对于网络系统来说，综合布线系统比较简单，它主要由结构化布线系统和配线设备组成。结构化布线系统一般以永久链路或固定链路的形式存在，变动较少。配线设备由跳线、机架和机柜为主，会随着设备和应用的更新、调整而随时改变。所以，综合布线系统在验收测试并交付使用以后，对固定链路的质量保障一般采取定期维护的方式，对配线设备则采取变更前测试评估、变更后检查、开通测试、故障恢复后测试、视情维护和定期维护相结合的方法。

定期维护包括环境检查维护、线缆路由质量检查和标签更新管理等内容。视情维护则是指根据具体情况确定检查或维护的实际和内容。

环境检查维护的内容相对复杂一些，如温度、湿度、安防、生物入侵防范、热通道分布、设备分区隔离状况、与各种系统的关系变化和互相影响的评估等。

由于布线系统在整个生命周期中都会面临各种变局，所以，定期维护和视情维护相结合是较好的维护指导方法。

测试在定期维护、视情维护、故障快速诊断等过程中有很重要的作用。配备相应的维护工具也是保障系统持续高品质的重要手段。可靠性维护在国内综合布线系统中目前还处在较低级水平的自我探索阶段和自发性维护行为阶段，维护水平取决于维护人员的故障处理经验和个体认识，由于在最初的项目设计和预算中缺少这部分内容，维护人员也只能做些亡羊补牢的工作。对于快速发展的信息系统建设来说无论是观念还是手段都处在相对发展缓慢的时期。

综合布线系统中的固定和备用链路，一般要求进行定期测试，建议测试周期在1～2年，实施轮测和定期集中检测。对于用于更新、替代、诊断等目的的备用元件如跳线、电缆、插座等，需要进行元件级进场检测。除了跳线因为经常被使用需要全部做进场测试外，电缆、插座等因为用量少，做元件级进场抽测即可。当然，要求高的系统可以考虑进行元件级全检测。

设备性能管理、文档管理在可靠性维护中具有举足轻重的作用，也被ISO 9000体系较多地引入到其管理体系中。

三、任务实施

探索学习1：设计一个年维护项目表，要求包括定期测试项目、定期环境检查项目、定期链路路由检查项目、定期安全检查项目、文档/标签版本更新及存档项目。

探索学习2：设计一个维护工作日志表，内容包括检测项目记录、视情维护记录、故障处理登记、设备升级/更新/调整登记等内容。

探索学习 3：设计故障记录表，包括故障发生时间、故障现象、故障原因分析、故障排除过程、故障处理结果、预防意见和备注等。

任务二 为综合布线建立管理文档

一、任务分析

管理文档一般由标签标识管理系统文档、设计施工文档、测试文档、故障诊断记录文档、变更更新文档和定期检测文档等组成。

二、相关知识

综合布线系统的管理文档主要是描述系统的布放分布、路由走向、连接记录和标签标识系统等。

布放分布图一般由设计和施工图提供，更新后则需要重新制作并保存好原来的布放图。经常性更改布放布局的网络可以分期分批进行更新，可以仿效软件版本升级命名的管理方法。将最新的更新资料作为附件依附于主更新资料，然后定期（如双月）更新到最新资料中形成新的版本。

路由走向多数时候是表格形式的文档，可以借助电子表格的方式进行更新管理。负责更新和存档保存的人应该不是同一个人或者不是同一个部门的人员，以期避免混乱和原始文件的遗失。

连接记录一般是指施工、工作记录，如果是大型更新项目，需要按照前面项目的施工过程来管理。

标签标识系统是资产管理和系统升级、设备更新、拓扑结构改变最常用的文档，也是最重要的文档，通常与路由走向表合并使用。标签标识系统最大的问题是如果更新不及时，多次积累下来的小混乱就会汇聚成大的麻烦和事故。如果按照错误的标签进行错误的跳接，可能引发自环，形成大面积的广播风暴，堵塞、压制整个网络的正常应用，最常见的问题则是无法对应找到一条故障链路正确的对应路由和标签标识。

文档更新在可靠性理论和方法中被列为"当日清"的项目。可见它在预防问题出现当中的重要性。

三、任务实施

学生练习：建立、更新一个改扩建后的新的水平链路标签标识系统。内容包括起点标识、跳接标识、CP 标识、面板标识和链路路由表。

探索学习：了解国际流行的北美 TIA 606 A 设备管理标准，掌握其标签命名规则。

任务三 故障诊断测试

一、任务分析

因为元件、安装工艺、布线环境等问题，链路可能通不过测试。在用网、管网阶段则可能引发各种应用的误码率增高、传输低效、速度缓慢、出错甚至完全不能接入网络。这就需要首先区分是网络问题还是应用的问题，是网络第 1 层（物理层）的问题还是第 2、第 3 层的问题。如果怀疑或已经确定是物理层的问题，则需要对故障链路进行诊断测试，快速定位故障的精确位置，以便采取措施解决相应问题。

二、相关知识

（一）电缆元器件质量问题引发的故障

链路中用错元件或者使用了不符合质量要求的元件是常见的故障，例如，使用 Cat5e 模块误装入 Cat6 链路中，使用不同厂家的 Cat6 元件混装入 Cat6 链路，使用不兼容模块、劣质电缆、超长电缆、不合格跳线、劣质水晶头等。这类问题均可能引发链路的衰减值、NEXT 和 RL 等核心参数不合格，也会使得兼容性被破坏。这些问题都可能引起高速链路、大负荷链路的误码率增高，或者链接受限等问题。故障诊断就是要找出这类问题的具体位置并判断可能的原因。

（二）光器件质量问题引发的故障

链路中使用了劣质光纤（如衰减斜率过大、直径误差超差、不均匀、有气泡、微弯曲、裂纹、应力损伤、质量等级不达标等）会增大光纤的衰减和色散，使用了劣质的跳线、连接器等则可能引发更多的传输问题。

（三）安装工艺差引发的故障

电缆链路最常见的问题是线序错误、开路、短路、接触不良、串绕线、解开线对过长、线对位置不对称、电缆损伤、弯曲过度、连续弯曲、绑扎过紧过密、电缆受力过大、应力持续等。光缆链路最常见的问题就是损伤光纤、弯曲半径过小、捆扎过紧、挤压和重物应力、光纤端面质量差、端面污渍、光纤熔接质量差等。

（四）电磁环境等因素引发的故障

靠近强电设备、供电系统、辐射过大或者 EMC 不合格设备等可能引入干扰，降低链路信噪比，导致误码率增高，因此在相关设计标准中有强弱电分隔距离和方式的要求。屏蔽问题、接地回路问题也可能因干扰回窜引发误码率增加，雷击也可能循此路径损坏设备。线束太大可能引起外部串扰过量（10Gbit/s 链路需要测试外部串扰），UPS 滤波功能故障或者电源本身谐波含量太高，也可能增加误码率。

三、任务实施

（一）用 DTX 进行电缆故障诊断

综合布线存在的故障包括接线图错误、电缆长度超长、链路衰减过大、串音过高和回波损耗过大等 5 种典型类型。5e 类和 6 类、6A 类、7 类标准对近端串音和回波损耗的链路性能要求非常严格。即使所有元件都达到规定的指标且施工工艺也可达到满意的水平，但由这些"合格元件"建造成的真实链路却可能遭遇测试"失败"的结果。为了保证工程的合格率，每个故障都需要及时解决，这对故障的定位技术和定位的准确度提出了较高的要求，诊断能力强则可以节省大量的故障诊断时间。DTX 电缆认证分析仪采用两种先进的高精度故障诊断定位工具——高精度时域反射分析（HDTDR）技术和高精度时域串扰分析（HDTDX）技术来对故障进行精确定位分析。

1. 高精度时域反射分析

高精度时域反射（High Definition Time Domain Reflection，HDTDR）分析主要用于与时间相关的测试和故障诊断，包括测量长度、传输时延（环路）、时延差（环路）及回波损耗等参数，并对有阻抗变化的故障位置进行精确地定位。

该技术通过在被测试线对中发送测试信号，同时监测信号在该线对中的反射相位和反射信号强度来确定故障的类型，通过信号发生反射的时间和信号在电缆中传输的速度可以精确地报告故障的具体位置。具体的测试过程是测试端发出一个测试脉冲信号，当信号在沿线对向前传输的过程中遇到阻抗变化时就会发生信号的反射（信号能量的反射），线对不同（位置）的物理状态所导致的阻抗变化是不同的，而不同的阻抗变化对信号的反射状态也是不同的。极端状态的情况是当远端开路时，信号发生强反射且发射的相位不发生变化，而当远端为短路时，信号发生强反射且反射信号的相位发生了变化（倒相）。一种特殊情况是：如果远端有信号端接器（通常就是接上了一个 100Ω 的纯电阻），则信号传输到此不会发生反射，信号能量将被纯电阻完全吸收并转化为热量。测试仪就是根据反射信号的强弱、相位是否变化以及反射信号的时延来判断故障类型和距离的。

2. 高精度时域串扰分析

根据电磁辐射原理可知，在一个线对上发出信号（如在 12 线对中发射信号）的同时，在另一个线对（如 36 线对）上就可以观测到串扰信号。高精度时域串扰（High Definition Time Domain Crosstalk，HDTDX）分析就是根据串扰信号的状况来测量串扰相关的参数以及诊断定位故障位置的。以往对近端串音的测试仅能提供串扰发生的频域结果，即只能知道串扰发生在哪个频点，并不能报告串扰发生的物理位置，这样的结果远远不能满足现场解决串扰故障的需求。FLUKE 公司的专利诊断工具 HDTDX，由于是在时域进行测试，因此能根据串扰发生的时间、强度和已知信号的传输速度，精确地定位串扰发生的物理位置。这是目前惟一能够对近端串音进行精确定位并且不存在测试死区的专利技术。

3. 故障诊断步骤

在高性能布线系统中，除了插入损耗这个指标外，两个最主要的"性能故障"分别是近端串音（NEXT）和回波损耗（RL），其它故障都与此有关。下面介绍这两类故障的分析方法。

（1）使用 HDTDX 诊断 NEXT 故障

① 当测试不通过时（如 NEXT 参数不合格），可先按下"故障信息键"（F1 键）如图 10-2 所示，此时将直观地显示故障信息并提示解决方法。按方向键可以具体了解详细信息。

② 为深入评估 NEXT 的影响，可按下"EXIT"键返回摘要结果屏幕。

③ 移动光标，选择屏幕中测试结果参数列表中的

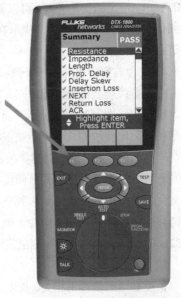

图 10-2　DTX 外形图，按"故障信息键"（F1 键）获取故障信息

"HDTDX Analyzer"并进入，可以看到更多线缆和连接器的 NEXT 详细信息，如图 10-3 所示。图 10-4（a）所示的故障是约 58.4m 处有一个 CP 集合点端接不良，串扰"茅草"过高，NEXT 不合格；图 10-4（b）所示的故障则是线缆本身质量很差，整个线缆的"茅草"都过高，或是误用了低一级的线缆造成整条链路的 NEXT 不合格。

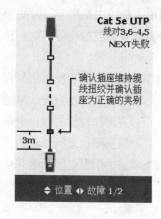

图 10-3　故障信息键

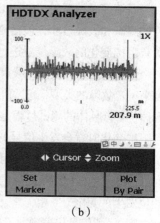

（a）　　　　　　　　（b）

图 10-4　NEXT 故障定位

（2）使用 HDTDR 诊断 RL 故障

① 当线缆测试不通过时（如 RL 参数不合格），先按下"故障信息键"（F1 键），如图 10-2 所示，此时将直观显示故障信息并提示解决方法。用方向键查看提示详细信息。

② 为深入评估 RL 的影响，可按下"EXIT"键返回摘要屏幕。

③ 移动光标，在屏幕中的测试结果参数列表中选择"HDTDR Analyzer"并进入，可以看到更多线缆和连接器的 RL 详细信息。如图 10-5 所示，提示在 49.5～56.5m 处有约 7m 长的链路 RL 有异常。

4. 5 种典型的故障类型及测试诊断原理、解决方法

（1）电缆接线图类问题

电缆接线图问题主要包括开路、短路、接触不良、交叉、线序错误、串绕线等几种典型错误类型。开路、短路在故障点

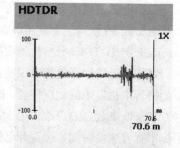

图 10-5　49.5～56.5m 有一段约 7m 长的链路 RL 异常

都会有很大的阻抗变化，对这类故障都可以利用 TDR 技术来进行定位。故障点会对测试信号造成不同程度的反射，并且不同故障类型的阻抗变化是不同的，因此测试设备可以通过测试信号相位的变化以及相位的反射时延来判断故障类型和距离。当然定位的准确与否还受设备设定的信号在该链路中的标称传输率（NVP）值影响。线序错误则可以根据直流测试逻辑错误来判定。MMP、MS2、CIQ、LRP、DTX 等测试仪可以解决大多数这类的问题。

（2）长度类问题

长度和延迟量紧密相关，长度测试未通过的原因可能有 NVP 设置不正确，可用已知长度的好线缆校准 NVP；实际长度超长；设备连线及跨接线的总长过长；线对长度差超标等。MMP、MS2、CIQ、LRP、DTX 等均可报出线对的长度。

（3）衰减（Attenuation）/插入损耗（Insertion loss）

信号的衰减不通过与很多因素有关，如现场的温度、湿度异常，电缆/模块本身质量问题，长度超差和端接工艺差等。在现场测试工程中，在电缆材质合格的前提下，衰减大多与电缆超长有关，少量与安装工艺和材质兼容性有关。通过前面的介绍很容易知道，链路衰减值超量可以使用DTX分析仪测得。

（4）近端串音

近端串音产生的原因有端接工艺不规范（如接头处解开的双绞部分超过了推荐的 13 mm，造成了电缆绞距被破坏），跳线质量差，不良的连接器；线缆性能差；使用了串绕线；线缆本身质量差或线缆间过分挤压等。对这类故障可以利用 HDTDX 发现它们的故障位置，无论它是发生在某个接插件还是某一段链路，都可以精确定位。

（5）回波损耗

回波损耗是指由于链路阻抗不连续而造成信号能量的回送现象（即信号反射）。根据高频信号和微波信号的传输特性可知，两根传输导体（传输线）之间的空间相对距离、导体几何尺寸、中间绝缘介质材料和尺寸等改变时，这对导体上的等效阻抗就会发生变化，水晶头、模块等是最常见的阻抗突变点，在这对导体上传输的信号到此处后必然会出现反射现象。阻抗突变值越大，反射越强。

"回波"产生的具体原因有跳线特性阻抗不是均匀分布的100Ω特性阻抗；跳线与水晶头的结合部阻抗匹配不良，水晶头与插座的结合部阻抗匹配不良，插座与线缆的结合部阻抗匹配不良，线缆线对的绞结被破坏或是有扭绞；线缆受力（应力）过大，微观结构发生改变；连接器设计、制作不良；线缆和连接器阻抗分布不均匀；链路上线缆和连接器非同一厂家产品；线缆本身不是100Ω 的（例如使用了120Ω 线缆）等。知道了回波损耗是由于阻抗变化引起的信号反射，就可以使用 HDTDR 技术对其进行精确定位了。

移动光标可以准确标读故障发生的精确位置，便于维护人员迅速查明并排除故障，减少停工时间或系统长期带病低效运行的时间。

（二）用 VFL、光纤显微镜和 SFP 光功率计诊断光纤故障

VFL（Visul Fault Location，光纤可视故障定位仪）如图 10-6 所示，它是一个红光源，可用于帮助检查光纤通断（对端不能见到红光则说明连接中断，红光比平时感觉弱则表示衰减值过大），查找定位配线架上的未知光纤（哪个未用端口发出红光就表示哪个端口是被寻找的端口），从红光的泄露来查找连接器内部问题（内部安装出错、断裂等）、室内光纤内部断裂和弯曲过大的位置（红光均会从此处泄露出来）。

光纤显微镜（FiberViewer 或 FiberInspector）是专门查看光纤端面质量的光学或视频显微镜，如图 10-7 和图 10-8 所示。端面质量差（如光洁度不高、划痕、污渍、裂纹、杂质、同心度偏移、椭圆度不足、轴心不匹配等）是引起高速光纤误码率增高的最常见故障，其中最常见的问题是端面污渍。用光纤显微镜可以直观地看到这些质量问题和产品缺陷。其中光纤视频显微镜因为体积小可以插入机箱的插座中进行观察。图 10-9、图 10-10、图 10-11 是端面截图。

SFP（SimpliFiber Pro）是一个光功率计，它可以自动测试 850/1300/1310/1550/1490/1625μm 等波长的光功率，配合光源就可以检查光纤衰减值，帮助维护人员判断是否超差。不过，它不能直接定位引起光纤衰减值超差的具体故障位置。

图 10-6　VFL 可视故障定位仪　　　图 10-7　光纤显微镜（光学）　　　图 10-8　光纤显微镜（视频）

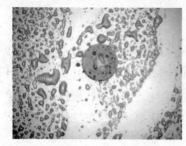

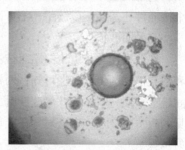

图 10-9　端面指纹污染　　　　图 10-10　清洁后的端面　　　　图 10-11　端面光洁度差

（三）用高分辨率的光时域反射计诊断定位光纤故障

光时域反射计（OTDR）就是光纤检测中使用的 TDR，它的工作原理本质上仍是一个时域反射仪（TDR），可以从时域反射曲线上看到整个光纤链路上的各种事件。它可以用来测试光纤的长度，查看光纤的衰减斜率，观测光纤熔接点和连接点的质量，找出隐藏其中的短链路或短跳线（这需要高分辨率的 OTDR）。如图 10-12 所示，从 OTDR 曲线图上可以看到连接点、熔接点和其他一些反射和衰减异常的位置（事件），从而可以直观地定位故障位置。对于没有经验的维护人员也可以简单地从测试结果的"事件表"中直接查看链路中的这些事件列表及其质量评估结果（通过/失败）。图 10-13 是 OTDR 曲线对应的"事件"列表。

光时域反射计（Optical Time Domain Reflection，OTDR）的工作原理是这样的：OTDR 测试的时候发射的是光脉冲信号，这些信号在光纤中传输的过程中会有很少一部分被光纤中的玻璃分子及其晶格结构改变传输方向（各个方向都有），这种现象称作漫反射或者瑞利散射（Rayleigh），瑞利散射当中的一部分"光子"被完全逆向散射（Backscatter）回到 OTDR，这部分能量大约占百万分之一。OTDR 将这种逆向散射回来的光能量接收并记录下来。当光脉冲向前传输时遇到的是连接器时，光脉冲会被连接器的空气隙和端面等介质"突变面"较强地发射回来，这被称作菲涅尔反射（Fresnel），这部分反射回来的能量比较强，最大能达到 8%。OTDR 接收菲涅尔反射的能量并记录下来。然后将接收到的这些全部光能量数据画成一条曲线，这就是 OTDR 曲线。OTDR 仪器分析这些数据后还可以自动判断这是一个连接器还是一个熔接点，并给出与此有关的"事件"记录表，在事件表中列出对该事件的判断："通过"或"失败"。在图 10-12 和图 10-13 中，0m 处是 OTDR 测试端口；102.21m 处是第 1 个连接器所在位置，反射峰比较低，说明连接质量最好；151.68m 处是第 2 个连接器，衰减值过大，不合格；201.69m 处是一段 2.5m 跳线，204.11m 处是跳线的另一端；214.05m 处是一个熔接点，衰减值过大（0.72dB），不合格；223.63m 处是光纤末端。

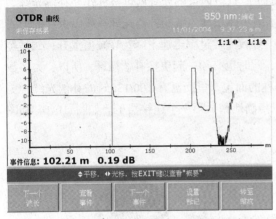

图 10-12　OTDR 测试曲线　　　　　图 10-13　OTDR 测试曲线对应的事件表

1. 相关术语

（1）衰减死区

由于连接器反射回来的光能量比较强（菲涅尔反射，最大 8%），OTDR 的接收器会对菲涅尔反射出现饱和迟滞响应，也就是说它被菲涅尔反射的强光"刺激"后不能马上对弱光进行感应（这跟我们被手电筒的强光耀眼后不能马上看清暗处的东西非常相似），而此时光纤中的逆向散射能量只有百万分之一，所以 OTDR 曲线中每个连接器后面紧邻的微弱信号所代表的某些"事件"就因为强光"炫目"可能看不清了。那么，这段时间所对应的光纤长度的盲区（如在 5m）就叫衰减盲区或者衰减死区。

（2）事件死区

测试的光脉冲都是有一定的宽度的，通过计算可知 100ns 宽度的光脉冲对应于真空中（光速为 3×10^8 m/s）大约 30m 的空间宽度，但在光纤中大约只占据 23m 左右的宽度。所以，如果一根跳线长度是 20m，OTDR 的一个光测试脉冲传输到跳线首尾端时会依次发生菲涅尔反射（共两次），假设每个反射脉冲的空间宽度也是 23m（对应 100ns 脉冲的宽度），则这两个菲涅尔反射脉冲被 OTDR 接收时"粘合"在了一起，从 OTDR 曲线上看就好像是一个菲涅尔反射脉冲，只是变宽了一些。这种因为测试脉冲宽度造成的不能识别两个相邻的事件的现象就叫事件盲区或事件死区。高解析度的 OTDR 要求事件死区小于 1m，这样才能认清链路中的短跳线（例如图 10-13 中 201.69m 处 2.5m 跳线），否则会被认为只是一个连接器。

（3）动态范围

被测光纤距离越长，则逆向散射和菲涅尔反射回来的光能量就越小。OTDR 的接收器件灵敏度越高，则越能接收更远更微弱的光反射信号。接收器能接收的最大和最小信号能量之间的范围就是 OTDR 的动态测试范围。动态范围越宽，测试距离则越远，但衰减死区和特别是事件死区也会越大。这是一对矛盾，需要根据 OTDR 的用途做一些平衡。

（4）发射补偿光纤和接收补偿光纤

从测试仪的 OTDR 发光器件送出的光脉冲很快被送到 OTDR 的测试端口（相距 10cm 以内），然后进入被测光纤。由于存在事件死区且 OTDR 内部接收器件安全保护也需要暂时关闭接收器，第一个连接器件的质量是不予评估或者评估不准确的。针对这一情况的改进办法是在仪器内部的发光器和 OTDR 测试端口之间串接一段光纤（如内置 50m），拉开两个连接点之间的距离，这样就可以避开第一个被测连接器落入事件死区的问题了。这段内置的光纤就可被称作"补偿光纤"。内置补偿光纤存在两个缺陷：一是手持式仪表为了缩小体积其内置的补偿光纤一般以裸纤的形式存在，容易受到空气中的[OH]⁻离子（羟基）渗透，导致光透过率迅速下降，衰减值上升；二是经多次测试后磨损报废的 OTDR 测试端口需要更换，此时也必须一起更换补偿裸纤。所以，大多数便携式的 OTDR 一般都使用外置补偿光纤（即俗称的面包，里面盘有 100/130m 的补偿光纤，更换方便）。在被测链路前面加上补偿光纤，就可以精确地测试第一个连接器了。如图 10-14 和图 10-15 所示。

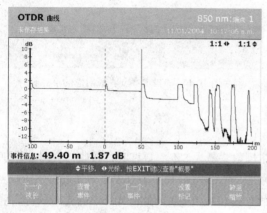

图 10-14　发射补偿光纤：-100 米　　图 10-15　OptiFiber + 发射补偿光纤（面包）

　　类似地，光纤链路最后一个连接器在进行 OTDR 测试的时候一般是开路的，没有插在插座中，光脉冲由此从光纤射出后即进入空气中。此处的菲涅尔反射同插入插座的菲涅尔反射是不同的。关键是，我们更关心的是末端插入插座的情况，因为这与实际工作的真实状态最接近。为了仿真这种情况，以便评估末端连接器质量，特别是在故障诊断时需要判断末端连接器是否有故障，我们可以人为地在末端接入一段接收补偿光纤。这样就可以查看该连接器的质菲涅尔反射了。为了方便，接收补偿光纤和发射补偿光纤使用同样长度和规格的光纤。图 10-16 为补偿前的 OTDR 曲线，图 10-17 为发射/接收补偿后的 OTDR 曲线。首末端可评估。

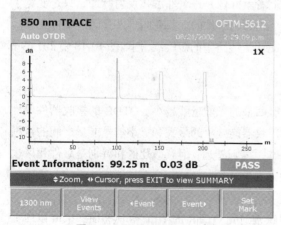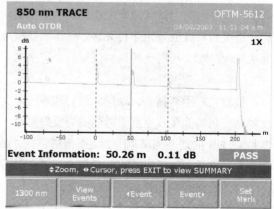

图 10-16　补偿前的 OTDR 曲线　　　　　图 10-17　发射/接收全补偿后的 OTDR 曲线

2. 如何选择适用的 OTDR

OTDR 的用户分为"干线型用户"和"园区网/局域网型用户"两类。前者一般是传统的电信运营商类型的用户，希望测试长途干线的连接和断点定位，估算链路的衰减值，一般是寻求单模OTDR，其需求特点是长距离（150km 或更远，要求接收器具备大动态信号接收范围，如达到 35～45dB 甚至更高），精度低、分辨率低，可以不必分辨一根 10m 的跳线（认为它只是一个接头）并判别两端质量，但却一定要知道 120km 处光纤被某台施工机械挖断了。对于长途干线的建设、维护和管理人员来说，干线型单模 OTDR 是较好的选择。后一种用户一般是"园区网/局域网"用户，他们拥有距离短但数量庞大的光纤链路，这些链路中间跳接多，故障率高，因此希望能用 OTDR精确测试并评估链路中影响高速链路传输性能的各种事件，分辨短跳线。这种用户的需求特点是分辨率高，故障定位精准，一般是"多模+少量单模"的 OTDR 测试需求，短距离即可（单模 20～60km，多模 3～5km，小动态范围，达到 15～20dB 即可）。它可以永远也没有机会去测试一个 30km远处的断点，但却必须每次都能够分辨 5m 的光纤跳线并评估它的接入性能，判定其对高速链路是否有影响。对于综合布线系统的安装、维护、测试、评估和故障诊断人员来说，园区网/局域网类型的 OTDR 是较好的选择。

下面以 OptiFiber 光纤认证分析仪为例简单地介绍 OTDR 的故障定位方法。

OptiFiber 是一款典型的专为数量日益庞大的园区网/局域网用户设计的 OTDR。它具有拍摄/存储光纤端面视频截图的附加功能（选件），便于以后故障诊断时调用和比对端面质量，并具备能够测试 Channel Map（类似于 Wire Map）的功能，非 OTDR 专家也可以据此识读并了解光纤的真实结构（Channel Map 结果可保存）。OptiFiber 还可以在测试前自动检查测试端口的状态，如果有污渍，它将报警并对端口清洁程度进行图形提示，如图 10-18 所示。OptiFiber 还配置了一级测试模块，可以独立完成完整的光纤二级测试，如图 10-19 所示。二级认证测试的报告如图 10-20 所示。

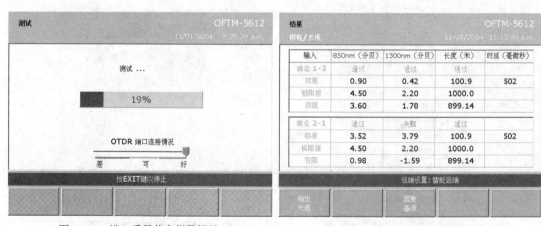

图 10-18　端口质量状态报警提示　　　　图 10-19　完整的二级测试结果（选件）

OptiFiber 进行测试的具体步骤如下。

首先，检查仪器上安装的 OTDR 测试模块是单模还是多模的，需与被测光纤类型一致。开机，按下 Function 键，选择 Auto Test。确认被测光纤的对端没有光信号正在发射，将其插入测试仪的OTDR 测试端口（强烈建议使用补偿光纤，除了精确，还能减少 OTDR 测试端口的磨损，延长使用时间，减少更换部件的费用）。按下 TEST 键进行自动测试，测试完成后就可以按屏幕下方对应的功能键选择查看 OTDR 曲线或者直接查看事件列表。事件列表中的每个事件均依据 TSB 140 标准自动进行质量评估，凡是质量评估"失败"的事件就是一个明显的故障点，表中还直接列出了此点所在的位置（距离）。当然，也可以进入 OTDR 曲线菜单，在 OTDR 曲线中移动光标定位故障点的位置并读出测试值，维护人员可按其提示到相应的物理位置（距离）进行现场故障排查。如果需要保存结果，则按下 SAVE 键，命名后保存即可。需要指出的是，同一根光纤对不同波长的反应是不一样的，在 1300nm 波长测试正常的光纤，在 850nm 波长测试可能就存在故障，所以需要仔细查看每个波长的测试曲线和测试结果。FLUKE 公司的 OptiFiber 光纤认证分析仪会自动测试两个波长，并在结果中给出通过/失败判断，便于用户了解被测光纤链路的质量及故障位置。

使用 LinkWare 软件取出报告，管理、存储并打印报告，如图 10-20 所示。

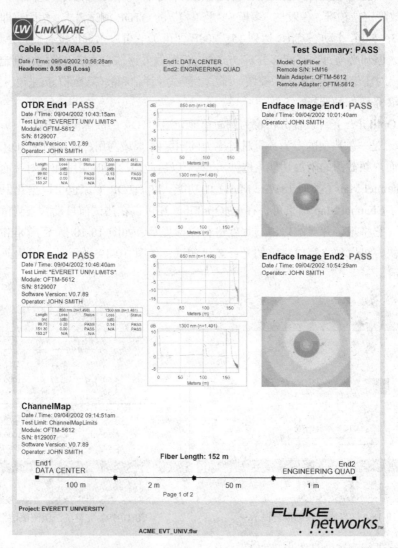

图 10-20　完整二级测试报告（样例 一级测试 ＋OTDR＋Channel Map＋ 端面视频截图）

 知识小贴士

　　如果你手中有 DTX 电缆分析仪的 DTX-OTDR 模块，也可参考此操作诊断步骤，不过 DTX-OTDR 已将单模/多模 OTDR 集成在同一个模块上，只需认清单模/多模测试端口上的记号即可，无需调换模块。

（四）用熔接机、清洁工具、尾纤、冷接端子等修复光纤故障

如果用 OTDR 等工具找到了故障的准确位置，则可以通过更换跳线、重新熔接尾纤或光纤、重新清洁光纤端面、更换劣质光纤等措施排除常见故障。熔接机、清洁工具、光纤冷接端子的操作方法参见相关说明书。

任务四　查找定位未知双绞线

一、任务分析

【实例】一个新员工需要连接上网，但是发现墙面板上的插座不能连接到交换机上。插座面板上也没有标签，网管员查找文档时才发现标识文档还是 6 年前制作的，已经多次更新，完全不能对号入座。如何为这名新员工寻找配线架上的接入端口，以便用跳线连接到交换机上？

二、相关知识

这名网管员首先需要确认这个插座是否有链接电缆（有些面板插座内是空的，没有安装链路），然后设法确认这条链路是否连接到配线架上，或者只是连接到二次跳线（交叉连接）点，并找到配线架上对应的端口号。

他可以使用一个智能查线仪来快速定位这根备用链路，也可以用跳线逐个试探性连接。如果链路在中间有开路或短路现象，则需要先测试链路长度以便确认链路的故障位置。如果需要仔细寻找天花板和墙壁、线槽等部位的电缆，则可以用智能查线仪来追踪这个电缆。

三、任务实施

1. 用智能查线仪定位配线架上的插座模块

将智能查线仪 IntilliTone™ Pro（见图 8-8）用一根跳线插到用户信息插座的面板上，在此面板上贴上新标签。将仪器旋钮置于模拟信号挡，手持随机配置的音频探头（也置于模拟挡）靠近链路对端的配线架进行"扫描"，当在成百上千个模块中靠近被定位的插座模块时，音频探头就会发出（接收到的）声音。在此模块上贴上新标签，用设备跳线将其跳接到交换机备用端口即可。

2. 用智能查线仪查找交换机上的端口

如果用户能上网但怀疑接入的 VLAN 有问题，希望找到链路接入交换机的端口号，在标签不准确的情况下，将智能音频查线仪接入用户插座，旋钮置于数字音频挡，手持音频探头（置于高灵敏度挡）在设备机架附近靠近被怀疑的交换机，在较近距离时会听到音频声响，此时减弱灵敏度，缩小查找范围，在听到更近距离的音频信号，查看 LED 灯，靠近电缆时闪亮数量最多的那根电缆就是被寻找定位的目标端口。

3. 用链路通（LRP）定位交换机上面的端口

将链路通（LinkRunner Pro）接入链路测试，仪器屏幕会直接显示接入的交换机端口号（只要交换机支持 CDP/EDP/LLDP 协议即可），非常简便。

任务五 查找并修复双绞线链路故障

一、任务分析

由于前期工程质量存在施工质量的隐患,现在升级系统时(如从100Mbit/s升级到1000Mbit/s)才发现电缆性能达不到要求,该如何快速查找链路的问题所在并修复后投入使用?

二、相关知识

首先需要检测链路的参数,如果确认采用的是正品元件,只是施工工艺差造成了问题,则需要立刻定位施工出现问题的物理位置;如果是链路元件不兼容,就需要定位不兼容元件的位置,以便更换;如果是链路元件本身质量差,则需要定位质量有问题的元件位置,以便考虑是否更换;如果是环境问题引发的干扰、阻抗异常等问题,则需要大致定位干扰的来源和阻抗异常的故障位置。

三、任务实施

1. 环境改变如加装了强电线路引发干扰

(1)故障现象

由于缺少强电线槽,一个新的装修工程将动力电缆敷设到了弱电线槽内,并与数据电缆捆扎在一起,引起多个用户网速奇慢。用DTX电缆分析仪测试链路时仪器屏幕会跳出特别提示:"检测到链路中有干扰信号,仍要继续测试吗?"选择继续执行测试,链路显示"合格",不过这只是仪器判断链路本身的"内部参数"合格,而不代表它的外部工作环境也合格。

(2)分析原因

强电线路要和弱电线路隔离一定的距离才能避免干扰弱电链路,特别是UTP链路。显然本案例的干扰来自强电"入侵",仪器会将电缆链路中接收到超过一定门限(如40mV)的干扰信号进行计数并报警。

(3)解决办法

对于检测到干扰的链路,需要沿链路的路由方向仔细检查干扰源,排除强电或接地干扰等原因后进行再认证测试。或者,直接将此链路标记为不合格,并给予注明。

2. 其他施工工程弄断或鼠害咬断链路

(1)故障现象

网络突然中断,上网信号消失,没有任何先兆。使用MS2(MicroScanner 2)电缆验证仪单端测试电缆,显示长度是17m,顺着链路路由的大致方向推断,估计17m的断点应该在隔壁第二间房间内。

(2)分析原因

经现场查看发现是新来的邻居在装修,不小心弄断了网线。

(3)解决办法

将断线用尖烙铁点焊连接并包裹固定后重新测试,显示电缆长度71米,恢复连接。

3. 使用了劣质电缆或模块

（1）故障现象

某城域网中心城区 IDC 机房，数据集中后视频流量迅速增加，故将视频服务器和交换机升级到 10Gbit/s，但用户反映服务器的访问处理速度没有任何提升，仍然很慢。检查服务器网卡端口，发现仍处在 1GBase-T 全双工状态，未能升级到 10Gbit/s 状态。强行将交换机和服务器端口设置为 10Gbit/s 全双工状态，结果失去连接。

（2）分析原因

记录显示该综合布线系统是新近升级的 Cat6A 系统，主要就是为了支持大视频流量。怀疑升级的链路可能达不到支持 10Gbit/s 的参数要求。

（3）解决办法

用 DTX 电缆进行测试串扰（NEXT）和回波损耗（RL）都不合格，用 HDTDX 和 HDTDR 工具查看，均显示在 3m 的地方有问题。更换跳线无效，更换配线架模块后恢复正常。故障原因就在于布线系统升级工程中原来配线架上的一个 Cat5e 标准模块没有被更换下来（遗漏），造成链路参数 NEXT 和 RL 不合格，严重影响了视频服务器接入 10Gbit/s 网络的速度。

4. 使用劣质或低档跳线

（1）故障现象

调整网络拓扑结构（调整跳线），并重新划分了网段和 VLAN，结果有一台服务器所有用户都不能访问。

（2）分析原因

由于是重新调整网络拓扑结构以后才出现的问题，因此除了检查网络配置是否正常外，最可能有问题的就是动过的链路部分。结构化布线都是通过"跳线"来灵活改变网络结构的，所以首先怀疑是跳线的问题。

（3）解决办法

用 DTX 分析仪测试这条服务器链路的参数，结果发现 NEXT 参数很差，仪器提示用户跳线质量差，应该更换。用 HDTDX 工具观察故障位置就在 5m 跳线的两端，这说明该跳线上的水晶头使用质量不合格。从备用跳线中拿出 5 根新跳线换上，测试都不能通过，显然这批跳线有质量问题。用 DTX-PCU6S 跳线适配器对重新买来的跳线进行测试，全部合格。更换新跳线后服务器恢复正常运行。

任务六　查找并修复光纤链路故障

一、任务分析

光纤链路的问题和电缆链路虽然不大一样，但都需要确认光纤的参数指标是否符合要求、故障出现的准确位置和修复故障的各种方法，本节就以案例的形式探究这方面的常见问题。

二、相关知识

光纤链路可能超长、断裂，可能存在衰减值过大的问题，也可能光纤和链接器件本身有质量问题或者熔接点的质量差，再就是弯曲半径过小、捆扎挤压受力过大、牵拉应力过大、光纤连接端面有污渍等。我们将以案例的形式讨论这几个常见问题。

三、任务实施

1. 查找定位光纤

数据中心多组 PP-PP 连接，光纤数量 288×4=1152，前期施工标签没有按规划做，现在需要重新查找定位光纤，然后按照分组表进行对应调整和归类。

先标记一端的 PP（1152 条），然后用红光源 VFT（Visul Fault Location，可视故障定位仪）接上跳线后从此端按照分组表逐一插入到光纤插座，在另一端 PP 查看射出的红光，出光端口即被查端口。如果需要调整位置，则应立刻调整位置，然后打上标签。

2. 光纤断裂定位

（1）故障现象

新升级的 10 吉比特光纤链路误码率很高，丢包严重，链路总长 170m，敷设的是 OM3 光纤。由于已经试着更换过 10 吉比特光卡，故初步怀疑是光纤链路的质量有问题。

（2）分析原因

光纤跳线、接插件和熔接点等的质量问题容易引发高速光纤链路的此类故障。高速光纤不光要求总的衰减值和长度（300m）不能超差，而且其中的连接点和熔接点的质量也要符合要求，否则同样可能引起误码率升高。

（3）解决方法

先用光功率计 SFP（SimpLiFiberPro）检查这条链路的衰减值，为 2.5dB，而链路总长 170m，基本符合要求。测试两端光纤跳线的衰减值，读数为 1.6dB/1.2dB，基本符合要求。用光纤视频显微镜（Fifer Inspector）分别查看跳线两端的端面质量，没有发现产品缺陷，也没有污渍，继续用显微镜查看插座内端面的质量，也没有发现问题。由于固定链路从来没有变动过，因此首先怀疑是光纤跳线的问题。用 VFL 检查光纤跳线，可以看到其中一根 5m 长的光纤跳线有红光从中间部位泄露出来，说明光纤在此断裂。仔细观察此处，有较深的捆扎痕迹。

故障原因：捆扎过紧的光纤由于受到较大应力可能引起晶裂，晶裂将不断"生长"，最后导致光纤断裂。这类故障如果用高分辨率的 OptiFiber 光纤认证分析仪（OTDR）来诊断，则可以比较直接地从 OTDR 曲线上看到这个"裂纹"。注意，如果 OTDR 的分辨率不够，则看不到这个"裂纹"，无法定位故障位置，因为断裂点太靠近跳线的插头，低分辨率的 OTDR 不能区分两个靠近的断点，会误认为是"一个"正常的接头。

3. 关纤连接头被污染

（1）故障现象

将百兆多模光纤链路升级为吉比特设备，发现不能正常工作，退回到百兆光卡，恢复正常。试着清洁跳线端头、更换新跳线均无效，试着跳接到交换机上别的吉比特端口，也无效。最后将服务器搬到一个新位置，用另外 条链路上网，成功。故怀疑是光纤固定链路有问题。

（2）分析原因

显然固定光纤链路有问题。可以测试一下总的衰减值和长度是否超差，如果不超差，则需要用高分辨率的多模 OTDR 进行测试，查看问题到底出在哪个部位。

（3）解决方法

用 OTDR 测试这条链路，发现链路共有 4 个连接器，长度为 235m，其中第 2、第 3 个连接器之间的长度为 5m（跳线），且第 3 个连接器被标记为"失败"，损耗预估 1.96dB，而管理文档的记录中显示这条链路只有两个连接器，总长度是 195m，显然这条光纤链路的记录已经与实际链路结构不一样了，那么，增加的 5m 跳线和 35m 光纤是从哪里来的呢？

检查配线架发现，标签的颜色有两种，一种蓝色，一种黄色，蓝色是新标签，黄色是旧标签，还有许多缺失、脱落的标签。从另一座建筑物过来的 190m 光纤用 5m 跳线跳接到一根 35m 光纤链路上，连接到了现在的服务器机房，因此交换机和服务器不在同一个机房里（几年前扩过容）。用光纤清洁剂清洁 5m 跳线的两端，并同时清洁插座，重新连接后接入服务器，工作正常，升级成功。

4. 跳线质量低劣

（1）故障现象

新安装的 1Gbit/s 服务器无法接入网络，将一台备用服务器替代接入，仍不能工作，推测是多模光纤链路有问题。依次用一根新的跳线更换链路两端的光纤跳线，故障依旧，故怀疑是固定链路部分有问题。测试光纤链路总衰减值和长度，为 0.7dB/210m，基本正常。

（2）分析原因

如果更换了跳线仍不能接入，很有可能是固定链路部分有问题。测试固定链路部分的衰减值为 2.3dB，符合要求。清洁插座后测试，衰减值为 2.2dB，说明插座基本完好。借来一台高分辨率的 OTDR 测试整条链路，合格。在 OTDR 结果曲线上测试光纤衰减率，也符合要求。如此看来似乎光纤链路没有问题。由于 OTDR 不能精确检测第一个和最后连接点的参数，所以还是怀疑光纤跳线有问题。

（3）解决办法

先用一根 100m 的发射补偿光纤接在 OTDR 前面，然后用耦合器（法兰）与被测链路的跳线连接，按下 TEST 键，结果显示第一根跳线的第一个插头正常。移动到 210m 外的链路对端，将 OTDR+100m 发射补偿接入链路进行相同的测试，结果发现与发射补偿跳线相连的第一个链路跳线接头有问题，OTDR 曲线上的反射波形峰值很高，衰减值也偏大。用 OTDR 随机附带的测试跳线临时替代这根故障跳线接入网络，服务器立刻开始正常工作。

事后用 OTDR 加上发射补偿光纤和接收补偿光纤对这批 100 根跳线全部进行了测试，发现跳线的一端全部都有类似的问题（另一端良好），这说明这批跳线在制作过程中可能存在工艺缺陷或者生产设备故障。

实际上，本故障的处理走了不少弯路。如果手中有高分辨率的 OTDR，那么平时测试的时候就可以将发射补偿光纤加载到 OTDR 之前，这样就可以检测第一个连接器的质量了。在做大批量的光纤二级认证测试的时候，可以将接收补偿光纤也接入链路对端，从而完整地获得被测光纤链路及其两端的连接质量参数。

为了用 OTDR 批量测试采购回来的（适合高速链路跳接的）光纤跳线，不能只做一级认证测试（即衰减值测试），还要用发射补偿光纤和接收补偿光纤去做二级测试，保证每次启用的跳线都 100%合格。

5. 熔接质量差

（1）故障现象

一条光纤链路的总衰减值超差，但不知道是哪个部位的问题。逐个更换新跳线，无效。逐个清洁跳线端面和插座内端面，无效。

（2）分析原因

问题应该在固定链路部分，此时必须用高分辨率的 OTDR 来进行测试，在 OTDR 曲线上可以直接观察到熔接点的位置及其造成的衰减估计值，也可以在事件列表中直接查看此值及其物理位置。

（3）解决办法

用 OTDR 进行测试，观察到熔接点衰减值为 0.9dB，超差。重新用熔接机进行熔接，再检测，熔接损耗为 0.1dB，故障消失。

任务七 备用电缆、光缆器件的入库检测

一、任务分析

工程验收结束，移交布线系统时一般也会随带移交一些备用电缆、光缆器件，如电缆、光纤、跳线、模块、尾纤等。这些物品在用网、管网阶段的再维护工作中有可能会被使用，但因为其中有不少是残次品，不符合可靠性方法对维护用备用部件的要求。另外，甲方还会陆续采购各种电缆光缆元件补充备件库。目前，多数网管员和网络维护工程师对备件采购的质量存在侥幸心理，过分盲目地"信赖"某些供应渠道。这对可靠性要求低的网络来说危害可能不大，但对可靠性要求高的网络而言，这种做法则是非常危险的，因此应该对采购入库的维护备品进行进场测试/入库检测。

二、相关知识

入库检测和进场测试的内容是相同的，这里不再重复赘述。检测对象都是电缆、光缆、跳线、尾纤、模块和耦合器等。下面简单地介绍常用的 Cat6 跳线、光纤跳线以及未来可能会很快接触到的 Cat6A/7 跳线的检测过程和仪器的操作过程。

三、任务实施

1. Cat6 跳线入库检测

由于用户要求多数供应商提供的 Cat6 跳线需要达到兼性/互换性的目的，所以测试必须使用能证明兼容性的参数居中的跳线测试适配器。以 DTX-1800 电缆分析仪为例，一定要使用 DTX-PCU6S 适配器才能证明 Cat6 跳线是否兼容。

测试程序：分别安装适配器于主机单元（选装 DTX-PCU6S/MN）和远端机单元，将旋钮置于 SETUP 挡位，选择电缆测试，用方向键选择跳线，选择 Cat6 跳线和对应的长度（如 TIA Cat6 3.0m），然后将旋钮置于 AUTOTEST 即可进行测试了。按下 TEST 键，按下后按下 SAVE 键，命名后按下 SAVE 键保存测试结果。

2. Cat6A/7 跳线入库测试

Cat6A/7 跳线入库测试的过程类同于 Cat6 跳线的测试过程。先将 Cat6A/7 固定到 DTX-LABA

适配器上，然后将长度为 4～6cm 的粘合 Cat6A/7 对绞线分别打在插座模块和 LABA 适配器上。其余的过程与 Cat6 跳线相同。

3. 光纤跳线测试

这里介绍用 OTDR 现场测试光纤跳线的方法（以 OptiFiber 为例）。测试光线跳线时需要用到图 10-14 的发射和接收补偿光纤。

测试步骤：先将发射补偿光纤和接收补偿光纤用耦合器短接设置补偿模式，选择"发射补偿光纤+接收补偿光纤"的模式进行设置。然后断开耦合器连接，选择"自动测试"，接入被测光纤跳线进行测试（即连接成 OptiFiber+发射补偿光纤+被测跳线+接收补偿光纤），保存测试结果。在测试结果中就会有被测光纤跳线的损耗估算值和两端的两个端接点的反射损耗值。如果希望进行实验室级别的精确测试，则可以选择"手动测试"模式，测试脉冲选择最窄，不过这种测试时间会较长（2～3min）。如果希望精确地测试光纤跳线的衰减值，则可以使用一级认证测试的方法（见前述）。

测试条件：补偿光纤本身的质量要好，反射损耗要求不低于−50dB，这样才不会干扰跳线的测试结果。

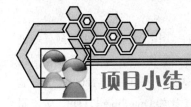

项目小结

1. 可靠性基础知识普及介绍

本项目介绍了可靠性理论和方法论的基础普及性知识，它的最基本目的就是减少系统问题的发生，如果发生问题能够尽快解决并较少损失。它已经广泛渗透到日常生产、生活的实践当中，发挥了巨大作用，指导人们从纷繁复杂的无序探索中解放出来，做到能够精准、高效地制定有效的制度、措施、规程来提高可靠性，避免或最大程度地减少损失。

2. 综合布线系统可靠性保障方法

提高综合布线系统或结构化布线系统的可靠性需要从设计开始，并贯穿于选型测试、进场检测、随工或监理测试、验收测试、维护性测试以及故障诊断测试，建网、管网、用网的整个过程中。综合布线系统在用网、管网阶段其维护、管理的核心任务是定期检测、故障测试、事前维护、事后维护、视情维护、人员培训、工具配备等工作项目的有机结合过程。

3. 几种常用检测方法和检测对象简介（对诊断检测实例）

实训项目

实训 1　设计一个定期检测项目表

实训提示

可以包括环境检测、标签核查、更新记录、定期文档新版本存档等内容，并包括需要使用的工具和人员安排与工作量计算。指导教师可以与时俱进地根据市场实际要求更多内容。

实训 2　查找、定位一根未知电缆和光纤链路

实训提示

可以设计一些隐藏内部联线的"黑匣子"链路，让学生用查线仪（比如 ITT）、VFL或者 LRP 等工具或类似工具去查找、定位这些位置端口。

实训 3　诊断电缆和光缆故障

实训提示

让学生参与设计多跟问题电缆（开路、短路、乱序、串绕线、混用劣质或低等级元件等）和问题光缆链路（劣质跳线、差的熔接点、端面磨伤等），并安排分别用电缆检测仪（比如 MS2）、电缆鉴定仪（比如 CIQ）、电缆认证仪（如 DTX-1800）、光纤显微镜、光纤衰减测试仪（比如 SFP）、光纤认证分析仪（比如 OptoFiber OTDR）等不同工具或类似工具去查找定位这些故障。

实训 4　测试备用元器件

实训提示

用 DTX-PCU6S 跳线适配器测试不同供应商的 Cat6 样本跳线，认证其互换性；用衰减值测试工具和 VFL、光纤显微镜等检验高速光纤备用跳线（含故障或劣质跳线）；有条件的实训室可以用 DTX-LABA/SET 跳线适配器测试多家供应商的 Cat6a/7 跳线，认证其互换性；用 DTX-LABA/MN 练习整箱线的参考测试；用 LABA/MN 检测认证多家供应商的 100m 样本电缆。用 DTX-MFM2 光纤测试模块去检测多根样本跳线（含自制的不合格样本）的衰减值是否合格；用高 OptiFiber 高分辨率 OTDR 检测样本跳线（含自制的不合格跳线）的 ORL（回波损耗）值是否合格。

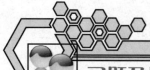

习题及思考题

1. 可靠性理论当中提倡使用诸如"最大可能地保证不出问题"、"达到了极高的可靠性"这样的评估语言了吗?

2. 可靠性当中最常用的有哪两个指标？

3. 解释澡盆曲线的特点和主要用途。

4. 防止问题出现和出现问题尽快解决在可靠性理论和方法论当中哪个更重要？

5. 目前我国计算机网络的日常维护中是以事前维护还是以事后维护、视情维护为主？

6. 探索题：GB 50174—2008 当中将数据机房的可靠性分成了几个级别？

7. 验收测试是可靠性保障的最重要环节吗？为什么？

8. 日常维护当中最困难的是坚持定期检测还是坚持定期检测制度的执行？

9. 如何看待维护制度、维护设置、维护检测工具与人的参与程度同提高可靠性的关系？

10. 在用网和管网阶段可以选择执行哪些主要的测试（内容或方式）？

11. 采用什么测试技术或工具能对过量串挠或串挠故障进行精确定位？

12. 采用什么测试技术或工具能对阻括异常或 RL 故障进行精确定位？

参 考 文 献

1. 余明辉，陈兵，何益新. 综合布线技术与工程. 北京：高等教育出版社，2008

2. 黎连业. 网络综合布线系统与施工技术. 北京：机械工业出版社，2002

3. 刘国林. 综合布线. 北京：机械工业出版社，2004

4. (美)Chris Clark 著. 姚德启，马震晗，译 网络布线实用大全. 北京：清华大学出版社，2003

5. 余明辉等. 综合布线技术教程. 北京：清华大学出版社，北京交通大学出版社，2006

6. 安顺合. 智能建筑工程施工与验收手册. 北京：中国建筑工业出版社，2006

7. 雷锐生，潘汉民，程国卿. 综合布线系统方案设计. 西安：西安电子科技大学出版社，2004

8. 信息产业部. 综合布线系统工程设计规范（GB 50311—2007）. 北京：中国计划出版社，2007

9. 信息产业部. 综合布线工程验收规范（GB 50312—2007）. 北京：中国计划出版社，2007

10. 信息产业部.《GB 50314—2007 智能建筑设计规范》. 北京：中国建筑科技出版社出版，2007

11. 住房和城乡建设部. 电子信息系统机房设计规范(GB 50174—2008)，北京：中国计划出版社，2009

12. 福禄克网络学院. 布线系统测试工程师认证培训教程，2009

13. 综合布线工作组. 数据中心系统布线的设计与施工技术白皮书，2008

14. TIA 组织 www.tiaonline.org 资料